NGUYỄN DUY VINH & HOÀNG THỊ LAN
phỏng dịch

Đến Bờ Tự Do

Trung Tâm Người Việt Canada
Vietnamese Canadian Centre
Centre vietnamien du Canada

Đến Bờ Tự Do

Quà tặng những người tị nạn Việt Nam,
Cam Bốt và Lào của người dân
thành phố Ottawa

Phỏng dịch từ tác phẩm ***Gift of Freedom*** (How Ottawa Welcomed the Vietnamese, Cambodian, and Laotian Refugees), tác giả Brian Buckley, in bởi General Store Publishing House, 2008 (Canada)

Adapted from the book "Gift of Freedom" by Brian Buckley

Nguyễn Duy Vinh & Hoàng Thị Lan

Trung Tâm Người Việt Canada
Vietnamese Canadian Centre
Centre vietnamien du Canada

Suite 1 - 885 Somerset St. West, Ottawa, ON K1R 6R6, Canada
Mailing address: P.O. Box 62042 Convent Glen, Ottawa, ON K1C 7H8 Canada
Tel.: (613) 230-8282; Email: ottawavietcancentre@gmail.com
Website: www.vietnamesecanadiancentre.ca
Business No. 11928 5849

Lời giới thiệu

Trung Tâm Người Việt Canada hân hạnh giới thiệu cuốn sách *Đến Bờ Tự Do* do Giáo Sư Nguyễn Duy Vinh và phu nhân, Bà Hoàng Thị Lan, lược dịch từ cuốn *Gift of Freedom* của tác giả Brian Buckley. Cuốn sách này - do General Store Publishing House (Renfrew, Ontario, Canada) ấn hành và ra mắt tại Ottawa ngày 3-5-2008 - được Giáo Sư Buckley soạn thảo với sự điều hợp của Uỷ Ban Soạn Sách Dự Án 4000 (Project 4000 Book Committee) gồm có Bà Cố Đô Trưởng Ottawa Marion Dewar và 4 thiện nguyện viên của chương trình này: Lê Duy Cấn, Barbara Gamble, Norma McCord, Sue Pike, và Eleanor Ryan.

Dự Án 4000 được Bà Dewar khởi xướng năm 1979 để đáp ứng với tình trạng khẩn cấp của hàng trăm ngàn người tị nạn Đông Dương, trong số đó phần lớn là người Việt tị nạn, bỏ nước ra đi tìm tự do cuối thập niên 70, sau khi miền Việt Nam Cộng Hoà bị bức tử ngày 30-4-1975.

Với mục đích định cư 4000 người tị nạn tại Ottawa, Dự Án 4000 là khởi điểm gây được một tiếng vang lớn và là một trong những yếu tố đưa đến phong trào tư nhân bảo trợ người tị nạn lớn nhất trong lịch sử Canada. Được sự trợ giúp của chính phủ các cấp và sự tham dự của dân chúng trên toàn cõi Canada, phong trào này đã đóng góp vào việc định cư 62 ngàn người Việt tị nạn tại đây trong các thập niên 70, 80 và 90, đặt nền tảng cho cộng đồng người Việt gồm 300 ngàn người tại Canada hiện nay.

Nhận xét về Dự Án 4000, Ông Dennis McDermott, Chủ Tịch Tổng Liên Đoàn Lao Công Canada thời đó, phát biểu như sau: «Vấn đề người Việt tị nạn rõ ràng đã trở thành một thảm họa quốc tế về nhân đạo, do đó cần những biện pháp cương quyết và cấp bách».

Trung Tâm Người Việt Canada rất may mắn được Giáo Sư Nguyễn Duy Vinh và phu nhân ông nhận chuyển ngữ cuốn *Gift of Freedom* sang tiếng Việt. Công việc này không những đòi hỏi ở dịch giả một khả năng cao về sinh ngữ mà còn cần một kiến thức vững vàng về bối cảnh lịch sử của cuốn sách. Hai dịch giả giúp Trung Tâm trong công việc này hội đủ các điều kiện nói trên nên cuốn *Đến Bờ Tự Do* đã được hoàn tất một cách mỹ mãn.

Đến Bờ Tự Do trình bầy một cách cặn kẽ những nguyên nhân dẫn đến phong trào người Việt ào ạt bỏ nước ra đi tìm tự do sau biến cố năm 1975, phản ứng của dân chúng Canada khiến Bà Dewar thành lập Dự Án 4000, và quyết định của chính phủ Canada chấp nhận hàng ngàn người tị nạn đang tạm trú tại các trại tị nạn vùng Đông Nam Á trong tình trạng bất trắc vì không một quốc gia nào trong vùng cho họ định cư. *Đến Bờ Tự Do* cũng mô tả một cách chi tiết sự tham dự của các tổ chức tôn giáo, các hội đoàn cộng đồng, các cơ sở thương mại trong vùng cũng như hàng trăm thiện nguyện viên trong việc hướng dẫn người tị nạn xây dựng cuộc sống mới tại Canada.

Với cách sử dụng ngôn từ đơn giản và súc tích, hai dịch giả đã hoàn thành nhiệm vụ duy trì ý nghĩa của văn bản gốc. *Đến Bờ Tự Do* sẽ gửi đến người Việt trên toàn thế giới một trang sáng ngời trong lịch sử đón nhận người tị nạn của dân chúng Canada.

Lê Duy Cấn

Chủ Tịch, Trung Tâm Người Việt Canada

Đôi lời cảm tạ

Quyển sách này thành hình nhờ vào sự giúp đỡ của rất nhiều người. Và các vị ân nhân mà trước tiên chúng tôi muốn nhắc đến là Tiến Sĩ Lê Duy Cấn, Chủ Tịch Trung Tâm Người Việt Canada, người đã có sáng kiến đề nghị dịch cuốn Gift of Freedom của ông Brian Buckley. Sau đến các niên trưởng trong cộng đồng người Việt Canada, các ông Lạp Chúc Nguyễn Huy, Phạm Ngọc Tùng, Trịnh Vũ Điệp, và ông Trần Lương Ngọc đã bỏ thời giờ đọc và đóng góp sửa chữa bản dịch cho nó được hoàn hảo hơn.

Chúng tôi cũng không quên ghi nhận sự đóng góp quý giá của các ông Dương Thanh Liêm và Út Sam đã gửi và cho phép chúng tôi dùng một số hình ảnh trong cuốn sách này.

Nhà xuất bản Nhân Ảnh, qua ông Lê Hân, đã giúp việc thiết kế hình bìa và việc dàn trang rất đẹp và chu đáo, chúng tôi xin trân trọng ghi ơn.

Và cuối cùng chúng tôi, thay mặt cộng đồng người Việt Ottawa, xin chân thành cảm tạ ông Brian Buckley, tác giả của quyển Gift of Freedom đã cho phép chúng tôi dịch quyển sách của ông.

Chúng tôi ghép vào trang sau này tấm hình của cố Đô Trưởng Marion Dewar, người đứng ra chủ trương và đảm trách Dự Án 4000, đón nhận 4000 thuyền nhân Việt Nam, Cam Bốt và Lào đến Ottawa. Đứng bên cạnh Bà Dewar trong hình là cố dân biểu liên bang Paul Dewar, con trai Bà Dewar, và cũng là một người bạn quý của cộng đồng người Việt Ottawa.

Các trang kế tiếp từ trang 1 trở đi sau đó là những trang chính thức của bản phỏng dịch từ quyển Gift of Freedom. Những chi tiết của Dự Án 4000 được tác giả Brian Buckley kể lại thật đầy đủ và chúng tôi hy vọng là quyển phỏng dịch Đến Bờ Tự Do này cũng phản ảnh đúng đắn phần nào những lời và ý của tác phẩm nguyên thủy.

Nguyễn Duy Vinh và Hoàng Thị Lan

Cố Đô Trưởng Marion Dewar và con trai là ông Paul Dewar, cố dân biểu chính phủ liên bang Canada. Cả hai là ân nhân của Cộng Đồng Người Việt Ottawa nói chung và của thuyền nhân Việt Nam nói riêng, những thuyền nhân đã được bảo lãnh đến bờ tự do qua Dự Án 4000.

MỤC LỤC

A Prayer for Land

Lost in the tempests
Out on the open seas
Our small boats drift
We seek for land
During endless days and endless nights
We are the foam
Floating on the vast ocean
We are the dust
Wandering in endless space
Our cries are lost in the howling wind
Without food, without water
Our children lie exhausted
Until they cry no more
We thirst for land
But are turned backfrom every shore

Our distress signals rise and rise again

Bat the passing ships do not stop

How many boats have perished?

How many families lie beneath the waves?

Lord Jesus, do you hear the prayer of our flesh?

Lord Buddha, do you hear our voice

From the abyss of death?

O solid shore,

We long for you !

We pray for mankind to be present today!

We pray for land to stretch out its arms to us!

We pray that hope be given us

Today, from any land

(Unknown translator, 1978)

Lời nguyện cầu tìm đất sống

Lênh đênh ngoài sóng gió
Thuyền nhỏ giữa đại dương
Quyết tâm tìm đất sống
Đói lạnh bao ngày đường
Chúng tôi là bọt biển
Trôi giạt giữa mênh mông
Chúng tôi là hạt bụi
Trong không gian vô cùng
Tiếng chúng tôi lạc mất
Trong gió rít từng không
Trên thuyền không nước uống
Trên thuyền hết thức ăn
Con chúng tôi kiệt sức
Khóc rã và lịm dần
Chúng tôi khao khát Đất

Nhưng chẳng được tới gần
Mặc sức mà kêu cứu
Tàu bè vẫn dửng dưng
Bao nhiêu thuyền đã lật
Vì sóng gió bất thần
Bao nhiêu là mạng sống
Đã chìm lòng đại dương
Chúa Ki Tô có nghe
Lời nguyện cầu rướm máu?
Phật Quan Âm có nghe
Lời kêu cứu không ngừng?
Loài người ơi có nghe
Tiếng gọi từ hố thẳm
Đất liền ơi có biết
Tâm sự này hay không?
Xin loài người có mặt!
Xin đất liền giang tay!
Cho chúng tôi tìm thấy
Hy vọng trên đất này!

(tác giả: Thích Nhất Hạnh, 1978)

Courtesy of the University of Texas Libraries. The University of Texas at Austin.

IV

Bản đồ khu vực các nước Đông Nam Á
(*chụp lại từ quyển Gift of Freedom của tác giả Brian Buckley*)

Đôi lời tri ân

Trong thế giới của những nghệ sĩ trình diễn, người ta hay dùng hai chữ "thiên thần" để chỉ những ai có lòng giúp đỡ và khuyến khích công việc của người khác một cách đích đáng. Trong việc viết quyển sách này, tôi đã nhận được sự giúp đỡ của rất nhiều thiên thần.

Trước tiên tôi phải kể đến sự giúp đỡ về tài chánh của hai tổ chức tại thủ đô Ottawa, đó là Qũy Xây Dựng Cộng Đồng Ottawa và Chương Trình Tài Trợ Di Sản của thành phố Ottawa và tôi xin được bày tỏ lòng biết ơn đến hai hội này. Sự giúp đỡ của họ đã đến thật đúng lúc.

Tôi cũng không quên cảm ơn Trung Tâm Người Việt Canada (TTNVC) đã cung cấp cho tôi rất nhiều tài liệu và đồng thời giúp tôi gặp và tiếp chuyện với những người có liên quan đến các câu chuyện trong tập sách này. Đó là chưa kể đến việc cho phép tôi sử dụng phòng ốc của Trung Tâm để làm việc và họp hành.

Tôi cũng không thể nào quên được sự đóng góp lớn lao của Ủy Ban Thực Hiện Sách Viết Về "Dự án 4000" (sẽ viết tắt trong suốt tập sách nhỏ này là DA4000). Trong Ủy Ban này, có bà Barbara Gamble với cái nhìn của một nghệ sĩ cũng như với kinh nghiệm về quản lý của bà. Tiến sĩ Lê Duy Cấn với sự hiểu biết vừa rộng vừa tường tận, dựa trên kinh nghiệm giúp người tị nạn tại Ottawa cũng như khả năng dàn dựng kế hoạch và hướng dẫn công việc của ông. Bà Sue Pike với kinh nghiệm của một nhà viết văn và cảm nhận sắc bén về những việc cần làm. Bà Eleanor Ryan, người đã giữ cho 'ngọn lửa" luôn cháy sáng và đã có công phối hợp và gom góp những tài liệu quan trọng.

Cả nhóm thực sự đã biết nương tựa vào nhau để làm việc chung một cách rất hữu hiệu.

Các bài viết cũng được sự ủng hộ và đóng góp của ba thành viên khác, dù họ không có chân trong Ủy Ban Thực Hiện Sách. Đó là bà Marion Dewar, Đô trưởng thứ 52 của thành phố Ottawa và cũng là người đề xướng DA4000; ông Russ Mills, cựu chủ nhiệm tờ báo Ottawa Citizen, một nhân chứng quan trọng về các sự kiện thuyền nhân từ góc độ của một nhà báo; và ông Trần Lương Ngọc, một người có nhiều kinh nghiệm quý báu trên bước đường gầy dựng lại đời sống của mình trên đất mới. Cả ba vị này đã đọc thật kỹ từng chương sách của bản thảo và ghi lại những nhận xét có giá trị.

Công việc làm của chúng tôi cũng khó tiến hành được nếu không có sự đóng góp của những người trong cuộc, những người mà DA4000 đã gây ảnh hưởng trực tiếp đến đời sống của họ. Đó là những thuyền nhân, những nhà bảo lãnh và những thiện nguyện viên. Họ đã chia sẻ với chúng tôi những kinh nghiệm và nhất là những kỷ niệm sống của họ. Nhiều người đã cho chúng tôi sống lại những giây phút họ đã trải qua và chia sẻ với chúng tôi kỷ niệm của những bước đầu chập chững cũng như những lúc họ hội nhập thành công sau này khi họ đến Ottawa. Tuy những giây phút đó cho thấy nhiều thảm cảnh thương tâm nhưng lòng can đảm và từ bi đã giúp họ vượt qua tất cả những khó khăn mà các thuyền nhân, đã hơn một lần, kể lại cho chúng tôi.

Chúng tôi cảm ơn bà Laura Byrne Paquet, người chủ biên quyển sách này. Bà đã làm việc với sự trân trọng tinh tế và thông minh. Như ông H.W. Fowler viết trong phần nhập đề quyển "Cách Dùng Tiếng Anh Cận Đại" : "tôi nghĩ về quyển sách này như là một quyển sách trong đó những văn tự dài dòng đã được rút ngắn đi, những sự tẻ nhạt được làm sống động lại, những sự thực được nhân lên gấp bội". Nếu quyển sách này thể hiện được phần nào nhận xét của ông Fowler, tôi nghĩ sự thành công đó có được là nhờ vào sự đóng góp xuất sắc của bà Laura Paquet.

Và còn nhiều thiên thần khác đã đến với chúng tôi. Chúng tôi xin đặc biệt cảm ơn bà Clémentine-Ann Remedies và bà Gisèle Nyembwe của Cao Ủy Tị Nạn Liên Hiệp Quốc, văn phòng Ottawa; bà Liisa Thoninen, quản thủ thư viện của báo Ottawa Citizen; bà Hariette Fried của Sở Văn Khố thành phố Ottawa; và các nhân viên đắc lực của Thư Viện và Sở Văn Khố

Canada và Thư Viện Công Cộng thành phố Ottawa. Chúng tôi cũng không quên ghi nhận lòng biết ơn của chúng tôi và xin gửi đến ông Tim Gordon và những đồng nghiệp của ông ở nhà in General Store Publishing House đã lo việc ấn tống và hoàn thành quyển sách này. Họ đã cho chúng tôi sống qua những giây phút thoải mái và lạc quan.

Anh Lê Phan, một nghệ sĩ về hội họa và một nhà nhiếp ảnh tài ba, đã bỏ ra rất nhiều thì giờ thiết kế hình bìa, cũng như cung cấp rất nhiều hình ảnh cho quyển sách này. Trang bìa gồm những hình ảnh mà chúng tôi được phép dùng có sự chấp thuận của Cao Ủy Tỵ Nạn Liên Hiệp Quốc (UNHCR) và ông Phạm Thế Trung, điêu khắc gia tạc tượng Mẹ Bồng Con, đài kỷ niệm thuyền nhân được Liên Hội Người Việt Canada (LHNVC) khánh thành ngày 30 tháng tư năm 1995. Trang cuối của quyển sách này gồm những hình ảnh được cung cấp bởi các ông Nguyễn Trương Hà Phương, Trịnh Vũ Điệp và Lê Phan.

Nếu quyển sách có những điểm son thì những điểm son đó là những đóng góp của mọi người. Còn lại những lỗi lầm hoặc những điểm yếu kém hoặc chưa đủ hay là hoàn toàn trách nhiệm của tôi.

Tuy thế, dù cho có rất nhiều người đóng góp, tôi hoàn toàn phụ trách việc kiểm soát phần nội dung. Như vậy, nếu có những bó hoa khen thưởng, những bó hoa này phải được tặng cho tất cả những người tôi đã kể trên đây còn những lời chê bai thì riêng tôi xin nhận.

Một lời cầu nguyện cho đất mới

Phần nhập đề

Ông Hoàng Song An ngồi ở phòng ngoài nhà ông tại khu Ottawa Centretown và ông chậm rãi châm trà mời khách. Nhà ông xinh xắn và tươm tất. Ngày hôm đó là một ngày mùa thu có nhiều nắng ấm, từ những viên gạch cũ nơi góc nhà ông An nhìn ra sân lung linh ánh sáng khiến người ta có cảm tưởng như đang sống trong mùa hè. Xung quanh nhà đầy hoa và trong góc vườn có một cái nhà nhỏ hai tầng để trẻ con chơi và cũng có thể ngủ ở đó vào những đêm hè nóng bức.

Ông An, bây giờ tuổi trạc 60, kể lại những sự kiện đã đưa đẩy ông bỏ nước Việt Nam ba mươi năm về trước. Sau nhiều tháng sống trong một trại tị nạn ở Thái Lan, ông được tin Canada đã chấp thuận cho ông sang xứ này dưới dạng tị nạn. Ông quá cảm động, và ông nhớ lại, ông đã làm một bài hát để tỏ lòng biết ơn của ông. Sau một lúc ngừng nghỉ, ông An đã hát cho chúng tôi nghe bài hát này. Sau đó, chúng tôi tiếp tục hàn huyên về chuyện con cái và gia đình. Ông An hãnh diện kể cho chúng tôi nghe về những thành quả mà hai cháu gái đã đạt được nơi học đường. Và khi buổi gặp gỡ của chúng tôi đến hồi kết thúc, ông An cho chúng tôi xem những hình ảnh và những mẩu chuyện cắt từ các báo. Một tấm hình đặc biệt cho thấy rõ một thảm cảnh trên biển Nam Hải gợi lên những ký ức kinh hoàng. "Các ông biết không", ông An nói, "nhìn tấm hình này với sóng biển tới tấp, tôi vẫn không hiểu sao chúng tôi đã tìm được can đảm làm những chuyện mình đã làm". Và ông nói tiếp, với gương mặt và nụ cười rạng rỡ, "nhưng tôi rất sung sướng chúng tôi đã làm được điều đó".

Lòng can đảm của ông An, cũng như của hàng triệu người như ông, đã không phó mặc đời mình cho định mệnh khắc nghiệt. Lòng nhân từ của những người dân thành phố Ottawa với việc thực hiện DA4000 để đón tiếp những người xa lạ vào cuộc sống của họ chính là những chủ đề kết nối khắng khít với nhau tạo thành quyển sách này.

Chương 1
Canada và những người tị nạn từ vùng Đông Nam Á
Đôi dòng của bà Flora MacDonald

Tôi rất vui sướng khi được tin những nỗ lực và những việc làm liên quan đến Dự Án 4000 (DA4000) sẽ được viết thành sách. Chúng ta, những người Canada, thường hay có tính tập trung cái nhìn của mình trên những thất bại hơn là những thành công của chúng ta. DA4000, và những cố gắng của chúng ta trong việc giúp đỡ những thuyền nhân vùng Đông Nam Á, dù nhìn trên bình diện bao quát hay nhìn theo góc độ của DA4000, đều là những thành công theo nghĩa đầy đủ nhất của hai chữ này. Những thành công này đáng được ghi nhớ như là những trang sách quan trọng và tốt đẹp trong trang sử quốc gia Canada.

Làn sóng tị nạn từ Việt Nam, Cam Bốt và Lào, từ lúc khởi thủy ngay sau cuộc chiến tranh Việt Nam chấm dứt cho đến hai thập niên sau đó, là một trong những biến cố cần sự huy động cấp cứu nhân đạo khẩn cấp nhất ở hậu bán thế kỷ 20. Đây cũng là một trong những cuộc huy động phức tạp nhất. Từ năm 1975 đến năm 1995, đã có hơn ba triệu người rời quê hương xứ sở của họ để đi tìm một chỗ định cư mới, bất cứ chỗ nào họ tìm được. Trong số ba triệu này, khoảng hai triệu người đã được định cư xa hơn vùng họ ở và phần lớn là ở Bắc Mỹ Châu, Tây Âu và Úc Châu.

Tình trạng khẩn cấp kéo dài với cái tên 'thảm trạng thuyền nhân' mà cả thế giới biết đến, bắt đầu vào cuối năm 1978 và tiếp tục cho đến hết năm 1980. Làn sóng tị nạn càng lúc càng dồn dập khi người dân ùn ùn bỏ nước ra đi với bất cứ phương tiện nào. Hàng trăm ngàn người chết, nạn nhân của thiên tai và luôn cả của đồng loại. Không ai tưởng tượng nổi mức độ của sự thống khổ. Nhu cầu đáp ứng với những làn sóng người quá lớn khiến ngay những nước láng giềng lân cận, nơi mà các thuyền nhân đã tràn đến, phải lo cho sự sống còn của riêng họ.

Hôm mồng 4 tháng 6 năm 1979 là ngày tôi tuyên thệ nhậm chức bộ trưởng Bộ Ngoại Giao trong chính phủ của ông Joe Clark. Chỉ vài tuần sau, ông Clark và tôi đã lên đường dự cuộc họp thượng đỉnh của nhóm G7 ở Tokyo, nơi mà các bộ trưởng ngoại giao họp để bàn cãi rất nhiều về tình trạng khẩn cấp của vùng Đông Nam Á. Biến cố ngày càng dồn dập. Với sự tuyệt vọng ngày mỗi lớn dần trong vùng này, Liên Hiệp Quốc đã tổ chức một hội nghị tại Geneva ngày 20 tháng 7 năm 1979 để tìm giải pháp cho cuộc khủng hoảng.

Để sửa soạn cho hội nghị đó, tôi đã thành công trong việc thuyết phục ông Clark và các đồng nghiệp trong nội các là Canada nên là nước tiên phong, bằng cách tăng số thuyền nhân tị nạn được nhận vào Canada từ 8,000 lên đến 50,000. Hai ngày trước khi tôi lên đường đi Geneva, chúng tôi đã thông báo là Canada sẵn sàng nhận 50,000 thuyền nhân Đông Nam Á, từ khi đó đến cuối năm 1980 (và mục tiêu này sau đó đã được tăng lên đến 60,000).

Tôi không dám nói thêm về niềm tự hào này, nhưng tôi nghĩ chắc chắn một điều là việc chấp nhận một số đông dân tị nạn Đông Nam Á vào Canada đã nêu gương khuyến khích những nước khác có chính sách nhận di dân làm theo. Hội nghị Geneva đã thành công lớn hơn cả những gì người ta tiên đoán trước đó và đã đánh dấu một mốc quan trọng trong quá trình phát triển một giải pháp dài hạn, đa phương, và chặt chẽ cho cuộc khủng hoảng này.

Sự đáp ứng của người dân Canada trước thảm cảnh thuyền nhân thật là đẹp đẽ. Dân chúng khắp nơi rất chú tâm đến những gì đang xảy ra và sẵn sàng giúp đỡ. Tuy cũng có một vài chống đối, nhưng tiếng nói mạnh mẽ và cương quyết nhất vẫn là những tiếng nói muốn Canada phải lập tức ra tay. Có thể nói đa số ý kiến của người dân là họ đã sẵn sàng. Sự đáp ứng của cả nước đưa đến việc bảo lãnh một số lớn thuyền nhân, con số này lớn hơn bất cứ con số bảo lãnh của các nước Tây phương khác có chương trình định cư. Việc ra tay cứu giúp nồng nhiệt và bao dung của chúng ta đã được văn phòng Cao Ủy Tị Nạn Liên Hiệp Quốc vinh danh với huy chương Nansen tặng cho dân tộc Canada. Có thể đây là lần duy nhất dân tộc một quốc gia được vinh danh như thế.

Tuy vậy, phải nói thêm rằng không có chỗ nào trên toàn Canada có đáp ứng mạnh mẽ và hiệu quả như đáp ứng của thành phố Ottawa và các vùng lân cận của thành phố này. Vào tháng 6 năm 1979, bà Đô trưởng Marion Dewar kêu gọi người dân thành phố Ottawa giúp đỡ những người tị nạn và bà khởi xướng Dự án 4000 để họ có một công cụ thể hiện sự giúp đỡ của họ. Những nỗ lực nhiệt tâm của bà đã là động cơ thúc đẩy sự đóng góp nhiệt liệt và hào hiệp của dân thành phố Ottawa. Chỉ trong vòng vài ngày, Dự án 4000 – một chương trình định cư 4,000 người tị nạn vùng Đông Nam Á tại Ottawa - đã khởi sự. Thêm vào đó, ảnh hưởng của Dự án này lan rộng đến các vùng lân cận. Bà Dewar kêu gọi các thị trưởng của những thành phố khác theo gương thành phố Ottawa. Đã có nhiều thị trưởng đáp ứng và việc làm này đã khích lệ sự đáp ứng của toàn quốc.

Dự án 4000 còn cho thấy tầm ảnh hưởng trên nhiều mặt khác nữa. Khi Dự án ngày càng phát triển, không một nhân viên chính phủ hay một nhà chính trị liên bang nào mà không biết đến việc đóng góp của dân địa phương trong việc giúp đỡ các thuyền nhân một cách nhanh chóng và có hiệu quả. Dự án 4000 đã chứng minh được sức mạnh rõ ràng từ cương vị người dân và từ đó đã làm dễ dãi công việc của chúng tôi, những viên chức của chính phủ liên bang với mục tiêu định cư số người tị nạn khá cao trên toàn quốc.

Bây giờ nhìn lại, sau ba thập niên, tôi càng thấy rõ ràng là Dự án 4000 và sự đáp ứng của cả nước là những thành quả toàn vẹn. Cá nhân tôi luôn tin tưởng vào sự thành đạt của đất nước Canada trong những việc làm tốt. Vai trò của chúng ta trong việc giải quyết cuộc khủng hoảng thuyền nhân đã chứng minh điều đó. Thành phố Ottawa, cũng như toàn quốc Canada, dành được một số lớn những công dân mới và họ đã biết tự lập và đã đóng góp trực tiếp vào sự tăng trưởng kinh tế của chúng ta. Thời gian qua đã làm nhân chứng cho sự hội nhập thành công của những người tị nạn và con cái họ. Sự làm việc cần cù và siêng năng đã đưa họ đến những vị trí chính đáng trong xã hội Canada. Gia tài văn hóa của chúng ta nhờ đó đã lớn mạnh hơn và đa dạng hơn. Và có thể, quan trọng hơn hết, là những người dân

Canada bình thường đã học được bài học là khi họ dồn những nỗ lực của họ trong việc theo đuổi một mục tiêu cao cả và độ lượng, kết quả thâu lượm được sẽ rất đáng kể.

Dù rằng được diễm phúc góp phần vào sự nghiệp chính trường trong rất nhiều năm, không có gì làm cho tôi thỏa mãn hơn là vai trò tôi đã được vinh hạnh đóng góp trong khi giải quyết cuộc khủng hoảng tị nạn Đông Nam Á.

Đó là câu chuyện của Dự án 4000 – một câu chuyện của lòng can đảm và lòng bác ái – bây giờ đang được thuật lại và làm tăng thêm sự mãn nguyện của tôi.

Chương 2
Chân dung của một thảm họa

'Khi tang thương đến, nó không đến từng mảnh rời rạc mà đến ào ạt như một đội quân' – Hamlet, hồi IV, cảnh V

" Phúc bất trùng lai, họa vô đơn chí " – Thành ngữ Hán-Việt

Cuộc chiến và khủng hoảng ở Đông Nam Á

Dân tộc Việt Nam hình như đã quen thuộc với những biến cố theo dòng lịch sử của họ. Dân tộc Việt Nam, Cam Bốt, và Lào đã cùng gánh chịu và đi vào một kỷ nguyên sôi bỏng giữa thế kỷ 19. Những nỗ lực của nước Pháp để thiết lập một thuộc địa trong vùng này bằng võ lực, tuy đã đạt được những thành quả tạm thời, không lâu sau đã gặp những cuộc chống đối của người bản xứ. Mặc dù người Pháp đã đủ sức gìn giữ và kiểm soát được phần đất được gọi là "Đông Dương thuộc Pháp", cái giá phải trả cho việc này ngày càng tăng, cho cả người Pháp và dân bị trị. Cuộc chiếm đóng Đông Dương của Nhật Bản vào năm 1940, với sự đồng tình của chính phủ Pháp (Vichy), đã không gặp một kháng cự nào. Những dân tộc trong vùng, đặc biệt là dân tộc Việt Nam, đã liệt kê người Nhật vào danh sách rất dài những dân tộc xâm lăng mà họ đã biết. Họ đã phản ứng lại bằng một cuộc chiến tranh du kích.

Trong bối cảnh của Đại Chiến Thứ Hai sắp sửa chấm dứt trước nỗ lực của Pháp để tái lập sự kiểm soát của họ ở những thuộc địa cũ, sự chống đối tại địa phương đã nhanh chóng làm bùng nổ cuộc nổi loạn có sẵn. Lực lượng chống Pháp, phần lớn được thúc đẩy bởi tinh thần quốc gia yêu nước, dần dà quy tụ chung quanh những người cộng sản Việt Nam do Hồ Chí Minh lãnh đạo. Cuộc chiến đấu leo thang thành một cuộc chiến tranh toàn diện, bùng nổ vào năm 1946, và kéo dài 8 năm, cho đến khi người Pháp chấp nhận là họ đã thua, sau khi thất trận Điện Biên Phủ. Đây là cuộc chiến tranh Đông Dương thứ nhất. Mặc dù hòa ước Geneva năm 1954 chính thức chấm dứt cuộc chiến này, hòa ước đó đã không đem lại hòa bình thực sự. Nước Việt Nam bị chia ra làm hai phần với thể chế chính trị riêng biệt (và trên nguyên tắc phải có bầu cử để đi đến thống nhất, nhưng việc này đã không bao giờ xảy ra). Diễn trường đã được dàn dựng cho một cuộc chiến dài khác, phức tạp về chính trị và quân sự, giữa Hà Nội, thủ đô của nước Việt Nam Dân Chủ Cộng Hòa theo chế độ cộng sản, và Sài Gòn, thủ đô của nước Việt Nam Cộng Hòa, chống chủ nghĩa cộng sản. Hơn một triệu người miền Bắc bỏ xứ chạy vào Nam sau khi chính quyền cộng sản được thành lập. Trong khi đó 130,000 người thân cộng ra Bắc tập kết. Sự việc này làm tăng trưởng thêm định hướng chính trị của hai miền. Chính phủ mỗi miền nhận được sự giúp đỡ mạnh mẽ về quân sự và chính trị từ các cường quốc bên ngoài. Bắc Việt nhận được sự giúp đỡ từ khối cộng sản gồm Liên Bang Xô Viết và Trung Quốc. Miền Nam dựa vào Hoa Kỳ và nhiều nước đồng minh trong vùng. Có một số dân miền Nam ủng hộ Hà Nội vì họ coi cuộc chiến đấu là một cuộc kháng chiến chống đô hộ để đi đến thống nhất. Trong hơn hai thập niên, cuộc chiến này đã trở thành một sự đương đầu giữa hai khối Đông và Tây, một cuộc xung đột về ý thức hệ, một sự tranh giành giữa các sức mạnh địa phương, và đó cũng là một cuộc chiến tranh du kích.

Mặc dù lúc đầu Hoa Thịnh Đốn đã không có phản ứng thuận lợi cho sự đòi hỏi của người Pháp là họ muốn quay lại vùng Đông Nam Á vào khởi điểm của cuộc chiến tranh lạnh. Đặc biệt là vụ Bắc Hàn xâm chiếm Nam Hàn vào năm 1950 đã làm thay đổi thái độ của những nhà lãnh đạo Mỹ là họ không có sự lựa chọn nào khác hơn là ủng hộ Paris. Thuyết "domino" trở thành một thuyết có nhiều người tin, thuyết đó quả quyết rằng nếu muốn ngăn chặn sự bành trướng của cộng sản trong vùng Đông Nam Á và Thái Bình Dương - trong đó sẽ có những quốc gia dần dà rơi vào tay cộng sản - chỉ có cách duy nhất là phải đối đầu với sự bành trướng này. Mặc dù Hoa Kỳ đã vắng mặt trong cuộc chiến Đông Dương lần thứ nhất về quân sự nhưng sau cùng thì Hoa Kỳ đã trở thành một nguồn tiếp tế quan trọng về nhiên liệu cũng như sự giúp đỡ về kinh tế và chính trị cho người Pháp khi cuộc chiến thực sự bùng nổ.

Trước sự thất trận của người Pháp, Hoa Kỳ bị kéo vào vòng chiến – hoặc chính Hoa Kỳ tìm cách đi vào vòng chiến - và tham gia ngày càng tăng trong chiến tranh Nam-Bắc Việt Nam. Từ một nhóm nhỏ gồm những cố vấn quân sự được gởi sang Việt Nam năm 1950 để tìm hiểu những lời kêu gọi giúp đỡ của người Pháp, sự hiện diện của quân lực Hoa Kỳ đã lên đến 16,000 quân năm 1964 và hơn nửa triệu năm 1969. Về phía Hà Nội, họ cũng ráo riết gia tăng quân lực, kiểm soát chặt chẽ hơn những phần tử chống đối ở miền Nam và họ được cả Liên Bang Xô Viết và Trung Quốc ủng hộ mạnh mẽ. Cuộc chiến, không những chỉ gia tăng giữa các phe chính trong cuộc, mà còn lan rộng quanh vùng. Cả Cam Bốt và Lào cũng nhảy vào vòng chiến.

Tuy có quân đội Hoa Kỳ hùng hậu tham dự, cuối năm 1960, và nhất là sau cuộc tấn công Tết Mậu Thân năm 1968, đa số người Mỹ bắt đầu tin là cuộc chiến khó có thể thắng. Chính phủ mới của ông Nixon đã bắt đầu tìm các lối ra cho Hoa Kỳ. Chính sách "Việt Nam hóa" cuộc chiến đã được chấp thuận. Hoa Kỳ tiếp tục thương thuyết với Bắc Việt và đồng thời cũng nỗ lực hỗ trợ Nam Việt Nam về quân sự. Sau khi hiệp định Paris về hòa bình được ký kết vào tháng giêng năm 1973, Hoa Kỳ đã xúc tiến nhanh việc rút quân ra khỏi Việt Nam. Mặc dù miền Nam tiếp tục chiến đấu một mình thêm hai năm nữa, cán cân chiến lược đã nghiêng hẳn về phía Hà Nội. Ngày 30/4/1975, Sài Gòn thất thủ. Quân đội cộng sản chiến thắng kiểm soát hoàn toàn miền Nam Việt Nam.

Bi kịch lịch sử được ghi lại một cách ngắn ngủi này được tô đen thêm với con số lớn những người bị thiệt mạng, những đổ nát, những mất mát và khổ đau. Chiến tranh Việt Nam đã cướp đi sinh mạng của gần 5.4 triệu người, mà đa số là dân sự. Chưa kể đến những người bị thương và tàn tật. Di sản vật chất và văn hóa của nhiều thế hệ đã bị thiêu hủy. Nếp sống truyền thống bị đổ vỡ, đôi khi không còn tạo lại được. Hàng ngàn tấn thuốc hóa học khai quang do người Mỹ đổ xuống, trong khoảng từ 1961 đến 1971 đã gây ra nhiều thiệt hại trên con người, loài vật và cây cỏ mà ngày nay ảnh hưởng của chất độc hóa học vẫn còn tiếp tục. Một trong những trang sử đen tối nhất của hành động man rợ của loài người trong thế kỷ 20 đã được viết lên ở Cam Bốt, nơi mà chế độ diệt chủng của Pol Pot đã tàn sát từ 2 đến 4 triệu người cùng chủng tộc. Con số người chết bằng một phần ba tổng số dân Miên. Những khổ đau triền miên này không giới hạn ở đây. Những cuộc xung đột tiếp tục diễn ra và kéo dài, làm cho rất nhiều người bị đuổi ra khỏi nhà họ, tài sản bị cướp, liên hệ với cộng đồng và văn hóa chính gốc của họ bị cắt đứt.

Một cảnh ngày 30 tháng 04 năm 1975
(Hình: Internet)

Người ta đã trở thành người tị nạn bằng nhiều cách. Dùng máy bay là cách duy nhất cho một số để thoát nhanh khỏi sự đe dọa trực tiếp và khẩn cấp. Viễn ảnh một cuộc sống lưu vong với nhiều hiểm nguy, nhưng chắc dần dà sẽ tốt hơn là phải sống trong tình trạng ngày càng xấu đi. Quyết định bỏ hết để ra đi, hầu như luôn luôn là một quyết định đau đớn, nhưng cũng là một chiến thắng, dù là mong manh, của hy vọng trên sự tuyệt vọng. Đối với những người đã quyết định ra đi, lên máy bay có nghĩa là mất hết, không những của cải và nơi ăn chốn ở mà còn mất luôn cả mảnh đất đã nuôi nấng mình từ khi ra đời, nơi đã có bao nhiêu tình thân, những sợi dây liên hệ, văn hóa, ngôn ngữ và cái "hình ảnh trong tâm thức" đã tạo cho mình một chút ý nghĩa về thế giới. Và dĩ nhiên làm được chuyện ra đi này đòi hỏi lòng can đảm lớn và một ý chí mạnh. Dấn thân vào cuộc sống lưu vong là gạt bỏ sự thất bại của số phận nghiệt ngã. Bắt đầu một cuộc phiêu lưu mạo hiểm cho gia đình nhưng cuối cùng chỉ là đơn thuần là một hành động chấp nhận mọi thách thức.

Những làn sóng tị nạn sau cuộc chiến tranh Việt Nam

Cuộc chiến kéo dài ở Đông Nam Á, như đã nói đến trước đây, đã thường xuyên gây ra những cuộc di chuyển của người dân rời khỏi nơi sinh trưởng của mình. Ở điểm leo thang cao nhất của chiến tranh Việt Nam, vào những năm 1960, một số dân khoảng 10 triệu người ở miền Nam – tức là bằng nửa dân số Việt Nam lúc bấy giờ – đã phải rời chỗ ở ngay trong phạm vi biên giới của nước mình. Làn sóng di cư gọi là "thuyền nhân", những người đã làm rung động lương tâm thế giới trong những năm 1978-79, có thể được xem như là tấm thảm kịch lớn nhất nhưng không phải là duy nhất của lịch sử loài người. Làn sóng này đã thực sự bắt đầu nhiều năm trước đó và tiếp tục trong nhiều thập niên sau.

Trong những ngày cuối trước khi Sài Gòn thất thủ vào tay quân đội Bắc Việt, trong tháng 4 năm 1975 đã có nhiều người có liên quan hoặc làm việc với chính quyền miền Nam hay với người Mỹ rời Việt Nam. Khoảng 140,000 người được di tản với quân đội Hoa Kỳ và được định cư tại Mỹ. Có ít nhất khoảng 12,000 người di tản bằng đường biển qua những nước láng giềng không cộng sản. Mặc dù cuộc ra đi này đã bớt dần vào cuối năm 1975, những cuộc ra đi từng nhóm nhỏ vẫn tiếp tục một thời gian sau đó.

Cuộc chiến thắng của người cộng sản Bắc Việt tạo nên nỗi lo âu trên khắp lãnh thổ miền Nam, và sự lo âu này lan rộng chứ không chỉ giới hạn ở những người đã tích cực ủng hộ chính quyền miền Nam. Dù sao đi nữa, đa số dân chúng giữ một thái độ quan sát và chờ đợi, hy vọng tìm được cách hội nhập vào hoàn cảnh chính trị mới. Nhưng đa số đã đi đến kết luận khá sớm là, dưới chế độ mới, họ chỉ có một tương lai đen tối.

Người cộng sản chiến thắng đã có phương sách áp đặt ý muốn của họ trên toàn lãnh thổ Việt Nam. Quân nhân các cấp và công chức các ngạch trong chính phủ Việt Nam Cộng Hòa thua trận đã bị bắt buộc đi học tập cải tạo. Tất cả những công trình của miền Nam tiêu biểu cho một thực thể chính trị đã bị xóa đi và ngay cả chính phủ lâm thời của Mặt Trận Giải Phóng Miền Nam cũng bị giải thể. Vào tháng bảy năm 1976, cả hai miền Nam và Bắc thống nhất dưới danh nghĩa Cộng Hòa Xã Hội Chủ Nghĩa Việt Nam. Thành phố Sài Gòn bị đổi tên là Thành Phố Hồ Chí Minh. Nền kinh tế thị trường tự do của miền Nam dần dà bị đặt dưới những kế hoạch kinh tế chỉ huy đến từ miền Bắc. Một số vùng kinh tế mới được tạo lập và thường là những vùng xa xôi hẻo lánh chưa được khai khẩn. Rất nhiều dân miền Nam bị bắt buộc bỏ nhà cửa của họ để đến định cư ở những vùng này.

Những chính sách này đã làm phương hại rất nhiều người. Hơn một triệu người phải vào những trại cải tạo và trong số đó có cả chục ngàn người bị giữ cho đến cuối thập niên 80. Ngoài ra, tài liệu gần đây nhất ước liệu khoảng một triệu rưỡi người đã bị đẩy đi sống ở những vùng kinh tế mới mà phần lớn là dân thành phố với rất ít kinh nghiệm về canh nông và trồng trọt.

Trước sự lên án của cả thế giới về chính sách bất nhân này, chế độ mới bào chữa là đi cải tạo và đi vùng kinh tế mới là một sự cần thiết để đương đầu với vấn đề đe dọa an ninh gây ra bởi thế lực thù địch trước kia và đồng thời cũng để giải quyết những nhu cầu to lớn của một nước sau chiến tranh. Tuy nhiên có rất nhiều người đã bị giam cầm mà không bao giờ nhận được bản án hoặc bị khởi tố. Thêm vào đó, điều kiện sống trong các trại cải tạo rất là khắc nghiệt. Thiếu từ thức ăn và việc chăm sóc sức khỏe, thêm vào đó còn phải làm lao động cực khổ. Ngoài ra, cách đối xử tàn bạo trong vấn đề kỷ luật đã khiến hàng chục ngàn người bỏ mình trong các trại đó. Dù nhà nước muốn biện minh thế nào chăng nữa cho những chính sách này, những người đã sống qua những trại tù và những vùng kinh tế mới đều biết chắc chắn rằng đây là một hình phạt rõ rệt cho dân quân chính miền Nam chứ không phải một chương trình cải tạo hay kiến thiết quốc gia.

Trong thời kỳ hậu chiến, một số lớn người dân đã mất mát rất nhiều. Sự sung túc và đầy đủ trước kia biến thành sự nghèo khó và túng quẫn ngày nay. Quyền tự do kinh doanh bị thay thế bởi chính sách tập thể và sự kiểm soát chính trị chặt chẽ làm mất đi tự do cá nhân.

Việc đàn áp và kỳ thị người của chế độ cũ diễn ra khắp nơi. Trong bối cảnh đó, nhiều người miền Nam đi đến kết luận là tình trạng này sẽ ngày càng bi đát hơn. Vì thế họ đã quyết định bỏ nước ra đi. Họ đã dùng bất cứ phương tiện nào để đi. Làn sóng tị nạn bắt đầu với 21,000 người năm 1977. Con số này tăng lên năm lần năm 1978, tức là hơn 100 ngàn người. Dòng suối nhỏ của những người tị nạn ra đi lúc Sài Gòn thất thủ đã trở thành một dòng thác. Tình trạng này ngày càng tệ hơn. Chẳng bao lâu, những diễn biến chính trị trong vùng đã đưa đến một "cơn bão".

Làn sóng người di tản vào tháng 4 năm 1975

(Hình: Internet)

Cuối năm 1978, quân đội Việt Nam tràn sang Cam Bốt, (đổi tên thành Kampuchia), lật đổ Pol Pot và chế độ Khmer đỏ. Sự thất trận của ông này đã chấm dứt cảnh sát hại tập thể của hàng vạn người và tạo cơ hội cho hàng ngàn người Cam Bốt trốn sang Thái Lan bằng đường bộ. Cuộc xâm lăng của Việt Nam làm việc bang giao với Trung Quốc trở nên căng thẳng hơn vì Trung Quốc là nước đỡ đầu chính của Pol Pot. Để trả đũa, Trung Quốc ào ạt xua quân vào Việt Nam tháng 2 năm 1979. Cuộc xung đột tuy ngắn nhưng khốc liệt đã diễn ra ở biên giới Việt Trung.

Nước Lào, nước láng giềng của Việt Nam, cũng trải qua những biến cố tương tự. Cuộc chiến thắng của cộng sản Lào (Pathet Lào) với sự trợ giúp của Bắc Việt đã dẹp tan chế độ vương quốc năm 1975. Những nỗ lực của chế độ mới trong việc củng cố lại nước Lào theo đường lối cộng sản đã gây ra nhiều bất an nơi người dân và làm tăng sự nghèo khó. Đã có rất nhiều người Hmong, dân tộc thiểu số ở vùng cao nguyên, những người đã từng chiến đấu bên cạnh người Mỹ, bỏ nước ra đi sau khi cộng sản chiến thắng. Cuối năm 1978 đã có những dấu hiệu cho thấy dân Lào ở vùng đồng bằng cũng tìm cách lánh nạn sang Thái Lan.

Làn sóng di tản sau ngày 30 tháng 4
(Hình: Internet)

Một hậu quả tai hại của cuộc xung đột Việt - Trung là áp lực ngày càng tăng trên số người

Hoa Kiều sống ở Việt Nam. Những người Hoa này đã bị gán vào thành phần "tư sản mại bản" vì đường hướng kinh tế của họ và cũng bị coi như là "đạo quân thứ năm" sẵn sàng giúp nước láng giềng "vĩ đại" của Việt Nam. Rất nhiều người Hoa đã bị "đánh" tơi tả bởi chính sách tiếp thu tư sản của Hà Nội vào đầu năm 1978. Sự kỳ thị người Hoa ngày càng tăng. Không chỉ Hoa kiều trong Nam bị kỳ thị, cuối năm 1979, gần một phần tư triệu người Việt gốc Hoa đã phải trốn khỏi miền Bắc để chạy sang Tàu. Đa số là người Hoa sống ở miền Bắc.

Những xáo trộn, đàn áp, chiến tranh, và những mất mát to lớn, cộng chung lại thành những nguyên do thúc đẩy hàng vạn người dân vùng Đông Nam Á ra đi. Đó là hy vọng duy nhất cuả họ. Nhà nước Việt Nam đã quyết định không tìm cách ngăn cản những cuộc ra đi đại quy mô và đã hưởng lợi trong vụ này. Mùa hè năm 1979, dân chúng rầm rộ bỏ đi bằng mọi phương tiện.

Dưới con mắt của thế giới, bi kịch con người của những năm 1978-79 tiêu biểu là thảm kịch thuyền nhân: những người tị nạn ở mọi lứa tuổi chen chúc nhau trên những chiếc thuyền mong manh một cách thật can đảm – và đôi khi tuyệt vọng – liều thân hy sinh mọi thứ ra đi với nơi đến không có gì là chắc chắn. Hình ảnh can trường đó được thấy thường xuyên trên truyền hình và báo chí. Hơn 300,000 người Việt bỏ nước ra đi bằng đường biển từ năm 1975 đến năm 1979. Trong khi làn sóng thuyền nhân gây sự chú ý toàn cầu thì có một số đáng kể cũng liều thân đi đường bộ qua Thái Lan không ngại hiểm nguy và chết chóc. Cả toàn vùng như cháy bỏng sôi sục vì hàng vạn người tìm cách thoát đi trong những điều kiện khó chấp nhận: người Cam Bốt trốn cánh đồng tử địa; người Lào từ vùng cao nguyên và vùng đồng bằng; người Việt, cả từ miền Nam và miền Bắc, và người Hoa kiều ở Việt Nam, tất cả đóng góp vào làn sóng di cư làm xáo trộn cả chục nước Á Châu và vùng Thái Bình Dương.

Đáp ứng của những nước trong vùng

Những nơi xa nhất của một số người liều lĩnh ra đi bằng máy bay cũng chỉ là Nam Hàn hay Úc Châu, qua những chặng đường dài với những phương tiện rất giới hạn. Tuy nhiên địa hình cho thấy là hơn 95% người bỏ xứ sẽ xin lánh nạn ở các nước láng giềng. Thái Lan, vì thế, là nước bị chiếu cố một cách đặc biệt; đây là nước không cộng sản, chung biên giới với Lào và Campuchia và cũng là nơi có thể đến dễ dàng cho những người trốn đi bằng đường bộ. Trong khi đó, Mã Lai, Nam Dương và Singapore về phía nam, Phi Luật Tân về phía đông, và Hồng Kông về phía bắc, là những nước chứng kiến sự cập bến của cả ngàn người mà phần lớn bỏ nước ra đi trong những hoàn cảnh thương tâm.

Khoảng thời gian ngay sau ngày 30/4/1975, số người tìm đường ra đi tương đối ít và họ vượt qua được mọi khó khăn để làm lại cuộc đời nơi đất mới trong vùng Đông Nam Á hay xa hơn. Vào khoảng năm 1978 sự kiên nhẫn và sự giúp đỡ của các nước chấp nhận thuyền nhân ngày càng giảm. Trước những đòi hỏi lớn của những làn sóng tị nạn ngày càng gia tăng, sức ép đè nặng trên tài nguyên ngày càng hạn hẹp của những nước đón nhận thuyền nhân. Chính quyền của các nước này, dựa trên tầm nhìn của họ, đã áp dụng những biện pháp cứng rắn để đối phó với những người xin tị nạn. Làn sóng di tản ngày càng tăng và đã có nhiều triệu chứng là những làn sóng này sẽ trở thành một cơn đại hồng thủy. Việc định cư ở những nước ngoài vùng rất chậm và có giới hạn. Sự giúp đỡ nhân bản quốc tế cũng không được thỏa đáng trước một vấn đề ngày càng lớn.

Sức mạnh ngày càng tăng của Việt Nam – với một quân đội hùng hậu và có hiệu quả nhất trong vùng, cùng với ý chí sẵn sàng sử dụng quân đội này – khiến những nước lân bang dè dặt. Ở nhiều nước, làn sóng di dân đe dọa sự yên ổn trong cuộc sống chung giữa các cộng đồng chủng tộc với văn hóa khác nhau, nhất là ở Singapore và Hồng Kông, nơi mà mật độ dân số rất cao và có khả năng đón nhận giới hạn.

Mỗi chính phủ có những lý do và đường hướng riêng của mình. Trong việc đương đầu với vấn đề tị nạn của thuyền nhân, các nước lân cận trong vùng đã bắt đầu lên tiếng cảnh báo về tình trạng này và về khả năng giúp đỡ giới hạn của họ. Họ kêu gọi cộng đồng thế giới can thiệp.

Mùa hè năm 1978, sự bực tức và sự mất kiên nhẫn của những nước này đã lên đến cao điểm. Những người tị nạn, dù cho họ đến bằng thuyền hay đường bộ, đều bị coi là có thể đe dọa đến an ninh các quốc gia tiếp nhận. Người tị nạn bị dồn vào các trại tập trung thiếu thốn về mọi phương diện. Họ không làm được gì khác hơn ngoài việc chờ đợi người khác quyết định về thân phận của họ. Những người tị nạn bắt đầu mất niềm tin về sự may mắn của họ. Singapore đã bắt đầu từ khước không cho thuyền nhân vào đất liền, trừ phi họ có bảo lãnh sẽ được định cư nơi khác trong vòng 90 ngày. Hai nước Mã Lai và Thái Lan quyết tâm đẩy lui những làn sóng thuyền nhân bằng cách kéo thuyền của họ ra khơi để cho những người này không cập bến được. Một số nước đã dùng biện pháp khác. Ngoài khơi, họ dùng thuyền tuần tra để chặn đường những chiếc thuyền bé nhỏ của thuyền nhân, cung cấp nước và xăng dầu, và yêu cầu những người này tiếp tục đi chỗ khác. Họ ngăn cản không cho những người này lên bờ. Những người đi đường bộ cũng gặp khó khăn. Mặc dù chính phủ Thái Lan không ngăn cấm họ vào nước Thái, những người vào được thì bị "giam" ở những trại tị nạn dọc biên giới và họ chỉ được cung cấp những điều kiện an sinh và dịch vụ y tế ở mức tối thiểu.

Vụ tàu Hải Hồng

Tình cảnh của những người tị nạn ở trên tàu Hải Hồng đã được cả thế giới chú ý và bi kịch này đã trở thành chủ đề của các chương trình nghị sự quốc tế. Lý do là chiếc tàu này cũ rỉ nát và đã bị phế thải trước đó. Ngày 9/11/1978, với khoảng 2,500 người trên tầu, tàu Hải Hồng thả neo ở cảng Port Klang của Mã Lai và xin phép chính phủ Mã Lai cho hành khách của họ được lên đất liền. Sợ việc cho phép lên bộ này sẽ thu hút thêm thuyền nhân khác, chính phủ Mã Lai từ chối. Nhưng tàu Hải Hồng không chịu nhổ neo. Trong lúc hai bên tiếp tục giữ vững lập trường của mình, Mã Lai tiếp tục từ chối viện lẽ là những người trên tàu không có tư cách là người tị nạn vì họ đã mua vé để lên tàu rời khỏi Việt Nam. Họ hăm dọa sẽ kéo tàu Hải Hồng ra khơi.

Tình cảnh của những hành khách tuyệt vọng trên tàu này đã gây sự chú ý của báo chí và các cơ quan truyền thông trên khắp thế giới. Những tấm hình chụp một biểu ngữ treo trên tàu, có hàng chữ "xin hãy cứu chúng tôi" bằng tiếng Anh, được các hãng truyền thông lớn truyền đi.

Tàu Hải Hồng
(*Hình: Internet*)

Do đó câu chuyện tàu Hải Hồng được kể lại khắp nơi. Với số người chen chúc đông đảo, điều kiện sinh sống trên tàu ngày càng tệ hơn. Những người này có thể chết chìm nếu chiếc tàu bị kéo ra khơi. Vụ tàu Hải Hồng trở thành một vấn đề lớn ở Đông Nam Á. Đây là lần đầu tiên từ khi chiến tranh Việt Nam chấm dứt, vấn đề người tị nạn cho thấy bộ mặt nhân bản của con người.

Xúc động trước hoàn cảnh khó khăn của vụ này, nhiều quốc gia đã lên tiếng kêu gọi sự giúp đỡ của cộng đồng quốc tế. Với sự đóng góp của Canada, những người trên tàu đã bắt đầu thấy có tia hy vọng. Ngày 18/11, chính phủ Canada đồng ý bảo lãnh 600 người trên tàu Hải Hồng để họ được định cư tại Canada. Ông Ian Hamilton, một viên chức cao cấp của Bộ Di Trú Canada và có mặt trong vùng vào những năm 1978-79, vẫn còn nhớ rành rọt thảm cảnh thuyền nhân tàu Hải Hồng.

Vì các viên chức Mã Lai tiếp tục cấm những người trên tàu lên bờ, ông Hamilton và nhóm nhân viên của ông đã làm việc từ trên một chiếc tàu chiến nhỏ của Mã Lai. Từng nhóm nhỏ thuyền nhân được phép đưa sang từ tàu Hải Hồng để được cứu xét. Những nhân viên Canada này là những người biết trước nhất về tình cảnh của những hành khách tàu Hải Hồng qua công việc cứu xét của họ. Giữa những khổ đau tinh thần vật vã và thiếu thốn vật chất to tát, những tia hy vọng mong manh bắt đầu nhen nhúm.

Tàu Hải Hồng
(*Hình: Internet*)

Nhận thức được khá sớm là trước sau mình cũng cần một người phụ tá biết nói nhiều thứ tiếng, ông Hamilton đã tự phỏng vấn ngay những người đầu tiên đến từ tàu Hải Hồng. Có một người đi có một mình và lộ vẻ lo âu không biết những người khác trong gia đình đang thất lạc ở đâu vì họ đã đi vượt biên trước ông. Tên họ của ông là Lưu. Ông Hamilton nhớ lại là vài tuần lễ trước đó, trên một chiếc tàu chở hàng bị giữ tại Indonesia, ông đã chấp nhận cho vào định cư ở Canada một gia đình cũng có tên họ là Lưu gồm có một người đàn bà và nhiều trẻ con. Ông lấy từ trong cặp ra hình của những người được chọn để đưa cho ông Lưu xem. Ông này ngạc nhiên khám phá ra là gia đình của mình sống sót và đã được chấp thuận định cư ở Canada. Chính ông cũng sẽ được đoàn tụ với gia đình. Ông Lưu xúc động đã không nói ra lời nào mặc dầu ông biết nói bốn ngôn ngữ.

Giữ vững lời cam kết của mình và quan tâm đến những nhu cầu cấp bách của người tị nạn, chính phủ Canada gửi nhiều toán quân y và máy bay để chở những người này đến Canada. Bác sĩ Stephen Blizzard, vị y sĩ trưởng lúc bấy giờ ở căn cứ quân đội Canada ở North Bay, kể lại là lúc ông đang đọc tin tức về thuyền nhân thì được vị chỉ huy trưởng gọi lên văn phòng để hỏi ông có muốn tham gia vào "chiến dịch Magnet", tên mà quân đội Canada đặt cho chiến dịch cứu trợ này. Mười sáu ngày sau đó, sau một cuộc hành trình dài hơn 30,000 cây số, bác sĩ Blizzard quay lại Canada sau khi làm xong sứ mạng đưa 604 thuyền nhân đến Canada an toàn. Ông cũng biết rằng, nếu sự tranh chấp kéo dài hơn, hậu quả mà những người tị nạn phải gánh chịu sẽ to tát hơn. Đói, khát và sự kiệt sức đã bắt đầu làm yếu đi sức chịu đựng của những thuyền nhân này. Mặc dù gặp rất nhiều khó khăn họ không bao giờ lên tiếng trách móc buộc tội hay than vãn; ngược lại họ luôn giữ kỷ luật và tỏ lòng biết ơn trên chuyến bay dài hai ngày đến Canada.

Dần dà, những nước có khả năng nhận di dân bắt đầu theo gót Canada. Trong một thời gian ngắn, thuyền nhân của tàu Hải Hồng tìm được nếp sống mới ở những nước thật xa ngoài vùng Đông Nam Á. Cuộc tranh chấp đã được giải quyết. Bi kịch ngắn này ghi lại một điểm son, một nấc thang trong cuộc khủng hoảng rộng lớn ở vùng Đông Nam Á. Đấy là một thí dụ điển hình cho thấy là những nước tham gia vào việc cứu người tị nạn tạm thời, Cao Ủy Tị Nạn Liên Hiệp Quốc, các hội đoàn quốc tế, và các nước tham gia vào việc định cư lâu dài của các thuyền nhân, có thể cộng tác với nhau hữu hiệu trong việc giải quyết và xoa dịu cuộc tranh đấu vất vả của thuyền nhân. Một sự thỏa thuận "ngầm", giữa những nước cho phép tị nạn trú ngụ tạm thời và những nước cho họ định cư vĩnh viễn, có thể hiểu là "một cửa sổ sẽ mở, nếu một bờ bến được mở trước".

Sự thành công này cũng rất khiêm nhường và không trọn vẹn. Trong những tháng đầu của năm 1979, cuộc di tản của người Việt người Lào và người Cam Bốt ngày càng trở nên lớn hơn. Vào mùa hè, mỗi tháng đã có từ 50 đến 60 ngàn người rời bỏ quê hương. Sự chống đối của chính phủ Mã Lai đối với người tị nạn ngày càng rõ rệt. Tháng sáu năm đó, một bộ trưởng cao cấp của họ đã công khai hăm dọa trục xuất tất cả thuyền nhân ra khỏi Mã Lai và sẽ ra lệnh bắn những thuyền nhân nào muốn cập bến. Theo thống kê, trong nửa năm đầu của năm 1979, số thuyền nhân bị tầu Mã Lai kéo ngược lại ra khơi lên đến 58,000 người.

Cảnh các ghe thuyền nhân trôi dạt vào đảo
(Hình: Gift of Freedom)

Cách hành xử của Mã Lai đối với thuyền nhân có lẽ đã bị báo chí quốc tế tường thuật và phê bình nhiều nhất. Nhiều nước khác trong vùng cũng hành xử như thế, từ việc không cho cập bến đến việc kéo tầu ra khơi lại. Những người đi bằng đường bộ cũng gặp những sự chống đối tương tự. Trong thời điểm đó, theo Cao Ủy Tị Nạn Liên Hiệp Quốc, họ chưa bao giờ phải chứng kiến cách xua đuổi tàn bạo như vậy. Quân đội Thái Lan bắt buộc hơn 42 ngàn người tị nạn Cam Bốt rời khỏi các trại tị nạn ở vùng biên giới và đưa những người này đến vùng núi cao của thị trấn Preah Vihear ở Cam Bốt. Có hơn hàng trăm người, có thể cả ngàn người, trong số những người này bị chết vì đạp phải mìn được chôn ở vùng đó. Trước những khổ đau và làn sóng quá đông đảo của người tị nạn, việc giải quyết cấp bách của vụ tàu Hải Hồng được xem như là tiêu biểu mong manh cho chiếc thuyền của hy vọng.

Người tị nạn và thế giới

Vụ tàu Hải Hồng phơi bày ra trước ánh sáng công luận vấn đề "buôn người", một thảm kịch ghê tởm của loài người.

Chiếc tàu cũ nát này cập bến Mã Lai, không phải là chiếc đầu tiên và chắc cũng không phải là chiếc cuối cùng của những "chiếc tầu kiếm lợi nhuận" trên đầu thuyền nhân. Nói tóm tắt lại thì một nhóm người bất lương – đa số nằm ở Singapore và Hồng Kông – đã mua lại những chiếc tàu cũ nát và hối lộ các viên chức nhà nước Việt Nam để chuyên chở những người muốn ra đi nếu họ đủ sức mua một chỗ trên tàu với giá cắt cổ. Sau đó chỉ cần ra khơi, "đổ" số người trên tàu xuống bất cứ nước nào đó ở quanh vùng. Đây là lý do mà chính phủ Mã Lai dùng để xác định là những người trên tàu Hải Hồng không phải là những thuyền nhân thực thụ. Lý do này cũng được những nước lân cận dùng để không cho những tàu chở thuyền nhân cập bến. Nó được nhắc đến nhiều lần trong khi cuộc khủng hoảng ngày càng tăng.

Một số lớn thuyền nhân, đa số là người Việt gốc Hoa đã trốn thoát khỏi Việt Nam nhờ vào những chiếc tàu mục nát còn được gọi là những quan tài nổi. Sự cương quyết ra đi của họ cho thấy một nỗ lực và sự sẵn sàng hy sinh tất cả những gì đang có để thoát khỏi cảnh sống hiện tại. Một quan sát viên về ngành luật đã ghi nhận: "việc mà các thuyền nhân tị nạn trả tiền mua chỗ trên tàu cho chuyến đi của họ không làm phương hại đến quyền pháp lý thuyền nhân của họ"; lịch sử cho thấy con người đã trả tiền để thoát khỏi sự đàn áp qua rất nhiều thế kỷ và đồng thời cũng có những người đã lợi dụng hoàn cảnh này để làm giàu.

Có một điều cũng khá rõ là số người đi trốn bằng những chiếc tàu "làm tiền" đó không đông. Việt Nam, Cam Bốt và Lào là những nước bị chiến tranh tàn phá và rất nghèo, nên không phải ai cũng đủ sức trả một số tiền lớn để mua được một chỗ trên những chiếc tàu đó. Từ năm 1975 cho đến mùa hè năm 1979, có hơn một triệu người của ba nước này bỏ nước ra đi. Vì vậy, số người đi được trên những con tàu "làm tiền" là một con số nhỏ, so với tổng số người ra đi.

Phần lớn người tị nạn luôn tìm đủ mọi cách để mang theo những gì quý giá, nhưng rất ít người mang theo được nhiều của cải tài vật của mình. Đa số ra đi với rất ít tài sản và đã tiêu dùng nhanh chóng hoặc bị tịch thu một cách vô nhân đạo. Khi hình ảnh trên tàu Hải Hồng gây chấn động trên thế giới, những hình ảnh này chưa phải là điển hình cho thảm cảnh thuyền nhân. Hình ảnh thật sự thương tâm là của những chiếc thuyền nhỏ mong manh lênh đênh trên biển cả mà trên đó đã có thật nhiều người liều mạng giao phó tính mạng của mình cho sóng nước đại dương mênh mông và bão táp của vùng biển Nam Hải.

Sự quan sát và ghi nhận này cũng khá chính xác với số thuyền nhân định cư tại Canada. Trong số 60 ngàn người đến nước này vào những năm 1979-1980, khoảng 75% được xem như là thuyền nhân đã ra đi bằng những chiếc thuyền nhỏ mong manh. Trong số còn lại, khoảng 24% đã trốn sang Thái Lan bằng đường bộ.

Cảnh thuyền nhân
(*Hình: Internet*)

Một cảnh những thuyền nhân ở Kuatan (Mã Lai) năm 1982
(*Hình: Dương Thanh Liêm*)

Phần lớn thuyền nhân đến từ những thành phần trong xã hội với trình độ học vấn tương đối khiêm nhường. Trên 90% cho biết là chỉ học xong trung học hoặc kém hơn. Số người có văn bằng hoặc nghề nghiệp cao trong các ngành như khoa học, kỹ thuật, giáo dục, y khoa và y tế chiếm khoảng 5% của tổng số. Gọi những người di tản là những người "tị nạn kinh tế" bỏ nước ra đi để tìm những nguồn lợi vật chất dồi dào hơn – một lập luận được nhà nước Việt Nam và đồng minh của họ lập đi lập lại – là vẽ lên một bức tranh biếm họa khá tàn nhẫn cho một thực tại khác biệt.

Trốn bằng đường bộ thường khó khăn và nguy hiểm. Trên dải đất trải dài từ Cam Bốt cho đến Lào, trật tự xã hội hầu như không còn nữa. Những kẻ có súng nắm vận mạng của thuyền nhân và đôi khi đã giết họ bằng vũ khí đó. Đối với một số người, đi trốn bằng máy bay đến Thái Lan không đau đớn bằng những khó khăn gặp phải sau đó. Nhà cầm quyền Thái Lan đối đãi với những người tị nạn một cách khó hiểu và không có chút nào thân thiện. Lúc mới đến, họ bị đưa vào những trại giam do Bộ Nội Vụ quản lý lúc đầu và sau này giao lại cho quân đội. Một số những trại giam này không phải là nơi tạm trú. Người ta kể lại là: "một khi bị đưa đến đây, người tị nạn thường bị lấy hết tiền và có những phụ nữ đã bị người gác trại hoặc ngay cả những người tị nạn khác hãm hiếp".

Những người đi bằng đường bộ gặp những thảm nạn ngày càng nhiều. Những người đi bằng thuyền thì cũng gặp những khó khăn to tát. Ngồi chật trong khoang thuyền mong manh, những người tị nạn liều lĩnh ra đi với hành trang và lương thực tối thiểu, rất ít bản đồ chỉ dẫn đi biển. Đa số chỉ có một kiến thức rất tổng quát về hướng mình phải đi. Một số ghe được tàu buôn lớn dừng lại vớt nhưng một số lớn không có được may mắn này.

Những thuyền gặp nạn không thể kêu gọi hay trông cậy vào sự giúp đỡ từ những vùng lân cận. Nhiều thuyền đã thành nạn nhân của những cơn bão lớn. Rồi phải kể đến nạn cướp biển đầy dẫy trong vùng này. Quân cướp lộng hành ngang nhiên không sợ sệt. Nhiều người nghĩ là phải có sự đồng lõa của chính quyền địa phương vì với họ quân cướp biển là một phương tiện và đồng thời là một giải pháp để đẩy thuyền nhân ra khỏi vùng biển của họ. Bọn cướp được thể tiếp tục tấn công các thuyền tị nạn. Chúng lấy đi của cải mà chúng lục soát được và đôi khi chúng tàn sát cả người trên thuyền. Chúng hãm hiếp đàn bà và các thiếu nữ. Một số phụ nữ bị chúng bắt đi. Một số thuyền bị tấn công nhiều lần đến độ máy tàu cũng bị lấy. Sau đó những thuyền này trôi lênh đênh bất lực trên biển cả. Tàu của hải quân Hoa Kỳ trong vùng đặt tên lóng cho những chiếc thuyền này là RPM (rape-hãm hiếp, pillage-cướp, murder-giết người). Đó là tấm bia mộ cho nhiều thuyền nhân từ Việt Nam ra đi.

Tuy nhiên không phải chỉ có cướp biển mới bạo hành. Mùa hè năm 1979, có tin một chiếc tàu xấu số chở đầy thuyền nhân chạy về hướng Phi Luật Tân bị mắc cạn vì bão tố trong vùng đảo Trường Sa do Việt Nam kiểm soát. Hải Quân Phi cho biết là họ đã nghe tiếng súng đại bác, súng cối, và súng đại liên từ trên bờ bắn ra. Trong số 93 người trên thuyền, chỉ có 8 người sống sót. Trong số 85 người bị trúng đạn hoặc chết đuối hơn một nửa là trẻ em.

Không ai biết rõ bao nhiêu thuyền nhân đã thiệt mạng. Một số người phỏng đoán là

1/3 hay một nửa đã gặp nạn. Căn cứ trên lời kể của những người sống sót, những giới chức quốc tế và quan sát của mình, ông Hamilton tin là 1/3 những người vượt biển đã chết trên biển cả. Ông Bộ Trưởng Di Trú của Úc Đại Lợi, năm 1979, nhắc đi nhắc lại là theo ông số tử vong là từ 100 ngàn đến 200 ngàn người trong bốn năm sau cùng thời điểm đó.

Một số khác ước lượng con số thấp hơn, khoảng 25%, vì họ dựa trên số tàu đến được Hồng Kông. Những tàu này đã gặp may mắn hơn là những tàu chọn đường khác. Một điều chắc chắn là hàng chục ngàn người ra đi đã thiệt mạng vì họ là nạn nhân của những cuộc phiêu lưu bất hạnh, của nạn thiếu lương thực hay sự ác độc của bọn bất lương.

Một cảnh thuyền nhân đến đảo
(*Hình: Internet*)

Dù họ có trốn đi bằng đường biển hay đường bộ, vào mùa hè năm 1979, người tị nạn đều chịu chung một số phận. Họ bị đàn áp ở quê hương, bị xâm phạm hay bị tàn sát trên đường trốn chạy, bị bạc đãi hay bị ở tù khi họ xin tá túc. Những người này là những kẻ thật "khốn khổ trên trái đất".

Những cơ quan truyền thông quốc tế là những công cụ đã nêu lên đầu tiên vấn đề này. Họ tiếp tục trình bày hoàn cảnh bi đát của người tị nạn trước lương tâm của thế giới bằng những câu chuyện đau lòng sống động của cái khổ mà người tị nạn phải trải qua và những hiểm nguy mà họ phải đương đầu vượt qua nhờ vào lòng can đảm và sự nhẫn nhục. Sự bành trướng không ngừng của thảm kịch này xuất hiện ngày càng nhiều trên màn ảnh truyền hình và trên báo chí của các nước Tây Phương. Một số chính phủ đã bắt đầu đối phó với vấn đề này và những câu chuyện thật thương tâm được tường trình ở khắp các nước tân tiến rõ ràng đã thúc đẩy nỗ lực của họ.

Thêm vào đó, hoàn cảnh chính trị ở Việt Nam không thuận lợi và ký ức về chiến tranh vẫn chưa phai. Nhà cầm quyền Việt Nam bị kết án là đã lợi dụng những người tị nạn cho mục đích chính trị và biến những người này thành một món xuất cảng có lợi nhuận. Đồng thời họ cũng đang tâm làm lung lay những nước láng giềng không theo cộng sản, phá hoại các chính phủ này và làm hại đến sự tiến triển của các nước trong vùng. Việt Nam phủ nhận tất cả những điều buộc tội này và phản kháng là họ bị vu khống, bất kể họ làm gì – từ ngăn chặn dân chúng ra đi rồi sau đó lại quyết định cho phép đi nếu những người này muốn đi.

Trong khi các cuộc đàm phán chính trị vẫn diễn biến, hoàn cảnh của những người tị nạn ngày càng đen tối hơn. Những nhân vật có thế lực ở Tây Phương lên tiếng kêu gọi chính phủ của họ phải giải quyết cuộc khủng khoảng nhân đạo ngày càng khẩn trương này. Như nhà triết lý học người Pháp – Jean Paul Sartre – một người không ủng hộ chính sách của Hoa Kỳ ở Đông Nam Á đã trình bầy trong lời kêu gọi của ông với chính phủ Pháp: "Tuy một số người tị nạn không phải luôn luôn theo phe ta nhưng trong lúc này chúng ta không nên bàn đến chính trị mà phải ưu tiên tìm cách cứu mạng sống của họ. Đây là một vấn đề luân lý giữa con người với nhau".

Động cơ thúc đẩy hành động quốc tế là lúc năm hay sáu nước trong vùng chấp nhận một chính sách chung. Vào cuối tháng sáu năm 1979, các nước Indonesia, Malaysia, Philippines, Singapore, và Thái Lan cho ra một thông cáo chung cảnh cáo rằng "sự kiên nhẫn của họ đã đạt giới hạn và họ quyết định sẽ không nhận người tị nạn mới tới nữa". Một tháng sau đó, UNHCR bèn triệu tập một buổi họp để ngăn chặn hoàn cảnh đen tối này suy sụp thêm. Có 65 nước tham dự và đây là lần đầu tiên một chính sách đáp ứng quốc tế có phối hợp bắt đầu thành hình.

Bà Flora MacDonald đã cho biết là hai ngày trước buổi họp trên, Canada đã tuyên bố sẽ tăng thêm một cách đáng kể số người tị nạn được nhận. Các nước khác cũng theo liền sau đó. Số người được định cư trên thế giới tăng hơn gấp đôi. Việt Nam quyết định cấm những người ra đi bất hợp pháp và tổ chức các chương trình xuất ngoại có thứ tự hơn. Những nước láng giềng từ bỏ những lời tuyên bố chống người tị nạn. Một số nước hứa sẽ cải tiến thủ tục hành chính về đơn xin tị nạn. UNHCR cũng tăng thêm ngân sách chi tiêu cho những nhu cầu cấp bách của người tị nạn sau khi họ đã đến nơi an toàn.

Mặc dù hội nghị Geneva ngày 20-21 tháng 7 năm 1979 không giải quyết xong vấn đề người tị nạn ở vùng Đông Nam Á, hội nghị này đã đặt ra căn bản để giải quyết những gì xảy ra trong giai đoạn 1978-1979 của cuộc khủng hoảng.

Vấn đề tị nạn còn nằm trong chương trình nghị sự quốc tế trong nhiều năm và đã biến đổi theo chiều hướng bất ngờ. Số người ra đi một cách đột ngột vào cuối thập niên 1980 đã đưa đến hội nghị ở Geneva lần thứ hai vào năm 1989. Theo lời UNHCR, kế hoạch hành động toàn diện được chấp nhận trong lần họp này cũng như những phát triển chính trị và kinh tế trong vùng Đông Nam Á đã dần dà đưa cuộc khủng hoảng đến hồi kết thúc một cách tương đối nhân đạo.

Trên đây chúng ta đã thấy tầm quan trọng của phong trào tị nạn và hậu quả tiếp tục vang dội khắp hoàn cầu. Từ năm 1975 đến năm 1997, gần hai triệu người Việt, Lào và Campuchia đã định cư ngoài quê quán của họ đặc biệt là ở Bắc Mỹ, Tây Âu và Úc Châu.

Bằng cách nào một cộng đồng địa phương Canada đã đáp ứng với thách thức luân lý, chính trị và thực tế, trong giai đoạn 1978-79 của cuộc khủng hoảng là đề tài chính trong những trang tiếp theo đây.

Chương 3
Dự án 4000 (khởi thủy)

"...Sẽ không bao giờ có sự thanh thản và vui sướng cho tôi cho đến khi bạn cũng được như vậy"...

Frederick Buechner

Bối cảnh của Canada

Canada nhận hơn 10% trong số 2 triệu người Việt Nam, Campuchia và Lào định cư từ năm 1975 đến năm 1987. Từ năm 1975 đến năm 1980, với 24 triệu dân, Canada đã nhận 74,000 người tị nạn đến định cư và đạt được tỉ lệ người tị nạn trên tổng số dân cao nhất trong các nước Tây Phương. Như đã ghi trước đây, thành tích trên đã giúp dân tộc Canada đoạt được huy chương Nansen của Cao Ủy Tị Nạn Liên Hiệp Quốc – UNHCR. Đây là lần đầu tiên một quốc gia được vinh danh như vậy.

Giá trị cơ bản về quyền con người thay vì quyền lợi quốc gia đã khiến Canada đáp ứng nhanh chóng cho cuộc khủng hoảng này. Chúng ta đã không tham chiến ở Việt Nam (theo lập trường của đa số dân chúng); liên hệ về thương mại đầu tư hoặc văn hóa với vùng Đông Nam Á rất nhỏ hoặc không có; thêm vào đó những người dân Canada nguyên quán từ Đông Nam Á rất ít. Hơn nữa, quan điểm thông thường trên vấn đề này còn nhiều mâu thuẫn. Thái độ chống người di dân tăng hay giảm tùy theo sức mạnh của thành tích mà Canada đạt được trên phương diện kinh tế.

Mặc dù lợi ích hiển nhiên rất ít nhưng giá trị cơ bản của quốc gia đã thúc đẩy Canada hành động và chấp nhận cho những người đang gặp hiểm nguy vào định cư và hội nhập vào xã hội của mình vẫn là những chính sách được đa số ủng hộ. Từ sau Thế Chiến Thứ Hai, ngoài nhóm người di dân theo truyền thống, Canada đã chấp nhận một số lớn người tị nạn từ Hung Gia Lợi, người gốc Á Châu từ Uganda, người từ Chile, Lebanon và một số từ các nơi khác. Sự khổ sở của những người bị kẹt trong vụ khủng hoảng về nhân đạo này từ bên kia vòng trái đất đã gây xúc động nơi người dân Canada bình thường.

Ngoài ra đã có một số thay đổi nhỏ nhưng quan trọng và ít được biết đến trong luật di trú của Canada, vài ngày trước khi cuộc khủng hoảng ở Đông Nam Á làm chấn động thế giới.

Trước khi đạo luật về Di Trú - Immigration Act - được ban hành năm 1978, những làn sóng tị nạn mặc dù lớn lao chỉ được coi là những sự kiện bất thường và được giải quyết qua sự kết hợp một số biện pháp chính trị đặc biệt và các biện pháp hành chánh. Đạo luật mới lần đầu tiên coi những người tị nạn đủ tiêu chuẩn quốc tế như một loại di dân đặc biệt và phải được giải quyết nhanh chóng hơn. Chính phủ có thể cho một vài nhóm không đủ điều kiện nhập cư vì lý do nhân đạo. Luật này cũng mở rộng cơ sở cho các nhóm tư nhân và các hội đoàn bảo lãnh người tị nạn. Từ đó nền tảng pháp lý và hành chánh đã sẵn sàng hiện hữu khi Canada muốn chuyển những ý định tốt thành sự giúp đỡ cụ thể. Mặc dù hoàn cảnh bi đát của người tị nạn đã được ghi trên các chương trình nghị sự quốc tế từ lâu nhưng những bài tường trình sâu rộng của báo chí đã nâng tầm vóc của vấn đề này trên đường lối chính phủ và dân chúng đã thúc đẩy các giới chức phải hành động nhanh chóng. Giới truyền thông cũng cung cấp tin tức cho người dân và các hội đoàn. Họ là những công cụ quan trọng để động viên và củng cố lập trường của những cá thể này. Những nỗ lực của họ sẽ vô dụng, nếu hoàn cảnh của người tị nạn không làm xúc động các nhà lãnh đạo tinh thần ở khắp nơi.

Chính sách của Canada phát triển tùy theo sự diễn biến của cuộc khủng hoảng. Tháng 12 năm 1978, ngay sau vụ tàu Hải Hồng xảy ra, Canada tuyên bố sẽ nhận khoảng 5,000 người từ Đông Nam Á như đã dự định trong chương trình nhận người tị nạn toàn cầu của họ. Cuộc bầu cử của chính phủ liên bang mới do ông Joe Clark làm thủ lĩnh và sự suy sụp nhanh chóng của tình hình trong vùng đã thúc đẩy Canada xét lại quyết định trước đó. Vài ngày sau khi chính phủ mới nhận chức vào tháng 6 năm 1979, mục tiêu được tăng lên là 7,000 người, rồi 8,000.

Sau buổi họp thượng đỉnh của nhóm 7 quốc gia ở Tokyo, và như bà Flora MacDonald đã trình bầy, Canada lại xét lại mục tiêu một lần nữa. Ngày 18/7, chính phủ Clark tuyên bố sẽ nhận tới 50,000 người tị nạn định cư trước cuối năm 1980, tức là con số đầu tiên đã được tăng lên sáu lần. Đến tháng 4 năm 1980, mục tiêu trên lại được nâng lên 60,000 người.

Chính sách can đảm của chính phủ Clark đáng được tán dương. Ngay quyết định tăng mục tiêu lên 50,000 đã vượt qua sự mong đợi của cả những người tranh đấu mạnh nhất. Nếu như chính phủ muốn Canada đứng bên lề cuộc khủng hoảng, họ đã làm vui lòng 50% dân số như đã thấy trong cuộc thăm dò ý kiến hồi tháng 2 năm 1979. Ngược lại ngân quỹ liên bang đã được cung cấp nhanh chóng để đạt mục tiêu mới. Nhiều thỏa thuận được thành hình với các tỉnh bang và các hội đoàn và nhiều cá nhân đã hăng hái đứng ra tự giúp đỡ người tị nạn. Chính sách của chính phủ đã dựa trên ý muốn mạnh mẽ của người dân. Theo lời trình bầy của bà Flora MacDonald, Dự án 4000 đã được thực hiện ở ngay thành phố mà chính sách của chính phủ đã được đúc kết. Những dự án song song ở nơi khác cũng rất hữu ích trong vấn đề thuyết phục những người tiêu cực và các tỉnh bang vẫn còn do dự.

Ngoài sự kêu gọi hành động của công chúng là sự sẵn sàng đáng phục của rất nhiều người dân muốn đóng góp. Cuối năm 1980, có hơn 7,600 nhóm bảo lãnh tư nhân ở khắp nơi và họ đã giúp định cư hơn 34,000 người trong khắp mọi tỉnh bang và vùng đất mới.

Tuy bối cảnh và động lực của những người hoạt động rất khác nhau, mọi người thấy đã có một số mẫu số chung. Các cộng đồng tôn giáo dẫn đầu các dự án bảo lãnh tư nhân (65%). Bốn giáo phái Ki Tô cộng lại (Catholic, Mennonite, Christian Reformed và United Church) đã dành gần một nửa. Những người theo đạo Do Thái đã hành động một cách gương mẫu, từ cương vị cá nhân đến hội đoàn. Cộng đồng của họ, ở khắp Canada, rất tích cực trong các tổ chức giúp người tị nạn và đã bảo lãnh một số đáng kể. Những tổ chức người Canada, gốc Trung Hoa và Việt Nam, cũng như một số các cộng đồng khác đã huy động nhau một cách nhanh chóng và có hiệu quả. Những truyền thống tinh thần và tôn giáo cũng như những ký ức về đàn áp và phân chia chủng tộc trong quá khứ đều làm xúc động người dân Canada và thúc đẩy họ hành động mặc dù đa số ít có liên hệ với người tị nạn.

Trong khi sự bộc lộ về lòng nhân ái và ý nguyện muốn ủng hộ rất rõ ràng và sâu xa, những thiện cảm này sẽ tiêu tan đi nếu không có phương tiện để khai thác và nuôi dưỡng thiện cảm ấy. Khắp Canada, nhiều cá nhân đã đứng ra lãnh đạo. Tại thành phố Ottawa, có một nhân vật đã vượt qua những người khác để nắm lấy cơ hội mà thực hiện ước mong của mọi người. Đó là bà Marion Dewar, Đô Trưởng thứ 52 của thành phố này.

Đô Trưởng Marion Dewar

Cố Đô Trưởng Marion Dewar
(*Hình: OCISO*)

Vài ngày nghỉ từng mong đợi, một cuối tuần mưa ở vùng Laurentides và một máy truyền hình với hình ảnh được chiếu đi chiếu lại ở trong phòng, tất cả đã giữ một vai trò trong nguồn gốc của Dự án 4000.

Vào tháng 6 năm 1979, bà Marion và chồng bà, ông Ken, rời Ottawa để đi nghỉ cuối tuần ở một khách sạn vùng Laurentides cách thành phố vài giờ xe. Cả hai người đã chuẩn bị cho chuyến đi này từ vài tháng trước nhưng mỗi lần họ định đi thì lại phải hoãn lại vì một trong hai người phải bận làm một công việc gì đó ở thủ đô. Sau cùng thì họ cũng đi chơi được nhưng trời đã mưa cả cuối tuần đó.

Để giết thì giờ, ông bà Dewar đã chơi bài với một cặp vợ chồng khác ở cùng khách sạn. Họ có mở máy truyền hình để giải trí giữa những ván bài. Trong lúc thời gian trôi đi thì cả bốn người đều bị lôi cuốn vào những hình ảnh trên đài truyền hình tường thuật thảm cảnh đang diễn ra ở bên kia vòng trái đất. Trên đường về, bà Marion và ông Ken chỉ bàn về chuyện ấy. Vấn đề thật to tát và sự bất hạnh của người tị nạn rất đáng thương. Hình ảnh những con tàu bị đẩy ra biển trở lại mặc dầu tàu đã đến gần bờ cho thấy sự tàn ác đến độ cùng cực. Cả hai người cảm thấy cuộc khủng hoảng này là một sỉ nhục đối với giá trị nhân bản của họ. Câu hỏi được đặt ra là: "mình có thể làm được gì ?"

Trong nhiều ngày sau đó, ông bà Dewar thảo luận vấn đề khủng hoảng thuyền nhân với một số bạn thân cũng là những người theo Cơ Đốc giáo tích cực như họ. Mọi người đều ái ngại trước hoàn cảnh thương tâm này và đa số chưa nghĩ ra cách nào để giúp đỡ cụ thể những người này. Bị ám ảnh bởi những hình ảnh khốn cùng, bà Đô Trưởng đã mời một số lãnh đạo tôn giáo và cộng đồng tới họp riêng ở tòa thị sảnh, cùng với ông Bộ Trưởng Bộ Di Trú Liên Bang. Vào lúc cuối, ông này đã cử một công chức cao cấp trong bộ của ông làm đại diện dự buổi họp này vì ông không thể tham gia được.

Buổi họp trên diễn ra ngày 27 tháng 6. Ông Lê Duy Cấn, chủ tịch cộng đồng Việt Nam, đã có mặt. Ông Cấn đã được học bổng du học tại Canada năm 1963 và ông đã có được hai bằng cao học và một bằng tiến sĩ trước khi trở thành công chức liên bang như một kinh tế gia. Khi cuộc khủng hoảng ở Đông Nam Á ngày càng trầm trọng hơn, ông đã gắn bó nhiều hơn với cộng đồng bé nhỏ của người Việt sinh sống tại Ottawa. Ông nhớ lại là ông rất khâm phục sự góp mặt của nhiều nhóm hội đoàn tại buổi họp cũng như sự hăng hái muốn giúp đỡ một cách cụ thể các thuyền nhân. Và ông cũng rất khâm phục bà Đô Trưởng. Trong lời trình bầy của ông, ông đã khẳng định rằng sự lãnh đạo chính trị của bà Dewar chính là yếu tố quan trọng thúc đẩy hành động của chính phủ Canada.

Trong buổi họp, trừ người đại diện ông Bộ Trưởng, các người khác đều nhanh chóng lên tiếng chỉ trích những gì chính phủ liên bang đang làm là không đủ. Trước sự chỉ trích này, người đại diện đã trả lời là Canada có đóng góp khá nhiều rồi. Mục tiêu cho năm 1979 được tăng lên là 8,000 người và trong 6 tháng đầu năm ấy 4,000 người đã được chọn. Trước khoảng cách quan trọng về con số này mà giới truyền thông cũng đã nhận thấy trong cuộc khủng hoảng và thêm vào lời tuyên bố của người đại diện, bà Marion Dewar quyết định đề nghị thành phố Ottawa sẽ nhận 4,000 người này. Và theo bà, việc hội nhập vài ngàn người vào một thành phố có hơn 300,000 dân sẽ là một chuyện không khó lắm.

Đề nghị trên đã được đưa ra một cách tự nhiên nói lên sự không hài lòng về mục tiêu khiêm tốn của chính phủ. Sau đó, buổi thảo luận đề cập đến những khía cạnh khác của vấn đề trước khi chấm dứt. Tuy nhiên buổi trao đổi này đã làm sáng tỏ ý tưởng của bà Đô Trưởng thành một kế hoạch rõ ràng. Dự án 4000, tức là lời cam kết sẽ nhận một số lớn người tị nạn từ vùng Đông Nam Á định cư tại Ottawa, vừa thành hình.

Trong khi duyệt lại các sự kiện với ban cố vấn của mình, bà Dewar nhanh chóng đi đến hai kết luận. Trước tiên là cần sự chấp thuận khẩn cấp của Hội Đồng Thành Phố Ottawa. Bà bèn tham khảo ý kiến một số nghị viên và dàn xếp để vấn đề này được đưa ra bàn cãi ở buổi họp sắp đến của hội đồng vào ngày 4 tháng 7. Sau đó là cần phải tham khảo ý kiến dân chúng vì Dự án 4000 thành công hay thất bại tùy vào sự ủng hộ của người dân. Cần phải thực hiện nhanh chóng một quy định để thăm dò mức đóng góp của người dân và đồng thời cũng xác nhận là thành phố sẽ giữ lời cam kết tham gia vào vấn đề này. Một nhóm khoảng 20 người, đủ mọi thành phần, đã bắt tay vào việc phân tích mọi khía cạnh của Dự án định cư to tát này. Ưu tiên là tổ chức ngay một buổi họp cho công chúng tham dự.

Báo chí đã "đánh hơi" được tin tức này. Ngay chiều hôm đó, các ký giả đã phỏng vấn bà Dewar về buổi họp trên, và bà đã trả lời là hoàn cảnh khốn cùng của người tị nạn là đề tài chính của buổi họp. Bà cũng nói thêm là Ottawa sẽ nhận khoảng 4,000 người. Ngày 28/6, tờ báo Ottawa Citizen đã tường thuật dưới tựa đề lớn "Ottawa sẵn sàng cho định cư 4,000 người", trong khi tờ Ottawa Journal (nay đã đình bản) chỉ đăng một đoạn tin ngắn với tựa đề "bà Dewar muốn thành phố nhận thêm người tị nạn". Dự án 4000 đã được chấp thuận.

Công chúng hưởng ứng rất nhanh chóng. Ngay ngày báo chí tường thuật lại buổi họp, nhóm lo về kế hoạch đã họp tại một nhà thờ để bắt đầu vào việc. Ngày hôm sau, 29/6, bà Dewar họp báo. Bà khẳng định là Dự án 4000 là một cách đáp ứng trước "sự hăng hái và sự ủng hộ rộng lớn của dân thành phố Ottawa". Đồng thời bà tuyên bố là một buổi họp với công chúng sẽ diễn ra ngày 12/7. Bà cũng cho báo chí biết thêm là văn phòng của bà được nhiều người gọi đến để bày tỏ ý muốn đóng góp lương thực, quần áo và nơi trú ngụ. Dân chúng muốn giúp đỡ một cách cụ thể nhưng không có phương tiện. Buổi họp này là để thăm dò xem công chúng quan tâm đến đâu và cũng để những người thiện nguyện và những nhà hảo tâm ra tay.

Bà Dewar nhấn mạnh là phải hành động gấp. Để trả lời về điểm cần nhiều thời gian hơn để thảo kế hoạch và mục tiêu, bà cho biết như sau: "Đúng rồi", bà đồng ý, "chúng ta sẽ có nhiều tin tức hơn, nếu chúng ta đợi thêm. Chúng ta sẽ biết khá hơn về tình hình, nếu chúng ta nghiên cứu thêm 2 năm rưỡi nữa, nhưng trong thời gian này có nhiều người sẽ nằm chết dưới đáy biển". Bà đã sẵn sàng nhận trách nhiệm cho bất cứ rủi ro chính trị nào khi bà đưa ra Dự án này.

Cũng nhân buổi họp báo này, bà khuyến khích cả nước ủng hộ mạnh mẽ hơn. Bà thách thức đồng nhiệm của bà ở những thành phố khác tham khảo ý kiến người dân giống như bà đã làm, viện lẽ là giới lãnh đạo ở mức thành phố có thể là động cơ thúc đẩy dân chúng ở đó hoạt động hữu hiệu hơn.

Nhờ sự nghiệp chính trị của bà, bà đã lôi cuốn được cả nước chú ý đến một Dự án địa phương nhỏ và từ đó Dự án 4000 đã giữ một vai trò quan trọng và to tát trong sự đáp ứng của người dân trên toàn quốc.

Khi Dự án 4000 được phổ biến, công chúng đã phản ứng tức thì và mạnh mẽ mặc dù không phải ai cũng ủng hộ. Đa số đã đứng sau dự án. Tuy nhiên, trong buổi họp với công chúng, Dự án lúc đó được coi như một thử thách và sẽ cho biết hư thực ra sao. Những người lạc quan thì tiên đoán sẽ có vài trăm người đến dự và dĩ nhiên họ sẽ đòi hỏi nhiều chi tiết hơn về những điều mà họ muốn đóng góp.

Tựu trung thì đa số ủng hộ dự án này và một số người không nghĩ là thành phố có thể cấp việc làm hoặc nhà ở cho một số đông như vậy. Một tờ báo đề nghị chính phủ Canada nên giúp đỡ vùng thủ đô một cách hữu hiệu hơn thay vì nhận định cư người tị nạn. Chính phủ liên bang nên đứng ra dàn xếp để đạt được một giải pháp chính trị cho họ. Một số tỏ ra kỳ thị, bầy tỏ quan tâm của họ là những người mới đến sẽ làm thay đổi thành phần dân số đất nước này. Vài người còn có ý nghĩ lệch lạc hơn. Bà Dewar nhắc lại là một người đã gọi điện thoại cho bà, đe dọa là họ sẽ bắt cóc bà, trói bà lại và đưa bà đến quốc hội. Họ sẽ bắt bà ăn đồ ăn Tàu "cho đến khi bà vỡ bụng".

Khi đưa ra Dự án 4000, bà Dewar đã nghe theo tiếng gọi của lương tâm mình. Như ông Russ Mills, chủ nhiệm tờ Ottawa Citizen ngày ấy đã viết: "Bà Marion hành động vì bà nghĩ đây là việc phải làm, chứ không phải vì có lợi về chính trị". Thực ra, vấn đề rủi ro chỉ có thể xảy ra trong lúc hành động. Con đường chính trị "an toàn" cho bà là đứng bên lề, tương tự như một số lãnh đạo cấp thành phố ở nhiều nơi khác, và tuyên bố là vấn đề này, mặc dù rất đáng tiếc, không nằm trong lãnh vực trách nhiệm của bà.

Một số quan sát viên khác cũng nghĩ như trên. Ông Richard Hardy, một giáo sư ở đại học St. Paul đã nói: "Với bà Dewar, không bao giờ có chuyện đề cao cá nhân, hay lợi ích chính trị". Bà đã đưa ra một thí dụ cá nhân tuyệt vời và công chúng đã hưởng ứng tận tình. Danh tiếng chính trị của bà đã tăng lên vì đã giúp đỡ người tị nạn từ bên kia vòng trái đất. Thành công hay thất bại tùy thuộc nhiều vào sự đóng góp của người dân vùng Ottawa. Những dấu hiệu đầu tiên cho thấy dân chúng đã phát biểu ý kiến rất tích cực. Tuy nhiên, phải đợi đến khi có buổi họp với công chúng ở Lansdowne Park mới biết là Dự án 4000 sẽ thành công ở mức độ nào tùy vào sự đóng góp của người dân, hay sẽ là một thất bại chính trị cho bà Dewar.

Hai tuần lễ giữa buổi họp báo của bà Đô Trưởng và buổi họp với công chúng dự trù vào ngày 12/7 trôi qua thật nhanh. Ông Michael Lubbock, một nhân viên ngân hàng đã về hưu và đã từng đóng góp vào các cuộc cứu trợ người tị nạn ở Âu Châu ngay sau khi Thế Chiến Thứ

Hai chấm dứt, đứng ra làm phối hợp viên lâm thời (mặc dù sau đó ông đã từ chối, khi chức vị này trở thành thường trực, nhưng ông vẫn tích cực cộng tác đắc lực và gây ảnh hưởng đáng kể trong tổ chức). Bà Đô trưởng đã tìm ra phòng làm việc tạm thời cho ông ở tòa đô chính và cung cấp những thứ cần thiết để ông bắt đầu vào việc. Bà cũng đã dùng tài năng chính trị của mình để thuyết phục một cách thành công những cố vấn hội đồng ủng hộ Dự án 4000.

Ngày 4/7, Hội Đồng Thành Phố đồng tình đứng sau Dự án và trích ra $25,000 để trang trải những chi phí đầu tiên. Năm thành viên của hội đồng, kể cả bà Đô trưởng, cùng nhau nhận bảo lãnh một gia đình tị nạn. Những nhân viên khác cũng không kém phần tích cực. Họ đã đóng góp một cách "tuyệt vời"– nói theo lời bà Đô trưởng – không quản ngại làm nhiều công việc hơn, từ giải quyết những đóng góp tiền bạc tự nguyện cho đến trả lời những người muốn có thêm chi tiết về đủ mọi khía cạnh.

Nhóm người lo về kế hoạch tăng lên cũng như những số việc phải làm và độ lớn của một số việc. Ông Alan Breakspear, một công chức liên bang chuyên về chính sách tị nạn và di trú, người thay thế ông Michael Lubbock làm phối hợp viên cho Dự án 4000, trở thành người lãnh đạo. Ông hoạch định ngay danh sách những nhu cầu cần thiết để mọi người chú ý. Việc này đưa đến sự thành hình của 9 nhóm nhỏ, các nhóm mà sau này sẽ trở thành những đơn vị tổ chức thực hiện Dự án 4000.

Chỉ cần nêu lên tên của 9 nhóm trên đây cũng đã thấy tầm cỡ to lớn của những thách thức có thể xảy ra: học vấn và huấn nghệ, y tế, việc làm, cư trú, liên lạc với chính phủ, bảo lãnh tư nhân, định cư và thích ứng, quỹ cứu trợ, và giao tế với truyền thông. Các thiện nguyện viên đã đứng ra đảm lãnh những công việc kể trên.

Ông Alan Breakspear và những cộng tác viên nhận thức được ngay là họ sẽ không đủ sức để thấu hiểu tường tận mọi vấn đề trước ngày 12/7. Do đó họ soạn ngay những câu trả lời sơ lược cho một số câu hỏi có thể được đặt ra. Ngoài ra, muốn tổ chức buổi họp với công chúng này cũng cần thời gian và năng lực. Phải lo tổ chức hậu cần vì có thể vài trăm người sẽ tới dự. Phải làm chương trình và phải tuyển 100 người thiện nguyện cho những quầy thông tin để trả lời những thắc mắc của quần chúng.

Ngay từ sơ khởi, có một điểm đáng được nêu lên. Là một chính trị gia ở mức thành phố, bà Dewar từng bị giới truyền thông chỉ trích và bà cũng hiểu rõ sức mạnh của báo chí trong việc tạo ảnh hưởng của chương trình nghị sự trên người dân và ý kiến của họ. Vì vậy, ngày 5/7, bà gặp riêng đại diện của giới báo chí địa phương để trình bầy với họ tại sao phải hành động khẩn cấp và yêu cầu họ giúp đỡ. Bà đã gặt hái được kết quả vì trong những tuần và tháng sau đó những bài tường thuật về diễn biến của Dự án 4000 thường là khích lệ mặc dù có một số người vẫn chỉ trích.

Ông Russ Mills, chủ bút tờ Citizen, rất xúc động. Sau buổi họp, ông nghĩ chắc phải có một số đông người ở Ottawa muốn giúp đỡ mà không biết phải liên lạc với ai hoặc làm cách nào. Ông nghĩ là tờ báo của ông có thể giới thiệu những người này với các nhóm bảo lãnh đang cần thêm hội viên. Lúc ông quay lại chỗ làm, ông lập tức chia sẻ ý kiến này với các đồng nghiệp. Ông nhớ là mọi người đều lên tiếng là: "đây là một hướng đi bất thường cho một tờ báo". Là ký giả, "chúng tôi luôn giữ một khoảng cách với các Dự án chính trị để có khả năng đưa ra cho công chúng những lời phê bình độc lập. Tuy nhiên, trong trường hợp này, hoàn cảnh của người tị nạn bi đát đến độ chúng tôi cảm thấy cần phải giúp đỡ".

Ngày 7/7, ông Russ Mills viết trên báo là tờ Citizen "không thể giữ một vai trò chính thức trong Dự án 4000, nhưng chúng tôi sẽ có hai đóng góp: – một, chúng tôi sẽ bảo lãnh một gia đình tị nạn. Chúng tôi cũng kêu gọi các doanh nghiệp khác làm theo. Tên của các doanh nghiệp sẽ được đăng lên báo, và chúng tôi hy vọng là danh sách này ngày sẽ dài thêm; – hai, cũng không kém quan trọng, tờ báo sẵn sàng làm sợi dây liên lạc để qua đó những người muốn bảo lãnh có thể tập họp lại thành nhóm". Đơn bảo lãnh (xin xem hình trang tới), đã được phổ biến trên tờ Citizen nhiều lần trong tuần và liên tục trong nhiều tuần.

Hành động của tờ Citizen rất hữu ích vì nhiều lý do. Tờ báo đã nâng cao tầm quan trọng của vấn đề tị nạn nơi dân chúng, đã đỡ đầu chiến dịch bảo lãnh như là một chuyện đáng làm, và đã tạo cơ hội cho mọi người hay mọi tổ chức tham gia, vượt qua giới hạn của thành phố

Ottawa đến tất cả những vùng có bán tờ báo này.

THE REFUGEES

Citizen *readers have a chance to help the boat people. If you would like to help sponsor a refugee family, fill out the form below and mail to* **The Citizen.** *We'll divide sponsors into groups of about 30 households and publish the names of all members of each group so you'll know the other members of your sponsoring group. Sponsorship is a moral and financial commitment not to be taken lightly. Please do not send the form unless you are seriously interested.*

I want to help sponsor a refugee family

Name..

Address..

Phone..

Mail to: Refugees, The Citizen, 1101 Baxter Rd., Ottawa, K2C 3M4
(or deliver to The Citizen front desk)

Báo Ottawa Citizen ủng hộ tích cực việc bảo lãnh thuyền nhân
(*Hình: Gift of Freedom*)

Buổi họp tại công viên Lansdowne

Như đã dự tính trước, chương trình buổi họp diễn ra suông sẻ. Ông Alan Breakspear sẽ là người điều khiển chương trình. Bà Dewar cùng vài lãnh đạo tôn giáo và đại diện các cộng đồng có tiếng tăm sẽ nói đôi lời với cử tọa. Ca sĩ dân ca Bruce Cockburn và một ban hát thiếu nhi Việt Nam sẽ giúp phần ca nhạc. Ngoài ra những người có sự hiểu biết trực tiếp về tình hình ở Đông Nam Á sẽ trình bầy về cuộc khủng hoảng tị nạn. Những quầy thông tin về mọi khía cạnh của Dự án được đặt ở các vị trí thuận tiện ở khắp nơi. Ban tổ chức coi sự kiện này như một công cụ để đo mức ủng hộ của dân chúng đối với Dự án 4000. Nếu may mắn, Dự án có thể thúc đẩy thêm sự giúp đỡ ồ ạt của tư nhân đã nhận được từ khắp thành phố.

Buổi họp tại công viên Lansdowne
(*Hình: Gift of Freedom*)

Ban hợp ca thiếu niên hát quốc ca Canada
(*Hình: Gift of Freedom*)

Là những người tổ chức chuyên nghiệp và cũng là ủng hộ viên tích cực của bà Dewar, ông Dan Gamble và phu nhân, bà Barbara Gamble, đã tình nguyện lo về hậu cần cho buổi họp. Bà Barbara Gamble đã nói về sự sửa soạn như sau: "chúng tôi xếp 600 ghế ở sảnh triển lãm. Lúc buổi họp bắt đầu, chúng tôi phải xếp thêm vài trăm ghế nữa ở sảnh kế bên và trên các lối đi". Không ai biết chắc chắn bao nhiêu người đã tham dự. Người ta ước lượng là đã có từ 2,300 đến 3,000 người. Dù sao đi nữa, sự hưởng ứng của quần chúng đã vượt xa những mong đợi của ban tổ chức. Ông George Pike và phu nhân, bà Sue Pike, cả hai đều là thiện nguyện viên có mặt hôm đó và bà Sue Pike nhớ lại như sau: "chúng tôi cứ phải mở thêm các cửa dẫn vào các sảnh khác để cho dân chúng ngồi".

Ca sĩ Bruce Cockburn
(*Hình: Gift of Freedom*)

Nổi bật hơn nữa, cảm nhận chung là dân chúng đã quyết định sẽ giúp trước khi tới dự buổi họp. Theo ông George Pike, "không cần thuyết phục ai. Không ai có thắc mắc quá đáng. Dân chúng chỉ muốn đóng góp thôi".

Nếu ban tổ chức hài lòng về số người đến dự họ còn thán phục hơn ý chí muốn hành động của dân chúng. Bà Dewar ghi lại như sau: "chúng tôi đi vào nơi họp là để xem có thực hiện được Dự án không. Lúc rời nơi họp, thắc mắc mới của chúng tôi chúng tôi đã thay đổi và trở thành": "làm cách nào để thực hiện được Dự án đó". Đối với ông George Pike, sự kiện này là một biểu lộ của "lòng nhân ái".

Hình như có một cái gì huyền diệu đã xảy ra đêm hôm ấy. Tổng Giám Mục giáo phái Ki tô giáo tại Ottawa, ông Joseph-Aurèle Plourde, đang trong giai đoạn làm thủ tục để bảo lãnh một trẻ mồ côi người Campuchia. Ông bầy tỏ lòng thán phục và lòng yêu thương của ông đến dân thành phố Ottawa vì họ đã mở rộng tấm lòng của họ trước sự đau khổ của những người không quen biết. Thầy Don Gerber của giáo phái Do Thái, gợi lại sự từ chối mở cửa trước Thế Chiến Thứ II của đa số các nước Tây phương, kể cả Canada, để nhận người tị nạn Do Thái. Đối với thầy, Dự án 4000 là một cơ hội lịch sử để rút kinh nghiệm trong quá khứ hầu làm khá hơn. Ông William Robinson, Trưởng Giám Mục của giáo phái Anglican, đã khen ngợi bà Đô Trưởng với Dự án 4000 và khuyến khích mọi người nên ủng hộ. Toàn thể cử tọa đã đứng dậy hết để hoan hô bà Dewar.

Bà Dewar đã linh cảm được dòng điện này. Bà tâm tình như sau: "có một cái gì rất thực đang xảy ra. Đây không phải là Dự án của tôi. Hội đồng của quý vị đã đồng tình bỏ phiếu ủng hộ Dự án 4000 và quý vị đã đến dự đêm nay". Những người tham dự đã biểu lộ ngay là họ có mặt không phải chỉ để nghe diễn văn và ca nhạc. Họ tự động đi đến các quầy thông tin không phải để hỏi thêm chi tiết về dự án mà để hỏi phương cách để giúp đỡ. Chỉ trong một đêm, số người ủng hộ đã tăng lên gấp đôi và tiếp tục tăng trong những tuần kế tiếp. Các thiện nguyện viên đã làm việc nguyên một ngày để ghi danh và sắp xếp những cam kết và quà tặng ngay trong buổi họp.

Kết quả thâu được thật phi thường vì sự nhận bảo trợ đi đôi với sự ràng buộc đáng kể. Trên phương diện pháp lý, người bảo trợ phải chịu trách nhiệm chăm sóc cho các cá nhân hoặc gia đình được bảo trợ trong vòng một năm. Tốn kém ước lượng cho sự bảo trợ một gia đình trong 12 tháng là từ $9,000 đến $12,000 (tính theo giá trị Gia kim năm 1979), tức là một sự cam kết quan trọng đối với những người hoàn toàn xa lạ. Người dân Ottawa đã bộc lộ rõ ràng ý muốn của họ đóng góp tiền bạc và mở rộng tấm lòng của họ cho người tị nạn.

Bà Marion Dewar nói về Dự Án 4000
(*Hình: Gift of Freedom*)

Một kỷ niệm sáng chói cho những người tham dự là buổi họp tại Lansdowne Park là thời điểm chủ chốt trong sự tiến triển của dự án. Dù buổi tối hôm ấy được Ơn Trên phù hộ, hay chỉ thể hiện sự liên đới của dân Canada với những kẻ xa lạ ở bên kia vòng trái đất, chi tiết này không đáng kể. Bà Đô trưởng đã nói lên hoàn cảnh khốn cùng của người tị nạn, phác họa một viễn ảnh làm sao những người dân bình thường Canada có thể tham gia, và đã kêu gọi dân thành phố của bà hưởng ứng. Ottawa đã nhiệt liệt đáp lại, khiến ngay cả những người lạc quan nhất cũng ngạc nhiên. Thầy Gerber đã tả lại sự kiện như sau đây. Buổi họp "gây phấn khởi nơi ban tổ chức, Hội Đồng Thành Phố của bà Đô trưởng, những nhà bảo trợ, thiện nguyện viên, giống như là người tị nạn đang sống giữa chúng ta khiến chúng ta xúc động. Cốt lõi của sự xúc động này là chúng ta cảm thấy có thể thực hiện nhiều hơn những gì chúng ta mong đợi. Buổi họp ở công viên Lansdowne làm chúng ta tin tưởng hơn ở bản chất thiện trong chúng ta".

Tổ chức và người tài trợ

Chưa đầy ba tuần lễ sau, từ một câu nói ở một buổi họp riêng, Dự án 4000 đã trở thành một phong trào xã hội rộng lớn. Đã đến lúc phải lo đến cách tổ chức và tìm kiếm người tài trợ cần thiết để lèo lái sự ủng hộ rộng lớn của quần chúng đến những kết quả cụ thể.

Tài liệu đã được soạn thảo nhanh chóng để trình bầy Dự án 4000 như là một cơ quan từ thiện vô vụ lợi để nộp cho chính phủ tỉnh bang. Những mục đích quan trọng được liệt ra như sau:

a. Giúp đỡ và khuyến khích việc định cư của người tị nạn trong thành phố hay ở ngoại ô của Ottawa và Ottawa-Carleton;
b. Giúp đỡ và tìm cách giảm khổ đau, cũng như phục hồi nhân phẩm của người tị nạn, nếu làm được;
c. Phát triển và ủng hộ sự thành lập các dịch vụ, chương trình sinh hoạt cần thiết và thích hợp để đáp ứng nhu cầu của người tị nạn cũng như của các tổ chức, hội đoàn và nhóm nhận bảo trợ hay giúp đỡ người tị nạn;
d. Quyên tiền với mục đích đóng góp vào những chương trình bảo trợ và định cư; trang trải các chi phí của các chương trình ủng hộ mục tiêu của dự án cũng như đóng góp và sự bảo trợ quốc tế và giúp đỡ phát triển;
e. Giữ liên hệ hợp tác và tham vấn với các cộng đồng, chính phủ cấp thành phố, tỉnh bang và liên bang, các cơ quan, để ủng hộ và khuyến khích sự thành hình các chính sách và chương trình thích hợp với mục tiêu của cơ quan điều hành Dự án 4000.

Dự án 4000 nằm dưới sự điều khiển của Hội Đồng Quản Trị gồm nhiều đại diện của nhiều hội đoàn. Họ làm việc không lương và gồm có các lãnh đạo tôn giáo, công chức, luật sư, chính khách địa phương, quản lý ngân hàng, doanh nhân, lãnh đạo hội đoàn các sắc dân, và đại diện giới lao động. Phối hợp viên của dự án, cũng là vai trò của ông Michael Lubbock lúc ban đầu và sau đó trao lại cho ông Alan Breakspear là người chịu trách nhiệm cho công việc hàng ngày. Ông này điều khiển một nhóm người rất nhỏ được trả lương để họ làm việc chung với các thiện nguyện viên, những người mà cơ quan rất cần.

Hội Đồng Quản Trị họp lần đầu tiên ngày 2/8 để duyệt lại những sự kiện đã đưa đến Dự án 4000 gồm các mục tiêu, việc làm của các nhóm khảo cứu tự nguyện –linh hồn của dự án – và cơ cấu nội bộ của ban quản trị. Bà Dewar, chủ tọa buổi họp, nhấn mạnh mục đích rõ ràng là: "đón tiếp những người khốn khổ này và giúp họ hội nhập vào xã hội của chúng ta càng sớm càng tốt". Sơ đồ trang sau cho thấy cấu trúc trong giai đoạn đầu và sự liên hệ giữa các nhóm làm việc được tạo ra nhanh chóng trong những ngày đầu còn ngổn ngang, ngay sau buổi họp báo của bà Dewar ngày 29/6.

Công việc rất cấp bách trong những tuần lễ đầu của Dự án 4000 vì phi cơ đầu tiên chở những người tị nạn đến Ottawa vài ngày sau đó. May mắn thay, ủy ban phối hợp buổi họp ở Lansdowne Park và các nhóm làm việc vẫn còn hoạt động. Việc sửa soạn đón tiếp một số đông người tới được xúc tiến ngay trong giai đoạn chuyển tiếp từ một nhóm không chính thức những người thiện nguyện thành một tổ chức từ thiện có căn bản pháp lý.

Trong quá trình hiện hữu ngắn hạn của Dự án 4000, nhiều ủng hộ viên tự nguyện đóng góp thời gian, năng lực và vật chất. Mặc dù đồng đô la có giá trị cao hơn vào năm 1979, việc điều hành Dự án trong giai đoạn đầu chỉ dùng một khoản tài chính có thể coi là tối thiểu. Như đã đề cập trước đây, Hội Đồng Thành Phố tặng 25,000 đồng, cộng thêm 19,000 đồng quà tặng tự nguyện từ công chúng. Mặc dù đã nhận được nhiều tài trợ từ những tháng trước, yếu tố ngân quỹ luôn giữ một vai trò nhỏ trên phương diện khả năng mà Dự án 4000 đã kết hợp được. Một hãng địa ốc địa phương cho mượn chỗ làm việc trong một tòa nhà ở khu trung tâm thành phố Ottawa và nhân viên đóng góp về nhân sự có cả bác sĩ và nha sĩ chữa bệnh miễn phí cho người tị nạn.

Ngay cả các nhóm làm việc liên tục toàn thời gian (*full time*) tuy không bao giờ quá bốn người cũng được những cơ quan khác biệt phái đến như trường hợp ông Alan Breakspear từ Bộ Di Trú. Có nhiều tổ chức khác cho "mượn" người làm việc với những khoảng thời gian rõ ràng.

Những người thiện nguyện là thành phần quý giá nhất của dự án. Người ta tham gia với con số kỷ lục để chia sẻ công việc, từ khuân bàn ghế, mang quần áo tới kho, lập danh sách những người bảo trợ, cho đến việc trả lời điện thoại.

Dự án 4000: cấu trúc sơ khởi

Hội Đồng Quản Trị

Thư ký

Phối hợp viên	Phụ tá đặc biệt
Kế toán	Phát ngôn viên
	Hành chính

Quản lý văn phòng	**Phối hợp viên của công việc thiện nguyện**	**Liên lạc với chính phủ**	**Sự kiện đặc biệt**
Điện thoại Đánh máy Linh tinh			Nhà ở Y tế Báo chí Giáo dục Việc làm Gây quỹ

Cơ quan đã đương đầu với một số điểm chưa chắc và chưa rõ, và vài điểm sẽ không bao giờ được giải quyết. Chẳng hạn như chỉ tiêu của Dự án – sẽ nhận định cư 4,000 người hay con số tối đa được nhận là 4,000 người ? Ngày 18/7, chính phủ Clark tuyên bố sẽ tăng chỉ tiêu lên nhiều hơn dựa trên một công thức theo đó cứ mỗi người được tư nhân bảo trợ thì chính phủ liên bang cũng sẽ bảo trợ một người. Những người này có được kể trong số 4,000 người của

Dự án không ? Có cần dễ dàng hóa việc làm của những nhóm bảo trợ tư nhân để họ có thể hoạt động một cách độc lập không ? Vai trò của cơ quan có phải để khuyến khích những nhóm khác noi theo hay là để biện minh cho tất cả các vấn đề tị nạn ? Tất cả những chi tiết này đã được bàn cãi kỹ lưỡng. Ngoài ra cơ quan cũng phải đối phó với một số trường hợp, may mắn thay con số này rất ít, trong đó người ta đứng ra cộng tác là để lấy lợi ích cho cá nhân mình chứ không phải để phụng sự mục đích chung. Phải kể cả những vấn đề hiểu nhầm và sự xích mích giữa những cộng sự viên.

Cuối cùng thì những mơ hồ và khó khăn không gây ảnh hưởng gì nhiều. Như bà Dewar đã nói trong buổi họp đầu tiên của ủy ban, mục đích là đưa những người trong tình trạng bần cùng đến Ottawa và hội nhập họ càng sớm càng tốt. Nhu cầu của người tị nạn rất to tát. Cơ hội để cứu trợ cũng rất lớn và hàng ngàn người dân Ottawa nhiệt liệt hưởng ứng. Ông Dan Gamble nhớ lại như sau: "ngày nào cũng gặp khó khăn và những vấn đề đã được giải quyết tại chỗ. Chúng tôi lấy nghị lực để bù lại sự kém hiểu biết. Hơn nữa, sự ủng hộ và hăng hái của quần chúng rất là sâu đậm và mạnh mẽ". Bà Gamble nói thêm là Dự án 4000 là một động cơ tự chạy một mình mà chúng tôi đã thấy tận mắt ngay từ lúc thành hình, Dự án giữ vững động lực khai triển".

Trọng tâm các sinh hoạt biến chuyển tùy theo hoàn cảnh. Trong giai đoạn đầu, Dự án 4000 được đưa ra để huy động dân chúng và tạo cho họ một công cụ để hành động. Sau khi hàng trăm nhóm bảo trợ ra đời thì ban tổ chức tập trung vào vấn đề giải đáp nhu cầu của họ về thông tin, về tham vấn, tài chính, và dịch vụ. Khi các nhóm này có đầy đủ khả năng rồi và những người mới tới đã tự lực được, lúc ấy mục tiêu mới được hướng về vấn đề đoàn tụ gia đình, hay di chuyển đến chỗ khác, và cộng tác với các cơ quan khác.

Tất cả các vấn đề trên đều có tính cách dài hạn. Công việc cần giải quyết nhanh chóng rất là rõ ràng. Nhóm người tị nạn đầu tiên sẽ đến ngày 6/8. Họ sẽ ở đâu và ai sẽ là người lo cho họ.

Chương 4
Dự án 4000 (thực thi)

"Thế giới không dễ hiểu nhưng bạn có thể ôm ấp được nó: bằng cách ôm ấp lấy một người trong số những người của thế giới đó" – Martin Buber

Tây gặp Đông : những cảm nhận đầu tiên

Ông George Pike hồi tưởng lại một cách sống động buổi gặp gỡ đầu tiên với một gia đình tị nạn mà ông và vợ ông là bà Sue Pike đã bảo lãnh. Vào tháng 09 năm 1979, các viên chức Bộ Di Trú Liên Bang đã thông báo cho ông bà Pike biết là gia đình ông bà bảo lãnh đã hoàn tất một chuyến đi xa từ vùng tị nạn và họ sẽ đến Montréal ngày hôm sau. Họ muốn nhóm bảo lãnh sắp xếp để gặp gia đình này. Ông George Pike và bà Sue Pike nhận lời đứng ra lo việc đó và sáng hôm sau hai vợ chồng ông đã có mặt ở ga xe buýt dưới phố.

Họ nhận ra những người mới đến rất dễ dàng: một cặp vợ chồng trẻ với hai con nhỏ và một cái va-li to đựng những vật dụng duy nhất của họ. Là một người có thói quen đi du lịch với trẻ em, ông George Pike bước lên cầm lấy cái va li và sửa soạn mang nó đi. Ông chưa đi được vài bước thì một trong hai đứa bé tiến tới chặn ngang đường ông đi và chỉ tay xuống dưới nhiều lần. Ông George Pike nhìn xuống. Dưới cái va li có hai bánh xe cứng cáp và người ta có thể kéo cái va li thay vì nhấc nó lên cầm tay. Ông George nghĩ là ông vừa thấy một quả bong bóng bay trên đầu đứa bé trong một phim hoạt hình trên đó có hàng chữ "những người Canada là những người tử tế, nhưng có lẽ họ hơi chậm đây".

Đối với những người tị nạn vừa nhập cư, Ottawa – cũng như toàn thể nước Canada – là một môi trường sống hoàn toàn khác lạ. Đối với phần lớn những người này, sự khác biệt về văn hóa khiến cho việc hội nhập khó khăn hơn. Anh Chamroeun Lay, người gốc Cam Bốt, đến Ottawa do chính phủ bảo lãnh. Anh nhớ lại thời gian anh và một số người tị nạn Cam Bốt đến Ottawa vào tháng 12. Nhờ biết nói tiếng Anh khá hơn mấy người kia, anh trở thành người trung gian giữa những người mới đến và thế giới mới của họ. Anh đã khám phá nhanh chóng sự khác biệt giữa việc biết tiếng Anh và việc biết nghĩa thật sự của những từ ngữ này.

Một viên chức Bộ Di Trú gặp những người mới và đưa họ đến một khách sạn để làm thủ tục cho họ được tạm trú tại khách sạn này. Bữa đó là chiều thứ sáu, vị viên chức bảo họ cứ ở đó và đợi đến sáng thứ hai sau cuối tuần. Anh ấy đưa cho họ phiếu ăn và chìa khóa phòng khách sạn rồi giã từ.

Vấn đề ở đây là không một người nào trong nhóm này được nhìn thấy chiếc chìa khóa khách sạn kiểu Tây phương này. Chamroeun đọc được số ghi trên mỗi chìa khóa, nhưng không có số nào trùng với số phòng khách sạn. Những người Cam Bốt này bối rối lắm; có điều gì mà chính họ cần phải biết mà không biết không ? Họ có thể yêu cầu sự giúp đỡ mà không làm phiền lòng những người bảo lãnh họ ? Họ rất cẩn thận không dám tỏ ra sự bất bình trong ngày đầu trong căn nhà mới. Và họ sợ bị mất mặt với người bảo lãnh nếu họ yêu cầu sự giúp đỡ ?

May thay có một người khách mướn phòng ở khách sạn đã nhận thấy sự lúng túng của họ nên đã lên tiếng hỏi giúp. Chamroeun giải thích sự khó khăn của mình. Có vấn đề gì đâu. Số đầu tiên là số tầng khách sạn và hai số sau là số phòng trên tầng đó. Và như thế trở ngại đầu tiên của nhóm này đã vượt qua nhờ vào sự giúp đỡ của một người lạ.

Sau khi mọi người đã vào được phòng mình và thu xếp xong xuôi, họ rủ nhau xuống phòng ăn khách sạn. Và ở đây anh Chamroeun bị cú sốc thứ nhì. Trên thực đơn có ghi món "hot dog". "Mặc dù tôi đọc được tiếng Anh, tôi không hiểu nghĩa những chữ này, người Canada ăn thịt chó thật ư ? Nếu đúng thế thì chúng tôi sẽ chết vì đói". Cuối cùng cả nhóm rủ nhau lấy xe buýt xuống tận phố Tàu bé nhỏ của Ottawa lúc bấy giờ, và ở đây thì họ nhận ra được thức ăn mà họ biết.

Giờ đây trong lúc anh Chamroeun thỉnh thoảng thú vị nhớ lại những giai thoại này, những chuyện đó nói lên sự khác biệt giữa những người tị nạn được bảo trợ bởi những nhóm tư nhân và những người được chính phủ bảo trợ. Những người được chính phủ bảo trợ thì họ được săn sóc chu đáo về phương diện vật chất và một số dịch vụ tư vấn. Tuy nhiên họ không có được một mạng lưới tổ chức liên lạc và giúp đỡ chặt chẽ như những người được các nhóm tư nhân bảo trợ.

Dù họ biết rất ít về văn hóa của những dân vùng Đông Nam Á, một số những người bảo trợ tư nhân cũng cố gắng học hỏi thêm. Họ có một thứ quý giá cho những người mới đến: sự hiểu biết về xã hội Canada và những tập quán của xã hội này. Người tị nạn do các nhóm tư nhân bảo trợ luôn được hưởng sự trợ giúp mỗi khi có những điều mới lạ phát hiện nhất là ở những ngày đầu khi họ đến định cư. Từ những việc như đi mua thức ăn hay vật dụng, việc đi khám bác sĩ, việc di chuyển trong một thành phố lạ hay đi tìm việc làm, người tị nạn bởi nhóm tư nhân được sự trợ giúp cho mỗi cá nhân đầy đủ và chu đáo hơn những người tị nạn do chính phủ bảo trợ. Và kết quả là những người tị nạn bởi nhóm tư nhân biết tự lo cho mình nhanh hơn và đỡ nhọc nhằn hơn.

Phát triển cách điều hành

Dự án 4000 được đề xướng để động viên sự hỗ trợ người tị nạn Đông Nam Á và đề ra những phương cách thực tiễn giúp người tị nạn sống ổn định tại thủ đô Canada. Dự án này đã hoàn toàn thành công. Vào tháng 12 năm 1979, đã có khoảng hơn 3,000 nhóm bảo trợ tư nhân được duy trì nhờ sự đóng góp của gần 6,000 người dân trong vùng. Hơn vài trăm người tình nguyện cũng tham dự vào các chức năng điều hành, từ những công việc văn phòng cho đến việc lãnh đạo dự án. Một bản tin được ra đời vào mùa hè 1979 và được phát hành rộng rãi cho các nhóm bảo trợ, các cơ quan thông tin và các tổ chức, đã trở thành một công cụ thông tin tốt và đúng thời điểm và trình bày được rất nhiều yếu tố liên quan và thiết thực của một Dự án ngày càng lớn dần và phức tạp hơn.

Thêm vào đó, Dự án 4000 đã làm nảy sinh một cuộc chuyên chở chưa từng có về đồ vật và dịch vụ từ những cộng đồng quanh vùng. Nào là những đề nghị cho thuê chỗ ở không lấy tiền, cung cấp công ăn việc làm cho người mới đến, rồi là những hiến tặng quần áo và đồ đạc thiết bị nhà cửa và nhiều thứ khác.

Việc hỗ trợ mà thành phố và nhân viên thành phố này nới rộng thành một tổ chức mới đáng được kể đến. Ông Robert Bailey, Ủy Viên Đặc Trách Phát Triển Cộng Đồng của thành phố, người đứng đầu quản lý nhiều đơn vị của các quận trong vùng có trách nhiệm cho việc định cư những người mới đến, cho biết là Dự án 4000 bao gồm những hỗ trợ về tài chánh và dịch vụ kế toán, hướng dẫn luật pháp, giúp đỡ về các thủ tục giấy tờ và khuân vác từ việc chuyên chở đến việc cho thuê nhà kho và cất giữ đồ đạc. Đáp ứng về nhân lực đến từ các quận còn đi xa hơn việc thỏa đáng những thủ tục được quy định của chính phủ. Cũng như đa số những nhân viên của các thành phố khác, chính ông Bailey và vợ ông là bà Marilyn đã dự phần đắc lực qua nhà thờ của ông bà trong việc bảo lãnh và định cư một gia đình tị nạn. Được hỏi lý do gì dẫn dắt đến sự hỗ trợ hăng hái này, ông nói "khi thấy những hình ảnh thương tâm của những người vượt biển trên những chiếc thuyền mỏng manh trên đại dương để đi tìm tự do, chúng tôi cũng như những người dân bình thường khác, chỉ muốn làm một việc gì để làm vơi bớt đau thương của họ".

Trong khi cuộc khủng hoảng của làn sóng người tị nạn ở Đông Nam Á đang dấy lên sự hưởng ứng và sự đóng góp của người dân Ottawa, Dự án 4000 đã góp công một cách rất hiệu quả và độc đáo trong việc khuyến khích sự tăng trưởng và duy trì những đóng góp này của người dân địa phương.

Tính bằng số nhóm bảo lãnh tư nhân, đóng góp của người dân trong vùng Ottawa vượt trội hơn đóng góp trung bình toàn quốc và đây là một bằng chứng rõ rệt cho thấy sự tác động của dự án của bà Marion Dewar trên những công dân của thành phố bà.

Thành công trong việc đạt được mục đích ban đầu, huy động được sự ủng hộ thuyền nhân, đến lúc những người trong cuộc phải dừng lại để kiểm chứng và tính sổ những chủ đích của

Dự án 4000. Số rất đông của những nhóm bảo lãnh tư nhân và – quan trọng hơn – sự tận tâm làm việc của những nhóm này đã đưa đến một nhận xét là Hội Đồng Quản Trị Dự án 4000 có thể làm việc hiệu quả hơn nếu chỉ nên chú trọng vào việc giúp đỡ và phối hợp các hoạt động mà thôi. Mặc dù Dự án 4000 vẫn giữ được cấu trúc ban đầu của nó, cấu trúc đó đã biến dạng để trở thành một kho tàng trữ trung ương – từ thông tin, đồ vật, dịch vụ và đôi khi đến sự giúp đỡ về tài chính ở một tầm vóc nhỏ - trên đó hàng trăm nhóm bảo lãnh năng động có thể sử dụng để giúp ổn định nhanh chóng việc định cư của những người tị nạn. Nhóm cơ quan trách nhiệm của Dự án 4000 thiết lập và bảo trì một hồ sơ trong đó có ghi danh sách những nhà cho thuê rẻ tiền hoặc miễn phí mà nhóm bảo trợ tư nhân có thể sử dụng để tìm nhà thích hợp trong vùng. Tương đương với việc này, kho chứa đồ trung ương cũng được thiết lập để cất giữ những đồ đạc và quần áo do người dân hiến tặng. Các nhóm bảo trợ và những người tị nạn có thể sử dụng những kho chứa đồ này miễn phí trong lúc chờ đợi nhà mới để dọn vào.

Tổ chức Dự án 4000 cũng trở thành một cơ quan trung gian giữa các nhóm bảo trợ và chính quyền liên bang trên phương diện đáp ứng những thủ tục hành chánh cho việc bảo lãnh. Các nhóm bảo trợ phải đăng ký với bộ di trú và phải cam kết lo về nhà ở và ăn uống cho gia đình tị nạn mà họ đã thỏa thuận bảo lãnh trong vòng một năm và họ phải trình báo cáo tiến triển. Trong khi đó, Dự án 4000, được coi như một tổ chức từ thiện, cung cấp thông tin về những điều lệ phải làm, biên lai khai thuế cũng như cố vấn cho những khúc mắc về các thủ tục hành chính.

Có hai khía cạnh khác về phương diện điều hành đáng được nhắc đến. Dự án 4000 tuy là một dự án được giới truyền thông nói đến nhiều nhất ngay từ lúc đầu, dự án này không phải là dự án đầu tiên mà cũng không phải là dự án duy nhất hoạt động tích cực trong việc trợ giúp người tị nạn từ Việt Nam, Cam Bốt và Lào tại Ottawa. Đã có nhiều cộng đồng tôn giáo có mặt với những chương trình cứu trợ được bắt đầu từ trước khi cuộc khủng hoảng thuyền nhân nổ bùng vào mùa xuân năm 1979. Nhóm nhà thờ Mennonite, Ottawa Mennonite Church chẳng hạn, hoạt động rất tích cực trên vấn đề người tị nạn. Ngoài ra cón có hai cơ quan khác – Tổ Chức Dịch Vụ Di Dân thành phố Ottawa-Carleton (OCISO) và Trung Tâm Dịch Vụ Thiên Chúa

Giáo về Di Dân (CIS) – đã hoạt động giúp đỡ việc định cư cũng như về tư vấn cho những người tị nạn, một phần của sứ mệnh giúp đỡ người di dân của hai tổ chức này. Riêng hội CIS hoạt động trong lãnh vực này cả mấy chục năm nay. Dự án 4000 ghi nhận sự có mặt về khả năng và kinh nghiệm to tát của các hội trong vùng và đồng thời các hội đoàn tôn giáo cũng hoan nghênh tầm ảnh hưởng và tài nguyên mà Dự án 4000 mang đến cho những công việc chung.

Ông Tony Enns, người đã từng là thành viên của hội đồng lo về chương trình giúp người tị nạn của hội Mennonite, đã có lần chia sẻ rằng những người trong hội đồng Mennonite luôn coi Dự án 4000 như một tổ chức thân thuộc cùng làm việc với một mục đích chung. Và có những người khác cũng đồng ý với cái nhìn của ông. Bà Pat Marshall, lúc đầu là thành viên của nhóm bảo trợ công giáo địa phương và sau đó làm việc cho tổ chức OCISO với tư cách ủy viên cố vấn, nhớ lại việc giao tiếp hoàn hảo giữa các cơ quan bảo trợ. Không có việc tranh giành ảnh hưởng về địa hình, một cơ quan luôn tìm cách giúp đỡ và hỗ trợ những cơ quan khác và chính nhu cầu của những người tị nạn là trọng tâm chính trong công việc bảo trợ.

Việc chú trọng vào nhu cầu người tị nạn cũng ảnh hưởng đến các hoạt động khác của Dự án 4000. Và như đã nói ở trên, khi chính phủ ông Clark thông báo nhà nước sẽ tăng số người được bảo lãnh vào Canada vào tháng 7, chính quyền sẽ đáp ứng bằng cách nâng số người tị nạn được bảo lãnh bởi chính phủ bằng với số người được các nhóm tư nhân bảo lãnh. Và với sự lựa chọn và giải quyết đơn xin tị nạn ngày càng nhanh chóng hơn, số người tị nạn bắt đầu đến Canada mỗi lúc một tăng. Vấn đề ai bảo lãnh ai hay vấn đề phải giới hạn những nỗ lực bảo trợ vào nhóm tư nhân hay nhóm nhà nước không còn là vấn đề quan trọng nữa. Việc chính phải làm giúp những người mới đến càng hiệu quả càng tốt để họ gây dựng lại đời sống nơi đất mới. Và nhờ vậy, những dịch vụ (công tác giúp đỡ) chung mà Dự án 4000 mang lại – như đồ đạc, quần áo và những tin tức hỗ trợ cần thiết – đều được mở rộng ra miễn phí cho bất cứ ai cần đến. Hội Đồng Quản Trị Dự án đã thật sự ý thức được lời bà Marion Dewar phát biểu trong buổi họp đầu tiên rằng Dự án 4000 ra đời "để hướng dẫn những người cần trợ giúp đến với cộng đồng chúng ta và giúp đỡ họ hội nhập nhanh chóng". Bài học đã được hiểu chu đáo và sẽ không bao giờ quên.

Chỉ trong vòng vài tháng, Dự án 4000 đã thực sự thành công và ổn định trong phận sự và công việc của mình. Dự án 4000, như đã ghi trong một bản tường trình tổng kết sau đó, “chú trọng ngay từ thời gian đầu năm 1980 vào việc hướng dẫn và giúp đỡ những nhóm bảo trợ tư nhân và đảm nhận việc huấn luyện, giúp đỡ và tư vấn cho những người tị nạn thuộc cả hai nhóm tư nhân và chính phủ ngay từ những tháng đầu tiên khi họ đặt chân đến Canada”. Những sinh hoạt này đã tiếp tục gia tăng và nới rộng, nhất là trên địa hạt học nghề và tìm việc cũng như việc định cư và hội nhập của những người mới đến.

Những mất mát và những phục hồi

Mặc dù với tất cả sự giúp đỡ tận tình và tấm lòng hảo tâm lớn của các nhóm bảo trợ, đa số người tị nạn vẫn thấy vấn đề hội nhập vào đất mới mình sinh sống là gian nan và khó nhọc. Những người Hy Lạp thời xa xưa thường nghĩ là không có cái buồn đau nào to hơn buồn đau phải sống xa quê hương mình. Người ta cần thời gian, lòng can đảm và sự chịu đựng để chấp nhận được hoàn cảnh nghiệt ngã họ đã sống qua. Trên bước đường tị nạn, họ đã gánh chịu rất nhiều đau thương.

Ông Điệp, bà Tâm vợ ông, ba đứa con và người em vợ đến Ottawa vào mùa hè 1979, trong lúc Dự án 4000 đang bắt đầu vào việc.

Cái may của gia đình họ Trịnh là ngoài việc ông Điệp biết nói tiếng Anh, gia đình ông còn có một người trong họ là ông Lê Duy Cấn đã sinh sống ổn định tại thành phố mà gia đình ông Điệp định cư. Với sự giúp đỡ của ông Cấn và vợ ông là bà Vượng, việc định cư của gia đình ông Điệp ở Ottawa cũng đỡ khó khăn hơn phần nào.

Mùa đông đầu tiên thật phũ phàng. Không người nào trong gia đình ông Điệp có thể tưởng tượng ra cái lạnh phương Bắc này. Thêm vào đó, những hình ảnh ghê gớm của chuyến đi vượt biển vẫn còn lảng vảng trong đầu. Ông Điệp nhớ lại một ngày mùa đông khi ông và vợ ông đi chợ mua thức ăn. Hai vợ chồng ông mua thật nhiều trái cây đủ loại cho mùa đông, nào cam, nào chuối và các loại trái cây khác. Vì không có xe hơi mà lại phải khuân trái cây khệ nệ về apartment, ông Điệp quyết định đi tắt qua một cách đồng đầy tuyết. Lỗi to, ông Điệp nói, "tôi vừa đi được vài bước thì tôi trượt chân trên một phiến đá băng và ngã sóng sượt". Tất cả trái cây nào cam nào chuối lăn mất vào trong tuyết làm cho những ký ức của ông với khí hậu nhiệt đới qua mấy quả trái cây này cũng mất theo, lòng ông tràn ngập một cảm giác mất mát lớn không thể bù đắp được. Cảm giác đó đến thật bất chợt và ông nằm đây trong cái lạnh và ướt của tuyết, ông đã cảm nhận sâu sắc hơn nỗi tuyệt vọng của chính ông trước những gì ông đã từng một thuở yêu thích.

Gia đình ông Trịnh Vũ Điệp lần đầu tiên dự Hội Hoa Tulip tại Ottawa
(*Hình: Gift of Freedom*)

Và cũng có những chuyện khác vui hơn. Bà Tâm (vợ ông Điệp) tìm được việc làm thợ may vá và bà đã trở thành bạn của một số đồng nghiệp nơi chỗ bà làm. Trong một buổi tán gẫu ở sở một ngày mùa thu, một người bạn đồng nghiệp ngạc nhiên khi biết được là dân Việt Nam ở miền Nam Việt Nam cũng có phong tục ăn mừng lễ Giáng Sinh khắp nơi. Các bạn sau đó thôi không nói về chuyện đó nữa. Vài tuần sau, lúc lễ Giáng sinh gần kề, trong nhà ông Điệp nghe có tiếng người gõ cửa. Người trong nhà mở cửa và bà Điệp nhận ra người gõ là một người bạn cùng sở, đem đến vài món quà Giáng sinh cho các cháu, một cái giỏ đựng đầy thức ăn và một cây thông Giáng sinh nhân tạo bé. Sau này khi khá giả hơn và có nhà riêng, ông Điệp nói "chúng tôi vẫn tiếp tục dùng cây thông giả đó trong rất nhiều năm".

Nhiều khi chỉ cần một vài cử chỉ nhỏ có tính cách săn sóc cũng có thể gây ảnh hưởng rộng và lâu dài. Bà Elizabeth Rapley đã từng có mặt giúp đỡ người tị nạn từ khá lâu trước khi Dự án 4000 ra đời, bắt đầu lúc một người bạn nhờ bà giúp một thiếu phụ tị nạn người Cam Bốt đang có thai di chuyển trong thành phố Ottawa. Bà Rapley và con bà nhận lời và ba người này đã trở thành bạn. Một hôm trong lúc họ đang thăm nhau, một thiếu phụ trẻ người Cam Bốt khác ghé qua. Cô này cũng đang có thai và sắp sanh. Lúc ấy cô này thấy trong người không yên và bà Rapley, lúc đó nhớ lại hoàn cảnh của bà khi xưa lúc bà có thai và đang chờ hạ sinh con mình, đã tự động săn sóc cô gái trẻ bằng cách mát-xa dọc sống lưng của cô này. Cô trẻ này quay lại nhìn, rất cảm động. Trong một khoảnh khắc thời gian đó, cô đã cảm thấy như đang được Mẹ mình về vuốt lưng, người mẹ đã bị biến mất sau biến cố diệt chủng ở Cam Bốt. Bà Rapley sau này vẫn tiếp tục giữ liên lạc thân mật với cộng đồng người Cam Bốt và còn nhớ mãi đến những năm về sau mỗi lần gặp lại cô nàng trẻ đó, cô luôn nhắc lại kỷ niệm được bà Rapley vuốt lưng và cô đã cảm thấy như chính mẹ cô về vuốt lưng cho cô.

Ông Dương Thanh Liêm cũng còn nhớ chuyện một người tử tế mà ông đã gặp. Ông đến Ottawa vào tháng 07 năm 1983, cùng đợt với các người tị nạn Việt Nam, Cam Bốt và Lào đến sau khi Dự án 4000 chính thức chấm dứt. Mặc dù có bằng đại học ngành canh nông từ Việt Nam, ông Liêm nhận thức được là muốn kiếm việc làm tốt ông phải đi học thêm. Mặc dù được chính phủ trợ giúp và biết được thời gian trợ giúp có thể được gia hạn, ông Liêm vẫn tìm mọi cách để tự lập và tự lo càng sớm càng tốt. Chỉ sau một thời gian ngắn trong vòng xấp xỉ 2 tháng, ông đã xin vào được đại học Carleton và tìm được việc rửa chén trong một hiệu ăn. Ông đi học mỗi ngày từ 08:30 sáng đến 04:30 chiều, sau đó đi làm việc rửa chén từ 05:00 giờ đến 01:00 giờ đêm. Ông nhắc lại chuyện này với một nụ cười khi nghĩ lại là ông không có một chút thì giờ rảnh nào trong thời gian đó.

Ông Liêm tiếp tục theo đuổi chí nguyện và cuối cùng đã có một sự nghiệp thành công với chính phủ liên bang và sau ông đã được bổ nhiệm chức quản lý ngành công nghệ với Bộ Quốc Phòng. Trong những năm đầu ở Ottawa, trong lúc còn làm việc trong một tiệm ăn, ông bị đau bao tử. Bác sĩ nói ông có mụn lở trong bao tử và phải đi bệnh viện ngay để được điều trị. Khi bà bác sĩ khám phá ra là ông định đi xe buýt đến bệnh viện, bà đã quyên tiền với các người làm trung tâm y khoa và cuối cùng đã quyên được đủ tiền để "bắt" ông Liêm đi taxi đến bệnh viện. Ông Liêm đã nghe lời và sau khi lành bệnh, ông đã quay lại trung tâm này để cám ơn mọi người nhưng vị bác sĩ đó đã đi nơi khác và không để lại địa chỉ, và ông Liêm chỉ còn cách đóng góp với một số tiền cho quỹ làm việc của trung tâm y khoa này.

Còn có những chuyện vụng về không tránh được. Bà Phyllis Hardie gốc người Tô Cách Lan làm chung với một nhà thờ vùng Aylmer và nhóm này đã bảo lãnh một gia đình tị nạn Việt Nam có hai người lớn và 3 trẻ con. Bà Hardie nhớ lại tính tình lương thiện của người cha và người mẹ và cách cư xử của 3 người con, một trong ba đứa này đã trở thành bạn thân của con trai bà trong suốt thời gian học tiểu học và trung học.

Biết được bà mẹ của gia đình này không nói được tiếng Anh, bà Hardie tự nguyện dạy tiếng Anh cho bà. Sau vài lần học, bà phát giác ra là cô học trò đã học luôn cả cách phát âm của cô giáo. Sau khi nghe cách phát âm của chữ "curtain" nhiều lần, bà Hardie biết đây là mình không dìu dắt đúng đường. Hội nhập vào đời sống Canada như là một thành viên của cộng đồng Á Châu là một chuyện, nhưng hội nhập mà lại nói tiếng Anh với giọng Tô Cách Lan là một chuyện khác. Bà Hardie quyết định là bà có thể làm nhiều việc khác có hiệu quả hơn và bà đã tìm được một vị khác dạy tiếng Anh thay thế bà.

Dần dà với thời gian, những người tị nạn bắt đầu quen với đời sống mới để có thể cắm rễ nơi đất mới. Và mùa đông ở đây luôn mang đến những kỷ niệm khó quên, nhất là vào những năm đầu khi mới đến. Ông bà Nancy và Doug Umbach, từng là thành viên của Hội Tin Lành Baptist ở Hanover, Ontario, đã từng giúp việc đắc lực trong việc giúp đỡ người tị nạn. Hai ông bà kể lại là khi họ dọn về Ottawa, họ đã làm việc với Dự án 4000 và bà Umbach vẫn còn nhớ khi gặp người tị nạn mới đến, họ luôn hỏi bà : "vào mùa đông, chắc bà không bao giờ ra khỏi nhà ?". Bà trả lời : "Chúng tôi có ra khỏi nhà nhưng chúng tôi luôn mặc thật ấm trước khi ra". Và câu hỏi tương tự luôn tiếp diễn.

Đi trượt băng trên kinh đào Rideau là cả một "cuộc mạo hiểm". Tuy thế với sự kiên nhẫn cộng thêm những khuyến khích từ những người bạn Gia Nã Đại, những người mới đến bắt đầu quen với mùa đông. Đã có một số thích mùa đông, hay ít nhất chấp nhận mùa này.

Sự tiến triển của Dự án 4000

Mặc dù Dự án 4000 đã và tiếp tục đem lại những thành quả và ảnh hưởng đáng kể trong vùng thủ đô, sự điều hành dự án đã kéo dài hơn 18 tháng. Vào mùa xuân năm 1980, đã có những thay đổi trong cơ cấu tổ chức và một ban chấp hành trong hội đồng quản trị đã được thành lập để đáp ứng với hoàn cảnh luôn đổi mới. Vào mùa hè năm 1980, người chủ động dự án đã thấy rõ là hầu hết những nhu cầu dự tính lúc ban đầu khi dự án được khởi công đều đạt được thỏa đáng. Những người tị nạn tiếp tục làm lại cuộc sống và hội nhập với đời sống mới. Và ai cũng biết là việc hội nhập này sẽ mất nhiều năm chứ không phải vài tháng và những thách đố mà người tị nạn Việt Nam, Lào và Cam Bốt đang phải đối diện cũng không khác gì những thách đố mà bất cứ người mới nào đến xứ này gặp phải. Tương tự với tiến bộ này, các nhóm bảo lãnh tư nhân cũng hoạt động rất tốt đẹp, có nhóm đã hoàn tất những cam kết, có nhóm đang phát triển khả năng và đầy đủ kinh nghiệm để đáp ứng hầu hết những nhu cầu cũng như những khó khăn gặp phải.

Ở cấp bực điều hành, những người trong ban chấp hành dự án luôn tìm ra việc hữu ích để làm. Thật vậy, họ hỗ trợ sự đoàn tụ gia đình - giúp những cá nhân tị nạn mang những người trong gia đình còn lại sang Canada và sự bảo trợ này giúp những nhóm bảo trợ tư nhân muốn bảo trợ thêm người tị nạn từ vùng Đông Nam Á. Những lý do căn bản lúc ban đầu đã bắt đầu đã không còn cấp bách, đây cũng là kết quả của sự thành công của chính dự án này. Vào tháng 5, ban chấp hành đã đóng cửa kho chứa đồ đạc bàn tủ vì nhu cầu ngày càng ít đi và một thời gian sau, kho chứa quần áo – kho này đã cung cấp quần áo cho hơn 2,600 người mới đến vào tháng 3 năm 1980 – cũng sẽ phải tự lập, nghĩa là cộng đồng sẽ đảm trách thay vì Ban Chấp Hành Dự án. Ban này có nhờ ông Alan Clarke của trường Algonquin, người đã theo dõi sự tiến hóa của Dự án 4000 từ lúc khởi đầu, khảo sát lại ảnh hưởng của việc dừng lại các hoạt động của Dự Án. Giáo sư Clarke đã đi đến kết luận mà ông đã phát biểu trước ban chấp hành tháng 11 năm 1980 rằng "tất cả những hoạt động của Dự án 4000 sẽ chấm dứt trước ngày 31 tháng 12 năm 1980 ngoại trừ một vài chức năng tài chánh đặc biệt". Hội Đồng Quản Trị ghi nhận lời khuyến cáo này và Dự án 4000 bắt đầu sửa soạn những cách thức để rút lui êm thắm.

Điều mà một tổ chức có sửa soạn ngày mà tổ chức đến thời điểm chấm dứt đã là hiếm thấy, đây lại còn đi xa hơn bằng cách khảo sát lại các công việc hoạt động của tổ chức mình.

Yếu tố chính để thực hiện việc này là nhờ vào sự thiện nguyện. Dự án 4000 đã được thành lập, thực thi và điều khiển bởi một số người tự nguyện đứng ra giúp và họ không bao giờ đánh mất hướng đi. Như bà Barb Gamble nói : "không có ai nghĩ Dự án 4000 là một tổ chức vĩnh viễn. Một khi những mục tiêu của dự án đã thành tựu, những người trong tổ chức sẵn sàng lật trang và quay lại với đời sống bình thường của họ".

Việc làm tự nguyện cho Dự án 4000 cũng biểu hiện dưới nhiều khía cạnh khác. Khi bắt đầu dự án này chỉ có vỏn vẹn một ngân quỹ bé nhỏ và không có nhân viên thường trực. Chỉ một thời gian sau cho đến khi dự án chấm dứt, dự án đã lớn mạnh với số người vui vẻ và tận tâm giúp việc thiện nguyện cho đến nguồn bảo trợ dồi dào của cộng đồng. Trong suốt giai đoạn hoạt động tích cực của dự án từ tháng 07 năm 1979 cho đến tháng 12 năm 1980, Dự án 4000 đã sử dụng một ngân khoản tổng cộng trên $1,600. Vào tháng 10 năm 1979, một tài liệu không công bố ra ngoài thẩm định số tiền tổng cộng đóng góp từ cộng đồng đã lên đến 4 triệu đồng, tức là khoảng 25 lần lớn hơn số tiền chi tiêu của Dự án 4000 vào cuối năm 1980.

Trên đoạn đường một dự án sắp sửa chấm dứt cũng có nhiều thách đố. Dự án 4000 đã cho ra một số phương thức rất canh tân trong việc dễ dàng hóa việc định cư những người tị nạn và không ai muốn thấy những phương thức này bị mất đi. Ủy Ban Dự án đã gặp gỡ những viên chức của OCISO và CIS để bàn việc trao lại bó duốc dang cháy thay vì dập tắt nó đi. Đã từng làm nhân chứng trước những thành công của Dự án 4000 đối với những nhóm bảo lãnh tư nhân, OCISO quyết định thành lập chương trình Canadian Friends, một chương trình trong đó có các phương thức để trang bị cho những nhóm thiện nguyện người Canada. Những nhóm này đang giúp những người tị nạn do chính phủ bảo trợ để giúp những người này có đầy đủ thông tin về hệ thống mạng lưới bao gồm những cơ quan và tổ chức đã giúp đỡ những người tị nạn do các nhóm tư nhân bảo lãnh.Những phương thức khác, từ việc tài trợ các công ty có dịch vụ cho người tị nạn cho đến việc khuyến khích các nhóm bảo lãnh tư nhân, cũng có thể tìm được trong cùng nguồn tư liệu của chương trình đó.

Tờ báo thông tin cuối cùng của Dự án 4000 được xuất bản vào tháng 1 năm 1981. Vào cuối tháng đó, Hội Đồng Quản Trị (HĐQT) dự án ra thông báo đóng cửa văn phòng trung ương và chấm dứt công việc của nhân viên chủ lực. Văn thư chính thức cũng được gửi đi cho một số tổ chức và cá nhân đã làm việc và đã có cộng tác chặt chẽ với Dự Án. Tất cả các hồ sơ của dự án được gom góp lại và gửi đến nhà kho. Ban điều hành chỉ giữ lại những dịch vụ văn phòng và trả lời điện thoại. Và thành phố Ottawa tiếp tục cho phép HĐQT dùng phòng ốc của thành phố khi cần hội họp. Vào ngày 19 tháng 2, tờ Ottawa Citizen có đăng một bức thư ngỏ của ông Chủ Tịch HĐQT Dự Án, ông Romeo Malone. Bức thư đó như sau:

"Dự án 4000 là một nghĩa cử rất đẹp chưa từng có từ trước của nhân dân thành phố Ottawa trước vấn nạn thuyền nhân vùng Đông Nam Á. HĐQT dự án xin được cám ơn rất nhiều hội đoàn cũng như những nhà hảo tâm, các doanh nghiệp, báo chí, nhà thờ và những tổ chức khác đã giúp đỡ trong việc định cư các thuyền nhân. Chúng tôi mong rằng cộng đồng của những người có tâm huyết đã đứng ra đón nhận và giải quyết những thách đố mà bà Marion Dewar đã nêu ra ngày 12 tháng 7 năm 1979, sẽ tiếp tục giúp đỡ những người mới đến này và giúp họ tìm thấy chỗ đứng trong chỗ làm việc và trong cộng đồng xã hội của xứ sở Canada".

Sinh hoạt của dự án từ nay sẽ chỉ chú trọng trên việc làm nốt những việc còn lại và lo chu đáo việc sử dụng những vật liệu còn dư lại. Mặc dù ban lãnh đạo tiếp tục họp nhiều lần một năm, mọi công việc quản lý chi tiết đều do HĐQT thực thi.

Làm lại cuộc đời

Nhận xét của ông Phyllis Hardie về sự làm việc tốt của những người mới đến phản ảnh cái nhìn của đa số những người đứng ra bảo lãnh. Những người Gia Nã Đại có liên hệ trực tiếp trong việc đón tiếp những người mới đến đều có ấn tượng tốt và rất được khích lệ bởi sự quyết tâm của người tị nạn để trở thành tự túc và tự lo được cho mình càng sớm càng tốt. Đối với nhiều người mới đến, họ không đạt được chủ đích tự túc cho đến khi họ bắt đầu có chút vốn sinh ngữ Anh hoặc Pháp. Tìm được công ăn việc làm luôn là ưu tiên cao nhất cho họ. Những người nào học được một trong hai ngôn ngữ chính thức của nhà nước Canada thường thì tìm được việc khá nhanh. Ngay cả những người không nói hoặc nói ít hai ngôn ngữ chính cũng thường tìm được việc sau một thời gian ngắn.

Ông Hoàng Song An, một cựu quân nhân quân lực Việt Nam Cộng Hòa (VNCH), rời Việt Nam vào mùa hè 1980 trên một chiếc thuyền nhỏ đầy người. Khi ra đến vịnh Thái Lan, chiếc thuyền bị hải tặc tấn công. Kịch chiến giữa hai bên khiến 30 trên 138 người trên thuyền bỏ mạng, bị quân cướp biển giết hoặc chết đuối trên biển. Khi những người sống sót vào được bờ, họ được đưa vào một trại tị nạn. Ông An may mắn nhờ có cô em định cư ở Canada sau khi chiến tranh chấm dứt bảo lãnh. Nhờ vậy ông An được cho phép nhập cảnh Canada khá nhanh.

Đến Ottawa vào mùa thu năm 1980, ông An lập tức tìm được việc làm trong một tiệm ăn. Khi nhìn lại đoạn đường đi qua, ông An nghĩ có thể tốt hơn nếu ông chọn đi học ngoại ngữ thay vì đi làm tuy ông có trình độ khá đủ về tiếng Anh. Và trên tất cả mọi thứ khác, ông An muốn kiếm được tiền ngay để trả nợ cho cô em và để bảo lãnh cho người vợ chưa cưới vẫn còn ở Việt Nam. Trong lúc việc trả nợ được tiến hành tốt đẹp, vấn đề bảo lãnh người vợ chưa cưới có thể mất rất nhiều năm. Với một bà mẹ bị bệnh ung thư và một người bố còn đang bị giam giữ với tư cách tù chính trị, người vợ chưa cưới của ông đã quyết định ở lại. Ông An trong thời gian đó tiếp tục làm việc và bảo lãnh được bố mẹ và người em trai cùng gia đình của người em. Và cuối cùng, vào năm 1992, tức là 12 năm sau khi ông An rời Việt Nam, ông đã làm đám cưới với người vợ chưa cưới của mình và gia đình ông dọn về trú ngụ trong căn nhà của ông. Hai ông bà có hai cháu gái thông minh và linh hoạt và giờ đây là những mầm non đầy tương lai dưới mắt ông An. Trong suốt thời gian đó, ông tiếp tục kiên nhẫn làm việc các ngành tiệm ăn, tự mình kiếm sống và không nhờ vả hay đòi hỏi gì khác từ xã hội Canada ngoài việc cho ông có cơ hội làm việc chăm chỉ và gầy dựng lại cuộc sống của mình.

Tinh thần kiên nhẫn phấn đấu này không chỉ có trong thế giới của công ăn việc làm. Anh Nguyễn Trương Hà Phương và người em trai đến Ottawa vào mùa hè năm 1979 và được gia đình ông bà Hughes giúp đỡ tận tình (không qua chương trình bảo lãnh chính thức). Bà Hughes nhớ lại việc tổ chức buổi diễn hành ở thành phố Cumberland, diễn hành đánh dấu Năm Quốc Tế Của Trẻ Em. Bà muốn làm một cái thuyền trưng bày sự đa dạng của trẻ em trên toàn thế giới cho buổi diễn hành và có nhờ ông Lê Duy Cấn giúp. Ông Cấn đề nghị anh Phương và em của Phương giúp. Và để sửa soạn cho buổi diễn hành, bà Rita mời hai anh em Phương về nhà họ. Sau buổi diễn hành, bà nghĩ là ai cũng sẽ về nhà nấy nhưng bà ngạc nhiên khi quay về nhà thì thấy hai anh em Phương và các con của bà đang đi xe đạp với nhau và chơi đùa với nhau rất vui vẻ. Và vì nhà có dư một phòng ngủ trong căn nhà cũ, ông bà Hughes mời hai anh em Phương dọn về nhà bà và từ đó gia đình ông bà Hughes trở thành những người bảo lãnh chính thức của hai anh em anh Phương.

Anh Phương nói được một chút tiếng Pháp nhưng biết rất ít tiếng Anh, và tự ghi danh vào mùa thu ở trường đại học Ottawa ngành kỹ sư. Anh còn nhớ ngày đầu đi học và nghe thầy giảng nhưng hiểu rất ít. Qua hết mùa thu, anh học rất chăm và cố gắng trau dồi Anh ngữ. Mùa giáng sinh đến và qua học bạ nhận được, anh đã thi hỏng hầu hết những kỳ thi giữa khóa.

Anh tiếp tục cố gắng học cho đến hết năm. Nếu điểm không tăng anh sẽ quyết định bỏ học và ra đi tìm việc làm. Vào tháng tư, anh nhận được điểm thi của nhà trường, và được thông báo là tên anh nằm trên bảng danh dự của ông Khoa Trưởng. Anh tiếp tục học và thi đỗ với bằng kỹ sư điện.

Đa số những người mới đến, kiếm được công ăn việc làm là điều quan trọng, không những vì đó là một bước tiến lớn đưa đến sự ổn định mà còn là một phương tiện tạo dựng lại sự tự hào cần thiết trong cuộc chen chân với xã hội mới là lòng tự trọng và phẩm cách cá nhân. Thái độ chung của mọi người là làm việc gì cũng được còn hơn là thất nghiệp. Rất ít người tìm được việc đúng ngành mình đã chọn học, phần lớn chấp nhận công việc khác với ngành mình học. Như ông Điệp, với bằng cao học về quản trị kinh doanh, tìm được việc dạy học tiếng Anh ở một trường dạy về thương mại kinh doanh. Vợ ông, bà Tâm, cựu giáo sư ở Việt Nam, làm nghề sửa quần áo. Rất ít người than phiền. Đa số tỏ lòng biết ơn với những cơ hội được có việc làm để đi đến tự túc ổn định nơi đất mới, nơi đón mời họ như một người tị nạn.

Chướng ngại lớn nhất mà người tị nạn phải đương đầu chắc chắn là vấn đề ngôn ngữ. Không nói được những ngôn ngữ chính thức của Canada, đa số người tị nạn bị bắt buộc phải sống trong cộng đồng của mình, bên lề của một xã hội rộng lớn hơn. Với thời gian, những người mới đến vượt qua được trở ngại và bắt đầu một cuộc hành trình lớn trên đường hội nhập, một hành trình đòi hỏi người tham gia phải có nhiều sáng kiến, phải chịu khó và chăm làm việc.

Sự kết thúc của Dự án 4000

Chấm dứt dần những cam kết tài chính cho thấy việc đó phức tạp hơn là việc dự đoán những cam kết đó. Là một tổ chức có tính cách thiện nguyện, Dự án 4000 bị bắt buộc phải tiếp tục cho đến khi những trách nhiệm pháp lý của mình được hoàn toàn thành tựu và những tài sản của mình được sử dụng hoàn toàn hoặc giao toàn công việc và trách nhiệm mình cho một tổ chức khác đảm nhiệm. Tuy giai đoạn điều hành dự án đã được thực hiện, tổ chức Dự án 4000 năm 1980 có một tài sản có trị giá $115,000.00. Những đóng góp đến từ khắp nơi, gồm có đóng góp cá nhân và đóng góp từ các tổ chức. Giấy biên nhận trừ thuế đã được làm và gửi đi. Riêng những đóng góp lớn, những bản báo cáo đầy đủ hơn về những chi tiêu đã được biên soạn và phát tán. Và tổ chức Dự án 4000 (DA4000) tiếp tục làm trung gian giữa những nhóm bảo lãnh tư nhân và chính phủ liên bang trên tất cả những hồ sơ dính dấp đến các vấn đề hành chính. Thêm vào đó có một chút phức tạp khác. DA4000 tự mình cũng có giúp tài trợ cho một số nhóm bảo trợ và một số chương trình giúp người tị nạn trong hơn 18 tháng qua. Mặc dù số tiền bảo trợ này không lớn, tất cả số tiền đó vẫn phải được cho vào kế toán và thống kê. Sau khi tham khảo ý kiến của các chuyên gia về luật, ban điều hành DA4000 quyết định cho DA4000 tiếp tục "sống" thêm trong một thời gian ngắn nữa và đây được xem như là giải pháp tốt nhất.

Mục đích lúc đầu muốn chấm dứt DA4000 vào cuối năm 1981 cho thấy là không thể thực hiện được. Việc quản lý chương trình bảo trợ đòi hỏi nhiều thời gian và công sức. Thêm vào đó, có hơn 80 nhóm bảo lãnh tư nhân tiếp tục hoạt động đến gần cuối năm 1981 – và dĩ nhiên những hoạt động này dựa trên những đòi hỏi báo cáo hành chính cũng như việc cung cấp biên nhận trừ thuế. Một số các nhóm bảo trợ đã có dự định là họ sẽ tiếp tục làm việc cho đến 1982.

Và rồi cuối cùng những trách nhiệm tài chính đã đòi hỏi DA4000 tiếp tục thêm 18 tháng nữa. Vào mùa xuân năm 1983, có thể nói là hầu hết những cam kết của DA4000 đã được hoàn thành và đồng thời đa số những tài sản của DA cũng đã được phân phối. Phần ít còn lại được giao cho những chương trình định cư người tị nạn - phần lớn qua OCISO - và những phí tổn liên hệ đến việc chấm dứt dần của dự án. Một thông báo chính thức đã được gửi đi ngày 21/9/1983 thông báo trước sự chấm dứt của DA4000 sẽ có hiệu lực từ ngày 30/12/1983.

Trong khi thông báo cho biết ngày chấm dứt chính thức của DA4000, một số người liên quan tới Dự án và đã đóng góp cho DA đã tự ý đánh dấu thành quả này một vài tuần sớm hơn. Vào ngày 6 tháng 9, một buổi tiếp tân đã được tổ chức tại Rideau Hall, tư dinh của ngài toàn quyền, và tại đây người ta đã vinh danh những người trực tiếp tham dự DA4000. Có khoảng 200 người tham dự buổi tiếp tân này và con số này cho thấy DA4000 đã tạo ra một mối giây liên hệ mật thiết giữa nhiều người trong vùng này.

Trong số những người được đặc biệt lưu ý tới và được đặc biệt vinh danh có bà Eleanor Ryan, thành viên đầu tiên của Hội Đồng Quản Trị và cũng là vị chủ tịch đầu tiên và duy nhất. Eleanor Ryan đã tham dự vào DA4000 ngay từ lúc DA ra đời, đã phụng sự qua nhiều khả năng và chức vụ khác nhau, đã dìu dắt tổ chức qua nhiều thách đố chia rẽ nội bộ cam go và tế nhị và bà đã chứng tỏ là một người làm việc không biết mệt, có hiệu quả, và hoàn toàn để hết tâm huyết vào việc giúp đỡ những người tị nạn. Trong lúc tổ chức DA4000 tiếp tục được sự hỗ trợ cho đến phút cuối, chính bà Ryan là người đã cáng đáng giải quyết rất nhiều vấn đề đưa đến sự thành công của một tổ chức thật sự đặc biệt và phức tạp. Tấm bảng danh dự mà bà Ryan được trao trong buổi tiếp tân vẫn còn được treo lên ở một chỗ vinh dự trong phòng khách nhà bà.

Những điểm son đáng ghi

Hành trình của một người nhập cư từ lúc đặt chân đến xứ sở này cho đến khi ổn định và hội nhập hoàn toàn là một cuộc hành trình vừa khó khăn vừa dài. Trên đại lộ đó, những người tị nạn không dấn bước với cùng một vận tốc. Mục đích thì rất rõ rệt và từng bước một, họ phấn đấu để đi đến đích. Một điểm son đáng ghi nhớ trên bước đường nhập cư này là lúc người tị nạn được chấp nhận và mời đi lãnh bằng công dân Gia Nã Đại.

Em Huỳnh Minh đến Ottawa vào tháng 9 năm 1979, em là một người trong gia đình đông con trốn khỏi Việt Nam bằng thuyền. Bố mẹ em Minh nói với em, lúc đó 13 tuổi, là gia dình đi nghỉ mát, để tránh cho các con nhỏ sợ hãi. Cần nhiều năm sau chúng mới hiểu được những hiểm nguy mà gia đình đã trải qua trong cuộc vượt biển.

Ba năm sau khi đến Canada, gia đình họ Huỳnh được xem là đủ tư cách trở thành công dân Canada. Và đây là những gì em Minh tả lại sự kiện: “Ngày 15 tháng 10 năm 1982 là một ngày đáng ghi nhớ cho gia đình tôi. Vào ngày đó, cả nhà diện quần áo mới, giầy mới và đầu tóc chải tươm tất. Chúng tôi rất vui, rất hứng khởi và hãnh diện. Ngày đó là ngày chúng tôi tuyên thệ để trở thành công dân Gia Nã Đại, chúng tôi sẽ là những công dân tự hào. Khi ngài thẩm phán tuyên bố chúng tôi giờ đây chính thức là công dân Gia Nã Đại, cả nhà reo lên vui mừng và chúng tôi ôm lấy nhau để chúc mừng lẫn nhau. Chúng tôi không còn là người tị nạn nữa… Vào lúc đó, chúng tôi biết chúng tôi hoàn toàn tự do, tự do đi, tự do nói, làm việc, có gia đình và có giấc mơ như người Gia Nã Đại. Trong tâm hồn chúng tôi dâng lên một niềm vui, một cảm giác nồng nàn. Đó là một thứ cảm giác mà chúng tôi sẽ không bao giờ quên".

Em Minh vẫn còn nhớ đến hôm đó như một khoảnh khắc thay đổi hẳn đời mình, quan trọng không kém gì lúc lấy vợ và lúc vợ hạ sanh đứa con đầu lòng. Và Minh không có một chút nghi ngờ gì về quyết định của bố mẹ mình khi rời bỏ Việt Nam với muôn sự rủi ro. Và như Minh đã nói, "cuộc sống thật đáng trân quý nhưng đạt được tự do thì thật vô giá".

Keo Khamphoune, với chồng cô là Bounkeo và hai con nhỏ, bỏ xứ Lào ra đi vào năm 1976. Sau 3 năm sống trong một trại tị nạn ở Thái Lan, cả gia đình cô được chấp nhận nhập cư Canada. Keo vẫn còn nhớ mãi buổi lễ hôm cô được trao bằng công dân Gia Nã Đại đã tạo cho cô những giây phút rất cảm động. Những giây phút đó đã có những tác động mạnh và cảm xúc đó đã in sâu vào tâm khảm cô. Cô còn nhớ rất rõ những dòng suy nghĩ hôm đó trong đầu khi cô tuyên thệ, "giờ đây chúng ta đã được tự do, giờ đây chúng ta là con dân của xứ sở này".

Dĩ nhiên không phải bước đường hội nhập của ai cũng trơn tru, cũng có những người gặp phải những khó khăn cản trở. Trong vấn đề công ăn việc làm, họ là những người bị ảnh hưởng trước tiên khi kinh tế khó khăn. Vì là những người thuộc thành phần thiểu số dễ bị nhận diện vì bản sắc và màu da, người Đông Nam Á trở thành đối tượng của những đối xử có tính cách kỳ thị và phân biệt. Thêm vào đó, cấu trúc và liên hệ gia đình phải đối đầu với những sức ép mới khi cá nhân của những cấu trúc đó phải cố gắng vươn lên trên những khó khăn bao gồm nào là sự rời bỏ quê hương, sự mất mát của những người thân chết hay phân tán trên bước đường tị nạn và ảnh hưởng của văn hóa và giá trị truyền thống của Bắc Mỹ khác với liên hệ và tập quán cổ truyền của người tị nạn.

Tuy phải đương đầu với những thách đố và khó khăn, người mới đến xứ sở này rất chịu khó và họ làm việc rất siêng năng. Họ làm việc chăm chỉ để giữ được việc và họ chăm lo đời sống cộng đồng và giúp đỡ những người khác kém may mắn hơn mình.

Chân ướt chân ráo vừa đến xứ sở này được vài tháng, ông Điệp dã tự nguyện bỏ ra vài giờ cuối tuần làm việc thiện nguyện trong một trung tâm dưới phố giúp những người mới đến. Ông nhớ lại những giây phút phấn khởi tìm được trong việc dạy Anh ngữ cho những người mới đến. Tuy ông không được lương tốt trong công việc dạy học này, ông thấy việc làm này mang lại cho ông nhiều hạnh phúc trong việc giúp đỡ các học sinh, nào là từ việc góp ý kiến trong việc trả lời những câu hỏi mà họ có thể sẽ phải đương đầu trong cuộc phỏng vấn thí sinh tìm việc cho đến việc chuyên chở những học sinh mới đến những nơi có thể cho họ công ăn việc làm.

Ông Điệp dặn dò học trò hai điều căn bản: đừng bao giờ đi trễ giờ cho một cuộc phỏng vấn và phải luôn trau giồi tiếng Anh. Ông Điệp nhớ lại tường tận một đoạn thời gian mà cả hai điều ông căn dặn học trò đã không làm được. Số là ông dùng một cái xe hơi cũ để chở 3 trong số những học trò của ông – một học trò người Nicaragua, một người Lào và một người Hungary – đi nộp đơn xin việc làm trong một xưởng sửa xe vận tải. Trời hôm đó mưa to và đi được nửa đường thì xe tắt máy. “Các anh là thợ máy cả” ông bảo, “hãy sửa xe tôi đi”. Cả ba cậu học trò ra ngoài mưa, dựng nắp đậy máy xe lên và bắt đầu sờ bộ phận này, thử bộ phận kia. Một cuộc bàn tán bằng 4 thứ tiếng đã diễn ra, nào Anh, nào Tây Ban Nha, nào Lào và Hung Gia Lợi. Cuối cùng một trong 3 học trò thò đầu qua cửa xe và nói: “Hãy xem xe còn xăng không”. Hóa ra thế thật, xe hết xăng chứ không có hư hỏng gì cả.

Đến chỗ phỏng vấn trễ, ông Điệp phải xin lỗi rối rít với ông quản lý xưởng xe, nhận hết lỗi về mình và xin cho học trò không phải chịu lỗi. Ông quản lý cuối cùng chấp thuận phỏng vấn cả ba. Ông Điệp đinh ninh rằng người chắc chắn không được việc là cậu học trò người Hungary dù anh ta có nhiều kinh nghiệm nhất nhưng tiếng Anh quá kém. Sau khi phỏng vấn xong, ông quản lý xuất hiện và tuyên bố cho một việc – cho anh học trò người Hung!

Trên đường về, ông Điệp hỏi học trò làm cách nào mà xin được việc. “Dễ ợt” anh học trò trả lời. “Có một anh thợ người Hung làm việc ở đó đã thông dịch cho anh ấy”.

Những người mới đến khác cũng đi theo vết chân ông Điệp. Chọn sự học hỏi làm giàu hiểu biết cá nhân hơn là nhắm về vật chất. Sau khi học xong, anh Nguyễn Trương Hà Phương tìm được một số việc tốt và làm kỹ sư điện trong một hãng điện tử đang phát triển và chẳng bao lâu sau anh Phương được thăng cấp và được hãng ghi nhận về những đóng góp của anh. Sau vài năm, anh Phương quyết định muốn "làm công việc được tiếp xúc với nhiều người, nhất là những người cần sự giúp đỡ". Sau đó anh tìm được việc làm cố vấn ngành phúc lợi và dịch vụ xã hội cho thị xã và đồng thời giúp thông dịch cho các bộ phận tư pháp và hành chính khi người ta cần đến anh.

Đối với phần lớn những người mới đến, lo cho con cái có chỗ học hành chắc chắn là một mục tiêu quan trọng trong việc làm lại cuộc đời của họ. Trong những lý do đưa đến quyết định từ bỏ quê hương ra đi, những thuyền nhân thường lập đi lập lại nỗi lo âu của họ về tương lai của con cái. Những người tị nạn dù đã chuẩn bị sẵn sàng sống trong sự áp bức và thiếu thốn cực kỳ cho họ nhưng họ không thể chấp nhận số phận đó cho con cái họ. Những người mới đến, thấy con cái mình học hành tốt nơi trường học là một bằng cớ chứng minh quyết định trốn đi của họ là đúng và đã cho họ một hy vọng là đời sống ở Canada sẽ mang lại một tương lai sáng sủa hơn nếu không cho chính bản thân họ ngay tức khắc nhưng cuối cùng cũng sẽ đến, và một cách gián tiếp, qua tương lai các con họ.

Bầy trẻ chắc chắn đã học được bài học đó. Chúng hòa nhập nhanh và dễ dàng vào hệ thống giáo dục Canada, học hành siêng năng và thường đứng đầu lớp trong các môn học. Các thầy cô người Canada nhớ đến những trò này với tất cả sự trân quý. Qua thời gian, một số đông học xong trung học và có rất nhiều em tiếp tục học và đậu những bằng cấp cao hơn và những chứng chỉ nghề nghiệp. Đối với đa số những người lớn tuổi, một phần có lẽ bị cản trở bởi những khó khăn về ngôn ngữ, sự thành công rõ ràng của đám trẻ hậu duệ đã đem đến cho họ một niềm vui.

Câu chuyện của mỗi người mỗi khác và cá biệt nhưng cũng có điểm giống nhau. Katherine Nguyễn Thanh Vân đến Canada vào năm 1980 với chồng và một đứa con tròn một tuổi qua chương trình bảo trợ của tỉnh bang Québec. Cuộc sống bắt đầu khó khăn khi cả hai vợ chồng phải hội nhập vào một văn hóa khác biệt, rồi những mùa đông Canada, rồi phải xa cách bỏ lại tất cả những gì họ đã quen. Họ đã kiên nhẫn phấn đấu và dần dà làm lại cuộc đời. Sau 7 năm sống ở Montréal có thêm 2 con, gia đình cô dọn về Ottawa và cuộc sống lại phải làm lại lần nữa. Mặc dù gia đình cô thành công và làm ăn khá giả, tai ương đã xảy đến khi chồng cô chết bất thình lình và cô đã phải tự nuôi 3 con trẻ và dù với tất cả những trở ngại khó khăn đó cô đã vượt qua được và dìu dắt 3 đứa con học xong trung học. Niềm hãnh diện của cô trên sự thành công của 3 đứa con mình – nhất là của đứa con út đã được đại học chọn để tham dự một cuộc thi quốc tế ở Thái Lan – rất rõ rệt khi cô nhắc lại những giây phút huy hoàng cũng như những giây phút đầy thử thách của đời cô.

Đức Giám Mục Plourde và anh Huot Tea
(*Hình: Gift of Freedom*)

Đối với một số những người tị nạn khác, cuộc hành trình tuy dài nhưng đã dẫn họ tới những điểm đến như có một phép lạ. Huot Tea đến Canada vào tháng hai năm 1979, được ông Giám Mục J.A. Ploude, Chánh Tòa Giám Mục công giáo địa phận Ottawa bảo lãnh. Huot, lúc đó mới 17 tuổi, là một đứa trẻ mồ côi sau cuộc thảm sát tập thể ở Cam Bốt. Gia đình Huot lúc đó có bố mẹ, một anh trai và chị gái. Cả bố mẹ và một chị gái đã chết và Huot mất liên lạc với những người còn lại trong gia đình. Lập lại cuộc sống mới ở Canada, Huot đậu được một bằng cấp tại đại học Ottawa, và tiếp tục học về ngành điện toán, lấy vợ và tìm được một chỗ đứng cho mình trong một đất nước mới. Vào năm 2000, một người bạn từ Montréal cho Huot biết là anh ta đang tính về thăm Cam Bốt. Huot đưa anh ta một tấm hình và nhờ anh ta đăng tin lên báo và mong rằng sẽ có người thân đọc được. Chỉ trong vài ngày, đã có một người đàn bà liên lạc với anh bạn của Huot và tự xưng mình là cô của Huot. Cô ta cho biết là hai bà chị của Huot đã sống sót và hiện nay đang sống ở Montréal và Toronto. Hai chục năm sau khi gia đình Huot tan nát, Huot và hai chị đoàn tụ. Cả hai bà chị đều có con cái và cả 3 gia đình giờ đây thường xuyên gặp nhau.

Nhìn lại

Đối với những người đã tham dự, gồm dân địa phương hay người mới đến, DA4000 là một điểm sáng, một chương trong cuộc đời của họ vẫn đang tiếp tục tỏa sáng cho dù những năm tháng qua đi. Các nhà bảo trợ vẫn nhớ mãi cái thời điểm lúc sự kêu gọi mời mọc tham dự bắt đầu: mời họ đi sâu vào và khám phá ra những gì họ vẫn hằng tin tưởng và thực hiện những tin tưởng đó không phải để tỏ vẻ mình là anh hùng mà là để đương đầu với những thách đố trong đời sống thường nhật; để gặp gỡ và ôm ấp được những người lạ đang cần sự giúp đỡ; và, để cuối cùng khám phá ra rằng những người lạ đó chẳng phải là người lạ nào cả. Đối với bà Pat Marshall, "đó là một điều đáng kể trong kỷ nguyên vàng son này. Hành động của con người được phát xuất từ lòng thương người. Đó là lúc mà tiếng cầu cứu của người lạ được nghe đến với nhiều cảm tình và sự tôn trọng". Một điều thường được các nhà bảo trợ nhắc đến là sự hài lòng của họ đến từ những việc làm do chính họ đề xuất để giúp những người mới đến vượt xa những phí tổn mà họ đã chi ra. Ông Peter Wiebe của nhà thờ người Mennonite ở Ottawa (OMC), nhớ lại: "đứa bé nhất trong gia đình đầu tiên được OMC bảo lãnh chỉ có 8 đến 10 tuổi rất hay thẹn thùng và rụt rè. Vài năm sau, tôi đi xe buýt một hôm về nhà sau ngày làm việc, bỗng nhiên có một người nhường chỗ ngồi cho tôi với một nụ cười tươi và từ ngạc nhiên đến vui mừng, tôi nhận ra cô bé gái dạo nào, nay đã là một cô gái trẻ, và cô cũng không quên chia sẻ sự vui mừng khi thấy tôi. Cô vui ra mặt và nói huyên thuyên, bộc lộ sự biết ơn của cô về những nỗ lực của chúng ta, nhiều hơn là lời nói có thể diễn tả được".

Những người tị nạn, trước khi là người tị nạn, cũng đã có những giây phút cam go. Quyết định ra đi đã là khó, giống như một cuộc đánh cá tuyệt vọng bằng chính mạng sống của mình và đôi khi của con cái họ, để chỉ lấy được chút hy vọng xa vời và mỏng manh. Việc định cư ở Canada cũng có cái giá của nó, và cho những ai không hội nhập được cái giá này có thể không nhỏ. Tuy vậy, niềm tin vững chắc rằng họ đã chọn đúng đường đi vẫn là những lời phát biểu thường được nghe nói tới từ những người đến từ vùng Đông Nam Á. Đó không chỉ là sự an ninh và sự thành công mà họ và gia đình họ bây giờ đang hưởng và đang giữ vững niềm tin này, vì từ các mối liên hệ giữa người bảo trợ và người tị nạn còn có những sợi giây liên kết được phát sinh và tiếp tục duy trì đến ngày nay. Những thành viên trẻ được gia đình ông Pike bảo trợ vẫn tiếp tục gọi họ là "Dì Sue và Chú George" cũng như anh Nguyễn Trương Hà Phương vẫn tiếp tục gọi bà Rita Hugues là "Mẹ", nói lên được sợi giây liên kết đó.

Và cũng trong số những người mới đến có một tình cảm biết ơn sâu xa đối với chính phủ Canada và người dân Canada đã cưu mang họ và cho họ một cơ hội làm lại cuộc đời. Và khi họ nhìn lại những thành quả mà chính họ thâu lượm được, cũng như thấy đám trẻ hậu duệ con cháu đang dấn thân thành công trong đời sống Canada, và khi họ nhìn lại những cội rễ sâu xa mà họ đã ươm trồng trong vùng đất mới Ottawa, những người tị nạn đến nước này có thể được coi là những công dân hãnh diện nhất của xứ sở này.

Có một câu chuyện nhỏ đáng ghi nhớ. Cách đây vài năm, anh Chamroeun Lay đem 2 con về thăm Cam Bốt. Cuộc viếng thăm này rất quan trọng cho anh ta vì sau đó anh đã tìm lại được một số bạn bè và họ hàng gia đình mà anh đã không gặp trong nhiều thập niên. Mấy đứa con anh, mặc dù ngạc nhiên khám phá được những khó khăn mà những người trẻ cùng tuổi phải gánh chịu để sống còn, cũng học hỏi được rất nhiều. Sự khác biệt giữa cuộc sống thoải mái ở Canada và cuộc sống mà người trẻ Cam Bốt phải đối đầu trong đời sống thường nhật là một bài học cho mấy đứa trẻ và chúng sẽ không coi cuộc sống của mình ở Canada là một cái gì tự nhiên mà có nữa. Và cứ thế, càng ở lâu ở Cam Bốt, họ càng cảm nhận được là họ không còn là người ở đây mà chính họ đã trở thành những người xa lạ trên mảnh đất đã sinh ra mình. Mọi việc đã thay đổi quá nhiều từ khi anh Chamroeun bỏ xứ ra đi vào giữa năm 1979.

Và khi chuyến bay đáp xuống Vancouver, trên đường về Ottawa, anh Chamroeun nhớ lại là anh đã tự thốt lên câu: "Tôi đã về đến nhà".

Kết quả

DA4000 đã khởi động hướng dẫn và thúc đẩy những động lực nhân bản của người dân Ottawa, thu hút cả trăm người tình nguyện giúp tổ chức vận hành và khích lệ cũng như trợ giúp hàng ngàn nhà bảo trợ tư nhân trong những nỗ lực của họ đón chào những người tị nạn Đông Nam Á và giúp những người mới đến làm lại cuộc đời. Chung cuộc, từ ý kiến ban đầu của bà Marion Dewar, bà đã hoàn tất được những gì ? Và như chúng ta đã biết, việc bà đã hoàn tất được rất khả quan.

Ở thời điểm có thể kiểm chứng được, DA4000 đã trở thành công cụ chính trong việc định cư và ổn định nhiều ngàn người Canada mới trong vùng Ottawa. Đến tháng 10 năm 1983, DA4000 đã phụ giúp các nhóm bảo trợ tư nhân đem đến thành phố gần 2,000 người tị nạn. Khoảng 1,638 người nữa đến với chương trình bảo trợ của chính phủ. Trên 3,600 người dân đến trong thời gian DA hoạt động, hàng trăm người tiếp tục đến trong những tháng năm sau đó, qua chương trình đoàn tụ gia đình với những người đến trước và nhờ vào tiếng tăm tốt được lan truyền của vùng Ottawa, vùng này được coi là có một môi trường tốt trong việc định cư và ổn định người tị nạn.

Phải nói toàn vùng Ottawa được huy động bởi DA4000. Dân tình từ những góc cạnh đa dạng của đời sống đã đến với nhau và làm việc cùng chung một mục tiêu. Láng giềng thường ít khi biết nhau và họ chỉ đủ biết nhau để chào nhau trên đường phố nay họ gặp gỡ nhiều hơn để chia sẻ những đóng góp và sự đón chào các người mới lạ vào cộng đồng mình. Việc đoàn kết xã hội đạt tới những cấp độ tốt là một việc rất ít thấy trong thời bình. Tuy việc này sẽ phai nhạt với thời gian nhưng những kết quả lợi ích của nó sẽ tồn tại lâu dài. Theo kết luận của Đức Giám Mục Plourde, Dự án đã đóng góp khả quan nhất trong việc nâng cao sự giao tiếp giữa các cộng đồng với những tôn giáo khác nhau bằng cách giúp họ gần gũi nhau trong lúc họ cùng theo đuổi một mục đích. Gần 30 năm sau, Đức Giám Mục tin chắc rằng những giao tiếp giữa các cộng đồng tôn giáo đa dạng đang tiếp tục gặt hái những thành quả này. Tuy không có gì to tát, con số đó đủ lớn để làm đa dạng hóa cấu trúc dân số của vùng, làm tăng trưởng cơ sở kinh tế và nới rộng thêm những yếu tố văn hóa Á Châu và theo như lời Giám Mục, DA 4000 đã làm "thay đổi cái nhìn của người dân Ottawa về thế giới và về những dân tộc khác".

Và DA 4000 cũng có nhiều chi tiêu, nhưng ba thập kỷ sau sự tốn kém này cũng không được phân biệt rành rọt. Theo quan điểm hiện tại, những luận cứ chống đối nổi bật nhất vào thời điểm lúc bấy giờ cho thấy những luận cứ đó sai rất nhiều. Không có chuyện vùng Ottawa tràn ngập người ngoại quốc, công ăn việc làm dành cho người Canada vẫn không mất đi với số người mới đến và phẩm chất của đời sống của những vùng lân cận nơi có người tị nạn định cư cũng tăng lên chứ không giảm bớt. Và nếu cần một trường hợp có tính thuyết phục để quảng cáo với thành ngữ "làm giỏi nhờ làm việc thiện", DA4000 và ảnh hưởng liên tục của nó trên vùng Ottawa chắc chắn đã chứng tỏ được điều đó.

Ông Elliot Tepper, một chuyên gia nghiên cứu về Á Châu học ở đại học Carleton, đã đáp ứng lời kêu gọi đóng góp cho cuộc khủng hoảng thuyền nhân bằng cách khuyến khích các đồng nghiệp trong Hội Á Châu Học Canada xuất bản sách do DA4000 bảo trợ mà những người khác có thể dùng để đào sâu sự hiểu biết của họ về văn hóa và cách ứng xử của người Đông Nam Á. Giờ đây khi duyệt lại những đáp ứng địa phương cũng như của cả nước về công cuộc cấp cứu khẩn cấp nhân bản đó, ông Tepper cho rằng việc đó có giá trị lâu dài. "Cuộc khủng hoảng tị nạn Đông Nam Á", ông nói, "làm bộc lộ những gì đẹp đẽ nhất của cá tính một dân tộc. Chúng ta đã đào sâu và tìm ra được những nguồn lực để sử dụng. Kết quả chung cuộc là sự thành công xuất sắc của xứ sở Canada. Và trong lúc chúng ta làm việc tốt cho những người mới đến cộng đồng mình, chính chúng ta là những người được hưởng lợi".

Ảnh hưởng của DA4000 cũng không chỉ bị thu hẹp trong phạm vi chính quyền liên bang vùng thủ đô, bà Flora MacDonald tả lại cách mà sáng kiến đề nghị lúc ban đầu đã phụ giúp những ai muốn nhà nước Canada gánh lấy vai trò lãnh đạo để đáp ứng với cuộc khủng hoảng thuyền nhân. Dự án 4000 đã kích thích những phản ứng căn bản của người dân xứ này trên cả nước. Thách thức của bà Marion Dewar với các thành phố khác đã được thông báo rộng rãi, và sự thành lập của DA4000 đã thu hút được sự chú ý của phương tiện truyền thông toàn quốc. Ông Mike Molloy, người đứng đầu Toán Đặc Nhiệm Về Tị Nạn (Refugee Task Force), là một nhân vật chủ chốt trong việc khai triển và quản lý chương trình ứng xử Canada cấp liên bang trong cuộc khủng hoảng này.

"Đây là một điều chắc chắn, không có gì để hỏi thêm", ông viết, "rằng DA4000 ở Ottawa và Chiến Dịch Cứu Người ở Toronto (Operation Lifeline) là hai sáng kiến có nhiều ảnh hưởng nhất đáp ứng lại cuộc khủng hoảng "thuyền nhân". DA4000 nối kết chung lại một khu vực khá rộng về dịch vụ cộng đồng tại Ottawa, tập họp những nhà lãnh đạo tôn giáo có nhiều ảnh hưởng ... để họ cùng có mặt và, quan trọng hơn cả, thiết lập một tiền lệ về sự tham dự của những người lãnh đạo cộng đồng cùng gánh vác một vai trò quan trọng trong việc huy động những cộng đồng của họ". Ông nói tiếp, "đặc biệt là qua sự hướng dẫn mạnh mẽ của bà Marion Dewar, và qua sự đáp ứng to lớn của công chúng trước sự lãnh đạo này, mà các nhân viên trong chính phủ Clark cũng như các dân biểu quốc hội nói chung đã chứng kiến, điều này củng cố thêm ý kiến về một cam kết vững chắc từ nhà nước Canada trong việc định cư người tị nạn Đông Dương sẽ đạt được sự ủng hộ tích cực từ người dân nói chung và từ những nhà lãnh đạo địa phương của họ."

Cuối cùng, Canada đã học được rất nhiều qua sự tham gia rộng lớn của tư nhân trong việc đón nhận, định cư và giúp đỡ sự hội nhập của những người mới đến. Một số kỹ thuật và những cách tiếp cận sáng tạo đã được đem ra thực hành, bắt nguồn từ những khởi điểm trong Dự án 4000. Quan trọng không kém là những cản trở về di trú đáng lẽ không bao giờ xảy ra cho người dân bản xứ đã được xác định và những phương tiện giải quyết có tính cách sáng tạo đã được tạo lập, nếu không giải quyết ngay được vấn đề thì ít ra cũng bắt đầu có một tiến trình để dẫn đến cách giải quyết. Kinh nghiệm của người mới đến tại Ottawa và trên khắp Canada làm dễ dàng cho hàng ngàn người ở những vùng khác trên thế giới đến sau họ.

Ngay sau khi bà Marion Dewar đề khởi ý kiến để người dân Ottawa tự giải quyết việc giúp đỡ hiệu quả người tị nạn từ Việt Nam, Cam Bốt và Lào, một phóng viên hỏi bà tại sao bà lại mạo hiểm có thể đưa đến rủi ro cho sự nghiệp của bà như thế. Trên bình diện chính trị quốc nội, bà Marion Dewar có thể mất mát rất nhiều và không có gì để thắng một cách hiển nhiên. “Đối với bà Dewar”, ông ta viết, “hành động này quả thật là canh bạc chính trị. Nếu thất bại, [bà Dewar nói], tôi sẽ ngã vỡ mặt ”. Nếu thành công, bà sẽ để lại cho thành phố một điều gì mà họ đã hãnh diện làm. Dù đánh giá theo tiêu chuẩn nào, sáng kiến của bà Marion Dewar đã và tiếp tục là một món quà tặng cho tất cả chúng ta. Dự án 4000 tiếp tục hiện hữu và tỏa sáng như một chương lịch sử gây nhiều cảm hứng - một cuộc trình diễn có tính thuyết phục về khả năng của những người dân bình thường trong việc gánh vác và hoàn thành những công việc một cách giỏi giang và tốt lành.

Chương 5
Phần kết

'Không có sự khôn ngoan nào bạn có thể tìm thấy lớn hơn lòng nhân từ -

What wisdom can you find that is greater than kindness' Jean-Jacques Rousseau

Những điểm tham chiếu

Năm 1982, chính phủ liên bang tài trợ một dự án khảo cứu về tình trạng của những người tị nạn từ vùng Đông Nam Á sinh sống ở vùng thủ đô. Hướng dẫn bởi một nhà chuyên môn về tâm thần học, thuộc đại học Ottawa, những phân tích gia đã trình bầy quan điểm chính của họ như sau:

'Sự cưu mang của Canada trước hoàn cảnh bi đát của thuyền nhân từ vùng Đông Nam Á, một lần nữa đã chứng minh trong những năm gần đây truyền thống nhân đạo của Canada, cung cấp một nơi trú ẩn an toàn cho họ cũng như cho những người bị đàn áp. Với Canada, giai đoạn ấy thật hứng thú và kinh nghiệm ấy thật đáng làm. Về phần người tị nạn, họ biết ơn sâu xa đất nước này đã cho họ cơ hội để làm lại cuộc đời mới. Nhưng họ đã thành công như thế nào?'

Một danh sách rất nhiều câu hỏi bằng tiếng Việt, tiếng Trung Hoa, Campuchia và Lào được gửi đến một số lớn người tị nạn để thâu thập thông tin về họ. Vào mùa thu năm 1982, chính phủ tuyển một số người thông thạo những ngôn ngữ này để phỏng vấn những người tị nạn. Vào thời điểm ấy, cộng đồng của họ có khoảng 4,100 người; 80% trong số đó định cư ở Canada chưa được ba năm. Khoảng 89% sống ở bên này sông Ottawa thuộc tỉnh bang Ontario và đa số tại thủ đô. Số 11% còn lại trú ngụ bên kia sông thuộc tỉnh bang Québec. Những điều tìm thấy cho ta một khái niệm khá rõ ràng về cuộc sống của họ ở vùng này trong những năm đầu tiên cũng như cho ta thấy những điểm tham chiếu dễ hiểu để nhận định những tiến triển tiếp theo của họ.

Tình trạng chung thì cũng vừa tốt vừa xấu. Là một nhóm di dân mới, họ đã gặp những thử thách đáng kể. Tỷ lệ thất nghiệp cao hơn ba lần tỷ lệ trung bình. Những người được tư nhân bảo trợ xoay sở khá hơn những người được chính phủ giúp đỡ. Tuy nhiên, tỷ lệ thất nghiệp vẫn cao gấp đôi tỷ lệ trung bình trong vùng. Trong những người có công ăn việc làm, đa số làm việc trong lãnh vực dịch vụ không cần tay chuyên môn hoặc trong các công ty may quần áo hay những hãng điện tử. Ngay cả những người có trình độ chuyên môn cao cũng gặp khó khăn: không đến 10% tìm được những công việc tương đương với khả năng của họ. Đa số thuộc vào thành phần nghèo; 80% những gia đình được khảo sát sống dưới mức sống tối thiểu của Canada. Hầu như toàn thể cộng đồng tị nạn mướn nhà. Ít hơn 2% sở hữu căn nhà của họ.

Khả năng dùng ngôn ngữ chính thức của người mới đến còn rất thấp và ai cũng ý thức được đây là phương tiện tối cần để giao tiếp với xã hội Canada. Mặc dù gần một nửa số người tị nạn đều đã từng học tiếng Anh hoặc tiếng Pháp, trình độ của họ rất tối thiểu. Gần ¾ số người được phỏng vấn cho biết là họ hiểu ít hơn 50% đàm thoại bằng tiếng Anh, và 8/10 người gặp khó khăn khi diễn tả bằng tiếng Anh. Với những người chủ gia đình, chỉ có 15% khẳng định là khả năng của họ thích hợp để làm công việc bằng tiếng Anh. Khoảng 30% nghĩ là họ biết đủ Anh ngữ để xoay sở được trong đời sống hàng ngày.

Ngoài những điều khách quan trên đây, đa số vẫn phải tranh đấu để đối phó với sự khủng hoảng tinh thần về những gì trải qua trong quá khứ. Hầu như ai cũng ở trong hoàn cảnh gia đình bị ly tán. Hơn 90% trên tổng số cho biết là thân nhân của họ vẫn còn bị thất lạc. Ngoài ra, sự thay đổi trong vai trò của vợ chồng, sự thay đổi trong giao tế giữa người trẻ và người già và sự cách biệt to tát giữa văn hóa Đông Nam Á, Canada và Bắc Mỹ, đều tạo thêm căng thẳng. Do đó, không là điều ngạc nhiên nếu một số lớn tỏ ra là họ buồn vì nhớ nhà, lo âu về tương lai, và cảm thấy cô đơn. Các nhà khảo cứu và phân tích quan niệm rằng những dấu hiệu trên cho thấy mức trầm cảm và lo lắng rất cao trong cộng đồng người tị nạn.

Tuy nhiên, cũng có những yếu tố tích cực của cộng đồng như nguyên tắc làm việc chăm chỉ, lòng biết ơn Canada xâu xa, cũng như ý chí mãnh liệt xây dựng lại cuộc đời. Tuổi trẻ, sức khỏe, đầu óc kinh doanh, sự hiếu học, kiên nhẫn, hy sinh, tinh thần gia đình mạnh mẽ, sự gắn bó trong mỗi quan hệ xã hội, tất cả những yếu tố này tạo nên những ưu điểm của cộng đồng tị nạn trên bước đường dấn thân vào dòng chính của xã hội Canada.

Người tị nạn cũng phát giác một giá trị khác có thể rất quan trọng đối với họ: họ ý thức được là họ đã vượt qua được những đe dọa nguy hiểm nhất và họ tin là họ sẽ không gặp những hoàn cảnh tương tự nơi quê hương mới. Họ đã sống sót qua những cơn bão lớn trong chiếc thuyền bé nhỏ trên biển cả, bò qua nhưng bãi mìn, hoặc đối phó với những kẻ bất lương ở biên giới Lào-Thái. Những khó khăn trong quá trình làm lại cuộc đời ở Canada, mặc dù lớn, nhưng họ cũng có thể vượt qua được. Có lẽ vì vậy nên tuy đa số sống dưới mức lương thấp được ấn định năm 1982 là nghèo nhưng rất ít người cảm thấy là mình đang sống trong cảnh bần cùng.

Để kết luận về thái độ của những người mới định cư trên bước đường hội nhập, cuộc khảo sát đã nhận định như sau: người tị nạn Đông Nam Á có tinh thần rất cao để học hỏi và thích ứng với môi trường mới. Họ rất nóng lòng muốn sống tự lập và trở thành những công dân tốt.

Những bước đi trong cuộc hành trình

Những năm tiếp sau, có một sự tiến bộ đáng kể nơi cá nhân người tị nạn và cộng đồng của họ. Sự hội nhập chính trị đã diễn ra nhanh chóng. Hầu như tất cả mọi người đã trở thành công dân Canada ngay khi luật pháp cho phép. Một số quan niệm việc nộp đơn xin nhập quốc tịch ngay ngày đầu tiên được luật pháp cho phép là điều quan trọng và cần thiết. Chỉ trong vài năm, họ không phải là tị nạn nữa. Họ là công dân Canada mới với những quyền lợi và bổn phận giống như bất cứ công dân khác.

Sự hội nhập về kinh tế và xã hội thì phức tạp hơn. Vì lúc mới đến định cư, họ chỉ tìm được việc làm ở mức thấp nhất nên họ đã bị thiệt thòi nhiều khi có khủng hoảng kinh tế. Kinh nghiệm chung là "vào sau ra trước". Sự sa thải trong lãnh vực công nghệ vùng Ottawa, nơi có nhiều người làm từ năm 1980 đến 1990, đã ảnh hưởng rất lớn đến họ. Toronto, Vancouver và Montréal, những thành phố có nền kinh tế đa dạng hơn và nhiều người Đông Nam Á sinh sống hơn, đã lôi cuốn một số người ở vùng Ottawa và vì thế làm chậm lại sự tăng trưởng của cộng đồng ở đây.

Mặc dù gặp nhiều thử thách, cộng đồng Đông Nam Á vẫn phát triển mạnh mẽ. Người Việt Nam có câu ca dao: "có công mài sắt, có ngày nên kim". Quê hương mới cho họ nhiều cơ hội – nhưng không bao giờ "trên một đĩa bằng bạc hay vàng". Những giá trị họ mang theo là yếu tố căn bản đã giúp họ vượt qua mọi thử thách. Những người tị nạn năm xưa cứ từ từ tiến lên. Một người trong số này đã từng hoạt động tích cực trong cộng đồng Việt Nam diễn tả như sau:

"Từ 3 đến 5 năm sau khi đến nơi, đa số người tị nạn tập trung nỗ lực của họ để làm sao sống tự túc được. Họ tìm việc làm để quen dần với cách làm việc của Canada. Khoảng sau 10 năm, nhiều người đã dựng lên được những cơ sở thương mại nhỏ. Khoảng 15 hay 20 năm sau đó, con cái của họ đã học hành thành tài và họ đã mua được căn nhà của họ".

Khi có cuộc kiểm tra dân số năm 2001, dấu hiệu cụ thể về sự tiến bộ của họ hiện ra rất rõ. Hoàn cảnh chung của họ rất khả quan. Nếu so sánh họ với những người đã định cư lâu năm ở Ottawa, họ nổi bật lên một cách đáng kể trong khoảng cách biệt với những người kia. Dựa trên căn bản kinh nghiệm trên toàn quốc và tại vùng thủ đô, sự cải tiến của nhóm này đáng chú ý vì cộng đồng của họ tăng trưởng nhanh hơn, giàu hơn và có trình độ học vấn cao hơn. Đối với những người mới định cư này, muốn tiến bộ về mặt bình đẳng với người địa phương, mức tiến bộ của họ phải tương đối cao vì ngay các mục tiêu chung cũng có khuynh hướng ngày càng tăng lên.

Cuộc kiểm tra dân số cũng cho thấy là từ năm 1982, cộng đồng tị nạn đã tăng lên gần gấp đôi – 8,700 người. Nếu nhìn chung với dân số của vùng, thì sự tăng trưởng của họ cũng không khác mấy, vì dân số vùng Ottawa-Hull cũng đã tăng lên gần 50%. Tuy thế, sự tăng trưởng của những người gốc Việt Nam, Lào hay Campuchia, cho thấy là cộng đồng của họ đang bén rễ ở Ottawa-Hull và rất năng động.

Về kinh tế ở vùng này, tỷ lệ có công ăn việc làm của những người xưa kia là tị nạn chỉ thấp hơn vài phần trăm mức trung bình chung mặc dù là tỉ lệ này khá cao. Họ không làm việc ở mức độ thấp nhất nữa, mà làm những việc đa dạng hơn. Tóm lại, số người gốc Đông Nam Á đi làm đông hơn và họ tham gia vào nhiều ngành hơn.

Số lương kiếm được phản ảnh vai trò kinh tế quan trọng hơn của họ. Năm 2001, lương của nhóm này đạt khoảng 85% mức lương trung bình của quần chúng. Vẫn còn nhiều khoảng cách giữa họ với nhau. Tất cả cộng đồng không tiến xa cùng một tốc độ và nhiều người lương vẫn còn rất thấp. Tuy nhiên, so với giai đoạn mà 80% cộng đồng của họ sống dưới mức tối thiểu thì những người dân Canada mới này đã thành công đáng kể.

Cuộc kiểm tra về trình độ học vấn cũng phản ảnh một mẫu mực tương tự, với tiến bộ trên một nền tảng rộng lớn. Cho đến năm 2001, cộng đồng đã hầu như bắt kịp trình độ học vấn của dân bản xứ. Thực vậy, tỷ số người Đông Nam Á có trình độ học vấn đại học đã vượt qua chút ít tỷ số của người dân Canada. Có những dấu hiệu tốt cho thấy có nhiều tiến bộ hơn. Trong nhóm 15-24 tuổi, tỷ lệ người trẻ của cộng đồng này theo học toàn thời gian ở các trường vượt hẳn những nhóm khác.

Tóm lại, nhìn lại những thành quả của hai thập niên trước, những người tị nạn ngày xưa, có nhiều lý do để tự hào và bày tỏ sự biết ơn. Mặc dù những thách thức vẫn còn nhưng họ đã vượt qua được những vấn đề gay go nhất. Những người Canada mới gốc Việt Nam, Lào hay Campuchia, đã không sống bên lề nữa và tiếp tục tiến gần lại dòng chính, cũng như họ có tất cả mọi lý do để tin tưởng là cái đà này sẽ không ngừng. Hoàn cảnh của năm 1982 đã thay đổi.

Lễ kỷ niệm 25 năm sau

Năm 2004, Liên Hội Người Việt Canada đã tổ chức lễ kỷ niệm 25 năm của Dự án 4000 với một buổi triển lãm những hình ảnh về những nỗ lực của thuyền nhân. Thật là một sự trùng hợp đáng kể vì triển lãm đã khai mạc nhằm ngày tưởng niệm các chiến sĩ trận vong 11 tháng 11 và đã kéo dài ba tuần lễ. Nhân dịp này, Liên Hội cũng đã tổ chức một bữa tiệc đoàn tụ ngày 20 tháng 11 cho những người thuyền nhân trước đây, các nhà bảo trợ, các thân hữu và thiện nguyện viên. Cuộc triển lãm được giới truyền thông tường thuật rộng rãi và đã lôi cuốn được nhiều người đến xem. Những hình ảnh đau thương và hào hùng của cuộc hành trình tìm tự do của người tị nạn đã làm nhiều người xúc động. Nhiều người tị nạn trước đây đã đưa con cái của họ đến xem triển lãm để thế hệ trẻ có thể hiểu biết thêm về những gian truân cũng như lòng can đảm và sức chịu đựng mà cha mẹ cùng ông bà họ đã trải qua.

Từ trái sang phải: Trịnh Vũ Điệp, Betty Bergen, Barbara Gamble, Sue Pike, George Pike, Flora McDonald, Marion Dewar, Nguyễn Thị Vượng, Christina Lubbock, Eleanor Ryan, hai vị khách, Lê Duy Cấn
(*Hình: Dương Thanh Liêm*)

Bà Marion Dewar chụp hình lưu niệm với Ban Tổ Chức và thiện nguyện viên
Từ trái sang phải: Dương Thanh Liêm, Sam Seyadoussane, Barbara Gamble,
một vị khách, Eleanor Ryan, bà Marion Dewar và Lê Duy Cấn
(*Hình: Dương Thanh Liêm*)

Buổi lễ kỷ niệm này đã gợi lại nhiều phản ứng và cảm xúc nơi những người tị nạn trước đây và những người bảo trợ, từ sự tiếc thương, lòng biết ơn, sự hãnh diện, ý chí, lòng yêu thương, những kỷ niệm vui, đến sự khiêm tốn. Đối với những người tị nạn, không thể nhớ lại những gì xảy ra 25 năm trước đây mà không cảm thấy đau buồn trước sự mất mát của quê hương cũ sau nhiều thập niên chiến tranh và cái chết của rất nhiều người khi họ tìm cách thoát thân. Đồng thời, với những người còn sống sót như họ, họ biết ơn Canada sâu xa đã cho họ cơ hội để làm lại cuộc đời. Những tình cảm này đã được bà Nguyễn Minh Hương, một người tị nạn cũ, diễn tả một cách hùng biện như sau tại buổi triển lãm: "Rất nhiều người trong chúng tôi, có bà con thân thuộc và bạn bè đã trốn khỏi Việt Nam, nhưng không bao giờ đến được bến, và chúng tôi rất đau xót khi nghĩ đến họ. Quả thật, chúng tôi là những người may mắn. Chúng tôi đã đến được Canada, nhờ lòng hảo tâm của người dân Canada, của những nhà bảo trợ tư nhân. Họ đã đóng góp tiền bạc và đã mở rộng tấm lòng, cũng như nhà của họ, để nhận chúng tôi. Ngày nay, đã có những bác sĩ, dược sĩ, nha sĩ, giáo sư, kỹ sư, luật sư, chuyên viên kỹ thuật, hay những người làm những dịch vụ khác trong số chúng tôi, người đã là những thuyền nhân trước đây hay con em chúng tôi. Chúng tôi rất sung sướng có cơ hội đền ơn tất cả cộng đồng đã mở rộng vòng tay đón nhận chúng tôi, và chúng tôi rất hân hạnh được phục vụ lại cộng đồng này."

Bà Eleanor Ryan nhận bảng tri ân
(*Hình: TTNVC*)

Bà Marion Dewar nhận bảng tri ân
(*Hình: TTNVC*)

Các nhà bảo trợ cũ cũng rất xúc động. Dự án 4000 đã là cơ hội hiếm có để họ thực hiện những giá trị của họ. Vì có liên hệ nhiều hơn nên những người này cũng cảm phục và thương mến hơn những người tị nạn của họ. Những cá tính tốt như kỷ luật, kiên nhẫn, ý chí muốn thích nghi và sự quyết tâm đã đi xa hơn quan hệ hai chiều của người cho và người nhận. Những tình bạn thắm thiết đã nẩy nở và tồn tại lâu bền. Nếu lúc mới đến, những thói quen thường ngày đã gây rắc rối, thì bây giờ là những kỷ niệm vui của đôi bên. Với sự hiểu biết sâu rộng hơn về người tị nạn, và nhờ có nhiều kinh nghiệm hơn, người dân Canada đã ý thức hơn về những may mắn mà họ được hưởng, cũng như về sức mạnh mà người dân có thể tạo được khi có một mục đích chung.

Ông Russ Mills nhận bảng tri ân
(*Hình: TTNVC*)

Ông Ed Broadbent nhận bảng tri ân
(*Hình: TTNVC*)

Bà Dewar đã phát biểu như sau: “Dự án 4000 là dự án tuyệt vời của người dân chứ không phải của tôi. Tôi chỉ làm công việc hướng dẫn mọi người. Ngày nay, Ottawa là một thành phố đẹp hơn nhờ dự án này vì nó đã cho chúng ta được biết đến những gì xảy ra trên thế giới, những nơi mà nhiều người đang lâm nạn, và chúng ta đã làm được một cái gì để giúp họ. Tuy nhiên, điểm đẹp nhất trong câu chuyện này là cả nước đã cùng nhau sánh vai. Những người dân bình thường đã sát cánh và tạo nên sức mạnh mà một số nhỏ không thể làm được”.

Trao đuốc cho thế hệ trẻ

Từ ngày kỷ niệm 25 năm Dự án 4000 đến nay, sự tiến bộ và hội nhập vào dòng chính của những người tị nạn trước đây đã diễn tiến không ngừng, mạnh mẽ hơn và sâu xa hơn. Dựa trên cuộc khảo sát gần đây của cộng đồng người Việt về vấn đề hội nhập xã hội và kinh tế của thành viên của họ, một vài con số đã tương phản với hoàn cảnh của năm 1982 chứng minh rõ rệt bước tiến xa của họ. Năm 2004-2005, ở vùng thủ đô, 1/3 dân số gốc Việt sinh ra ở Canada. Hầu như 97% số người của cộng đồng đã thành công dân Canada. Khả năng dùng hai ngôn ngữ chính thức cũng tăng cao, với 82% cho biết là họ thông thạo, hoặc đủ khả năng về Anh ngữ, và 34%, hay một số tương đương, biết tiếng Pháp. Về nhà cửa, hơn 73% cho biết là họ sở hữu căn nhà của họ. Hơn nữa, sự gắn bó của họ với quê hương mới rất mạnh mẽ và 88% khẳng định là cuộc sống ở Canada của họ tốt đẹp và thoải mái hơn ở Việt Nam nhiều. Chi tiết về cộng đồng Lào và Campuchia cũng cho thấy một khuynh hướng tương tự.

Thế hệ trẻ

(Hình: Gift of Freedom)

Tóm lại, những cộng đồng này thành công trên phương diện kinh tế và xã hội. Phần đông con cái của họ theo đuổi học vấn cao hơn và đạt được kết quả cao. Thế hệ trẻ tiến bộ không ngừng để đạt đươc vị trí xứng đáng của họ trong xã hội Canada và đóng góp vào xã hội này.

Ngoài ra, những người lãnh đạo đương thời của cộng đồng, qua những sinh hoạt như buổi hội thảo toàn quốc về lãnh đạo của thế hệ trẻ, do Liên Hội Người Việt tổ chức vào mùa xuân năm 2007 nhằm nhắc nhở những người này không quên những bài học đáng ghi nhớ trong quá khứ.

Những vấn đề và thách thức mới sẽ hiện ra với thời gian. Trong khi những người tị nạn trước đây gần đạt được bình đẳng toàn diện về kinh tế với đại chúng Canada, có thể vẫn còn sự chênh lệch trong một vài địa hạt. Thế hệ trẻ với thời gian có thể sẽ cảm thấy nhu cầu dung hòa văn hóa Canada với truyền thống văn hóa Đông Nam Á của họ. Và vì họ đã vượt qua được nhiều thử thách to lớn trong quá khứ, dĩ nhiên cộng đồng này sẽ vượt qua được những thách thức mới. Canada và vùng thủ đô cũng sẽ được hưởng lợi.

Sự kết hợp giữa sự can đảm, lòng bác ái, ý chí và những lời cầu nguyện được đáp ứng của người tị nạn, đã làm nẩy sinh những giá trị to tát và lâu dài. Mùa hè năm 1980, trong khuôn khổ hạn hẹp của một trại tị nạn ở Thái Lan, ông Hoàng Song An đã được tin là Canada đã chấp nhận ông, ông đã soạn một bài hát về quê hương mới của ông. Bài này với thời gian đã trở thành di chúc của bản thân ông. Qua những gian truân lúc thắng cũng như lúc thua mà ông đã trải qua, người ta có thể mường tượng được đời sống của hàng trăm ngàn người khác, nhưng tất cả đều đã có chung một số phận. Bài hát của ông An chào mừng quê hương mới có thể là đoạn kết thích hợp nhất của quyển sách này.

CHÀO CANADA

Tác giả: Hoàng Song An

Chào mừng Canada

Chào mừng Canada

Xứ yên lành, lớn vô cùng,

Nhìn quê người mà xót quê hương ...

Chào mừng Canada

Chào mừng Canada

Nắng êm đềm, tuyết chan hòa

Nhìn quê người mà nhớ quê hương ...

Biển đông xanh bao la,

Thuyền ra khơi phong ba,

Cứ đi liều,

Cuối chân trời

Gặp phái đoàn Canada

Người Canada vui tươi

Tình Canada như hoa

Đón dân mình, rất chân tình,

Nghe trong lòng bao nỗi xót xa ...

Điệp khúc: Đến hôm nay xa quê hương bao xuân qua

Vẫn luôn luôn mang trong tim hoài cố hương

Dòng Rồng-Tiên

Việt Nam tôi,

Xin có đôi lời biết ơn

Dòng Rồng-Tiên

Việt Nam tôi,

Xin có đôi lời biết ơn

ĐÔI DÒNG VỀ TÁC GIẢ BRIAN BUCKLEY

Ông Brian Buckley sinh ra ở Montréal và theo đuổi học vấn ở Montréal và Ottawa. Ông gia nhập Bộ Ngoại Giao của Canada năm 1967 và nghỉ hưu năm 1998 ở chức vị Tổng Giám Đốc, sau khi phục vụ tại vùng Trung Đông, Âu Châu, và Hoa Kỳ. Sau ba năm làm việc ở Đại Học Dalhousie ở Halifax, ông trở lại Ottawa và giảng dạy tại Norman Paterson School of International Affairs thuộc Đại Học Carleton. Ông là tác giả nhiều cuốn sách và nhiều bài báo về ngoại giao, cơ quan thông tin và những chương trình về nguyên tử đầu tiên của Canada. Ông và vợ, bà Mary Ann, có năm người con và số cháu nội cháu ngoại ngày càng gia tăng. Năm 1979-80, hai ông bà tham dự nhóm bảo trợ vùng Alta Vista của Dự Án 4000.

Đôi dòng về dịch giả Nguyễn Duy Vinh và Hoàng Thị Lan

Ông Nguyễn Duy Vinh sinh ra ở Việt Nam và là sinh viên du học ngành cơ khí tại đại học Laval. Sau khi tốt nghiệp, ông theo đuổi sự nghiệp nhà giáo và đã dạy học ở Phi Châu (Sénégal, Cameroun), đại học Sherbrooke, và đại học Laval. Ông gia nhập Trung Tâm Nghiên Cứu Quốc Gia Canada (National Research Council) năm 1989 và nghỉ hưu năm 2008 ở chức vị Trưởng Nhóm (Group Leader). Bà Hoàng Thị Lan, phu nhân của ông Nguyễn Duy Vinh, cũng là sinh viên du học về ngành khoa học chính trị tại đại học Laval. Bà Hoàng Thị Lan gia nhập Bộ Ngoại Giao Canada năm 1985 và nghỉ hưu năm 2012, sau khi phục vụ tại các nước Tunisia, Australia, và Cameroon. Hai ông bà có 3 người con và 5 cháu ngoại và hiện cư ngụ tại thành phố Ottawa.

Trung Tâm Người Việt Canada
Vietnamese Canadian Centre
Centre vietnamien Canada
P.O. Box 62042 Convent Glen, Ottawa, ON K1C 7H8 Canada
Tel.: (613) 230-8282; Email: ottawavietcancentre@gmail.com
Website: www.vietnamesecanadiancentre.ca
Business No. 11928 5849

Liên lạc dịch giả
vovovinh@outlook.com

Liên lạc nhà xuất bản
han.le3359@gmail.com
(408) 722-5626

Bìa mềm, màu

USA:	$25 US
Canada:	$30 CAD
Other Countries:	$35 US

Bìa cứng, màu

USA:	$30 US
Canada:	$35 CAD
Other Countries:	$40 US

www.ingramcontent.com/pod-product-compliance
Lightning Source LLC
LaVergne TN
LVHW062024051126
851858LV00005B/74

* 9 7 9 8 8 6 9 1 0 8 9 0 6 *

Schutz vor Produktpiraterie

Eberhard Abele · Philipp Kuske · Horst Lang

Schutz vor Produktpiraterie

Ein Handbuch für den Maschinen- und Anlagenbau

Springer

Eberhard Abele
TU Darmstadt
Institut für Produktionsmanagement,
Technologie und Werkzeugmaschinen
Petersenstr. 30
64287 Darmstadt
Deutschland
abele@ptw.tu-darmstadt.de

Philipp Kuske
TU Darmstadt
Institut für Produktionsmanagement,
Technologie und Werkzeugmaschinen
Petersenstr. 30
64287 Darmstadt
Deutschland
kuske@ptw.tu-darmstadt.de

Horst Lang
Festo AG & Co. KG
Global Engineering
Ruiter Str. 82
73734 Esslingen
Deutschland
hlg@de.festo.com

ISBN 978-3-642-19279-1 e-ISBN 978-3-642-19280-7
DOI 10.1007/978-3-642-19280-7
Springer Heidelberg Dordrecht London New York

Die Deutsche Nationalbibliothek verzeichnet diese Publikation in der Deutschen Nationalbibliografie; detaillierte bibliografische Daten sind im Internet über http://dnb.d-nb.de abrufbar.

Einbandentwurf: WMXDesign GmbH, Heidelberg

Titelidee, Layout und Satz: feedback werbeagentur GmbH, Darmstadt, www.manok.de

Gedruckt auf säurefreiem Papier

Springer ist Teil der Fachverlagsgruppe Springer Science+Business Media (www.springer.com)

Vorwort

Innovationen und Erfindungen sind Grundlagen des Erfolges und der Wettbewerbsfähigkeit der deutschen Industrie. Durch weltweit überlegenes Know-how ist es in den vergangenen Jahren gelungen, zum Exportweltmeister aufzusteigen. Deutschland ist Gewinner der Globalisierung und erntet die Früchte innovativer Geschäfts- und Produktideen. Dieser Erfolg zieht Neider an und verlockt dazu, die Risiken des Scheiterns durch Imitation zu verringern. Die Entwicklungen in der Informations- und Kommunikationstechnologie, die sinkenden Barrieren im Warenverkehr, sowie die Möglichkeit zum günstigen weltweiten Transport ermöglichen den schnellen Austausch von Wissen und Waren. Die Schattenseite dieser Entwicklungen ist die Möglichkeit für Produktpiraten, einfach und schnell an kritisches Know-how zu gelangen. Ein geringes Vergeltungsrisiko, definiert als das Produkt aus Entdeckungswahrscheinlichkeit und Höhe des Strafmaßes, motiviert zusätzlich, die Mühen eines Pioniers und Innovators zu vermeiden und den einfachen Weg des Imitators zu wählen.

Möchte Deutschland seine technologische Führerschaft in der Welt behalten, wird es weiter auf den Erfindergeist seiner Ingenieure vertrauen müssen. Der Schutz des Know-hows ist also nicht nur ureigenstes Interesse der Industrieunternehmen, sondern auch Grundlage des Wohlstands in Deutschland. Ein Blick sowohl in die Forschung als auch in die Praxis zeigt aber, dass derzeit das Problem erkannt und beschrieben wird, Lösungen aber insbesondere im Maschinen- und Anlagenbau noch nicht in der Breite entwickelt und umgesetzt werden.

Das vorliegende Buch soll daher einen Beitrag dazu leisten, dass Maschinen- und Anlagenbauer beginnen, sich systematisch vor Produktpiraterie und Know-how-Diebstahl zu schützen.

Im ersten Kapitel werden die Herausforderungen dargelegt, die der Schutz des Know-hows mit sich bringt, und eine Motivation für die Umsetzung einer nachhaltigen Abwehrstrategie gegeben. Dazu werden die veränderten Strukturen im Umfeld der Produktpiraterie dargelegt, Ursachen des Know-how-Abflusses benannt und die Schäden durch Produktpiraterie beschrieben.

Das zweite Kapitel widmet sich der Methodik, wie die unternehmensspezifische Risikosituation ermittelt werden kann. Im Mittelpunkt steht dabei die Wertschöpfungskette des Unternehmens. Über einen prozessorientierten Ansatz gelingt es mit der präsentierten Methodik, die Risiken sowohl aus Produkt- als auch Prozessperspektive zu ermitteln und zu bewerten. Unterstützt durch eine Software, können die prioritären Handlungsfelder abgeleitet werden. Die Ausgabe der Risikoursachen vermeidet dabei die Bekämpfung von Symptomen und befähigt vielmehr zur nachhaltigen Reduzierung der Risiken.

Das dritte Kapitel legt dar, welche Möglichkeiten zum Schutz des Know-hows es heute bereits gibt. Hier werden Kennzeichnungstechnologien sowie Maßnahmen zur Produkt- und Prozessgestaltung ebenso dargestellt wie die Möglichkeiten der juristischen Absicherung des Know-hows. Die Verknüpfung von immateriellen Leistungen mit Sachprodukten bietet die Möglichkeit, einen Mehrwert für den Kunden zu schaffen und somit einen Schutz vor Plagiaten zu etablieren. Eine Vorgehensweise, wie industrielle Dienstleistungen ausgebaut werden können und somit die Kundenbindung erhöht werden kann, findet sich ebenfalls in diesem Kapitel.

Da Strategien ohne eine nachhaltige Implementierung nichts wert sind, gibt das vierte Kapitel Antworten auf die Frage nach der Umsetzung. Dabei wird ein dreistufiges Vorgehen vorgeschlagen, beginnend mit der Priorisierung der zu schützenden Prozesse und Produkte. Daran anschließend werden Maßnahmen zur Implementierung im Unternehmen aufgezeigt, mit denen die typischen Barrieren bei der Umsetzung von Know-how-Schutzstrategien umschifft werden. Im letzten Schritt wird die kontinuierliche Weiterentwicklung der Strategie im Unternehmen adressiert.

Das Buch schließt mit einem ausführlichen Praxisbeispiel zur Entwicklung von Know-how-Schutzstrategien bei der Festo AG & Co. KG und ermöglicht dem Leser somit einen Einblick, wie die im Buch skizzierte Vorgehensweise in einem Industrieunternehmen umgesetzt wird.

Die Zielgruppe dieses Buches ist breit gefächert. Es richtet sich an Topmanager bzw. Unternehmensleiter, deren Aufgabe es ist, Know-how-Schutz strategisch zu verankern. Der Nutzen ergibt sich aus den Erfahrungen, die in zahlreichen Gesprächen gesammelt wurden und die sich in den Ergebnissen des Buches niederschlagen. Weiterhin verdeutlicht es in kompakter Form die Herausforderungen und Dringlichkeit des Themas und bietet eine Vorgehensweise an, wie Know-how-Schutz nachhaltig betrieben werden kann.

Für Beauftrage für das geistige Eigentum eines Unternehmens bietet das Buch ebenfalls in kompakter Form eine Zusammenfassung von Möglichkeiten zum Know-how-Schutz an. Es werden nicht nur juristische Aspekte präsentiert, sondern auch technische und organisatorische Maßnahmen.

Weiteren Funktionsträgern im Unternehmen wie z. B. Werks- und Produktionsleitern, Leitern von Forschung & Entwicklung oder Vertriebsmitarbeitern bietet das Buch die Möglichkeit, sich über die für die jeweiligen Bereiche spezifischen Herausforderungen zu informieren.

Möglich gemacht hat dieses Buch das Verbundprojekt „ProOriginal – Produkte ganzheitlich schützen, Originale weltweit verkaufen“, das vom Bundesministerium für Bildung und Forschung (BMBF) gefördert und vom Projektträger Karlsruhe (PTKA) betreut wurde. Ein Dank gilt beiden Stellen für die finanzielle Unterstützung und die gute Kooperation.

Weiterer Dank gilt ebenfalls den Unternehmen, die dieses Buch durch Praxisbeispiele bereichert haben, und den Experten, mit denen die Ergebnisse dieses Buches diskutiert wurden.

Entscheidenden Anteil haben die Projektpartner des Konsortiums ProOriginal. Gemeinsam mit einigen der namhaftesten und innovativsten Unternehmen des Maschinen- und Anlagenbaus konnten nicht nur die Herausforderungen und Problemfelder analysiert, sondern auch innovative Lösungen im technischen und organisatorischen Bereich entwickelt werden. Diese Ergebnisse konnten nur durch die intensive Zusammenarbeit während des Förderzeitraums erreicht werden. Das vorliegende Buch profitiert von dieser Zusammenarbeit und von der Praxisnähe des Projektes. Untenstehende Abbildung gibt einen Überblick über die Teilnehmer im Projekt.

Zu guter Letzt gilt der Dank allen Autoren, die zum Entstehen dieses Buches beigetragen haben.

Prof. Dr.-Ing. Eberhard Abele
Philipp Kuske
Horst Lang

Gefördert und betreut durch:

Executive Summary

- Globalisierung, Mobilität, neue Kommunikationswege – all dies sind Entwicklungen, die die Produktpiraterie in den letzten Jahren begünstigt haben. (Kapitel 1)

- Produktpiraterie ist kein Kavaliersdelikt, sondern ein Verbrechen, dessen Schäden allein in Deutschland in die Milliarden gehen. Eine Strafverfolgung ist trotz der immensen Schäden in der Praxis eher lasch. (Kapitel 1)

- Effizienter Know-how-Schutz trägt zur Erhaltung der Wettbewerbsfähigkeit bei und muss den veränderten Bedingungen und dem gestiegenen Kompetenzniveau der Piraten gerecht werden. (Kapitel 1)

- Ursachen des Know-how-Abflusses sind vielfältig und sowohl im eigenen Unternehmen als auch im Unternehmensumfeld zu finden. Die Kenntnis über die Ursachen hilft bei der Etablierung wirksamer Abwehrstrategien. (Kapitel 1)

- Produktpiraterie zieht eine Vielzahl an Gefahren nach sich. Unternehmen sind je nach Ausgangslage in unterschiedlichem Ausmaß betroffen. Die Gefährdungslage ist eine wichtige Eingangsgröße für die Wahl der richtigen Schutzmaßnahmen. (Kapitel 1)

- Die ausschließliche Anwendung juristischer Maßnahmen ist nicht zielführend. Notwendig ist die Bündelung von juristischen, organisatorischen und technischen Maßnahmen. (Kapitel 1)

- Bei der Anwendung der Maßnahmen können zusätzliche Nutzenpotenziale für den Kunden und den Hersteller gehoben werden. Dies hilft bei der Gegenfinanzierung des Aufwands zur Umsetzung von Maßnahmen des Know-how-Schutzes. (Kapitel 1)

- Ausgangspunkt der Maßnahmenauswahl ist die Identifizierung der Risikosituation. Eine fundierte Wissensbasis im Unternehmen ist dafür zu etablieren. (Kapitel 2)

- Mittelpunkt des Risikomanagementprozesses ist die Wertschöpfungskette – ein Prozessmodell hilft bei der systematischen Analyse. Perspektiven der Risikobewertung sind das Unternehmen in seinen Prozessen und die Produkte. (Kapitel 2)

- Risikoursachen werden über die Analyse der Wissensträger im Unternehmen, sowie der Auslöser und des Umfeldes des Wissensabflusses identifiziert. Eine Software unterstützt bei der Analyse der Risikosituation und liefert die prioritären Handlungsfelder. (Kapitel 2)

- Gegenmaßnahmen müssen an den Risikoursachen ansetzen. Mögliche Maßnahmen sind Kennzeichnungstechnologien, Maßnahmen der Produkt- und Prozessgestaltung und juristische Absicherungen. (Kapitel 3)

- Industrielle Dienstleistungen liefern einen nicht imitierbaren Mehrwert für den Kunden und eignen sich ebenfalls als Abwehrstrategien. (Kapitel 3)

- Die Auswahl von Maßnahmen zum Schutz der Unternehmensprozesse erfolgt über die Auswertung eines Risikoprozessmodells. (Kapitel 4)

- Die Auswahl geeigneter Schutzmaßnahmen für die Produkte erfolgt über die Priorisierung der zu schützenden Produkte und anhand verschiedener Selektionskriterien. (Kapitel 4)

- Die Definition von Anwendungsfällen in einem Lastenheft ermöglicht eine Bewertung der Eignung verschiedener Maßnahmen und zeigt den Bedarf von Neuentwicklungen auf. (Kapitel 4)

- Die nachhaltige Implementierung der Abwehrstrategie erfolgt durch Einbindung aller Funktionsbereiche (Geschäftsführung, Produktmanagement, Entwicklung, Vertrieb, Recht) des Unternehmens. (Kapitel 4)

- Die Aufgaben der Task-Force sind die Steuerung der Kommunikation, die Durchführung von Kampagnen, die Kontrolle der umgesetzten Maßnahmen und die kontinuierliche Verbesserung des Know-how-Schutzes. (Kapitel 4)

- Die Weiterentwicklung des Schutzes im Unternehmen erfolgt über Standardisierung der Prozesse und Institutionalisierung des kontinuierlichen Verbesserungsprozesses. Kooperation und Vernetzung über die Unternehmensgrenzen hinaus leisten einen weiteren Beitrag. (Kapitel 4)

- Best Practices zeigen, wie die Umsetzung einer Know-how-Schutzstrategie realisiert werden kann. Die Anforderungen der Festo AG & Co. KG sind übertragbar auf andere Unternehmen des Maschinen- und Anlagenbaus. (Kapitel 5)

- Realisierte Schutzkonzepte, sowie Implementierung und Verankerung des Schutzes bei der Festo AG & Co. KG, beweisen die Praxistauglichkeit der vorgestellten Methodik. (Kapitel 5)

Inhaltsverzeichnis

In diesem Buch verwendete Abkürzungen

ACF Anti-Counterfeiting

BMBF Bundesministerium für Bildung und Forschung

BMWi Bundesministerium für Wirtschaft und Technologie

BSI Bundesamt für Sicherheit in der Informationstechnik

CAD Computer-aided design

CAMP Centrum für angewandte Methoden gegen Produktpiratie

CAN Controller Area Network

CDP Copy Detection Pattern

CNC Computerized Numerical Control

DMG Deckel Maho Gildemeister

DRM Digital Rights Management

EPC Elektronischer Produkt Code

ERP Enterprise Resource Planning

EuGH Europäischer Gerichtshof

F&E Forschung & Entwicklung

HGB Handelsgesetzbuch

IHK Industrie- und Handelskammer

IP Intellectual Property

IT Informationstechnologie

KMU Kleine und mittelständische Unternehmen

LfV Landesamt für Verfassungsschutz

NC Numerical control

NSA National Security Agency

OECD Organisation for Economic Co-operation and Development

OEM Original Equipment Manufacturer

PDCA Plan Do Check Act

ProdHaftG Produkthaftungsgesetz

RFID Radio Frequency Identification

TCO Total Cost of Ownership

UID Unique Tag ID

UWG Gesetz gegen den unlauteren Wettbewerb

VDMA Verband Deutscher Maschinen- und Anlagenbau

[1] Produktpiraterie im Maschinenbau – Herausforderung im 21. Jahrhundert

Einführung

Weltweit vernetzte Produktion, globale Wertschöpfungsketten, gesunkene Logistikkosten und die Entwicklungen in der Informations- und Kommunikationstechnologie sind Chancen für den Maschinenbau, haben aber auch die Produktpiraterie in den letzten Jahren begünstigt. Das folgende Kapitel zeigt auf,

- warum Know-how-Schutz mehr denn je ein entscheidender Wettbewerbsfaktor für Unternehmen ist
- welche Gefahren durch eine Vernachlässigung des Know-how-Schutzes entstehen
- welche Faktoren einen Know-how-Abfluss begünstigen
- welchen neuen Herausforderungen sich Unternehmen im Bereich des Imitationsschutzes ausgesetzt sehen
- wie ein effizienter Know-how-Schutz in Grundzügen gestaltet sein sollte.

„Produktpiraterie ist das Verbrechen des 21. Jahrhunderts“, lautet die Einschätzung von Manfred Gentz, Präsident der Internationalen Handelskammer in Deutschland. Vor dem Hintergrund, dass die Gewinnspannen, die durch den Verkauf von Plagiaten erzielt werden, deutlich höher sind als im Drogenhandel (Erd und Rebstock 2010, Fischer et al. 2005), gewinnt diese Aussage zusätzlich an Gewicht. Dabei ist Produktpiraterie schon immer ein Problem der Originalhersteller und Innovationsführer. Bereits aus dem Römischen Reich sind Fälle von gefälschten Öllampen und Opalgläsern bekannt (Zimmermann und Chaudhry 2009). In China ist dem spanischen Priester Domingo Navarrete bereits im 17. Jahrhundert die große Kunst des Fälscherhandwerkes vor Ort aufgefallen (Zimmermann und Chaudhry 2009) und kurz nach Markteinführung der legendären Levi's® Jeans im Jahr 1873 wurden bereits erste Kopien derselben angefertigt (Müller und Kornmeier 2001). Fast genauso alt sind auch die Bemühungen, die eigenen Erfindungen zu schützen. Bereits 1447 gab es in Venedig ein Erfinderstatut, 1642 in England das „Statue of Monopolies“ und 1790 bzw. 1791 wurden erste amerikanische bzw. französische Patentgesetze erlassen (Wurzer 2003).

1.1 Imitation als Treiber der Innovation?

Know-how-Diebstahl und Imitation waren also schon immer bewährte Mittel, um am Erfolg der Originalhersteller zu partizipieren oder eigene Wissenslücken zu schließen und sich so zu emanzipieren. Wie erfolgreich dieses Mittel ist, zeigt ein Vergleich der Entwicklung der Anmeldezahl werthaltiger Patente von ehemaligen Imitatoren mit der Anmeldezahl ihrer nicht imitierenden Konkurrenten in der Werkzeugmaschinenbranche zu Beginn des 20. Jahrhunderts (Abb. 1.1). Empirische Untersuchungen (Richter und Streb 2009) haben nachgewiesen, dass ehemalige Imitatoren die Know-how-Lücke zu den Innovationsführern nicht nur schnell schließen, sondern erfolgreich gegenüber den neuen Marktführern werden können. Auch der Blick in die jüngere Geschichte zeigt, dass Imitation nach wie vor ein Schlüssel zum Erfolg ist. Nach einer Studie (Jacobsen 2010) konnten in den USA zwischen 1948 und 2001 Innovatoren nur 2,2 Prozent des potenziellen Umsatzes ihrer Erfindungen realisieren – der Rest ging an Imitatoren. Die Wirtschaft folgt also schon seit Jahrhunderten den darwinistischen Gesetzen der Adaption und Selektion (Buhse 2010). Geändert hat sich allerdings der zeitliche Abstand

1

Abb. 1.1: Produktpiraterie als erfolgreiche Strategie zum langfristigen Erfolg (Richter und Streb 2009)

zwischen Innovation und Imitation. Gründe hierfür sind die mit der Globalisierung einhergehenden sinkenden Preise für den Transport, die gestiegene Mobilität und die engmaschige Vernetzung durch moderne Informations- und Kommunikationstechnologien. Während Erfindungen aus dem 19. Jahrhundert noch etwa 100 Jahre benötigten, um auch in schlechter entwickelten Ländern erfolgreich kopiert zu werden, ist in den 1950er Jahren die Diffusionszeit auf etwa zwei Jahre gesunken – Erfindungen können also immer schneller kopiert werden (Jacobsen 2010). Dies trifft auf nahezu alle Produkte, auch aus dem Maschinenbau, zu: Während es noch zehn Jahre dauerte, bis ein Imitat des Chrysler Mini-Van auf den Markt kam, erschien der QQ, eine chinesische Kopie eines Kleinwagens von General Motors (GM), innerhalb eines Jahres nach Markteinführung des Originals (Shenkar 2010).

Aufstrebende Nationen lernen mit Blick auf die Geschichte also, dass die strikte Einhaltung von internationalen Normen zum Schutz des geistigen Eigentums die Geschwindigkeit des technologischen und wirtschaftlichen Fortschritts in der heimischen Industrie reduziert. Diese These wird durch die Tatsache erhärtet, dass Länder mit einem niedrigen Pro-Kopf-Einkommen ein deutlich geringer ausgeprägtes Schutzsystem aufweisen als Länder mit hohem Pro-Kopf-Einkommen (Abele et al. 2011). Nationen werden dem Schutz geistigen Eigentums also erst dann höhere Priorität einräumen, wenn die eigene Wirtschaft ein weltweit konkurrenzfähiges Niveau mit exportgeeigneten Produkten erreicht hat (Richter und Streb 2009). Die bisher dominierenden Schutzmaßnahmen gegen Produktpiraterie – nämlich gewerbliche Schutzrechte – sind in ihrer Wirkung unter diesen Voraussetzungen äußerst begrenzt.

Zielführend ist es darüber hinaus, den Fokus nicht auf Produktpiraterie im engen juristischen Sinne zu legen, sondern die Definition auf Know-how-Schutz im Allgemeinen zu erweitern. Hier lehnt sich das vorliegende Buch an die Definition von Minagawa und Hoecht an, die in ihren Arbeiten von einer „non-consensual acquisition of technology" sprechen (Minagawa und Hoecht 2007). Im Folgenden soll daher unter Produktpiraterie verstanden werden, dass eine dritte Partei sich das Know-how des Originalherstellers ohne dessen Kenntnis und Einverständnis zunutzen macht.

Abbildung 1.2 zeigt die Begrifflichkeiten im Umfeld der Produktpiraterie auf und ordnet diese in die Bereiche der Piraterie (d. h. illegale Imitation) und der Imitation von Produkten ohne angemeldete Schutzrechte ein,

Abb. 1.2: Terminologie im Umfeld des Know-how-Schutzes

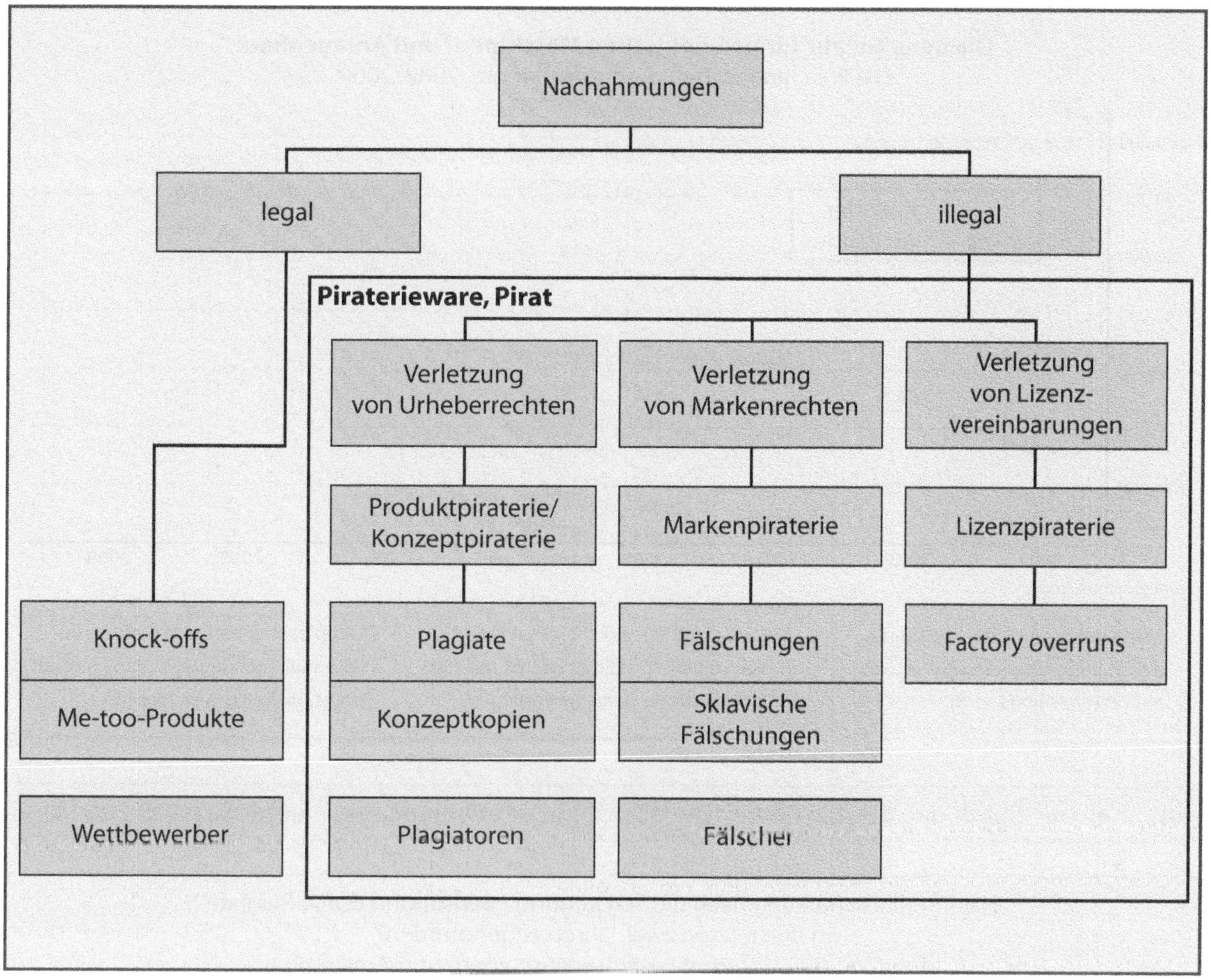

die durch die erweiterte Definition von Minagawa und Hoecht unter gewissen Voraussetzungen (unfreiwilliger Abfluss von Know-how) ebenfalls in den Fokus des vorliegenden Buches fällt.

1.2 Erhaltung der Wettbewerbsfähigkeit bedingt Know-how-Schutz

Gespiegelt an den heutigen Realitäten bedeutet dies natürlich in der Konsequenz, dass das Phänomen Produktpiraterie weiter fortbestehen und zunehmen wird. Denn die Geschichte wiederholt sich in diesem Fall. Ein Blick auf erteilte chinesische Erfindungspatente zeigt im Vergleich mit ausländischen Anmeldungen, dass China rasant aufholt und zum Sprung an die Weltmarktspitze ansetzt (Abb. 1.3). Beispiele liefern nicht nur die Photovoltaikindustrie; auch die Entwicklungen in der Elektromobilität deuten darauf hin, dass die Chinesen erstmals der Taktgeber einer neuen Industrie sein werden und nicht der Ideendieb (Reuter 2010). Der Pirat wird zum Erfinder.

In Verbindung mit dem enormen Arbeitskräftepotenzial und den immer noch deutlich geringeren Faktorkosten in den Schwellenländern ist Produktpiraterie und im weiteren Sinne auch der Know-how-Schutz also eine der wesentlichen Herausforderungen für den deutschen Maschinen- und Anlagenbau. Diese gilt es zu meisten, will er seine führende Rolle in der Welt behalten. Die jüngsten Umfragen des Verbandes Deutscher Maschinen- und Anlagenbauer bestätigen dies (VDMA 2010; Abb. 1.4).

1

Abb. 1.3: Erteilte chinesische Erfindungspatente 2002 - 2009

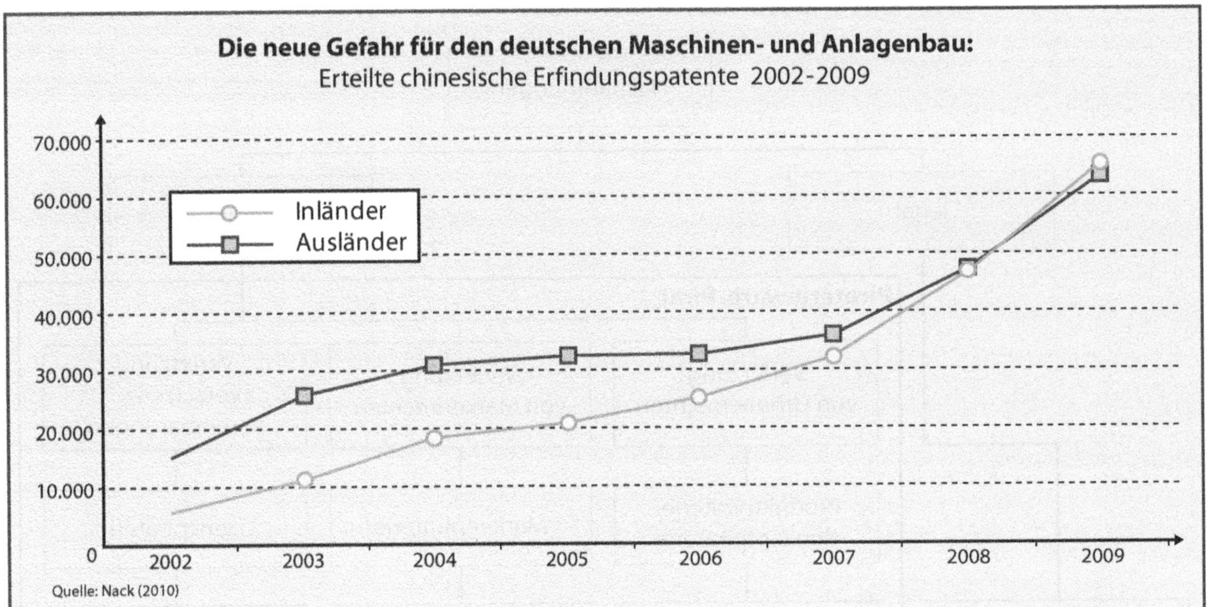

- China hat erkannt, das F&E für die nachhaltige Entwicklung des Landes eine zentrale Rolle spielt.
- Die Anzahl der angemeldeten Patente von chinesischen Erfindern hat seit 2005 eine deutliche Steigerung erfahren.
- Patentzahlen und angemeldete Patentklassen deuten auf die Innovationsfähigkeit des Landes hin.

Abb. 1.4: Die Bedrohung für den deutschen Maschinen- und Anlagenbau nimmt zu (VDMA 2010)

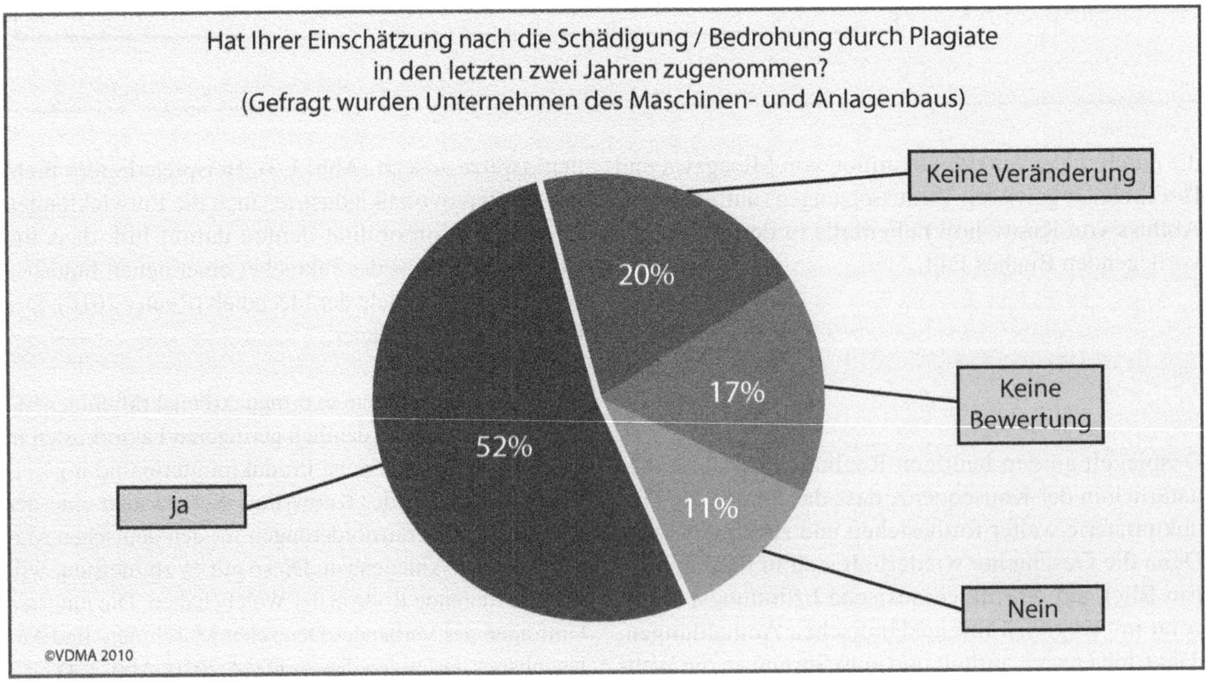

1.3 Gestiegenes Kompetenzniveau der Imitatoren

Gefährdet sind im Prinzip alle Produkte, die den Piraten am Markterfolg eines Produktes partizipieren lassen oder die der Emanzipation zu einem technologisch ebenbürtigen Konkurrenten dienen. Produktpiraterie ist dabei schon lange nicht mehr nur das Geschäft kleiner Garagenfirmen, die geringe Mengen an Plagiaten verkaufen. Längst ist organisierte Kriminalität mit professionellen Vertriebsstrukturen beteiligt (OECD 2007, Bachmann 2007, Kammerer et al. 2007) und auch in den Vorstandsbüros etablierter Hersteller wird der Ideenklau (Sokianos 2006) beschlossen. Piraten bieten sogar schon zum Teil Garantieleistungen und 30-tägige Rückgaberechte an (Kammerer et al. 2007). Die Vorteile für den Produktpiraten sind offensichtlich: Im Vergleich zu den Originalherstellern belaufen sich die Kosten für die Produktpiraten auf lediglich 65 bis 70 Prozent des ursprünglichen, vom Innovator getragenen Aufwands (Schnaars 1996, Shenkar 2010). Einsparungen kann der Pirat dabei bei den Entwicklungskosten, aber auch dem Marketing realisieren, da der Kunde das Produkt ja bereits vom Innovator kennt (Jacobsen 2010). Abbildung 1.5 verdeutlicht das Einsparpotenzial insbesondere bei

Abb. 1.5: Kostenvorteile für Imitatoren

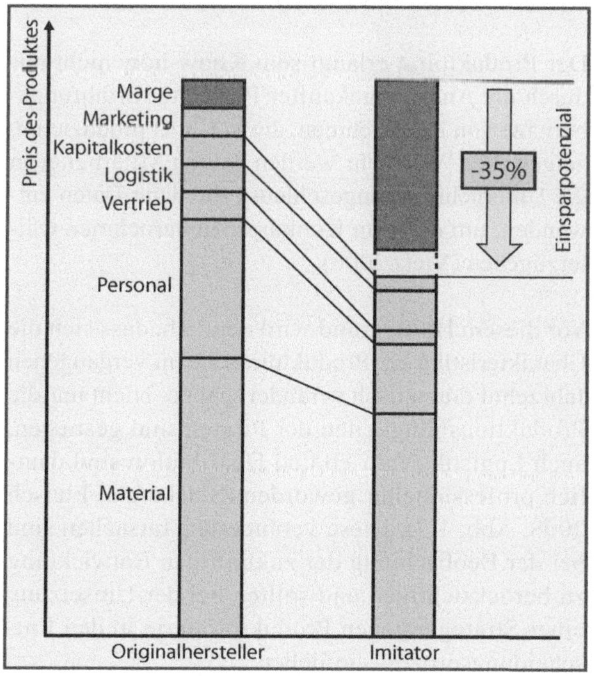

personalintensiven Entwicklungskosten, Verwendung minderwertigen Materials und geringeren Vertriebskosten aufgrund eines fehlenden oder reduzierten Vertriebsnetzes. Lediglich die Logistikkosten sind im Vergleich zum Originalhersteller als etwas höher zu bewerten, da insbesondere illegale Kopien auf verschleierten Logistikkanälen transportiert werden, was die Kosten erhöht (Staake und Fleisch 2008).

Das Kompetenzniveau der Piraten darf nicht zu gering eingeschätzt werden. Piraten sind erwiesenermaßen in der Lage, Produkte nicht nur sehr schnell, sondern auch zum Teil in guter Qualität nachzuahmen. So musste die Stihl AG & Co. KG erfahren, dass Produktpiraten inzwischen nicht nur Hightechprodukte im oberen Preissegment fälschen, wie z. B. den Trennschleifer TS 400, sondern die Plagiate auch noch unmittelbar nach der Markteinführung des Originalproduktes auf den Markt bringen (Goos 2007). Dabei werden inzwischen auch komplexere Sicherheitsmerkmale wie Hologramme innerhalb weniger Tage kopiert, was zeigt, dass Piraten auch mit komplexen Geräten, wie hochwertigen Lasern, Präzisionsoptiken und schwingungsfreien optischen Labortischen, professionell umgehen können. Eine besondere Stärke der Piraten ist die gute Vernetzung am Absatzort, wenn dort auch die Produktion stattfindet. Dann lassen sich relativ einfach gute Lieferantenstrukturen aufbauen, womit viele Originalhersteller insbesondere in China und Indien Probleme haben.

Die Schwächen der Piraten liegen bei Prozesssicherheit, Prozessdesign und Ergonomie. Es fehlen ihnen oftmals material- und werkstofftechnische Kenntnisse, etwa über den richtigen Einsatz von Schmierstoffen oder Gummimischungen, wie das Beispiel eines kopierten Dichtrings von Simrit zeigt, dessen Funktionsfähigkeit nicht einmal 96 Stunden gegeben war (o. V. 2007).

Auch im juristischen Bereich weisen Piraten Kompetenzen auf, insbesondere bei der Fähigkeit, Know-how „intelligent" zu erwerben, d. h. ohne in juristische Schwierigkeiten zu geraten. Im Gegensatz zu früher gestehen Piraten auch nicht mehr bei Androhung einer Klage ihre Schuld ein, sondern verteidigen aggressiv ihre „Rechte", melden selbst Patente auf die Plagiate an und nutzen dabei geschickt bestehende Gesetzeslücken (Langfinger 2006). Eine der Strategien der Piraten ist die Beobachtung ausländischer Marken

1

Abb. 1.6: Nachahmungen der Marke ZWILLING (Welser und Gonzáles 2007)

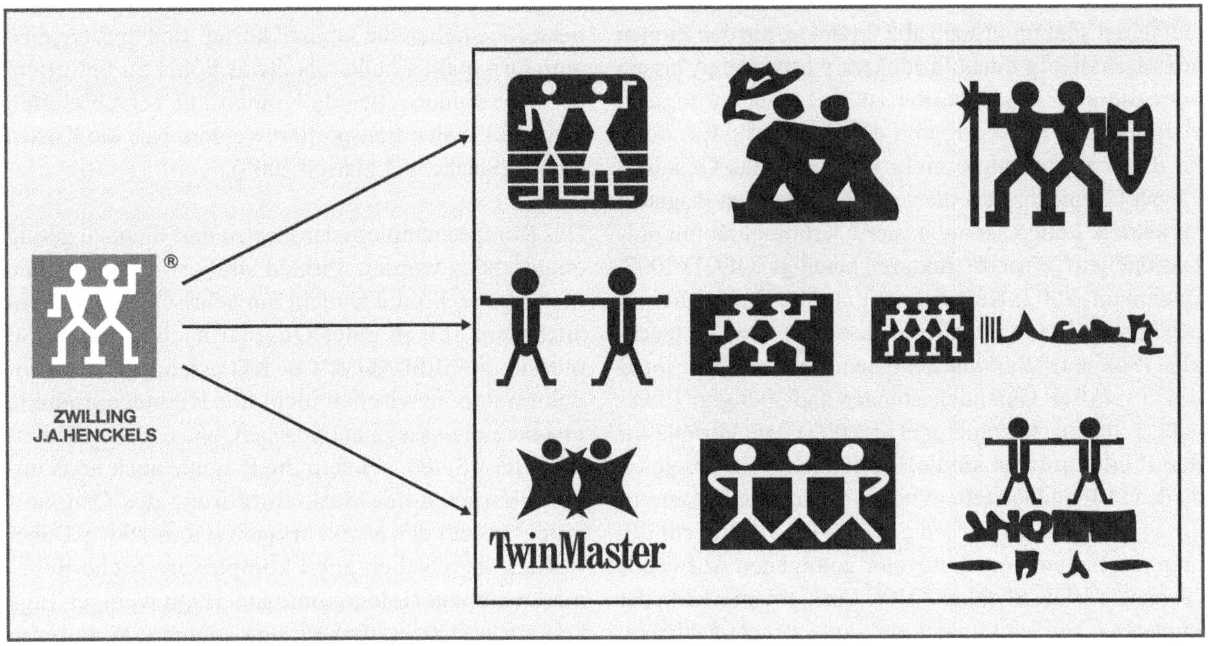

und deren Patentanmeldung bei den europäischen oder amerikanischen Patentämtern, um diese Patente in China noch vor dem ausländischen Markeninhaber anzumelden (Dahlkamp et al. 2007). Diese Strategie nutzen Piraten nicht nur bei Neuanmeldungen, sondern auch bei Weiterentwicklungen, sodass der Originalhersteller mit der Weiterentwicklung seines Originalproduktes vom Markt gedrängt wird (Langfinger 2006). Ähnliche Erfahrungen hat der Sicherheitstechnikhersteller ABUS August Bremicker Söhne KG in China gemacht. Ein Schlosshersteller in Taiwan hatte die Produkte von ABUS detailgetreu kopiert und massenhaft auf dem amerikanischen Markt verbreitet. Dabei wurde das ABUS-Logo nicht nur kopiert, sondern auch beim „Bureau of Standards" als eigene Marke eingetragen. ABUS kaufte daraufhin dem Piraten die eigene Marke offiziell für den taiwanesischen Markt ab (Bremicker 2006). Dieses Vorgehen ist nicht nur bei Marken, sondern auch bei Gebrauchs- und Geschmacksmustern (Designrechten) festzustellen. Abbildung 1.6 zeigt ein Beispiel für in China angemeldeter Marken, die sich offensichtlich an die Marke der ZWILLING J.A. Henckels AG anlehnen (Welser und Gonzáles 2007).

Wenn es den Produktpiraten nicht wie im Fall ABUS gelingt, dem Originalhersteller den Verkauf der Produkte unter einer eigenen Marke zu untersagen, so ist zumindest damit zu rechnen, dass die Piraten durch die angemeldeten Schutzrechte dem Originalhersteller im Streitfall etwas entgegenzusetzen haben und diesen zu Vergleichsverhandlungen zwingen wollen (Welser und Gonzáles 2007).

Der Produktpirat erlangt sein Know-how nicht nur durch die Analyse gekaufter Produkte. Erfahrungsberichte von Unternehmen, die in China produzieren, zeigen dies. Vielmehr werden gezielt Mitarbeiter in die Unternehmen eingeschleust, die dann Daten entwenden, um diese an Konkurrenzunternehmen weiterzugeben (Vietz 2006).

Vor diesem Hintergrund wird deutlich, dass sich die Charakteristika der Produktpiraterie im vergangenen Jahrzehnt dramatisch verändert haben. Nicht nur die Produktionsfähigkeiten der Piraten sind gestiegen, auch Logistik, Vertrieb und Distribution sind deutlich professioneller geworden (Staake und Fleisch 2008; Abb. 1.7). Diese veränderten Tatsachen sind bei der Beobachtung der zukünftigen Entwicklung zu berücksichtigen und sollten bei der Umsetzung einer Strategie gegen Produktpiraterie in den Entscheidungsprozess einfließen.

Abb. 1.7: Entwicklungsstufen eines Produktpiraten zum ernsthaften Konkurrenten (in Anlehnung an Braun et al. 2010)

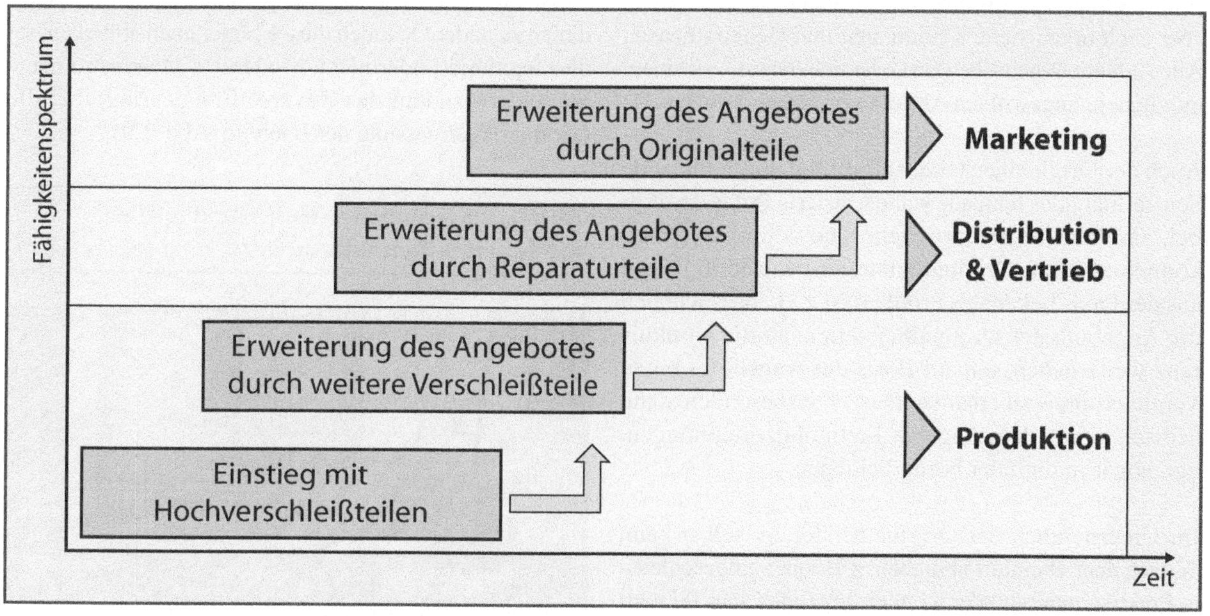

1.4 Ursachen des Know-how-Abflusses

Bereits 1966 erkannte Levitt, dass es Ziel der Imitatoren ist, den Lebenszyklus des kopierten Produktes maximal zu nutzen, um möglichst große Gewinne abzuschöpfen (Levitt 1966). Dies bedingt einen möglichst frühzeitigen Einstieg in den Markt, also möglichst zeitnah zu der Markteinführung des Originalherstellers. Dabei sollen natürlich nur für den Produktpiraten und den potenziellen Käufer gleichermaßen attraktive Produkte gefälscht werden. Ein Produkt ist für den Piraten immer dann attraktiv, wenn er entweder am Markterfolg partizipieren oder sich über einen Know-how-Aufbau zu einem ernsthaften Konkurrenten emanzipieren kann. Auch Produktpiraten müssen also ihre Imitationsstrategie sorgfältig planen und tun dies auch. Darüber müssen sich Originalhersteller im Klaren sein, um mögliche Know-how-Abflussorte zu erkennen und so die Informationsgewinnung der Piraten im Vorfeld verhindern zu können.

1.4.1 Akteure im Umfeld des bedrohten Unternehmens

Um zu verstehen, wie, wo und warum es zu einem Abfluss von Know-how kommt, ist das Unternehmen in seinem Umfeld darzustellen. Der Rückgriff auf das Wertkettenmodell und die fünf Kräfte des Marktes von Michael E. Porter ist hierbei sinnvoll (Porter 2008). Abbildung 1.8 stellt in Anlehnung an Porter die für Produktpiraterie relevanten „Spieler" dar.

Abb. 1.8: Akteure im Umfeld der Produktpiraterie

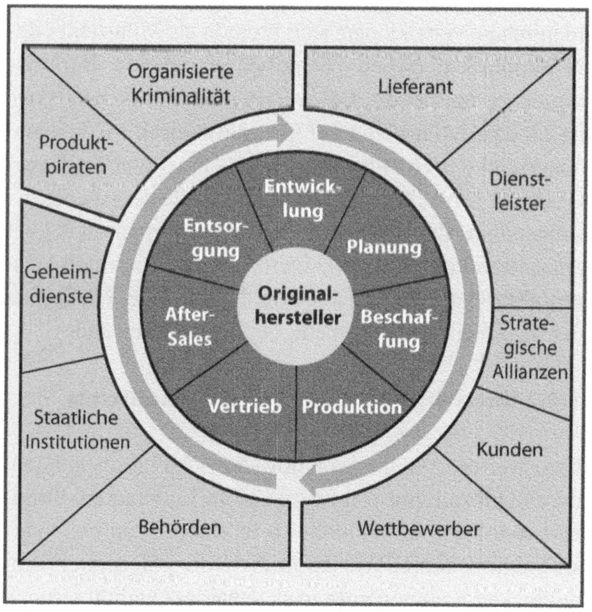

Es wird deutlich, dass nicht nur die Partner in der Wertschöpfungskette zu beachten sind, sondern auch das weitere Umfeld, in dem sich Unternehmen bewegen. Dazu gehören staatliche Institutionen, Wettbewerber, Kunden, aber auch organisierte Kriminalität und Geheimdienste. Alle Akteure tragen – bewusst oder unbewusst – zu einem möglichen, ungewollten Abfluss von Know-how bei.

Auch der Originalhersteller selbst trägt durch fehlende Sensibilität oder fehlende standardisierte Prozesse dazu bei, dass andere Akteure mehr Know-how erwerben können als vom Originalhersteller beabsichtigt. Ein aus der Paxis bekanntes Problem ist z. B., dass Kunden die Angebote des Originalherstellers an die Konkurrenz weitergeben, um auf Basis des Angebotes einen Vergleichspreis zu erhalten. Dies ist insbesondere dann kritisch, wenn dem Angebot Fertigungszeichnungen, ggf. sogar in digitaler Form, beiliegen.

Im Unternehmen des Originalherstellers selbst kann Wissen aber ebenfalls abfließen, z. B. über eingeschleuste Praktikanten, von der Konkurrenz (oder dem Piraten) abgeworbene Mitarbeiter – im schlimmsten Fall aus Schlüsselpositionen – oder das sogenannte „Social Engineering". Hierunter wird der Versuch des Produktpiraten verstanden, beispielsweise durch Vortäuschen falscher Identitäten – etwa indem sich Fremde als Mitarbeiter des IT-Supports ausgeben – Mitarbeitern geheime Informationen zu entlocken. Ein weiteres Szenario der Praxis ist es, dass Mitarbeiter auf Geschäftsreisen im Ausland abends an der Hotelbar in ein zunächst unverfängliches Gespräch verwickelt werden, um im Laufe des Abends bei steigendem Alkoholkonsum zu Detailinformationen über das Unternehmen zu gelangen. Ursache für einen Wissensabfluss dieser Art ist häufig die fehlende Sensibilität der Mitarbeiter zur Thematik der Produktpiraterie.

1.4.2 Know-how-Abfluss durch Outsourcing

Eine weitere Quelle des Know-how-Abflusses entsteht durch Outsourcing von Prozessen an Lieferanten. Originalhersteller müssen ihren Lieferanten entsprechendes Know-how überlassen, damit diese die geforderten Produkte oder Komponenten in akzeptabler Qualität fertigen können. Die Lieferanten können Skaleneffekte mit ähnlichen Produkten realisieren und zu niedrigeren Kosten fertigen. Hieraus entsteht aber das Dilemma für den Originalhersteller, denn wenn die Lieferanten die notwendigen Fähigkeiten zur effizienten Produktion erreicht haben, entsteht auf Basis des gewonnenen Know-hows Raum für die Entwicklung neuer Fähigkeiten wie zur Forschung und Entwicklung (Arruñada und Vázquez 2006). Zusätzlich kann Know-how des Originalherstellers über den Lieferanten zu andere Kunden dieses Lieferanten abfließen, sei dies legitimiert oder nicht. Modernste Messinstrumente erleichtern zudem das Reverse Engineering über die Geometrievermessung der Bauteile (Abb. 1.9).

Abb. 1.9: Geometrievermessung mittels modernster Messinstrumente

Dabei steht nicht nur das Risiko eines „Factory Overruns", d. h. der heimlichen Überproduktion eines outgesourcten Artikels durch den Lieferanten, im Vordergrund. Durch die Emanzipation des Lieferanten kann dieser das ursprüngliche Kerngeschäft des Originalherstellers angreifen. Nach Recherchen von Arruñada und Vázquez liefern der PC-Hersteller Lenovo und der Hersteller von Consumer Electronics Haier Beispiele, die genau auf diese Weise zu den weltweit führenden Herstellern in ihrer jeweiligen Industrie wurden (Arruñada und Vázquez 2006). Bereits eine Entscheidung über die Höhe des Integrationsgrades in einen neuen Markt, z. B. wenn Lizenzen oder Dienstleistungen von dritten Personen vertrieben werden, hat Auswirkungen auf die Verlagerung des Wissens. Der neue Standort und ggf. der Lieferant bauen Wissen auf, die Wahrscheinlichkeit von Produktimitationen im Umfeld des Lieferanten nimmt zu und der Wissenstransfer verstetigt sich (Peters et al. 2006).

1.4.3 Strategie des Fast Followers als Treiber von Imitationen

Auch die direkten Wettbewerber sind als mögliche Akteure der Produktpiraterie im Auge zu behalten. Eine erfolg-

Abb. 1.10: Typische Ablöseeffekte eines First Movers durch Imitatoren

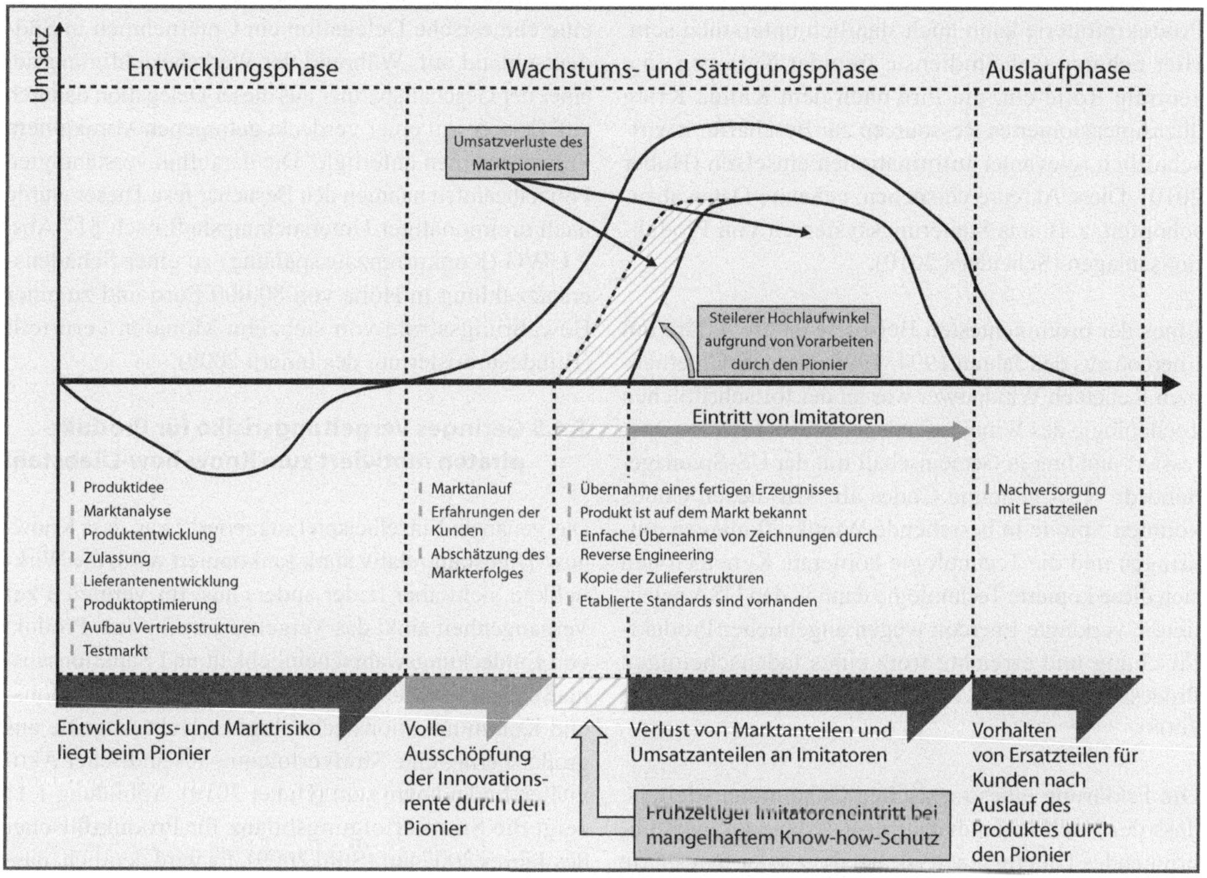

reiche Strategie etablierter Wettbewerber ist die des Fast Followers“. Im Kern beinhaltet diese Strategie das Ziel, Innovationen anderer Wettbewerber zu beobachten, um zu erkennen, welche Produktvariante sich auf dem Markt durchsetzen wird, um dann mit aller Macht die Größenvorteile gegenüber kleineren Firmen zu realisieren (Jacobsen 2010). Dies führt zu preisgünstigeren Produkten, da der Imitator die Kosten des Pioniers nicht in vollem Umfang zu tragen hat, wie in Abbildung 1.10 skizziert. Ein Marktpionier trägt während der Entwicklungsphase das volle technische Risiko und dazu noch das Marktrisiko. Er kennt weder die genauen Kundenanforderungen noch weiß er, wie Kunden auf bestimmte Merkmale des Produktes reagieren. Er ist daher gezwungen, neben der reinen Produktentwicklung eine fundierte Marktanalyse durchzuführen, Lieferanten zu entwickeln, Vertriebsstrukturen aufzubauen und auf Basis von Testkunden eine Produktoptimierung durchzuführen. Der Imitator dagegen kann zunächst den Marktanlauf abwarten, um abzuschätzen, welches Markt- und Umsatzpotenzial das neue Produkt besitzt. Zusätzlich kann er auf bereits etablierte Lieferantenstrukturen zurückgreifen und muss das Produkt nicht mehr auf dem Markt bekannt machen. Im Gegensatz zum Marktpionier kann er auch direkt ein auf die Kundenbedürfnisse optimiertes Produkt in den Markt einführen. Er kann somit deutliche Kosteneinsparungen realisieren und sowohl das Markt- als auch das Entwicklungsrisiko reduzieren.

Gleichwohl es wettbewerbsrechtlich legal ist, als First Mover zu agieren, solange keine bestehenden Schutzrechte verletzt werden, sollte es im Interesse des Pioniers liegen, den Eintritt des neuen Wettbewerbers so lange wie möglich hinauszuzögern. Geeignete Maßnahmen zum Schutz des Know-hows sind daher gerade für klein- und mittelständige Unternehmen immens wichtig, um möglichst lange die Vorteile des First Movers“ nutzen zu können.

1.4.4 Produktpiraterie als staatlich gelenkte Strategie

Produktpiraterie kann auch staatlich unterstützt sein. Hier nehmen Geheimdienste fremder Nationen eine zentrale Rolle ein, die ihre nach dem Kalten Krieg überdimensionierten Ressourcen zur Beschaffung wirtschaftlich relevanter Informationen einsetzen (Huber 2010). Diese Akteure versuchen, geheime Daten abzuschöpfen, z. B. aus Steuerungssystemen von Produktionsanlagen (Scheidges 2010).

Eines der prominentesten Beispiele ist die Affäre um Enercon aus den Jahren 1994/1995. Das US-Unternehmen Kenetech Windpower war an der fortschrittlichen Technologie des Windkraftanlagenbauers Enercon interessiert und fing in Gemeinschaft mit der US-Spionagebehörde NSA geheime Codes ab. Mit diesen Codes konnten Spione in bestehende Windkraftanlagen eindringen und die Technologie kopieren. Kenetech ließ sich diese kopierte Technologie dann in den USA patentieren, verklagte Enercon wegen angeblicher Produktfälschung und erreichte trotz eines fadenscheinigen Prozesses, ein Importverbot für Enercon (Machatschke 2008).

Die Erklärung eines russischen Geheimdienstleiters, dass der Nachrichtendienst für Russland ein gewinnbringendes Unternehmen ist, bei dem jeder investierte Rubel den hundertfachen Profit abwirft, spricht dafür, dass Wirtschaftsspionage nach wie vor lukrative Aufgabe vieler Geheimdienste ist (Huber 2010).

Die Verfassungsschutzberichte der vergangenen Jahre aus Deutschland beschäftigen sich vermehrt mit dem Phänomen Wirtschaftsspionage und belegen, dass Nachrichtendienstmitarbeiter fremder Länder beispielsweise getarnt als Diplomaten oder Journalisten tätig werden. Teile ihres Informationsbedarfs decken diese aber auch bereits durch die Auswertung offener Quellen, durch Teilnahme an Messen und öffentlichen Vortragsveranstaltungen sowie durch Gespräche mit Kontaktpersonen ab (Bundesministerium des Innern 2007). Auch der Rückgriff auf sogenannte Non-Professionals (Studenten, Wissenschaftler, Praktikanten und sonstige Fachleute), die Zugriff auf deutsches Know-how haben und häufig über ein hohes Maß an Patriotismus und ausgeprägtes Karrieredenken verfügen, hilft den Nachrichtendiensten bei der Gewinnung von sensiblen Daten (Bundesministerium des Innern 2007). Auch Delegationen aus dem Ausland sind eine beliebte Vorgehensweise bei der Aufklärungsarbeit. So suchte im September 2009 eine chinesische Delegation ein Unternehmen in Süddeutschland auf. Während der Werksbesichtigung fiel einer der Geschäftspartner aus dieser Delegation dadurch auf, dass er mit einer verdeckt getragenen Minikamera Filmaufnahmen anfertigte. Die daraufhin verständigten Polizeibeamten nahmen den Besucher fest. Dieser wurde nach dreimonatiger Untersuchungshaft nach §17 Abs. 2 UWG (Konkurrenzausspähung) zu einer Schadensersatzzahlung in Höhe von 80.000 Euro und zu einer Bewährungsstrafe von siebzehn Monaten verurteilt (Bundesministerium des Innern 2009).

1.4.5 Geringes Vergeltungsrisiko für Produktpiraten motiviert zum Know-how-Diebstahl

Das genannte Einzelbeispiel suggeriert zwar, dass Know-how-Diebstahl relativ stark sanktioniert wird, die Wirklichkeit sieht aber leider anders aus. Im Vergleich zur Vergangenheit sinkt das Vergeltungsrisiko (als Produkt von Entdeckungswahrscheinlichkeit und Sanktionsausmaß) sogar (Huber 2010). Die moderne Informations- und Kommunikationstechnologie erlaubt Angriffe aus großer Ferne, eine Strafverfolgung ausländischer Aktivitäten findet kaum statt (Huber 2010). Abbildung 1.11 zeigt die Strafverfolgungsbilanz für Produktfälscher des Jahres 2007 auf (Stihl 2009). Es wird deutlich, dass bei über 9.000 eröffneten Zollverfahren lediglich in etwa 400 Fällen eine Sanktion verhängt wurde. Know-how-Diebstahl erscheint somit als Kavaliersdelikt – das Risiko für den Fälscher ist äußerst gering.

Abb. 1.11: Strafverfolgungsbilanz für Produktpiraten 2007 (Stihl 2009)

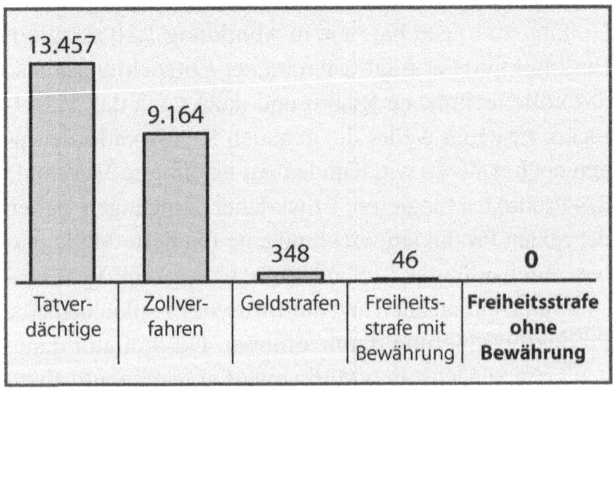

Der Originalhersteller kann und will aber Risiken der Produktpiraterie, die aufgrund des globalisierten Vertriebs und der weltweiten Produktion zwangsläufig entstehen, nicht vermeiden. Vielmehr ist das Eingehen einiger dieser Risiken unabdingbar für einen Erfolg auf dem Weltmarkt. Gleichwohl sollte ein effizientes Risikomanagement auch den Schutz des Know-hows mit einschließen, um die Gefahren des Know-how-Abflusses bewusst zu steuern und durch geeignete Gegenmaßnahmen auf ein akzeptables Niveau zu reduzieren. Welchen Gefahren der Originalhersteller aufgrund der Produktpiraterie ausgesetzt ist, wird im Folgenden dargestellt.

1.5 Gefahren der Produktpiraterie

Oben wurde bereits ausgeführt, dass eine der größten Gefahren der Produktpiraterie die Emanzipation des Piraten zum Wettbewerber ist. Doch Unternehmen sind noch einer Vielzahl weiterer Risiken ausgesetzt, die zum Teil monetär quantifizierbar sind, zum größeren Teil aber nicht direkt in finanziellen Kennzahlen darstellbar und in einigen Fällen auch nicht direkt messbar sind. Dabei werden drei Risikokategorien unterschieden: das juristische Risiko, das Absatzrisiko und das strategische Risiko, wie in Abbildung 1.12 dargestellt.

Unter der Kategorie „juristisches Risiko" sind alle Schäden zusammengefasst, die, wie der Begriff bereits andeutet, auf juristischer Ebene angesiedelt sind. Hierunter werden Schäden verstanden, die durch die Abwehr ungerechtfertigter Produkthaftungsklagen, durch Regressforderungen und durch die Verfolgung und Durchsetzung eigener Schutzrechte entstehen. Auch der Einsatz des Kundendienstes zur Reparatur eines Plagiats ist hierunter einzuordnen, da eine Abwehr dieser Forderung gegenüber dem Kunden auf juristischen Grundlagen erfolgen wird.

Abb. 1.12: Schadens- und Risikokategorien der Produktpiraterie

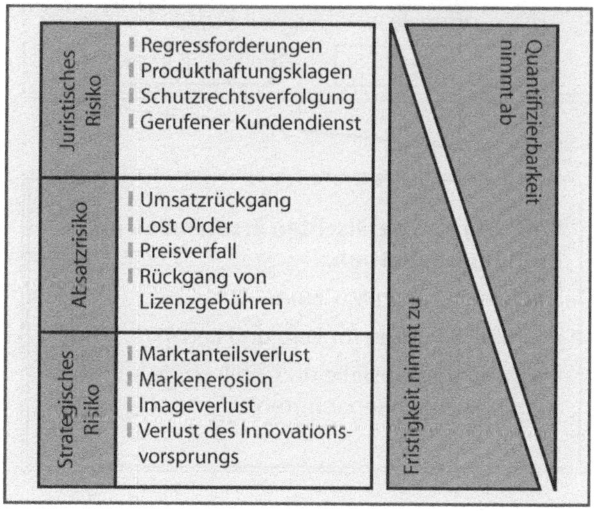

1.5.1 Regressforderungen und Produkthaftungsklagen

Werden Hersteller mit Haftungsklagen für herstellerfremde Produkte überzogen, so hat dies eine besondere Brisanz. In China, dem Hauptherkunftsland der Plagiate, hat der Originalhersteller nachzuweisen, dass das betroffene Produkt nicht von ihm hergestellt wurde. Auch nach dem deutschen Produkthaftungsgesetz (ProdHaftG) trägt der Hersteller dann die Beweislast, wenn strittig ist, ob eine Ersatzpflicht gemäß §1 Abs. 2 und 3 ProdHaftG ausgeschlossen werden kann, d. h. unter anderem, wenn nicht eindeutig nachvollziehbar ist, dass der Hersteller das Produkt nicht in den Verkehr gebracht hat (§1 Abs. 2 ProdHaftG).

Ein Beispiel aus der Praxis ist der Fall Nanjian Industry Group Corp. gegen BMW (Urteil vom 28.11.2000, Bundesagentur für Außenwirtschaft 2006). Hier hatte der Kläger einen nachgebauten BMW von einem nicht autorisierten Händler erworben und anschließend BWM wegen gravierender Qualitätsmängel des Fahrzeuges verklagt. Die Beweislast, dass das betreffende Fahrzeug nicht aus dem Hause BMW stammte, lag bei BMW, was auch durch die internationale Produktkennnummer gelang. Dieses Beispiel zeigt, dass das Risiko einer ungerechtfertigten Produkthaftungsklage durchaus eintritt. Kosten entstehen dann durch die Abwehr dieser Klage und durch die Beweisführung, dass es sich um ein Plagiat handelt.

Folgenreich und mit entsprechend hohem Streitwert können diese Haftungsklagen vor allem dann sein, wenn es zu Personenschäden kommt (Bachmann 2007). Diese Bedrohung ist real. Der Fachverband Werkzeugindustrie (FWI e. V.) geht davon aus, dass jährlich 3.500 Arbeitsunfälle allein im gewerblichen Bereich aufgrund der Verwendung von Plagiaten verursacht werden (Möller 2007).

Abbildung 1.13 verdeutlicht anhand des Beispiels eines Fräswerkzeuges die Gefährdungen durch den Einsatz von gefälschten Produkten insbesondere in der Hochgeschwindigkeitsbearbeitung.

Untersuchungen zur Werkzeugsicherheit am Institut für Produktionsmanagement, Technologie und Werkzeugmaschinen (PTW) der TU Darmstadt haben gezeigt, dass bei der Bearbeitung mit hohen Schnittgeschwindigkeiten und resultierenden Beschleunigungen der Werkzeuge auf bis zu 28.000 Umdrehungen pro Minute bei einem Fräswerkzeug mit 125 mm Durchmesser Fliehkräfte an der Schraube von über 26.800 Newton auftreten, was, bildlich gesprochen, vergleichbar ist mit der Last von etwa 2,7 Tonnen an zwei M5-Schrauben. Gefälschte Schrauben, die dieser Belastung nicht standhalten, oder gefälschte Wendeschneidplatten, die bei derart hohen Umdrehungen bersten, können zu gefährlichen Geschossen in der Werkstatt werden, die zu Schäden an der Maschine (siehe Abb. 1.13) und zur Gesundheitsgefährdung der Mitarbeiter führen können (Abele und Kuske 2010).

Auch die Herabsetzung der Fertigungsqualität kann Folge von gefälschten Komponenten sein, wie am Beispiel gefälschter Spindellagerungen verdeutlicht werden kann. Diese weisen schlechte Rundlaufeigenschaften oder ein schlechtes Verschleißverhalten auf. Somit besitzt die Werkzeugmaschine insgesamt eine niedrigere Maschinen- wie auch Prozessfähigkeit, die Nacharbeiten am Werkstück zur Folge haben und somit zu Zusatzkosten führen. Kommt es sogar zum Bruch der Lager, zieht dies einen Produktionsausfall nach sich. Besonders kritisch ist das Versagen beim Einsatz von Motorspindeln, da Bruchstücke meist den Motor zerstören, was den Tausch der kompletten Spindel erforderlich macht (Abele und Kuske 2010).

1.5.2 Schutzrechtsverfolgung und -durchsetzung

Weitere Schäden durch Produktpiraterie entstehen durch die Durchsetzung eigener Schutzrechte bzw. durch die Verfolgung der Schutzrechte. Hierbei müssen verschiedene Dimensionen unterschieden werden. Zum einen ist die Betrachtung der Kosten

Abb. 1.13: Gefährdung durch den Einsatz von Plagiaten im Produktionsbetrieb (Abele und Kuske 2010)

für Patentanmeldungen nötig, weiterhin die Recherchekosten für die Identifizierung von Plagiaten und abschließend die Prozesskosten bei Klagen gegen Schutzrechtsverletzer.

Bei der Betrachtung der Patentkosten ist ein differenziertes Vorgehen notwendig, da Patentanmeldungen auch eine strategische Komponente beinhalten. Nichtsdestotrotz ist für die Erlangung und Aufrechterhaltung einer Patentfamilie in Europa mit einem breiten Länderportfolio und einer Laufzeit von zehn Jahren mit etwa 25.000 Euro an Kosten zu rechnen (Gassmann 2007). Bei nicht regelmäßiger Überprüfung des Patentportfolios entstehen durch nicht mehr erforderliche Patente häufig verdeckte Kosten (Gassmann 2007). Abbildung 1.14 zeigt die Entwicklung der Kosten einer internationalen Patentanmeldung.

Diese Kosten sind der Produktpiraterie zumindest teilweise anzulasten, auch wenn das Patentwesen in zunehmendem Maße als strategischer Erfolgsfaktor genutzt wird.

Einfacher ist die Ermittlung der Schäden bei der Betrachtung der Recherchekosten für die Identifizierung von Plagiaten. Da bei Gerichtsverfahren in China hohe Anforderungen an Beweismittel gestellt werden, ist eine gute Vorbereitung im Vorfeld nötig, um die Wahrscheinlichkeit einer erfolgreichen Klage zu erhöhen. Es empfiehlt sich, eine systematische Recherche nach Plagiaten durchzuführen und entsprechende Beweismittel zu sichern. Best-Practice-Beispiele aus der Pharma- oder Automobilindustrie zeigen, dass Unternehmen ganze Abteilungen hauptsächlich mit der Thematik der Identifizierung von Plagiaten beschäftigen und Wirtschaftsdetekteien mit der Sammlung von Beweismitteln beauftragen (U.S. Chamber of Commerce 2006, Goos 2007). Diese Kosten werden in der Unternehmensbilanz ausgewiesen und können so unternehmensspezifisch ermittelt werden.

Die dritte Dimension der Schutzrechtsverfolgung sind die Schäden, die durch Kosten bei Prozessen gegen Piraten entstehen. Hier ist es nicht leicht, eine konkrete Summe auszuweisen, da diese Kosten von Fall zu Fall

Abb. 1.14: Entwicklung der Kosten eines internationalen Patents (Gassmann 2007)

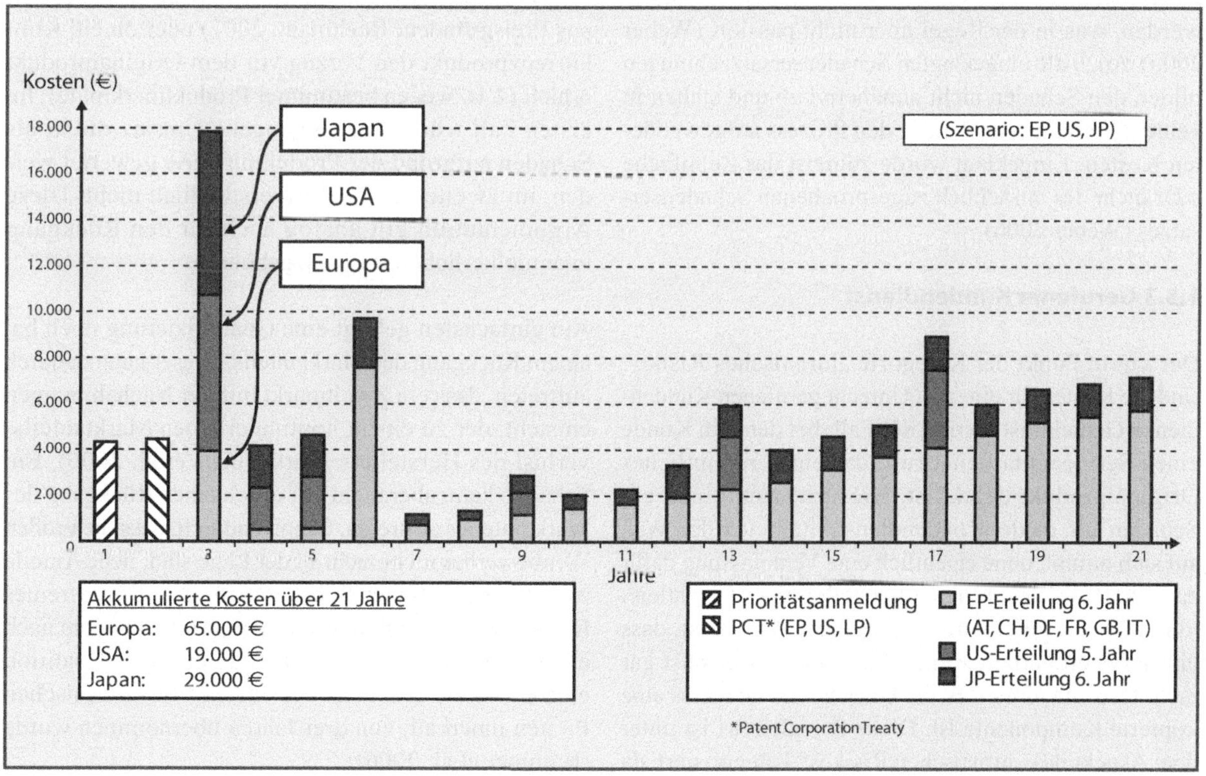

1

unterschiedlich sind. Es bietet sich aber an, die durchschnittliche Dauer eines solchen Prozesses in China darzulegen, um daraus die Kosten abzuleiten. Dabei ist allerdings zu berücksichtigen, dass die Prozessführung z. B. in China je nach Regionen unterschiedlich schwierig sein, unterschiedlich lang dauern und dementsprechend auch unterschiedlich viel kosten kann. In der Literatur wird davon ausgegangen, dass die erste Instanz in der Regel drei bis sechs Monate dauern kann, je nach Einzelfall aber bis zu achtzehn Monate (Malloy et al. 2004). Die IHK Ulm weist dabei explizit darauf hin, dass bei gut vorbereiteten Gerichtsverfahren in China diese nicht nur schnell, sondern auch sehr preiswert sein können. Prozesskosten betragen nach dieser Quelle mindestens 6.000 Euro für die erste Instanz (ohne Berücksichtigung der eigenen Personalkosten). Gleichzeitig wird aber auch eingeräumt, dass es erhebliche Preisunterschiede gibt und die Kosten auch von der Wahl des Gerichtes abhängen (von Amsberg 2009). Die durchschnittlichen Aufwendungen für einen Verletzungsprozess in den USA betragen dabei inzwischen etwa 499.000 US-Dollar pro Einzelfall (Gassmann 2007). Grundsätzlich gilt, dass die Prozesskosten von jeder Partei selbst getragen werden, auch wenn eine Partei obsiegt. Theoretisch können in einem neuen Prozess diese Kosten wieder eingeklagt werden, was in der Regel aber nicht passiert (Weber 2006). Auch die eingeklagten Schadensersatzzahlungen bilden den Schaden nicht annähernd ab und stehen in keinem Verhältnis zu den für den Prozess aufgewendeten Kosten. Eingeklagt wurde zumeist das Zehnfache oder mehr des tatsächlich zugesprochenen Schadensersatzes (Weber 2006).

1.5.3 Gerufener Kundendienst

Der vierte Punkt der Kategorie „juristisches Risiko" sind die Kosten für einen zu Unrecht gerufenen Kundendienst. Gemeint ist hiermit der Fall, bei dem ein Kunde einen Servicemitarbeiter ruft, da sein vermeintliches Originalprodukt defekt ist. Hier tritt zum einen ein Schaden auf, da der Kundendienstmitarbeiter den Weg auf sich nimmt, ohne eigentlich eine Veranlassung dafür zu haben, und dem Originalhersteller diese Dienstleistung nicht vergütet wird. Ein weiterer Aspekt ist, dass ein Servicemitarbeiter unter Umständen zunächst gar nicht feststellt, dass z. B. die Ursache des Defektes eine kopierte Komponente ist. Diese Schadensart ist unter dem Aspekt des „juristischen Risikos" kategorisiert, da – wie bereits beschrieben – eine Abwehr dieser Schäden auf juristischer Grundlage zu erfolgen hat. Der Originalhersteller muss dem Kunden nach ProdHaftG nachweisen, dass das vermeintliche Originalprodukt nicht von ihm stammt. Die Argumentation ist daher ähnlich wie bei den Schäden aufgrund Produkthaftungsklagen (siehe oben) und wird daher als weitere Ausprägung unter der Rubrik „juristisches Risiko" geführt.

1.5.4 Umsatzrückgang

Eine Quantifizierung des Umsatzrückganges des Originalproduktherstellers aufgrund der angebotenen kopierten Produkte ist nur bedingt möglich. Problematisch ist vor allem, dass keine genauen Zahlen zum Umfang der Plagiate auf dem Markt vorliegen und auch das Kundenverhalten nur relativ ungenau abgebildet werden kann. Weiterhin ist es schwierig, den genauen Grund für einen Umsatzrückgang zu ermitteln. Zwar kann ein Umsatzrückgang generell recht einfach anhand der Unternehmensbilanz ermittelt werden – die Gründe dafür können aber vielfältiger Natur sein.

Ähnliches gilt auch für die Höhe des entgangenen Umsatzes. Die Frage, die sich hierbei stellt, ist, ob das Plagiat dem Originalprodukt vorgezogen wurde (meist aus Preisgründen, Bachmann 2007) oder ob ein Konkurrenzprodukt den Vorzug vor dem Originalprodukt erhielt (z. B. wegen bestimmter Produktmerkmale). Im ersten Fall würde der entgangene Umsatz direkt als Schaden aufgrund der Produktpiraterie gewertet werden, im zweiten Fall selbstverständlich nicht. Diese Argumentation gilt analog auch für den Rückgang eventuell erhobener Lizenzgebühren.

Am einfachsten gelingt eine Quantifizierung noch bei einem Rückgang des Marktanteils. Dieser kann dadurch auftreten, dass ein Zweitmarkt billiger Nachahmungen entsteht, der zu einem kontinuierlichen Marktanteilsverlust des Herstellers führt (Fuchs et al. 2006). Ein Schaden kann aber nicht nur durch einen Rückgang des Marktanteiles auftreten. Schon dadurch, dass die großen Wettbewerber nicht mehr in der Lage sind, neue Anteile zu gewinnen, können Schäden auftreten. Ein extremes Beispiel ist in Abbildung 1.15 dargestellt, bei dem nach einer Studie der China Anti-Counterfeiting Coalition eine etablierte und bekannte Marke von chinesischen Piraten innerhalb von drei Jahren übernommen wurde (Kammer et al. 2006).

Abb. 1.15: Übernahme einer Marke (Kammerer et al. 2006)

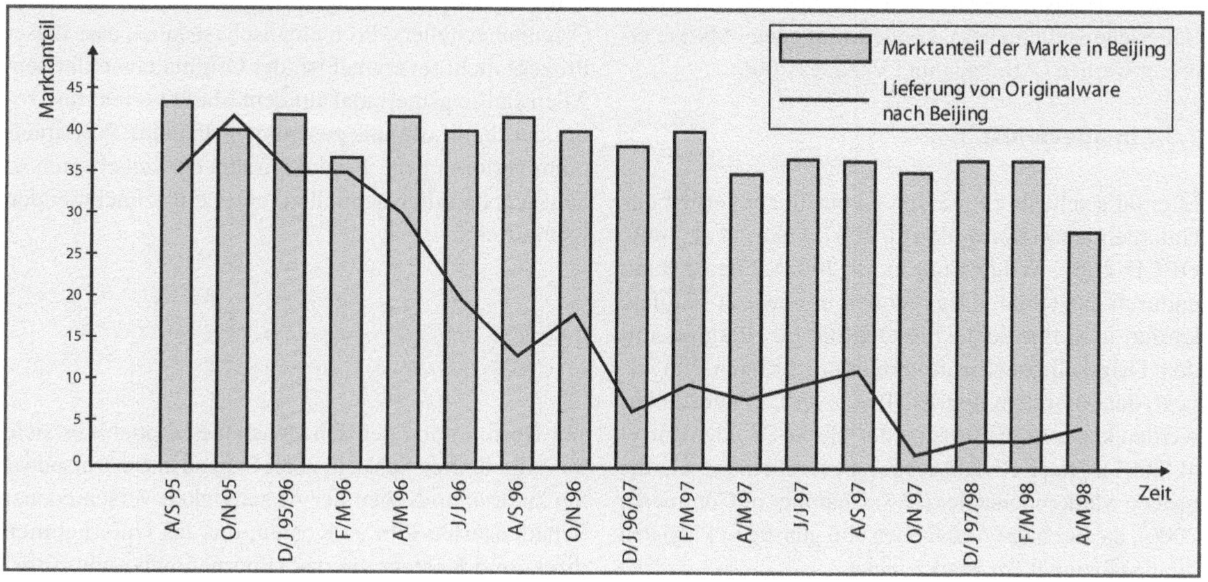

1.5.5 Preisverfall

Der Preisverfall, der durch die deutlich niedrigeren Preise der Plagiate entstehen kann, stellt eine weitere Schadenskategorie dar. Lassen sich die Unternehmen auf einen Preiswettbewerb ein, was in manchen Fällen nicht unbedingt zu vermeiden ist, werden die Preise nach unten gedrückt und der Deckungsbeitrag sinkt (Wildemann 2007). Die österreichisch-schweizerische Firma Doppelmayr, deren Seilbahnen von staatlichen Firmen Chinas nachgebaut werden, erwartet z. B. aufgrund der hohen Anzahl an Plagiaten einen Preisverfall auf dem chinesischen Markt (Kammerer et al. 2007). Die Ursache für einen Preisverfall kann aber nicht immer so zweifelsfrei auf die Produktpiraterie zurückgeführt werden – dementsprechend schwierig ist es daher, einen exakten Schadenswert anzugeben.

Trotz der hier aufgeführten Schwierigkeiten bei der Ermittlung der genauen Schadenswerte sind alle Kategorien in der Literatur übereinstimmend als wichtige Schäden aufgeführt, die durch Produktpiraterie verursacht werden (Rodwell et al. 2007, OECD 2008, Fuchs et al. 2006). Alle vier Schadensformen treten je nach individueller Unternehmenssituation in unterschiedlicher Ausprägung auf.

Die Schäden der Kategorie „Strategisches Risiko" sind am schwierigsten in finanziellen Kennzahlen auszudrücken. Gleichzeitig sind die Auswirkungen dieser Schäden am langfristigsten.

1.5.6 Verlust von Zukunftsmärkten

Auch der Verkauf von Plagiaten auf Märkten, auf denen der Originalhersteller noch nicht vertreten ist, ist ein weiterer Aspekt dieses Schadensfalls. Gerade bei stark wachsenden Märkten wie z. B. Asien kann es für den Originalhersteller sehr problematisch sein, wenn Produktpiraten Zukunftsmärkte noch vor dem Originalhersteller besetzen (Meiwald et al. 2008). In China haben Produktpiraten etwa 200 Lifte des Unternehmens Doppelmayr kopiert, verkauft und somit einen potenziellen Markt für den Originalhersteller okkupiert (Stuiber 2006).

Lieferantenbeziehungen bieten aber auch eine Chance, neue Märkte zu eröffnen, vorausgesetzt, dass der Originalhersteller ausreichend diversifiziert ist und ein breites Intellectual-Property-Portfolio aufweist (Arruñada und Vázquez 2006). In diesem Fall kann der Originalhersteller Zulieferer nutzen, um bei relativ geringem Risiko und geringen Kosten mit seinem eigenen Know-how in neue Märkte einzudringen, indem er auf die Produktionskapazitäten und das Produktions-Know-how der Zulieferer baut. Ein Beispiel sind die Entwicklungen bei der Elektromobilität. Die traditionellen Automobilhersteller haben sowohl die Markenidentität und Glaubwürdigkeit als auch die technologischen Fähigkeiten, alternative Antriebe auf den Markt zu bringen, – Mithilfe von externen Vertragsherstellern, deren Kompetenz z. B. in der Batterieherstellung liegt, können somit neue Märkte eröffnet werden (Arruñada und Vázquez 2006).

1

1.5.7 Imageverlust

Ebenfalls schwer zu messen ist ein Imageverlust des Unternehmens (Rodwell et al. 2007, Fuchs et al. 2006, OECD 2007, Wildemann et al. 2007). Dieser kann dadurch entstehen, dass Kunden unbewusst Plagiate kaufen und eine schlechte Qualität des Plagiats mit dem Originalhersteller in Verbindung bringen. Ein Aspekt, der unter dem Begriff „Imageverlust" subsumiert werden kann, ist die Erosion der Marke (Wildemann et al. 2007). Diese Risikokategorien fürchten gerade die großen Markenhersteller (U.S. Chamber of Commerce 2006), da durch das Auftauchen von günstigen Plagiaten die Exklusivität der Marke leidet.

1.5.8 Verlust des Innovationsvorsprunges

Der letzte Punkt der Kategorie „Strategisches Risiko" ist der Verlust des Innnovationsvorsprungs. Dieser wirkt mittel- bis langfristig und ist fast gar nicht zu quantifizieren. Nichtsdestotrotz ist er der mittelfristig wohl schwerwiegendste Faktor, denn viele Piraten erwerben durch das Kopieren schnell Know-how auf Kosten des Originalherstellers. Problematisch ist dabei, dass dieser Prozess nicht reversibel ist, der Originalhersteller sein Alleinstellungsmerkmal auf dem Markt verliert und somit der damit oftmals zusammenhängende Preisspielraum verloren geht. Produktpiraten entwickeln sich so häufig erstaunlich schnell zu einer ernstzunehmenden Konkurrenz.

1.6 Bestimmung der unternehmensindividuellen Schadenshöhe

Zur Bestimmung der Schadenshöhe empfiehlt es sich, die aufgeführten Schäden unter folgenden Gesichtspunkten zu ordnen. Neben der Abhängigkeit verschiedener Schadensarten gibt es Kosten, die das Unternehmen direkt und Kosten, die das Unternehmen nicht direkt beeinflussen kann. Abbildung 1.16 verdeutlicht den Zusammenhang zwischen den Kosten des Schutzes, die durch die Wahl der Höhe des Sicherheitsniveaus bestimmt werden und der Höhe des Schadens durch Produktpiraterie. Die Summe beider Werte ergibt die Höhe des Gesamtschadens.

Abb. 1.16: Beeinflussbare und nicht beeinflussbare Kosten der Produktpiraterie

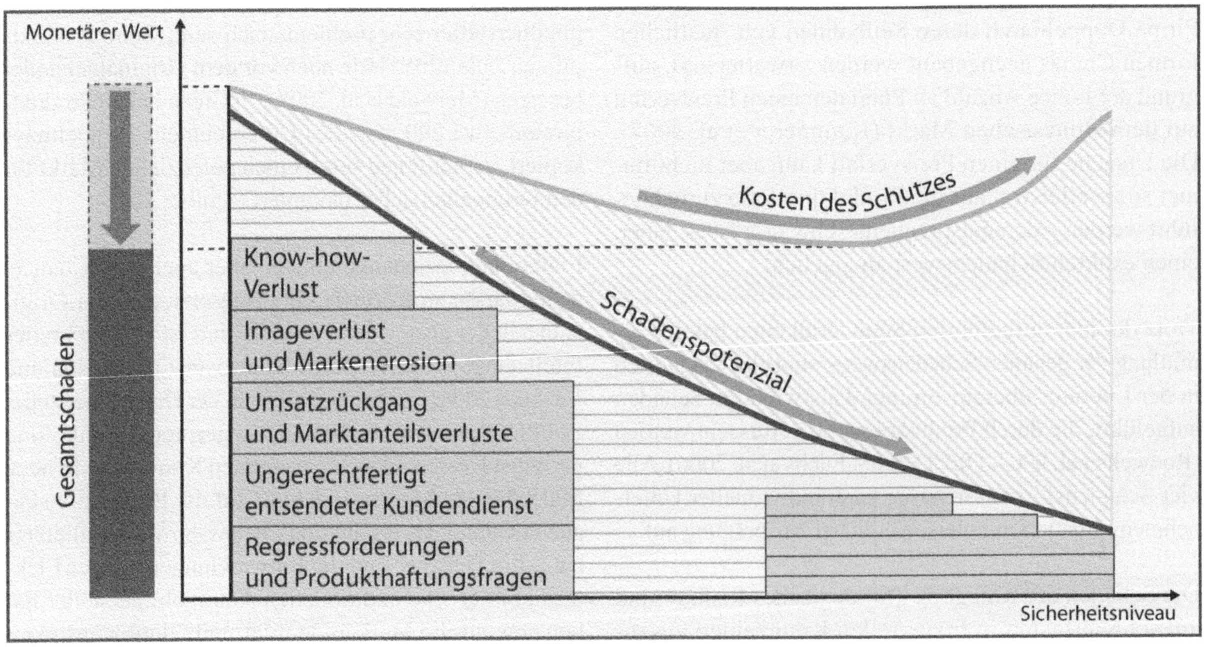

Die Schadenskategorien Marktanteilsverlust, Rückgang der Lizenzgebühren und Preisverfall wirken direkt auf den Umsatz. Ebenso wirkt eine Erosion der Marke negativ auf das Image. In der Regel überwiegen die nicht direkt beeinflussbaren Kosten. Damit ist gemeint, dass das Unternehmen auf diese Kosten nur durch eine verstärkte Anstrengung im Bereich der Schutzrechtsverfolgung oder durch einen verstärkten Einsatz von Kopierschutzmaßnahmen Einfluss nehmen kann. Diese Abhängigkeit zwischen den direkt beeinflussbaren Kosten des Schutzes und den nicht direkt beeinflussbaren Kosten, die das Schadenspotenzial bestimmen, wird durch die Darstellung des Gesamtschadens verdeutlicht. Verstärkte Anstrengungen im Bereich der Schutzrechtsverfolgung und der Entwicklung neuer Schutzmaßnahmen erhöhen zwar die Kosten des Schutzes, allerdings wird das Schadenspotenzial dadurch verringert. Ziel des Unternehmens muss es daher sein, das optimale Maß an Aufwendungen zu definieren, sodass der in Abbildung 1.16 dargestellte Gesamtschaden, definiert als Summe von Schaden und Kosten des Schutzes, minimiert wird.

Das Schadenspotenzial exakt zu quantifizieren ist unmöglich. Vielmehr ist auf eine Szenarioanalyse zurückzugreifen, mit der Schadenswerte unter bestimmten Annahmen geschätzt werden. Insbesondere die weichen Schadenskategorien wie Know-how-, Image- und Marktverlust können dennoch nicht seriös vorausgesagt werden. Untersuchungen der Autoren dieses Buches haben aber gezeigt, dass abhängig von den jeweiligen Annahmen der Umsatzrückgang aufgrund von Plagiaten in der Regel die monetär am höchsten zu bewertende Schadenskategorie ist.

1.7 Produktspezifische Herausforderungen der Produktpiraterie

Eine der wesentlichen Fragen, die es zu beantworten gilt, ist, welche Produkte von Produktpiraterie betroffen sind. Obwohl die Antwort auf diese Frage zunächst einfach klingt – grundsätzlich sind alle Produkte des Maschinenbaus potenzielle Ziele von Piraten – ist die Realität deutlich komplexer. Zum einen existieren ganz

Abb. 1.17: Art der Betroffenheit der Produkte und mögliche Schutzmaßnahmen

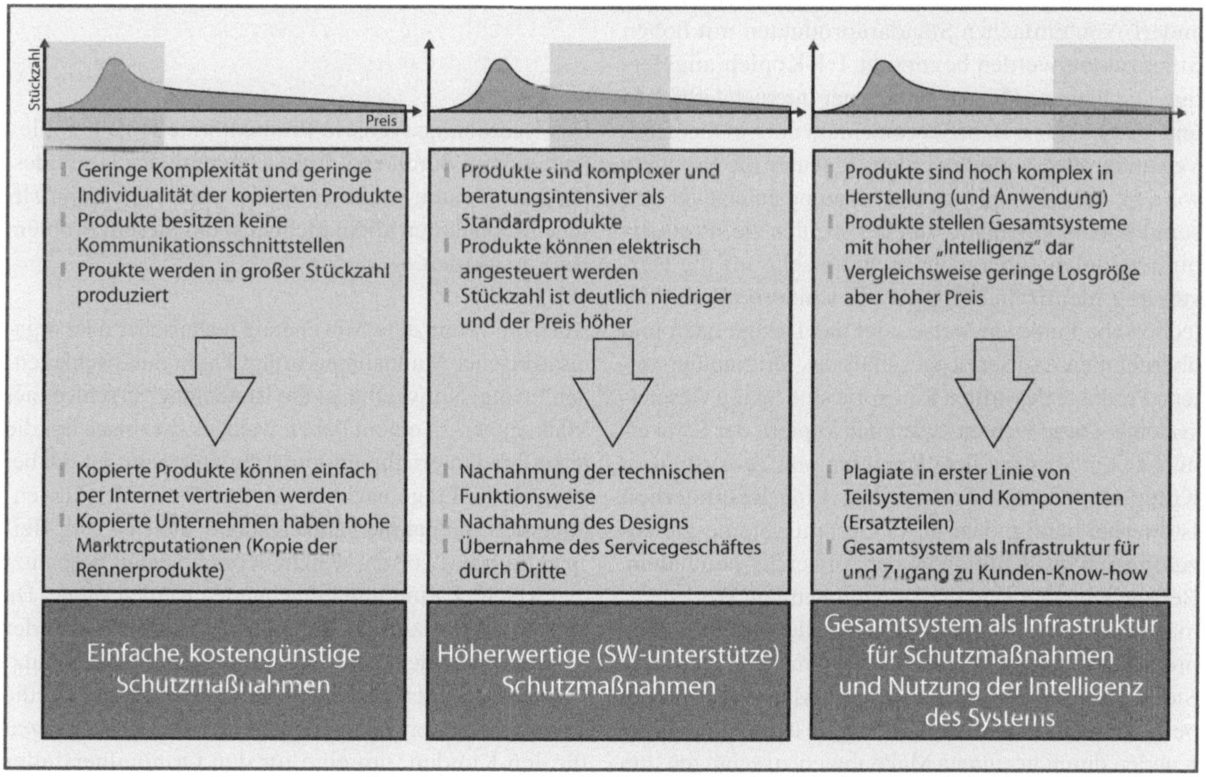

unterschiedliche Risikopotenziale für verschiedene Produkttypen, zum anderen gibt es ganz unterschiedliche Voraussetzungen für die Etablierung von Schutzmaßnahmen. Die Orientierung an Preis und gefertigter Stückzahl kann eine Hilfe sein, wie in Abbildung 1.17 dargestellt.

Auf der Abszisse ist der Preis eingezeichnet, auf der Ordinate die Stückzahl. Dabei verhält es sich in der Regel so, dass mit steigendem Preis die verkaufte Stückzahl sinkt. Gleichzeitig steigt tendenziell die Komplexität der Produkte, was einen Effekt auf die Einsatzmöglichkeiten von Schutzmaßnahmen und auf den Charakter der Plagiate hat. Insbesondere der Einsatz von Embedded Software und mechatronischer Systeme wirkt positiv auf die Möglichkeiten der Integration eines technischen Kopierschutzes. Während die erste Kategorie auch aufgrund des geringen Preises der Produkte einfache und kostengünstige Schutzmaßnahmen verlangt, können bei Produkten der dritten Kategorie die durch integrierte Software vorhandene Intelligenz des Systems genutzt werden.

Plagiate von Produkten der unterschiedlichen Kategorien bedienen dabei auch unterschiedliche Zielgruppen und Zielmärkte, sodass sich der Charakter der Plagiate ändert. Von einfachen Standardprodukten mit hohen Stückzahlen werden bevorzugt 1:1-Kopien angefertigt. Die Plagiate können einfach per Internet vertrieben und massenhaft z. B. in Seecontainern oder in kleineren Versandgrößen verteilt werden. Je teurer die Produkte werden, desto komplexer und beratungsintensiver und somit auch kundenindividueller werden sie. Produktpiraten zielen dabei nicht mehr so sehr auf die Herstellung identischer Kopien ab, sondern ahmen die technische Funktionsweise oder das Design nach und übernehmen das Servicegeschäft des Originalherstellers. Produkte der dritten Kategorie sind häufig Gesamtsysteme. Diese werden zwar auch kopiert, der Schwerpunkt liegt aber auf dem Kopieren von Teilsystemen, Komponenten und Ersatzteilen. Eine Besonderheit ist hierbei häufig, dass diese Gesamtsysteme gleichzeitig auch das Know-how der Anwender beinhalten. Beispiele hierfür sind die Steuerungen von Werkzeugmaschinen, auf denen der NC-Code der Bearbeitungsprogramme hinterlegt ist oder Stickmaschinen, deren Steuerungen bestimmte Muster von Markenherstellern beinhalten. Dieses Know-how gilt es im Sinne des Kunden durch geeignete Maßnahmen zu schützen, um somit auch dem Kunden die Möglichkeit zur Abwehr von Industriespionage zu bieten.

Neben dem Preis und der Stückzahl der Produkte gibt es noch eine Vielzahl weiterer Faktoren, die einen Einfluss auf den Typ produzierter Plagiate haben. So spielt z. B. auch die Größe und das Gewicht der Produkte eine nicht zu vernachlässigende Rolle. Dies resultiert aus der Tatsache, dass Produktpiraten die Transportwege der Plagiate möglichst gut verschleiern müssen. Als Konsequenz sind die Logistikkosten im Vergleich zum Originalhersteller deutlich höher (Staake und Fleisch 2008). Kleine Produkte sind daher deutlich einfacher zu verschicken, als große und schwere Produkte, die mit Sattelschleppern oder in großen Containern verschifft werden müssen. Wesentliche Aufgabe und grundlegender Erfolgsfaktor ist es nun, dass jedes Unternehmen die für seine Produkte und spezifische Unternehmenssituation relevanten Faktoren identifiziert, um die Mechanismen der Produktpiraterie im eigenen Umfeld zu verstehen und darauf basierend eine wirksame Abwehrstrategie aufzubauen. Hinweise und Hilfestellung gibt dieses Buch im Kapitel 3 „Maßnahmen für den Know-how-Schutz“.

1.8 Thesen eines erfolgreichen Produktschutzes

Das Bedrohungsszenario Produktpiraterie ist komplex und geprägt durch eine hohe Dynamik des Umfeldes. Da auch Staaten wichtige Spieler sind, reichen juristische Maßnahmen allein nicht aus, um diesem Problem Herr zu werden.

Auch die vereinzelte Anwendung technischer oder organisatorischer Maßnahmen bringt kaum durchschlagenden Erfolg. Notwendig ist die Bündelung verschiedener Maßnahmen zu einem Paket, welches spezifisch auf die jeweilige Unternehmenssituation angepasst ist. Dabei ist auch die Frage nach der Art und Weise der Anwendung der Maßnahmen entscheidend. Hier ist zum Beispiel zu beantworten, welche Komponenten geschützt und welche Partner mit eingebunden werden sollen. Da es Kopierschutz in der Regel nicht umsonst gibt, der Kunde jedoch nicht bereit ist, für implementierte Schutzmaßnahmen einen höheren Preis zu akzeptieren, hilft die Verknüpfung der Schutzmaßnahmen mit Zusatznutzen für den Kunden, um eine für den Originalhersteller kosten- und nutzenoptimierte Strategie zu finden. Die bereits angesprochene Dynamik des Umfeldes in Kombination mit der steilen Lernkurve der Produktpiraten zwingt die Originalhersteller zusätzlich dazu, die Maßnahmen beständig weiterzuentwickeln und ggf. neue Maßnahmen umsetzen, um den steigenden Anforderungen an einen Schutz gerecht zu werden.

Sowohl in der Praxis als auch in der Forschung folgt das Verständnis eines Know-how-Schutzes dabei überwiegend noch dem klassischen Bild des reinen Anmeldens von Schutzrechten. Dieses Verständnis wird den veränderten Rahmenbedingungen aber nicht mehr gerecht, da es unter anderem dazu führt, dass Know-how-Schutz nach wie vor hoffnungslos fragmentiert ist. Dies gilt nicht nur für behördliche Stellen, sondern auch für die internen Strukturen in Unternehmen. Schutz gegen Produktpiraterie kann aber nicht alleinige Aufgabe der Patentabteilung sein, sondern muss als eine bereichsübergreifende Aufgabe mit Engagement der Unternehmensleitung verstanden werden. Ebenso greift es zu kurz, den Fokus nur auf die Produkte zu richten. Betrachtet werden muss die gesamte Wertschöpfungskette, konsequenterweise müssen auch alle Partner der Supply Chain mit eingebunden werden, und zwar vom Lieferanten bis hin zum Kunden.

Zusätzlich führt die isolierte Betrachtung des Know-how-Schutzes unter rein juristischem Blickwinkel dazu, dass wesentliche Potenziale eines wirksamen Know-how-Schutzes nicht gesteigert werden. Standardisierte Prozesse zur Kanalisierung von Informationen zu Plagiaten und Produktpiraten sind heute eher die Ausnahme als die Regel, um nur ein Beispiel zu nennen.

Konsequent umgesetzter Piraterieschutz kann aber nicht nur die eigene Wettbewerbsposition sichern, sondern auch Wettbewerbsvorteile generieren. Dafür sind praktikable Lösungsansätze zu finden, um dem Druck der schwierigen Bedingungen Herr zu werden und den Zielkonflikt zwischen Kundenzufriedenheit, niedrigen Kosten und hoher Qualität des Schutzes optimal aufzulösen. Zwar können Unternehmen in Einzelfällen von bereits existierenden Lösungen lernen und entsprechende Schemata auch für sich übernehmen. Entscheidender ist aber, Know-how-Schutz nachhaltig im Unternehmen und den Köpfen der Mitarbeiter zu verankern, um so einen für die spezifische Unternehmenssituation optimalen Schutz zu erreichen. Das vorliegende Buch soll hierzu einen Beitrag leisten und praktikable Lösungsvorschläge geben.

[2] Risikoidentifizierung als Basis für die Entwicklung einer Abwehrstrategie

Einführung

Um den Herausforderungen des Know-how-Schutzes wirksam begegnen zu können, ist eine fundierte Analyse der unternehmensspezifischen Risikosituation notwendig. Die Schaffung einer Wissensbasis zur Produktpiraterie hilft bei der Risikoanalyse. Dabei ist die Wertschöpfungskette in den Mittelpunkt der Betrachtungen zu stellen. Das folgende Kapitel zeigt auf:

- wie ein Risikoprozessmodell zur Bewertung der Risikosituation beitragen kann
- welche Perspektiven der Risikobewertung einzunehmen sind
- welche Wissensquellen im Unternehmen auf welche Weise gefährdet sind
- wie Auslöser und Ursachen des Wissensabflusses bestimmt werden können
- auf welche Weise das vorgestellte Modell im Unternehmen angewendet werden kann.

Als Aufgabenbeschreibung für eine Abwehrstrategie gegen Produktpiraterie bietet sich die Definition einer erfolgreichen Strategie von Ulrich und Fluri an. Diese verstehen unter Strategie die „[...] Erfolgsvorsteuerung durch den frühzeitigen und systematischen Aufbau von strategischen Erfolgspotenzialen. Es geht dabei um Steuerungsgrößen qualitativer Art, nämlich um die erforderlichen Fähigkeiten der Unternehmung, auf den ‚Innovationsdruck‘ und auf ‚strategische Überraschungen‘ [...] wie ein guter Schachspieler aus einer Position der Stärke heraus flexibel, wirksam und erfolgbringend reagieren zu können. [...] die Schaffung von Voraussetzungen zur ‚Beherrschung‘ der strategischen Ungewissheit und Komplexität, kann [...] nur erfolgbringend gelöst werden, indem alle unternehmerischen Kräfte und Ressourcen von Anfang an konsequent in den Dienst einer klaren Unternehmensstrategie gestellt werden“ (Ulrich und Fluri 1995).

Ergänzend zu dieser Definition, bei der die Aufgabe der Strategie mit der eines erfolgreichen Schachspiels gleichgesetzt wird, sollte die Einschätzung eines der besten Schach-Großmeister aller Zeiten, Gary Kasparow, zu den Erfolgsfaktoren von Strategien nicht fehlen. Dieser machte deutlich, dass es im Schach wie im realen Leben bei Entscheidungsfindungen „[...] generell viel wichtiger [ist], eine kleine Menge von Zügen korrekt zu bewerten als wie ein Computer systematisch tiefer und tiefer nach besseren Zügen zu graben beziehungsweise immer mehr Züge ‚vorauszusehen‘“ (Kasparow 2010).

Es kommt bei der Entwicklung der Strategie nicht darauf an, detaillierte und quantifizierte Risikomaße festzusetzen und eine Vielzahl von „Zügen“ vorauszusehen, sondern darauf, die Situation richtig einzuschätzen und aus wenigen, bereits vorgefilterten Alternativen die für das jeweilige Unternehmen richtige auszuwählen. Übersetzt für die Herausforderung der Entwicklung und Umsetzung einer Strategie gegen Produktpiraterie bedeutet dies im Wesentlichen die Verfolgung von vier Zielen:

- Schaffung einer Informationsbasis und Einschätzung der Risiken
- Auswahl und Umsetzung von geeigneten Maßnahmen
- Überführung der Maßnahmen in standardisierte Prozesse
- Kontinuierliche Verbesserung des Schutzes.

Dabei sollte die Verantwortung der Leitung bezüglich Zieldefinition, Selbstverpflichtung, Risikoanalyse, Managementbewertung, Sensibilisierung bzw. Bewusstseinsschaffung im Unternehmen und Lenkung des Schutzes klar angesprochen werden. Weiterhin sind die Voraussetzungen für ein professionelles Management der Ressourcen zu schaffen, indem die Höhe der bereitgestellen Ressourcen sowie die notwendigen Kompetenzen festgelegt werden, das Personal geschult und eine geeignete Infrastruktur geschaffen wird. Ebenso sind die unternehmensspezifischen Anforderungen an eine Umsetzung zu definieren und zwar aus Produkt-, Prozess- und Kundensicht sowie aus normativer Sicht. Die Messung, Analyse und kontinuierliche Verbesserung des Schutzes erfordert die Definition von Anforderungen an eine Überwachung und Messung der Schutzqualität, die Durchführung von Audits und Prozessanalysen, eine Überwachung im Markt, eine Datenanalyse, die Definition und Vermittlung des Verhaltens bei Entdeckung von Plagiaten, eine Analyse des Kundenverhaltens und, falls notwendig, die Korrektur fehlerhafter Maßnahmen sowie eine konsequente Aktualisierung der Wissensbasis im Unternehmen.

Zur Umsetzung dieser definierten Ziele sollte die Entwicklung einer Abwehrstrategie fünf Prozessschritten folgen, wie in Abbildung 2.1 dargestellt.

Dieser Prozess ist nicht als statisches Befolgen der Schritte, sondern als dynamischer Prozess anzusehen. Die Schritte werden sich hier im Zeitablauf überlagern und es wird Rückkopplungen geben. Wie genau ein Unternehmen auf diese Weise eine passende Abwehrstrategie entwickeln kann, wird in den folgenden Kapiteln dargelegt.

Abb. 2.1: Das Darmstädter Modell zur Entwicklung einer Piraterie-Abwehrstrategie

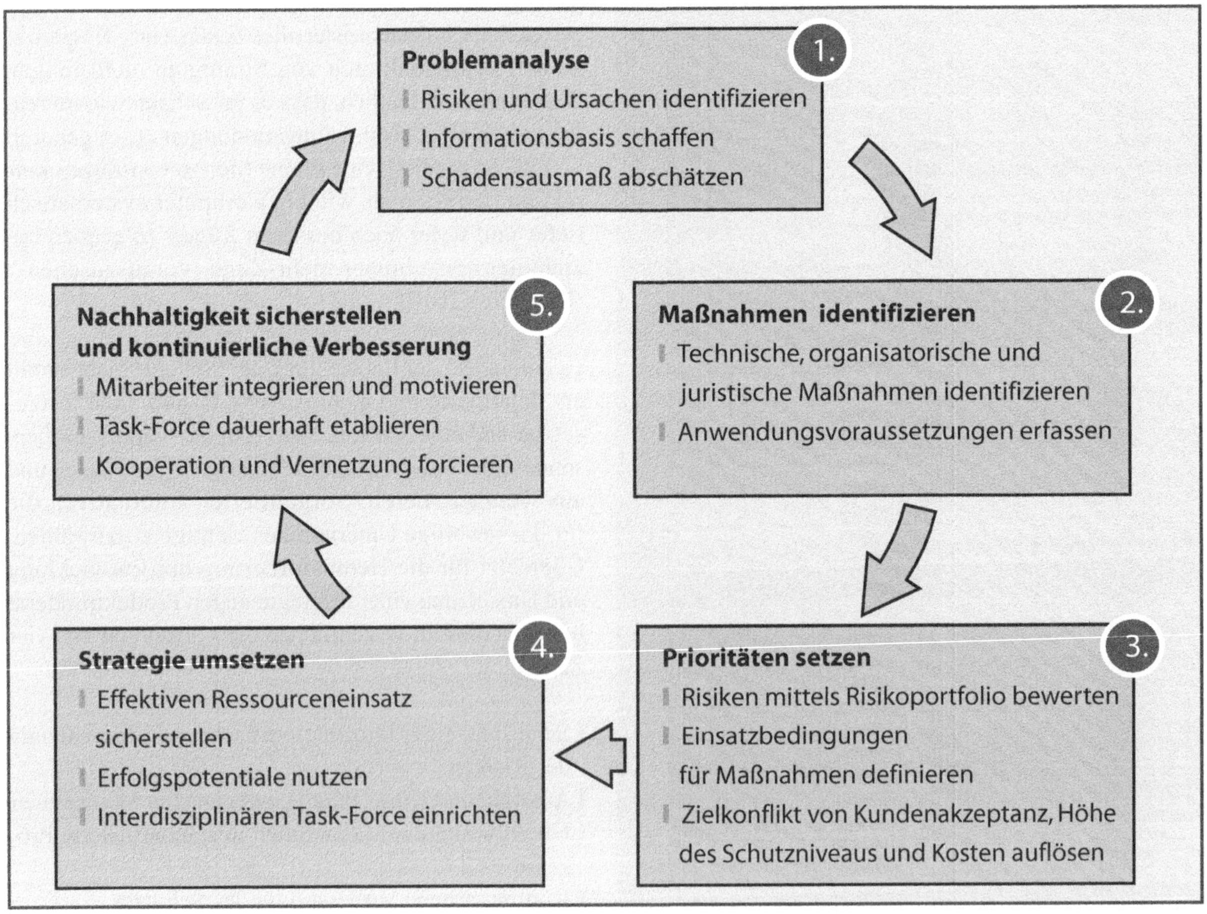

Abb. 2.2: Piraterie verschärft sich (Karg und Petersen 2010)

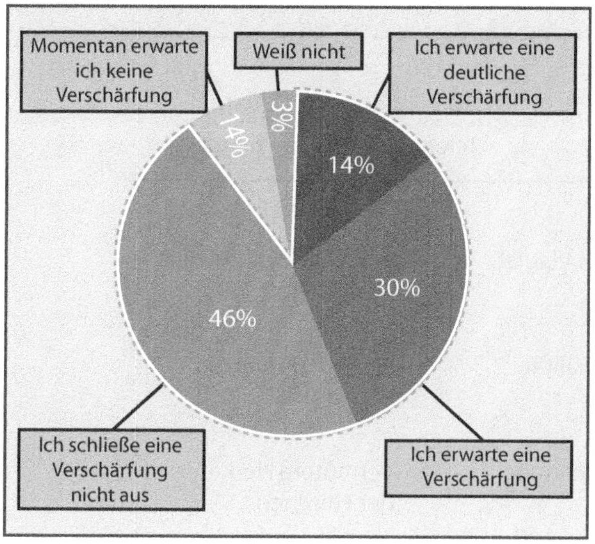

Abb. 2.3: Einsatz von Reportingsystemen zur Steuerung der Know-how-Schutzstrategie (Karg und Petersen 2010)

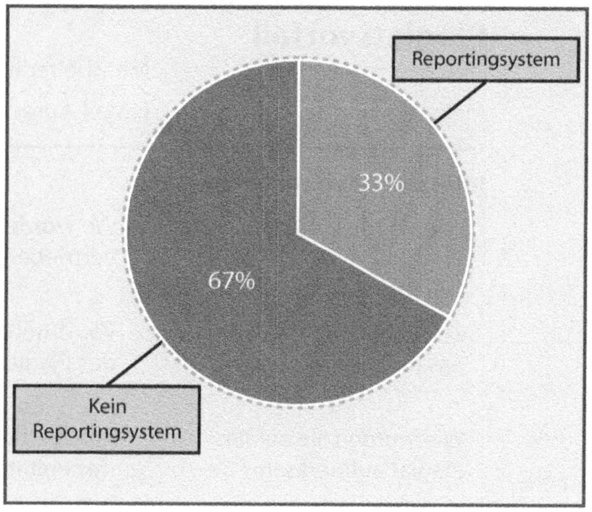

2.1 Schaffung einer Wissensbasis zur Produktpiraterie

Obwohl Produktpiraterie nach einer aktuellen Studie fast drei Viertel aller Unternehmen in Deutschland betrifft bzw. nur zwölf Prozent der 230 befragten Unternehmen ausschließen, von Produktpiraterie betroffen zu sein, dagegen etwa 90 Prozent der Unternehmen eine Verschärfung des Problems entweder erwarten oder nicht ausschließen (Karg und Petersen 2010, siehe Abb. 2.2), ist bei fast allen Unternehmen die Wissensbasis zum Thema erstaunlich gering ausgeprägt (Staake und Fleisch 2008).

Dabei sind Informationen zur geschätzten Größe des Marktes für Plagiate, zum finanziellen Schaden, den ein Unternehmen erleidet, zur Rolle des Kunden sowie zu den Strategien und zum Kompetenzniveau der Piraten – immer bezogen auf das Umfeld, in dem sich das jeweilige Unternehmen bewegt – entscheidend für eine fundierte Risikobewertung und Auswahl geeigneter Maßnahmen. Eines der wichtigsten und zugleich häufig eines der am meisten vernachlässigten Ziele eines Unternehmens muss also das konsequente und strukturierte Sammeln sowie die fundierte Analyse aller Informationen sein. Dennoch hat die überwiegende Mehrheit der Unternehmen keine Reportingsysteme installiert (Abb. 2.3, Karg und Petersen 2010).

Eine detaillierte Informationssammlung ist notwendig, da selbst Unternehmen gleicher Branchenzugehörigkeit und mit ähnlichen Produktkategorien ganz unterschiedlichen Herausforderungen ausgesetzt sein können. Gleichzeitig haben Unternehmen sehr unterschiedliche Voraussetzungen zur Bekämpfung von Produktpiraterie hinsichtlich der verfügbaren Ressourcen, der bereits installierten Schutzmaßnahmen, sei es in den Prozessen oder in den Produkten, sowie der Produkteigenschaften, wie z. B. Komplexität, Sichtbarkeit am Markt oder verkaufter Stückzahlen. Die Risiken sind nicht nur von Unternehmen zu Unternehmen verschieden, sondern liegen zusätzlich noch auf unterschiedlichen Ebenen. So gibt es Unternehmensrisiken, die in der Charakteristik des Unternehmens zu suchen sind, und Prozessrisiken, wie z. B. unsichere Lieferwege bei der Supply Chain.

Abbildung 2.4 zeigt beispielhaft einen Meldebogen für die Entdeckung eines Plagiates. Hier werden die wesentlichen Eckdaten zum Imitat und dem entsprechenden Originalprodukt strukturiert erfasst, sodass diese Informationen ausgewertet und entsprechende Schlüsse zur Bedrohungslage gezogen werden können. Dieses Meldeblatt sollte Teil eines standardisierten Reportingsystems werden, wie es im Detail noch in Kapitel 4 beschrieben wird.

Abb. 2.4: Beispiel eines Meldeblattes für aufgegriffene Plagiate

Plagiatsvorfall

	Mitarbeiterkürzel:	Abteilung:	Datum:
Meldebogen	E-Mail-Adresse:	Telefon:	Eingang:

Informationen zum Plagiat:

Was wurde imitiert?	Wo wurde das Plagiat vertrieben:	Wie wurde das Plagiat beworben?
Zu welchem Preis wurde das Plagiat angeboten?	Vermutete Qualität des Plagiats:	Wer hat das Imitat angeboten?
Wie wurden Sie auf das Plagiat aufmerksam?	Produktbezeichnung des Imitats:	Vermutete Herkunft der Fälscher:
Konnte ein Muster erworben werden und wurde dieses analysiert?	Wenn ja: Was sind die Ergebnisse der Analyse?	

Abgleich mit Daten zum Originalprodukt:

In welcher Lebenszyklusphase befindet sich das imitierte Produkt?	Welchen Anteil am Gesamtumsatz erwirtschaftet das betroffene Produkt?	Mit welchem Fertigungsprinzip wird das imitierte Produkt hergestellt?
Welchen Individualitätsgrad besitzt das betroffene Produkt?	Wo wird das imitierte Produkt hergestellt?	Wie schätzen Sie die technologische Komplexität des Produktes ein?

Verteiler: Mitarbeiter => Beauftragter Plagiatschutz => Unternehmensleitung => Betroffener Produktmanager und Bereichsleitung => Rückmeldung an Mitarbeiter

2.2 Die Wertschöpfungskette als Mittelpunkt des Risikomanagementprozesses

Zusätzlich ins Kalkül gezogen werden sollten die Angriffszeitpunkte und -orte der Produktpiraten, bezogen auf die Lebenszyklusphase des Produktes bzw. auf die Wertschöpfungskette. Betroffen sind grundsätzlich alle Teile der Wertschöpfungskette, besonders schwer allerdings Forschung und Entwicklung sowie Vertrieb und Produktverkauf. Aber auch Produktion, Service, Vorentwicklung und Ressourcenbeschaffung stehen im Fokus der Produktpiraten (Karg und Petersen 2010).

Eine Methodik zur Analyse der spezifischen Risikosituation muss einem ganzheitlichen Ansatz folgen und den gesamten Produktlebenszyklus abdecken, von der Ressourcenbeschaffung bis hin zur Entsorgung. Die Vorgehensweise und Ergebnisse müssen dabei einfach zu verstehen sein und einen allgemeingültigen Charakter haben. Gleichzeitig muss diese Methodik so modular aufgebaut sein, dass unternehmensspezifische Risikosituationen bewertet werden können und diese praxisgerecht und einfach handhabbar ist. Als Ergebnisse werden die Evaluierung des gesamten Gefährdungspotenziales des Unternehmens im Kontext Produktpiraterie, die Identifikation von Schutzlücken im Unternehmen, die Ausgabe der relevanten Risiken mit Ursachen und möglichen Konsequenzen sowie geeignete Gegenmaßnahmen erwartet.

Das im Unternehmen bereits verfügbare Wissen und durch beständige Risikoanalysen neu gesammelte Informationen sollten systematisch dokumentiert werden, um für zukünftige Analysen zur Verfügung zu stehen. Die Risikobewertung kann dabei grundsätzlich mit Blick auf das Gesamtunternehmen oder aber mit Blick auf ein einzelnes Produkt erfolgen.

Bei der unternehmensbezogenen Analyse sollten die Prozesse mit ihren beteiligten Akteuren sowie die Wissensträger berücksichtigt werden. Auch die produktbezogene Analyse sollte mit Blick auf die Unternehmensprozesse erfolgen. Zusätzlich sind hierbei aber direkt bereits bekannte Plagiatsfälle mit den vorhandenen Produkten zu verknüpfen.

2.3 Entwicklung eines Risikoprozessmodells zur Identifizierung der Risikosituation

Zur Lösung dieser Aufgabe ist also ein Prozessmodell geeignet, wie es am Institut für Produktionsmanagement, Technologie und Werkzeugmaschinen (PTW) der TU Darmstadt entwickelt wurde. Dieses basiert auf einem typischen produzierenden Unternehmen in seinen Funktionsstrukturen Entwicklung, Produktionsplanung, Beschaffung, Produktion, Vertrieb, After-Sales und Entsorgung. Die einzelnen Funktionen werden in der entwickelten Methodik durch die Abbildung ihrer typischen Prozesse konkretisiert. Ein Prozess wird dabei mithilfe seiner Schritte, der handelnden Akteure und der mit ihm verbundenen Wissensträger beschrieben. Im Modell sind den Unternehmensprozessen Risiken mit ihren jeweiligen Ursachen zugeordnet, die spezifisch für Produktpiraterie in der Investitionsgüterindustrie sind. Gleichzeitig sind Gegenmaßnahmen, die zur Reduzierung der Risiken geeignet sind, im Modell integriert. Der grundlegende Aufbau des Modells ist in Abbildung 2.5 dargestellt.

2

Abb. 2.5: Struktur des Risikoprozessmodells

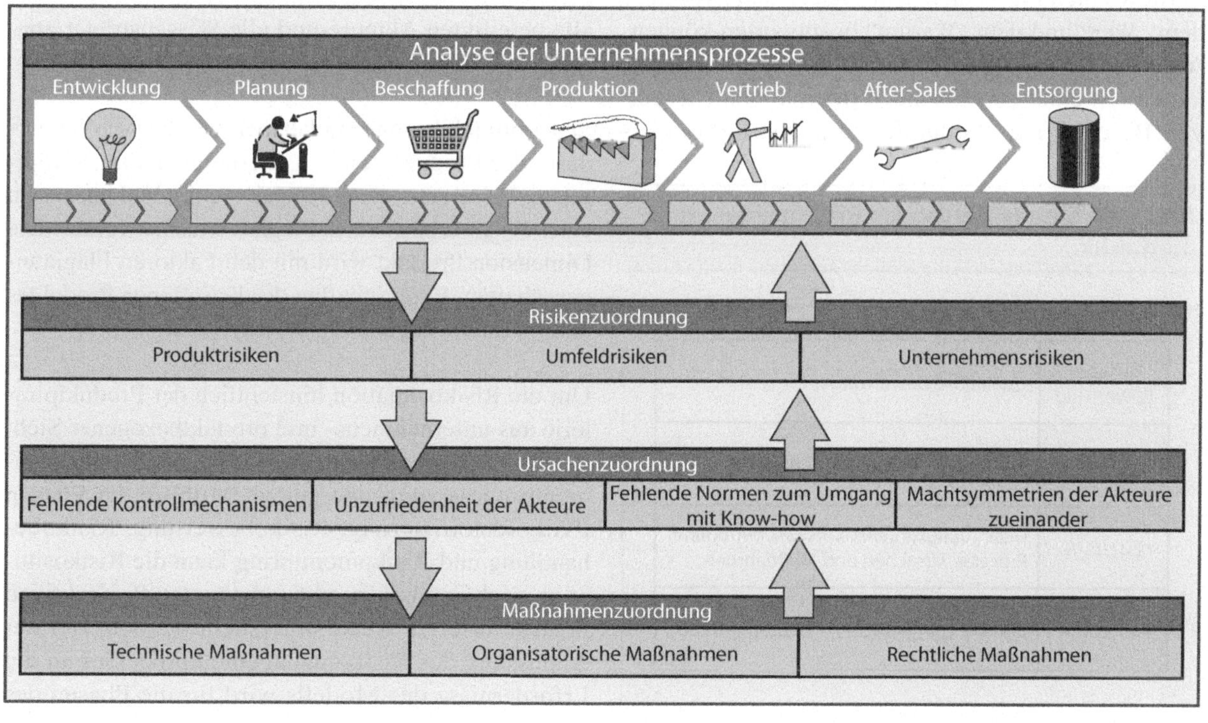

Mit in einer Software hinterlegten Merkmalen und Indikatoren kann jedes Unternehmen auf einfache Weise die für die eigene Situation relevanten Risiken und Schutzlücken ableiten und somit die wesentlichen Handlungsfelder für die Implementierung einer Abwehrstrategie identifizieren. Die verwendete Software ermöglicht es dabei, nicht nur den Prozess effizient zu steuern, sondern das Wissen auch zu sammeln, um so über die Zeit eine immer präzisere Datenbasis verfügbar zu machen. Damit die Risiken minimiert oder sogar eliminiert werden können, ist die Auswahl geeigneter Gegenmaßnahmen vonnöten. Dazu müssen die Ursachen der Risiken bekannt sein. Infolge einer Analyse der Risiken konnten vier Hauptursachenkategorien, nämlich „fehlende Kontrollmechanismen", „Unzufriedenheit der Akteure", „fehlende Normen zum Umgang mit Know-how" und „Machtasymmetrien der Akteure zueinander" identifiziert werden, die unterschiedliche Ausprägungen besitzen. Dadurch können wirksame Gegenmaßnahmen den Risikoursachen und somit den Risiken selbst gegenübergestellt werden. Die Strukturierung der Risiken bildet die Basis, auf der ein Unternehmen zum richtigen Zeitpunkt sowohl produkt- als auch prozessorientiert effektive Gegenmaßnahmen auswählen und realisieren kann.

Die Methodik muss hinsichtlich des Know-how-Verlustes die Fragen nach dem „Wie", dem „Womit", dem „Wer" und dem „Warum" beantworten können. Aufgrund der wachsenden Komplexität der Logistikketten mit einer zunehmenden Internationalisierung von Beschaffung, Produktion und Distribution sowie Reduzierung der Fertigungstiefe (vgl. u. a. Graf 2005) erfolgt eine intensive Verlagerung von Teilen des Know-hows zu den Wertschöpfungspartnern (Pfohl 2004). Gleichzeitig entstehen komplexe Unternehmensverbünde, deren Logistikketten ineinander verzahnt sind, was die Gefahr eines unerwünschten Wissensabflusses erhöht. Dies erklärt, weshalb die vorgeschlagene Methodik zur Einschätzung der Risikosituation auf die Wertschöpfungskette fokussiert. Charakter, Zielsetzung und Zielgruppe der Methodik sind in Abbildung 2.6 dargestellt.

Abb. 2.6: Eigenschaften der Risikobewertungsmethodik

Art der Bewertung	Qualitative Bewertung
Ziel	Abbildung der Risikosituation
Ergebnis	Gefährdungspotenzial, Risiken, betroffene Prozesse, Ursachen und Maßnahmen
Zielgruppe	Entscheidungsträger des Unternehmens

2.4 Perspektiven der Risikobewertung

Die Risikosituation eines Unternehmens wird aus zwei Perspektiven betrachtet: unternehmensbezogen und produktbezogen (Abb. 2.7).

In der unternehmensbezogenen Perspektive lässt sich das Gefährdungspotenzial des Unternehmens hinsichtlich Produktpiraterie unter Berücksichtigung der Unternehmensprozesse, der hier vorhandenen Wissensträger sowie der beteiligten Akteure einschätzen. Unternehmensprozesse, Wissensträger und Akteure werden hier als Bestandteile eines Unternehmens definiert. In dieser Analyse wird versucht, alle Bestandteile des Unternehmens zu umfassen, d. h., es werden alle Prozesse, alle beteiligten Akteure und alle Wissensträger analysiert.

In der produktbezogenen Perspektive steht die Gefährdung der Produkte eines Unternehmens im Vordergrund. Daher setzt diese Perspektive das Vorhandensein eines Plagiats bzw. eines Plagiatverdachts voraus. Die Dimension Produkt wird mit den Faktoren Plagiateigenschaften, Eigenschaften des betroffenen Produktes und produktbezogenen Faktoren beschrieben.

Um die Risikosituation hinsichtlich der Produktpiraterie aus unternehmens- und produktbezogener Sicht systematisch zu analysieren, wird der Risikomanagementprozess zugrunde gelegt. Mithilfe der Phasen Risikoidentifizierung, Risikobewertung, Risikobehandlung und Risikomonitoring kann die Risikosituation nach den beiden oben genannten Perspektiven in strukturierter Weise untersucht werden. Bei der Anpassung des Risikomanagementprozesses an die Erfordernisse des Modells wird für die Phasen des

Abb. 2.7: Perspektiven der Risikobewertung

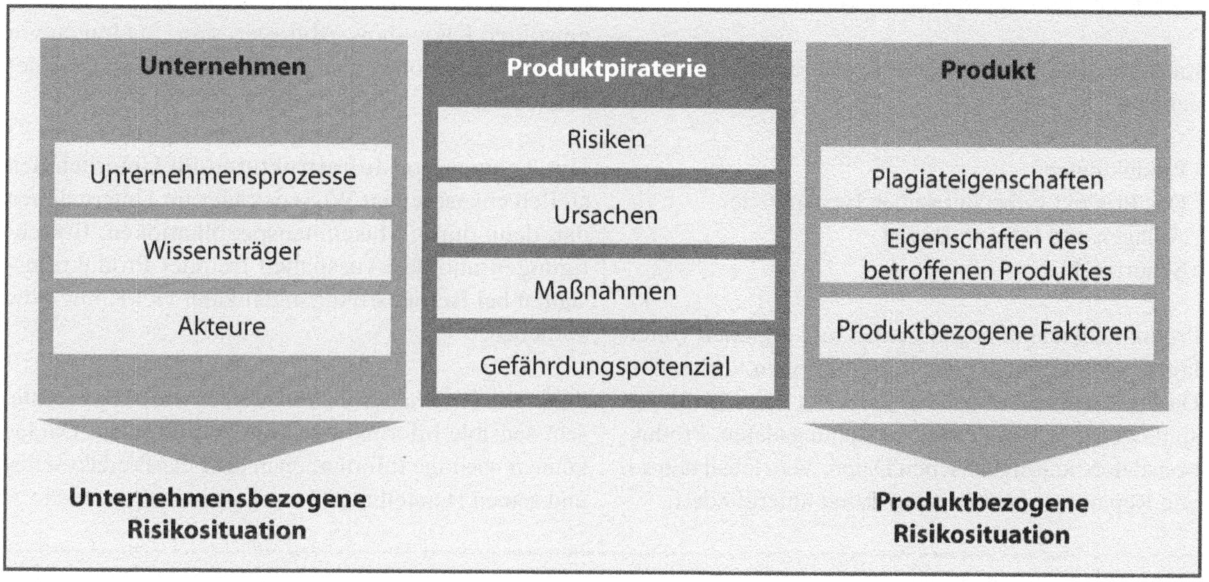

Abb. 2.8: Risikomanagementmodell

	Perspektive der Risikosituation	
	Unternehmensbezogene	**Produktbezogene**
Risikoidentifizierung	ǀ Wissensträger in Unternehmensprozessen	ǀ Produktbezogene Einflussfaktoren
Risikobewertung	ǀ Unternehmensindividuelle Risikobewertung ǀ Gefährdungspotenzial	ǀ Gefährdungsgrad ǀ Eintrittswahrscheinlichkeit
Risikobehandlung	ǀ Betroffene Prozesse ǀ Ermittlung von Ursachen ǀ Ableitung von Maßnahmen	ǀ Einbringen von Isolationsmechanismen
Risikomonitoring	ǀ Risiken ǀ Betroffene Prozesse ǀ Ursachen und Maßnahmen	ǀ Bedrohungslage des Produktes

Risikomanagementprozesses auch zwischen unternehmens- und produktbezogener Perspektive differenziert. Dies ist notwendig, da das IT-gestützte Instrument für jede dieser Perspektiven unterschiedliche Ergebnisse liefert. Der Schwerpunkt liegt aber auf der unternehmensbezogenen Risikosituation. Abbildung 2.8 stellt einen Überblick des präsentierten Risikomanagementmodells dar.

2.5 Wissensträger im Unternehmen

Wesentlich für die Bewertung einer Risikosituation ist die Identifizierung und Betrachtung der Wissensträger. Dabei stellt sich die Frage, womit bzw. wodurch der Wissensabfluss erfolgt (materieller Wissensträger) und wer den Know-how Abfluss auslösen kann (personeller Wissensträger).

Grundsätzlich kommen als Wissensträger alle Medien und Personen in Betracht, die Daten und Informationen über das Produkt transportieren können.

Im Bereich der materiellen Wissensträger sind hier zu nennen:

- Produktdaten
- Das Produkt selbst mit seinen Bestandteilen
- Anlagen und Infrastrukturen
- Schutzrechte.

Produktdaten sind in gedruckten und digitalen Unterlagen, Dokumenten oder Präsentationen vorhanden. Da Produktdaten in nahezu jedem Prozess involviert sind, werden sie in Produktentstehungsdaten, Produktionsdaten, kaufmännischen Daten, Vertriebsdaten sowie Reparatur- und Wartungsdaten untergliedert.

Das Produkt und seine Bestandteile, wie Komponenten, Materialien, Prototypen und Produktmuster, tragen ebenso Know-how und können eine Quelle des ungewollten Know-how-Abflusses sein. Sie tragen vor allem Informationen über den Herstellungsprozess des Produktes.

Die Anlagen und Infrastrukturen im Unternehmen stellen ebenso einen Wissensträger im Unternehmen dar, denn durch Maschinenspezifikationen, Besichtigungen und das Ausspähen fremder Produktionsstätten bei Betriebsrundgängen kann viel Know-how abfließen.

Schließlich enthalten Schutzrechte, wie z. B. Patente, sehr sensible Informationen über das Produkt. Daraus können wichtige Informationen über das Produkt selbst und seinen Herstellungsprozess gewonnen werden.

Abb. 2.9: Wissensquellen im Unternehmen

Produktdaten		Akteure	Sonstiges	
Produktentstehungsdaten Produktidee Skizzen & Entwürfe Berechnungen Simulationsergebnisse Zeichnungen Versuchsunterlagen Nullserieninfomationen Forschungsergebnisse **Produktionsdaten** Montageplan Fertigungsplan Normen & Toleranzen Verpackungsdaten **Qualitätsprüfungsdaten** Qualitätsvorschriften Prüfprotokolle Prüftechnologie **Kaufmännischen Daten** Herstellungskosten Beschaffungskosten Lieferantenbewertungen Bestelldaten Deckungsbeitrag	**Vertriebsdaten** Prospekte Datenblätter Kataloge in allen Formen Angebotsunterlagen Unternehmenspräsentationen Artikel in Fachzeitschriften Produktankündigung Internetpräsenz Geschäftsberichte Pressemeldungen Kundenrabattstruktur Produktpräsentation Preislisten **Reparatur- und Wartungsdaten** Reparaturanleitungen Wartungsanleitungen Inbetriebnahmeanleitungen Ausfallfelddaten	**Mitarbeiter** **Externe Partner** Entwicklungspartner Serviceanbieter Zwischenhändler Lieferant Endkunde **Lieferant** Maschinenhersteller Anlagenhersteller Betriebsmittellieferant Rohstofflieferant Komponentenlieferant Halbzeuglieferant **Serviceanbieter** Logistikdienstleister Reparaturdienstleister Inbetriebnahmedienstleister Lohnhersteller Externer Auditor Reinigungsdienstleister	**IuK-Systemen** Internet E-Mails Intranet Wissenstransferportale Konstruktionsdatenbanken Produktionsdatenbanken Vertriebsdatenbanken Laufwerke **Anlangen und Infrastrukturen** Zugangseinschränkungen Abgangseinschränkungen Maschinensteuerungsprogramme Spannkonzepte Vorrichtungskonzepte Werkzeugkonzepte	**Produkt** Prototyp & Vorprodukte Produktmuster Ausschussware Komponenten / Bauteile Materialien Ersatzteile Produkttechnologie Herstellungsprozess **Rechtliche Absicherung** Verträge Zertifikate Schutzrecht **Produktbezogene Aktivitäten** Externe Tests / Feldversuche Schulungen Schutzmaßnahmen Produktsonderapplikationen Externe Instandhaltung Messen

Personelle Wissensträger sind zunächst alle an der Produktion beteiligten Akteure. Sie werden in zwei große Gruppen untergliedert: Mitarbeiter und externe Partner. Zu den externen Partnern gehören Lieferanten und Serviceanbieter (wie z. B. externe Auditoren, Lohnfertiger, Entwicklungspartner, Logistikdienstleister, Reinigungsdienstleister). Abbildung 2.9 gibt einen Überblick über die verschiedenen Wissensträger.

2.6 Auslöser des Wissensabflusses

Um mit den Maßnahmen nicht die Symptome zu bekämpfen, sondern die Ursachen, sind die Auslöser für Know-how-Abfluss zu identifizieren. Im Allgemeinen ist ein Know-how-Abfluss im Unternehmen auf vier Faktoren zurückzuführen:

- Fehlende oder unzureichende Kontrollmechanismen
- Fehlende oder unzureichende Normen zum Umgang mit Know-how
- Unzufriedenheit der Akteure
- Starke Verhandlungsmacht der Akteure.

Diese vier Faktoren sind später für eine exaktere Ursachenermittlung noch mit dem Umfeld des Wissensabflusses und den Wissensträgern zu verknüpfen und sollen hier zunächst beschrieben werden.

2.6.1 Fehlende oder unzureichende Kontrollmechanismen

Als Kontrollmechanismen werden alle Maßnahmen zum Schutz von Unternehmens-Know-how bezeichnet. Ziele dieser Kontrollmechanismen sind die Senkung der Eintrittswahrscheinlichkeit von Schadensfällen, die Minimierung der Auswirkungen, die Kontrolle bestehender Restrisiken sowie die frühzeitige Erkennung und rechtzeitige Verhinderung neuer Risiken (Linkies und Karin 2010). Wenn in Unternehmen kein Bewusstsein über die Problematik der Produktpiraterie herrscht, fehlen Kontrollmechanismen, die einen ungewünschten Know-how-Abfluss vermindern und regulieren. Beispiele von fehlenden Kontrollmechanismen sind nicht vorhandene Identifizierungsmerkmale im oder am Produkt, sodass eine Unterscheidung von Plagiaten nicht möglich ist, oder fehlende Ein- und Ausgangskontrollen in sensiblen Unternehmensbereichen wie der Entwicklung.

2.6.2 Fehlende oder unzureichende Normen oder Richtlinien zum Umgang mit Know-how

Sicherheitsrichtlinien stellen Regeln dar, die jeder befolgen muss, und beschreiben Verfahren, wie diese Regeln anzuwenden und durchzusetzen sind (Cobb 2003). Richtlinien müssen so einfach wie möglich gehalten werden, damit sie von den Mitarbeitern verstanden werden. Sie müssen sowohl von Vorgesetzten als auch von Mitarbeitern akzeptiert werden. Das Nichtvorhandensein von Richtlinien und Normen im Unternehmen ermöglicht einen ungewollten Know-how-Abfluss. Deswegen ist es essenziell, im Unternehmen Richtlinien zu definieren, die Mitarbeiter bei Interaktionen mit anderen Akteuren beachten müssen. Damit wird die ungewollte Preisgabe sensibler Informationen, z. B. bei Verhandlungen verhindert.

2.6.3 Unzufriedenheit der Akteure

Unter Zufriedenheit (oder Unzufriedenheit) eines Akteurs wird die für eine Person kennzeichnende Einstellung gegenüber dem Arbeitsverhältnis verstanden (in Anlehnung an Scupin 2006). Insbesondere im Hinblick auf die Produktpiraterie ist die Mitarbeiterzufriedenheit von großer Bedeutung. Die Unzufriedenheit der Mitarbeiter gilt als eine der häufigsten Quellen der Produktpiraterie, gerade vor dem Hintergrund gesellschaftlicher und technischer Veränderungen. Eine zunehmende Zahl von Zeitarbeitern, die häufig auch im administrativen Bereich Zugriff auf sensible Informationen haben, oder der Einsatz von „ewigen Praktikanten" bedeutet nicht selten auch eine gesunkene Mitarbeiterbindung. Die Entwicklung in der Informations- und Kommunikationstechnologie (große Datenspeicher, E-Mail etc.) erleichtert zusätzlich den Know-how-Diebstahl (Huber 2009). Je unzufriedener ein Mitarbeiter ist, desto wahrscheinlicher ist es, dass er ein unkorrektes Verhalten aufzeigt. Motive dafür können Not, Geldgier, Rache oder Profilierungswünsche sein. Aber nicht nur unzufriedene Mitarbeiter, sondern auch unzufriedene Kunden, Lieferanten oder Serviceanbieter sind ein Risiko für die Entstehung von Piraterie. Auch sie können Piraterietäter werden.

2.6.4 Starke Verhandlungsmacht der Akteure

Verhandlungen sind auf vielen Industriegütermärkten der zentrale Transaktionsmechanismus. In Verhandlungen legen Anbieter und Nachfrager in einem

Prozess des Informationsaustausches und der gegenseitigen Beeinflussung die technischen, ökonomischen und juristischen Details einer Transaktion fest. Je stärker die Verhandlungsposition eines Akteurs ist, desto wahrscheinlicher ist ein starken Lieferant, der sich bei Vertragsverhandlungen nicht an den Abschluss von Exklusivverträgen binden lässt und in der Folge Materialien oder Maschinen an andere Kunden weiterverkauft. Ein weiteres Beispiel ist die Nichteinhaltung von Vertraulichkeitsvereinbarungen durch einen Kunden. Dies kann z. B. gefährlich werden, wenn der Kunde Ersatzteile, Komponenten oder Serviceleistungen bei anderen Anbietern nachfragt und er diesen Anbietern spezifische Informationen über die Produkte oder Dienstleistungen zur Verfügung stellt. Diese Anbieter können auch Piraten sein. Der Kunde kann aber ebenso selbst Kopien in Auftrag geben.

2.7 Umfeld des Wissensabflusses

Nach der Identifikation der möglichen Wissensträger im Unternehmen und den Gründen für einen Know-how-Abfluss ist als dritte Bewertungsgröße das Umfeld des Wissensabflusses von Interesse, um so eine eindeutige Kategorisierung der Ursache vornehmen zu können. Eine Möglichkeit ist die Unterscheidung des Umfeldes des Know-how-Abfluss nach Unternehmen, Branchen oder Märkten.

Im ersten Fall beschränkt sich der Wissensabfluss auf das Unternehmen, d. h., zuständige Mitarbeiter für den Wissenstransfer oder vielmehr -abfluss versagen unwissentlich oder wissentlich in ihrer Schutzfunktion, indem sie sensibles Wissen preisgeben.

Im zweiten Fall sind externe Partner des Unternehmens, wie z. B. Zulieferer oder Logistikdienstleiter, für den Wissensabfluss verantwortlich. Sie sind Produktpiraterietäter oder haben keine besonderen Schutzmechanismen vor Piraterie. Im letzten Fall findet der Know-how-Abfluss abwärts in der Supply Chain statt, d. h., Kunden oder Zwischenhändler sind für die Entstehung des Pirateriefalls verantwortlich. Sie können auch selbst Fälscher sein. Abbildung 2.10 zeigt einen Überblick über Auslöser und Umfeld des Wissensabflusses sowie betroffene Wissensträger.

Die Ursachen von Know-how-Verlust können nun durch eine Kombination dieser drei Kategorien ermittelt werden, wie in Abbildung 2.11 dargestellt.

Abb. 2.11: Definition der Ursache des Wissensabflusses

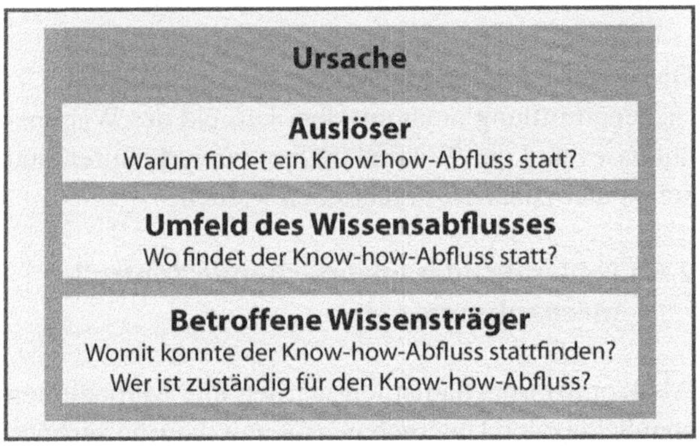

Abb. 2.10: Determinanten des Wissensabflusses

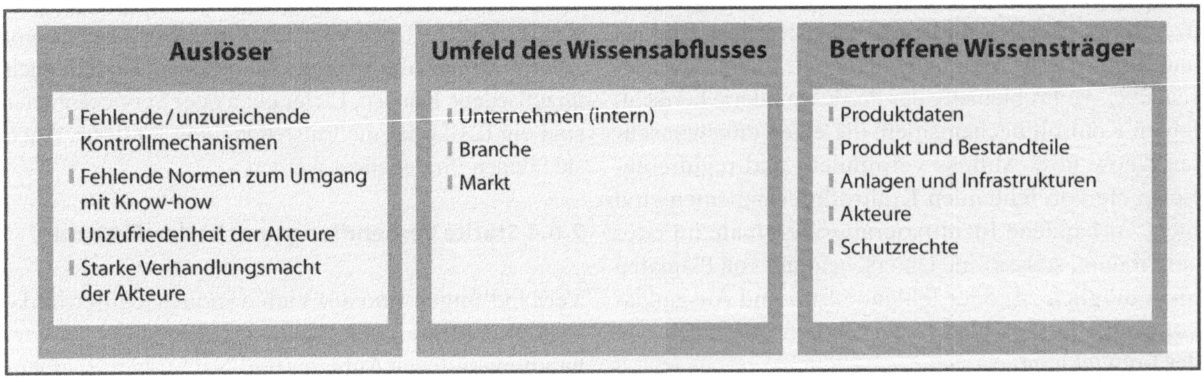

2.8 Überführung der Methodik in eine Software

Das Risikomanagement-Modell wurde in drei Schritten in ein IT-gestütztes Instrument umgesetzt. Dazu sind die Daten systematisch aufbereitet und in einer Software implementiert worden.

Die systematische Aufbereitung der Unternehmensdaten stellt die erste Phase des Risikomanagement-Modells dar. In dieser werden die Daten zur Beschreibung der Situation gesammelt, erfasst und aufbereitet. Ziel dieser Phase ist die systematische Erfassung der relevanten, unternehmensspezifischen Risikosituation, sodass eine IT-gestützte Repräsentation des Wissens möglich ist.

Die Risikosituation eines Unternehmens wird anhand der Faktoren Produktpiraterierisiken, Ursachen, Maßnahmen, Unternehmensprozesse, Wissensträger, Akteure und Produkt sowie deren Beziehungen zueinander abgebildet.

2.8.1 Einstieg in die Software über einen Fragebogen

Die Ermittlung der spezifischen Risikosituation erfolgt über einen Fragebogen. Der Fragebogen ermöglicht den Einstieg in die Methodik des IT-gestützten Instruments. Adressat des Fragebogens sind Entscheidungsträger im Unternehmen. Insbesondere sollten Experte aus der Unternehmensführung, aus Forschung & Entwicklung, aus Vertrieb und aus der Konstruktion befragt werden, da vor allem in diesen Unternehmensbereichen sensible Informationen vorliegen. Abbildung 2.12 zeigt einen Ausschnitt der Microsoft-Excel-basierten Benutzeroberfläche des IT-Instruments.

Die Inhalte des Fragebogens betreffen das Thema Know-how-Sicherheit im Unternehmen. Deshalb werden die Frageninhalte wie folgt gegliedert:

- Wissensträgerkategorien
- Produkt mit seinen Bestandteilen

2

Abb. 2.12: Screenshot der Benutzeroberfläche des IT-gestützten Risikomodells

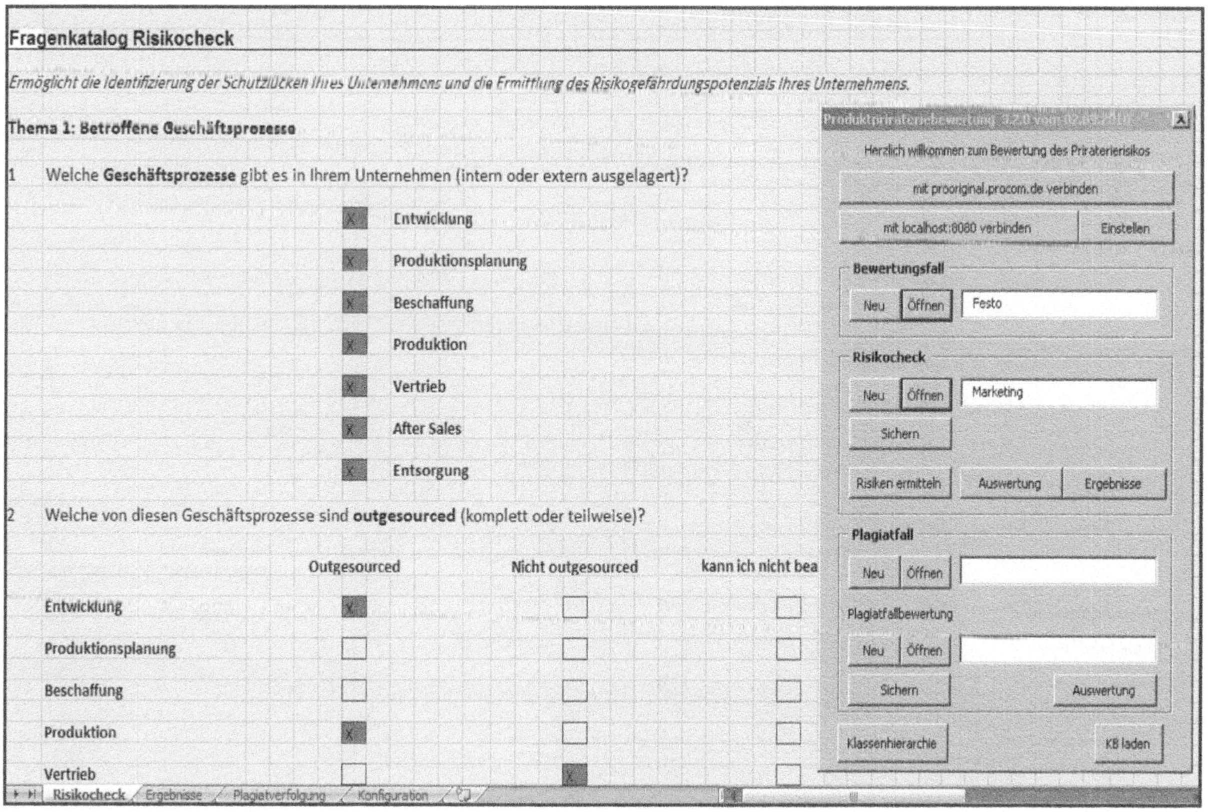

- Produkt in seiner Wertschöpfungskette
- Produktionsanlagen
- Infrastruktur
- Akteure
- Rechtliche Absicherung

Im Fragebogen sind sowohl geschlossene als auch offene Fragen hinterlegt. Für geschlossene Fragen sind für den vorliegenden Anwendungsfall die Nominal-, die Ordinal- und die Likert-Skalierung sinnvoll (s. u., vgl. Homburg und Krohmer 2009). Zweck der Fragen ist, zu erkennen, welche Wissensträger im Unternehmen vorhanden und ob diese gegen Produktpiraterie im Unternehmen geschützt sind. Die erstellten Fragen verlangen bei der Beantwortung eine subjektive Bewertung. Daher wird die Likert-Skalierung angewendet. Die benutzte Skalierung hat als Auswahlmöglichkeiten „ja", „komplett", „überwiegend", „eher weniger", „nein" und „kann ich nicht beantworten". Offene Fragen spielen nur eine informative Rolle und werden zur Erfassung neuer Wissensträger verwendet. Ein Ausschnitt des Fragebogens ist in Abbildung 2.13 dargestellt, der vollständige Fragebogen steht auf der Website des Centrums für Angewandte Methoden gegen Produktpiraterie (www.camp.tu-darmstadt.de) als Download zur Verfügung.

Die Umsetzung der Methodik setzt eine formale und maschinenlesbare Darstellung des Wissens über Produktpiraterie voraus, was mithilfe von Ontologien realisiert werden kann. Zur IT-gestützten Modellierung der Ontologie ist die Software Protégé geeignet. Dabei handelt es sich um ein kostenloses Open-Source-Java-Tool, das eine erweiterbare Architektur für die Erstellung von kundenspezifischen, wissensbasierten Anwendungen bietet.

2.8.2 Abbildung von Risikobeziehungen durch eine Ontologie

Die Produktpiraterie- und die Unternehmensfaktoren, sowie ihre Beziehungen miteinander werden in eine Ontologie modelliert, wie in Abbildung 2.14 dargestellt.

In dieser Ontologie sind Klassen für die Faktoren Produktpiraterierisiken, Globale Risiken, Prozesse und

Abb. 2.13: Strukturierung des Fragebogens

3.3 Sind die folgenden **Qualitätsprüfungsdaten** gegen unbefugten Zugriff in Ihrem Unternehmen geschützt ?

Ja, ...
es existieren Kontrollmaßnahmen zum Schutz dieser Daten, wie z.B.:

- Berechtigungsstufen für den Zugriff auf diese Informationen.
- Verschlüsselung dieser Daten.
- IT-Sicherheitsmaßnahmen, bspw. "Digital Rights Management".
- regelmäßige Änderungen ihres Passworts für die computerunterstützten Daten.
- es gibt eine Systematik, mit der Informationen im Unternehmen nach ihrer Sensibilität klassifiziert werden.
- es werden keine Originaldokumente an Dritte herausgegeben.

Teilweise, ...
die Daten sind z.B. nur in bestimmten Teilprozessen geschützt, nicht im gesamten Prozess.

Nein, ...
es existieren keine Kontrollmaßnahmen zum Schutz dieser Daten.

Kann ich nicht beantworten, ...
weil bspw. diese Daten nicht vorhanden sind.

	komplett	*uberwiegend*	*eher weniger*	*gar nicht*	*diese Daten sind nicht vorhanden*	*keine Informationen vorhanden*
Qualitätsvorschriften	☐	☐	☐	☐	☐	☐
Prüfprotokolle	☐	☐	☐	☐	☐	☐
Prüftechnologie	☐	☐	☐	☐	☐	☐

andere und zwar... ____________________

Prozessschritte, Ursache, Umfeld des Wissensabflusses und Gegenmaßnahmen erstellt. Die Beziehungen zwischen diesen Faktoren werden als Slots dargestellt. Zur Repräsentation der Ausprägungen der Faktoren werden Instanzen erstellt. Beispielweise kommen für die Klasse „Prozess" die Instanzen „Entwicklung", „Produktion", usw. in Betracht. Auf diese Weise ist das Netzwerk von Informationen mit logischen Relationen maschinenlesbar.

Beim Ausfüllen des Fragebogens gibt der Anwender zunächst die vorhandenen Prozesse im Unternehmen ein. Aus diesen Angaben werden nur die mit diesen ausgewählten Prozessen verknüpften Informationen ausgewählt. Der Bewertungsablauf ist in Abbildung 2.15 dargestellt.

In einen nächsten Schritt wird abgefragt, welche Wissensträger in diesen Prozessen einen gewissen Schutz gegen Produktpiraterie haben. In Bezug auf die ausgewählten Wissensträger wird ein spezifisches Risiko abgeleitet, welches sich auf ein globales Risiko bezieht. Der Anwender bewertet diese Risiken anhand der dreistufigen Skalierung „hoch", „mittel" und „niedrig". Als Hilfe zur Bewertung können die dazugehörigen spezifischen Risiken abfragt werden.

Nachdem die globalen Risiken bewertet wurden, ermittelt die Software das gesamte Gefährdungspotenzial. Als Ergebnis wird das Gefährdungspotenzial des Unternehmens mit den Ausprägungen „hoch", „mittel" oder „niedrig" beschrieben. Zudem werden Listen über die ungeschützten Wissensträger, spezifische sowie globale Risiken des Unternehmens, betroffene Prozesse und Prozessschritte, mögliche Ursachen (mit dem betroffenen Umfeld) und geeignete Maßnahmen für jedes Risiko erstellt. Somit kann sich der Anwender ein Bild über die gesamthafte Risikosituation des Unternehmens bilden.

2

Abb. 2.14: Ontologie des Risikoprozessmodells

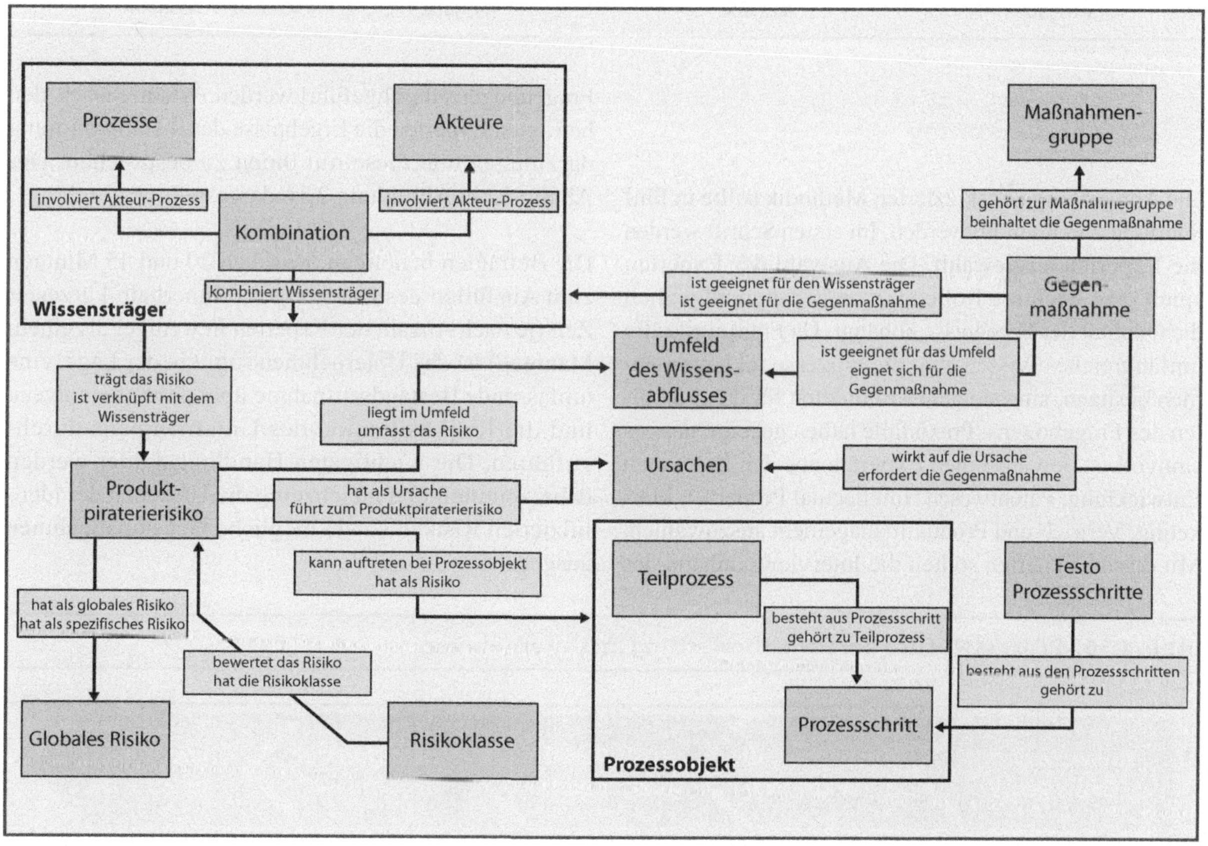

2

Abb. 2.15: Bewertungsablauf des Risikoprozessmodells

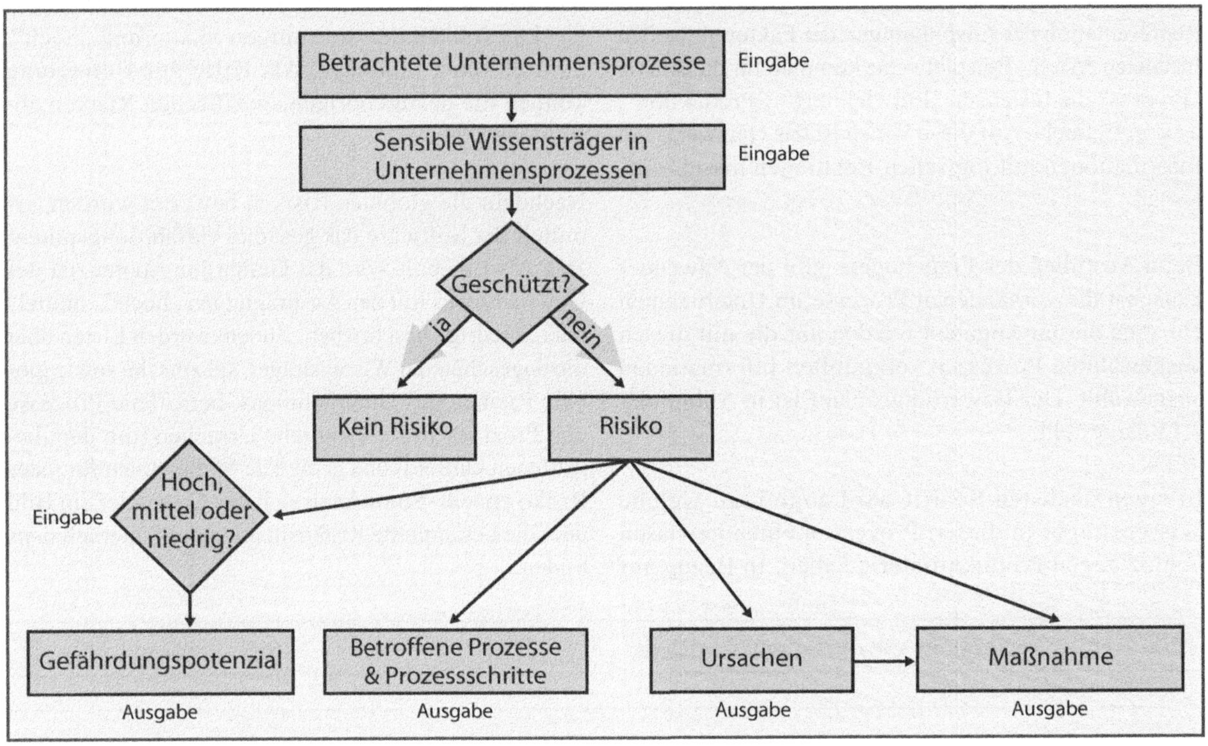

2.9 Anwendung des Modells im Unternehmen

Die Anwendung der skizzierten Methodik sollte in fünf Schritten durchgeführt werden. Im ersten Schritt werden die Experten ausgewählt. Die Auswahl der Experten spielt eine wichtige Rolle, da von diesen maßgeblich die Qualität der Ergebnisse abhängt. Da Führungskräfte umfangreiches Wissen über die Prozesse im Unternehmen besitzen, sind sie gute Kandidaten für das Ausfüllen des Fragebogens. Praxisfälle haben gezeigt, dass es sinnvoll ist, jeweils einen Experten aus den Bereichen Entwicklung, Patentwesen (Intellectual Property), Marketing, Vertrieb und Produktmanagement auszuwählen. Mit diesen Experten sollten die Interviews anhand des Fragenbogens durchgeführt werden. Wichtig ist es, den befragten Experten die Ergebnisse der Risikoermittlung darzulegen und diese mit ihnen zu besprechen. Der Ablauf ist in Abbildung 2.16 dargestellt.

Die Befragten benötigen zwischen 30 und 45 Minuten zum Ausfüllen des Fragebogens. Innerhalb kürzester Zeit (je nach Anzahl der Experten in weniger als einem Manntag) ist das Unternehmen somit in der Lage, eine umfassende Bestandsaufnahme über das Schutzniveau und die Risikosituation des Unternehmens durchzuführen. Die wichtigsten Handlungsfelder werden dabei ermittelt und gleichzeitig die Ursachen der identifizierten Risiken sowie mögliche Gegenmaßnahmen ausgegeben.

Abb. 2.16: Prozessschritte der Risikobewertung im Unternehmen

Abb. 2.17: Ergebnisse der Bewertung der Wissensträger im Unternehmen (beispielhaft)

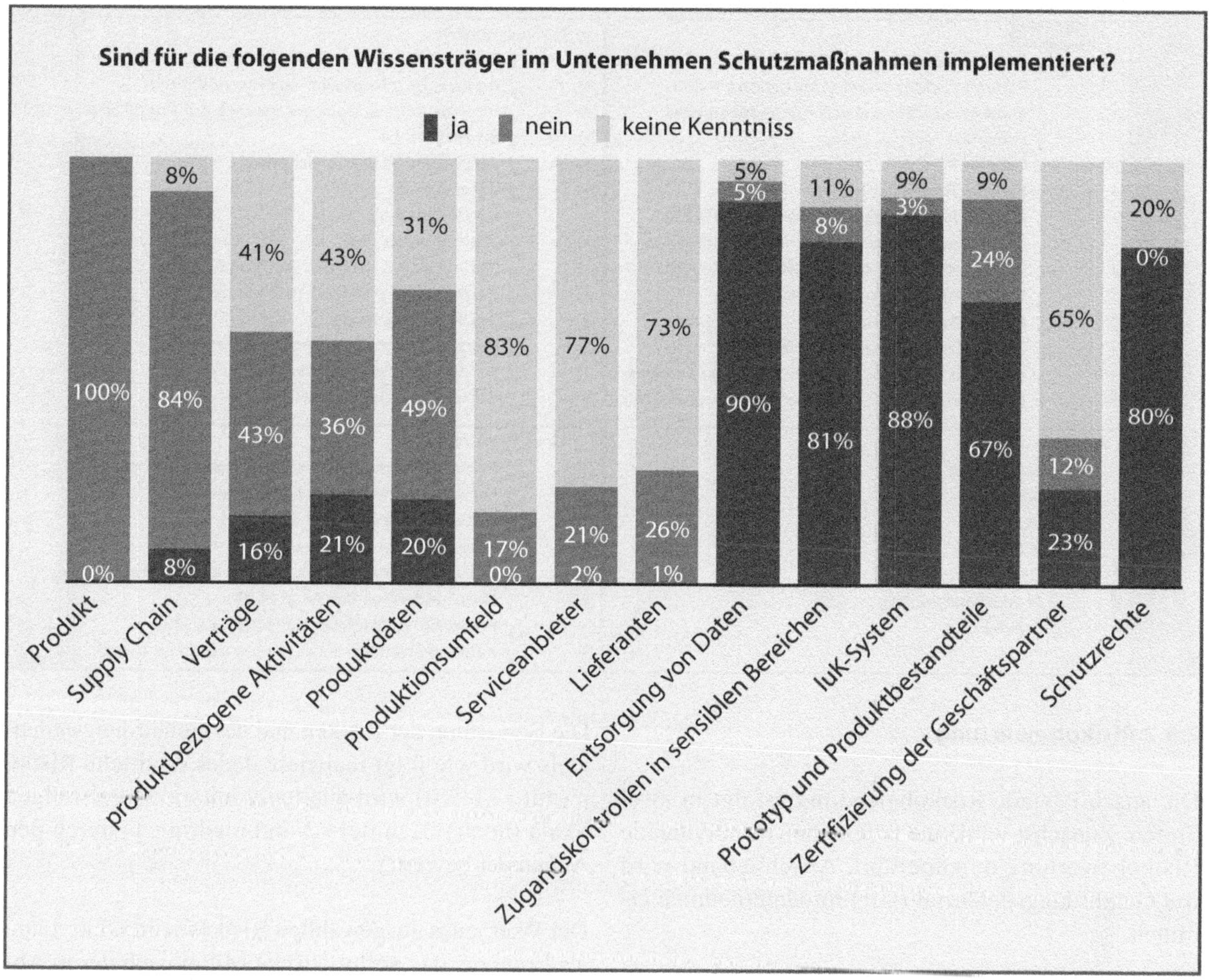

2.9.1 Modellergebnisse

Das Modell gibt entsprechend den Antworten Schutzlücken aus. Abbildung 2.17 zeigt exemplarisch die Ergebnisse einer Risikoanalyse, bei der nach der Existenz von Schutzmaßnahmen bei verschiedenen Wissensträgern und Prozessen gefragt wurde. Erkennbar ist, an welchen Stellen bereit Schutzmaßnahmen implementiert sind, welche Aspekte noch nicht geschützt sind und wo noch Ungewissheit herrscht.

Anhand der Abbildung wird deutlich, dass einige Wissensträger nicht geschützt sind, es fehlen also z. B. Kontrollmechanismen. Ebenfalls als kritisch anzusehen sind aber die Wissensträger, bei denen im Unternehmen keine Kenntnis darüber existiert, ob Schutzmaßnahmen vorhanden sind. Dies deutet entweder auf fehlende Normen zum Umgang mit Know-how hin oder es ist ebenfalls als fehlender Schutzmechanismus zu werten. In gleicher Weise, wie in obiger Abbildung dargestellt, werden die Ergebnisse für alle Wissensträger und Akteure ausgegeben und somit die wichtigsten Handlungsfelder ermittelt.

Zusätzlich werden aber auch konkrete Risiken durch das Modell ausgegeben, die entsprechend spezifiziert sind. Die Prozessschritte, in denen die identifizierten Risiken auftreten, sind ebenfalls dargestellt. Die Maßnahmen mit detaillierten Beschreibungen sind den identifizierten Ursachen zugeordnet und bekämpfen somit nicht die Symptome, sondern gehen das Problem an der Wurzel an. Abbildung 2.18 gibt einen Überblick über das Ergebnisfenster.

Abb. 2.18: Screenshot des Ergebnisfensters der Risikobewertungssoftware

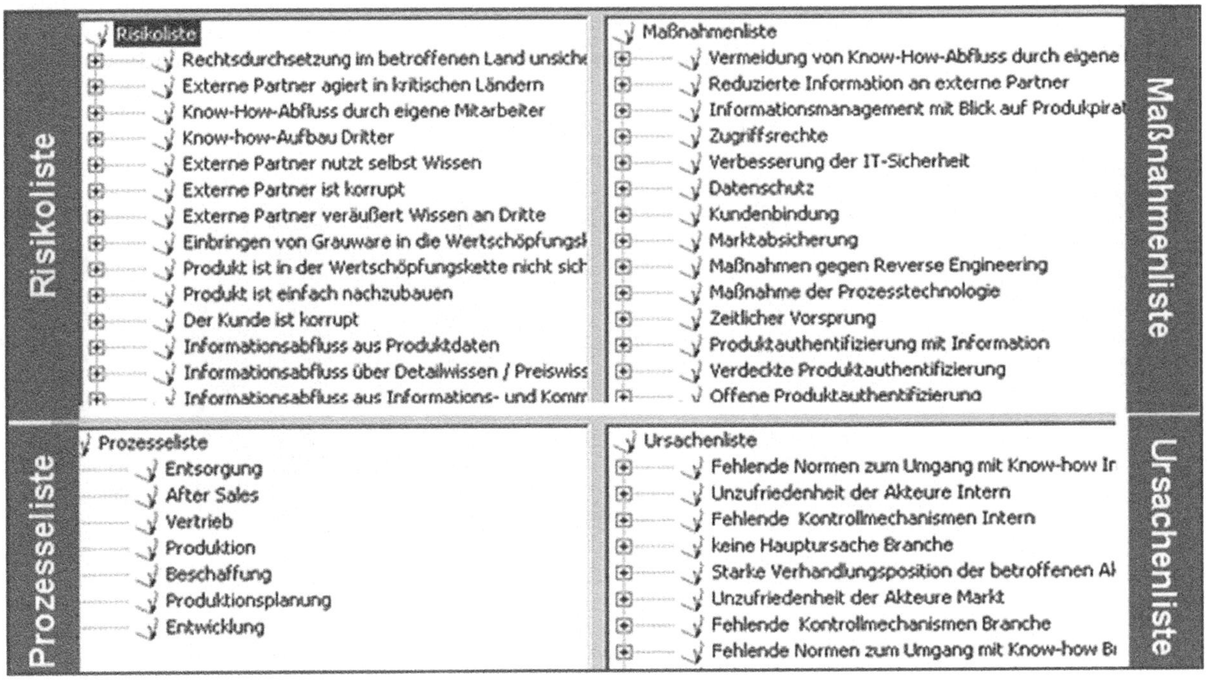

2.9.2 Risikobewertung

Die anschließende Risikobewertung erfolgt in zwei Stufen. Zunächst wird eine unternehmensindividuelle Risikobewertung durchgeführt. Anschließend wird das Gefährdungspotenzial (GP_i) im Unternehmen ermittelt.

Abb. 2.19: Formel zur Ermittlung des Gefährdungspotenzials GP_i

$$GP_i = \frac{1}{n}\sum_{i=1}^{n} r_i = \frac{r_1 + r_2 + \cdots + r_n}{n}$$

Die Bewertung der Risiken und des Gefährdungspotenzials wird wie folgt realisiert: Jedes ermittelte Risiko r_i (mit $i = 1 \ldots n$) wird qualitativ mit einer dreistufigen Skala (hoch = 3, mittel = 2 und niedrig = 1) durch den Anwender bewertet.

Der Wert jedes ausgewählten Risikos wird addiert, um als Ergebnis das arithmetische Mittel nach der in Abbildung 2.19 gezeigten Formel zu berechnen. Dieses Ergebnis stellt das Gefährdungspotenzial GP_i dar. Der Wert des Gefährdungspotenzials wird gerundet, um eine Bewertung in der dreistufigen Skala (hoch = 3, mittel = 2, niedrig = 1) zu erhalten. Auf diese Weise kann ein Wert über die Risikosituation des Unternehmens ermittelt werden.

[3] Maßnahmen für den Know-how-Schutz

Einführung

Die bekannteste Schutzmaßnahme gegen Produktpiraterie ist das Patent, was nicht bedeutet, dass sie für jede Situation die richtige Maßnahme ist. Das Portfolio verfügbarer Schutzmaßnahmen ist groß und reicht von juristischen über technische bis hin zu organisatorischen Möglichkeiten des Know-how-Schutzes. Das folgende Kapitel zeigt daher auf,

- welche Möglichkeiten der Kennzeichnung existieren, um eine Authentifizierung der Echtheit von Produkten zu ermöglichen
- mit welchen Methoden und konstruktiven Maßnahmen Produkte so gestaltet werden können, dass Reverse Engineering erschwert wird
- wie Sicherheitssysteme in Produkte integriert werden können
- welche Maßnahmen des Informationsschutzes, des Produktionsmanagements und des Personalmanagements die Unternehmensprozesse sicher gestalten
- wie eine erfolgreiche juristische Absicherung erfolgen kann und welche Besonderheiten die Länder China, Indien und Italien hierbei einnehmen
- wie durch die Kombination von Produkt und Dienstleistungen ein für Produktpiraten nur schwer kopierbarer Mehrwert für den Kunden geschaffen werden kann.

Üblicherweise ergibt sich nach einer intensiven Ist-Analyse bezüglich des Bedrohungsszenarios und der Risiken eine Vielzahl neuer Erkenntnisse über die Schutzlücken im Unternehmen. Es stellt sich dann die Frage, welche Gegenmaßnahmen eingeleitet werden können und sollen. Zum größten Teil melden Unternehmen nach wie vor gewerbliche Schutzrechte an, obwohl die Wirksamkeit dieser Maßnahmen nach Ansicht der betroffenen Unternehmen und vor dem Hintergrund der Gefährdungslage, wie in Kapitel 1 skizziert, beschränkt ist. Dabei gibt es bereits eine Vielzahl an weiteren Möglichkeiten, die Produkte und Prozesse eines Unternehmens wirksam zu schützen. Diese Möglichkeiten werden im Folgenden dargestellt. Dabei werden Maßnahmen der Produktkennzeichnung, der Produkt- und Prozessgestaltung sowie juristische Absicherungsstrategien beschrieben. Zusätzlich wird dargelegt, wie durch die Schaffung eines Mehrwerts für den Kunden ein wirksamer Schutz vor Plagiaten aufgebaut werden kann. Obwohl hier eine Vielzahl von Maßnahmen vorgestellt werden, ist deren individuelle Anpassung an die Produkte und Prozesse eines Unternehmens sowie auf die spezifische Risikosituation unumgänglich.

3.1 Kennzeichnungstechnologien

W. A. Günthner, J. Durchholz, D. Stockenberger

3.1.1 Sicherheitsmarkierungen zur Unterscheidung von Original und Kopie

Noch vor wenigen Jahren konnten Originalprodukte meist leicht von Nachahmungen und Fälschungen unterschieden werden, gab es doch offensichtliche Design-, Qualitäts- und Funktionsunterschiede zwischen Original und Kopie, die für jeden leicht zu erkennen waren (Wildemann et al. 2007). Mittlerweile aber sind kopierte Produkte dem Original so ähnlich, dass oftmals lediglich Experten in der Lage sind, eine Unterscheidung festzustellen (Abb. 3.1). Das bedeutet für Kunden, dass es für sie zunehmend schwieriger wird, beim Kauf einer Ware sicher zu sein, ein Original zu erwerben.

Die Qualität der Kopien hat kontinuierlich zugenommen. Fälscher sind immer häufiger in der Lage, die äußere Form, die offensichtlichen Funktionen und Eigenschaften täuschend echt nachzuahmen und Waren zu produzieren, die den Originalprodukten oftmals sehr nahe kommen. Gleichwohl haben auch die Originalhersteller ihre Anstrengungen verstärkt, sich durch besondere Entwicklungsleistungen abzuheben. Sie können dem Kunden ausgefeilte Produkte bieten, die sich durch eine herausragende Qualität, Langlebigkeit und abgestimmte Funktionalitäten auszeichnen.

Abb. 3.1: Original (jeweils links) und Kopie (jeweils rechts) von Maschinenteilen (APM)

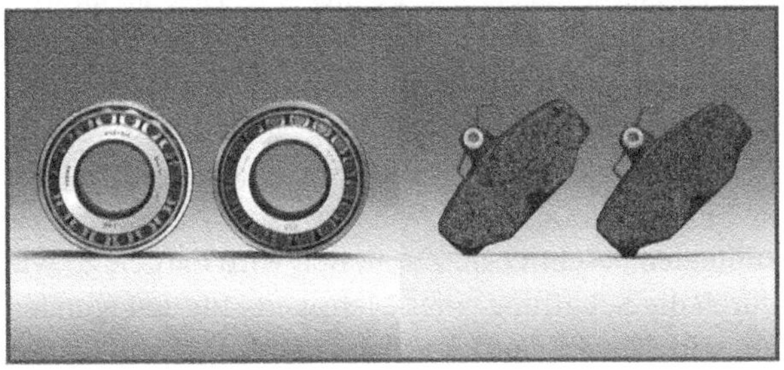

Um nun die Unterscheidbarkeit zwischen Original und Kopie vor allem für den Kunden sicherzustellen, gibt es die Möglichkeit, Originalprodukte mit entsprechenden Echtheitsmerkmalen zu kennzeichnen. Diese ermöglichen es, ohne konkretes Wissen zu einem bestimmten Produkt, echte und gefälschte Teile zu erkennen. Dazu sollen die Originalitätsmarkierungen den Kriterien des Counterfeiting Intelligence Bureau der Internationalen Handelskammer (International Chamberof Commerce – ICC) entsprechen (ICC 2006):

1. Eindeutigkeit:
   Das Echtheitsmerkmal muss das Produkt eindeutig als Original erkennbar machen.
2. Fälschungssicherheit:
   Das Echtheitsmerkmal darf nur mit größtmöglichem Aufwand und maximalen Kosten von Dritten nachgeahmt werden können. Auch soll es nicht nachträglich anbringbar, sondern möglichst fester Bestandteil des Produktes sein.
3. Dauerhaftigkeit:
   Das Echtheitsmerkmal soll während der gesamten Produktlebenszeit vorhanden und nicht (spurenfrei) entfernbar oder auf andere Produkte übertragbar sein.
4. Wirtschaftlichkeit:
   Der Einsatz des Echtheitsmerkmals soll wirtschaftlich sein. Dies beinhaltet auch die einfache Anbringung sowie die schnelle und einfache Verifizierung.

Auf dem Markt ist eine große Zahl von Sicherheitsmerkmalen verfügbar – der Anwender steht so vor der schwierigen Aufgabe eine für seinen Bedarf passende Kennzeichnungstechnologie und einen entsprechenden Anbieter auszuwählen. Dieses Kapitel gibt deshalb einen Einblick in die Unterschiede verschiedener Sicherheitsmerkmale und beleuchtet einzelne Kennzeichnungstechnologien näher.

3.1.2 Einordnung nach Informationsgehalt der Kennzeichnungstechnologien

Es gibt vielfältige Kategorien, nach denen Echtheits- oder Sicherheitsmerkmale eingeordnet werden können. Eine der wichtigsten Einteilungen ist die Unterscheidung von Originalitäts- und Unikatkennzeichen. Unter Originalitätskennzeichen werden Kennzeichen zusammengefasst, welche fälschungssichere Merkmale enthalten und somit die Echtheit eines Produktes eindeutig nachweisen. Bei Unikatkennzeichen sind diese Merkmale darüber hinaus für das jeweilige Objekt einmalig. Mithilfe von Unikatkennzeichen können einzelne Objekte verfolgt werden, da jedem Teil z. B. eine Seriennummer eindeutig zugeordnet ist (Wildemann et al. 2007).

Ergänzend hierzu gibt es die Kategorie der Identitätskennzeichen, die selbst keinen Originalitätsnachweis enthalten, aber zur Codierung von Informationen vielfältig im Einsatz sind (Durchholz und Stockenberger 2009). Durch die Kombination eines Originalitäts- und eines Identitätskennzeichens gelingt es, die Eigenschaften eines Unikatkennzeichens zu erzielen und Produkte sowohl unterscheidbar zu machen als auch die Echtheit sicher nachzuweisen.

Beispiele für die drei Arten von Kennzeichen sind in Abbildung 3.2 gelistet.

3.1.3 Der Markenname als erster Schritt

Eine Besonderheit stellt der Markenname oder das Markenzeichen dar. Denn eine einfache Markierung mit dem Firmenlogo erfüllt nicht wirklich die Anforderung an die Fälschungssicherheit des Merkmals. Ein Markenlogo aufzubringen ist für einen Fälscher nicht schwierig, zumal mit dem Markennamen geworben wird und dieser, genau wie der zugehörige Schriftzug oder das Logo, jedermann zugänglich ist. Die Hürde

Abb. 3.2: Beispiele für Kennzeichnungstechnologien

Originalitätskennzeichen	Unikatkennzeichen	Identitätskennzeichen
Markenname Hologramm IR-/UV-Farbpigmente Clusterfolie Echtfarbenelemente Farbcode Kippfarben	RFID (Radiofrequenz-Identifikation) CopyDetection Pattern (CDP) Laseroberflächenauthentifizierung	1D-Barcode 2D-Barcode Seriennummer in Klarschrift

für den Imitator liegt hier nicht in der technischen Umsetzung der Markierung, sondern in der Tatsache begründet, dass die Nachahmung oder Verwendung dieser geschützten Zeichen juristisch unzulässig und damit strafbar ist.

Das Aufbringen eines Markenzeichens ist oftmals ein einfacher Schritt, der Produktpiraten vor allem aus dem europäischen Raum durchaus daran hindern kann, Originalprodukte zu kopieren. Gleichzeitig fördert ein sichtbares Markenzeichen das Marken- und Qualitätsbewusstsein des Kunden und bestärkt ihn somit in seiner Kaufentscheidung für Originalprodukte. Integriert in ein Hologramm oder kombiniert mit anderen Sicherheitsmerkmalen können die genannten Effekte um den Aspekt der Fälschungssicherheit ergänzt werden, was zu einem effektiven Produktpiraterieschutz führen kann.

Der Markenname sollte also niemals unterschätzt werden und stellt stets den ersten Schritt einer Produktmarkierung zum Schutz vor Fälschungen und zum sicheren Erkennen von Originalprodukten dar.

3.1.4 Unterscheidung nach der Art der Authentifizierung

Unabhängig von der Einteilung der Sicherheitskennzeichen hinsichtlich ihres Informationsgehalts existieren weitere wichtige Unterscheidungskriterien, die ein potenzieller Anwender bei der Auswahl eines für einen bestimmten Anwendungsfall geeigneten Markierungselements berücksichtigen muss. Betrachtet man zunächst die Art der Authentifizierung, also der Echtheitsprüfung, so existieren Technologien, die allein durch das menschliche Auge geprüft werden können, wie z. B. Kippfarben oder Hologramme.

Abb. 3.3: Die unsichtbaren IR-Farbpigmente werden von einem speziellen Handleser erkannt und optisch sowie akustisch angezeigt (Schreiner ProSecure)

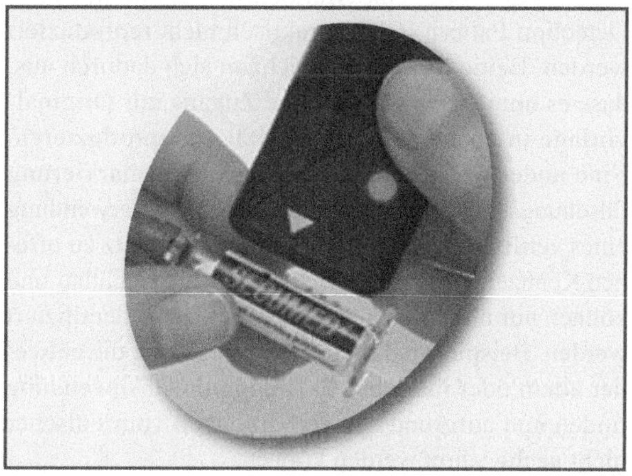

Andere Sicherheitskennzeichen können nur mithilfe einfacher Handlesegeräte auf ihre Originalität untersucht werden, beispielsweise Infrarotfarben (IR-Farben), die für den Menschen nicht sichtbar sind (Abb. 3.3). Eine automatische Weiterverarbeitung der Authentifizierungsinformationen in einem Datenverarbeitungssystem ist bei diesen Technologien oftmals nicht vorgesehen und die Prüfgeräte besitzen deshalb auch meist keine Schnittstellen zum Anschluss an einen PC.

Es existieren jedoch auch Kennzeichnungstechnologien, die für eine automatische Prüfung gut geeignet sind. Beispiele hierfür sind die RFID- und die CDP-Technologie. Beide Sicherheitsmarkierungen können als Unikatkennzeichen eingesetzt werden, was eine Speicherung der Prüfinformationen zu konkreten Produkten besonders interessant macht, da so Track-and-

Trace-Informationen zu Einzelprodukten gesammelt werden können. Die genannten Technologien können nur mithilfe eines rechnergestützten Lesegeräts geprüft werden; eine manuelle Prüfung ist hier nicht möglich.

Je nach Anwendungsfall sollten manuell oder automatisch zu prüfende Sicherheitsmerkmale gewählt werden, die sich in der Art der einzusetzenden Prüfhilfsmittel stark unterscheiden können.

3.1.5 Erzielbare Sicherheitsstufe

Ein weiterer wichtiger Aspekt ist die Sicherheitsstufe, die mit einer Echtheitsmarkierung erreicht werden kann. Während das reine Aufbringen eines Markenzeichens, wie bereits beschrieben, nur eine geringe Fälschungssicherheit ermöglicht, können aufwendige Hologramme oder eine Markierung mit einem Copy-Detection Pattern (CDP) praktisch nicht reproduziert werden. Beide Merkmale zeichnen sich dadurch aus, dass es unmöglich ist, sie ohne Zugang zur Originalvorlage in ausreichender Qualität zu reproduzieren. Eine andere Möglichkeit, eine Echtheitsmarkierung fälschungssicher zu machen, besteht in der Verwendung eines verdeckten Kennzeichens. Im Gegensatz zu offenen Kennzeichen sind diese zunächst nicht sichtbar und können nur mit einem passenden Prüfgerät identifiziert werden. Beispiele dafür sind Infrorotfarben, die entweder allein oder integriert in Hologramme Anwendung finden und aufgrund der Verborgenheit vom Fälscher nicht nachgeahmt werden können.

Um eine hohe Sicherheitsstufe zu erreichen, muss jedoch jedem Prüfer bekannt sein, welche Merkmale die Originalitätsaussage enthält, damit dieser in der Lage ist, einerseits die wesentlichen Bestandteile der offenen Markierungen und andererseits mögliche verdeckte Merkmale sicher zu authentifizieren. Nur eine vollständige Kommunikation der entsprechenden Sicherheitskennzeichen an die prüfenden Stellen macht ein Aufdecken von Nachahmungen und Kopien möglich. Denn ein aufwendig gestaltetes Merkmal, welches nicht ausreichend überprüft wird, bildet auch keine effektive Schutzmaßnahme gegen Produktpiraterie.

Diesem Effekt liegt auch die weitverbreitete Meinung zugrunde, Hologramme könnten kopiert werden. Bei einer oberflächlichen Prüfung von Hologrammen besteht sicherlich die Gefahr, Nachahmungen nicht zu erkennen. Im Detail werden Original und Kopie jedoch stets unterscheidbar sein. Die korrekte Prüfung beeinflusst die erzielbare Sicherheit demnach ebenso sehr wie das Sicherheitsmerkmal selbst.

3.1.6 Anbringungsort des Sicherheitsmerkmals

Soll ein bestimmtes Produkt durch eine Sicherheitsmarkierung geschützt werden, so kann das Merkmal entweder auf dem Produkt selbst, auf einem Etikett oder auf der Verpackung appliziert werden. Alle drei Möglichkeiten haben ihre Berechtigung, bringen jedoch jeweils Vor- und Nachteile mit sich.

Durch eine unmittelbare Kennzeichnung des Produktes kann eine Manipulation durch das Entfernen oder Übertragen der Markierung gut verhindert oder zumindest entdeckt werden. Es muss jedoch die Möglichkeit gegeben sein, die Markierung direkt ins Produkt zu integrieren. Auch bei der Verwendung von Klebeetiketten, die die Originalitätsmerkmale enthalten, bestehen vielfältige Möglichkeiten der dauerhaften Befestigung. Hiermit ist ebenfalls eine sichere Anzeige einer Manipulation verbunden, z. B. durch geeignete Perforationen oder einen mehrschichtigen Aufbau, der beim Ablösen nicht erhalten bleibt.

Soll das Produkt schon anhand der Verkaufsverpackung auf Echtheit geprüft werden, muss diese Verpackung mit einem Sicherheitskennzeichen versehen werden, welches optimalerweise gleichzeitig als Öffnungsschutz dient und somit gewährleistet, dass sich in der Originalverpackung auch ein Originalprodukt befindet. Bei Konsumgütern reicht eine derartige Kennzeichnung teilweise aus.

Um eine Ware jedoch dauerhaft, d. h. auch nach dem Auspacken als Original identifizierbar zu machen, kann die Verpackungsmarkierung nur eine Ergänzung zur Kennzeichnung des Produktes selbst sein. Einen Sonderfall stellt in diesem Zusammenhang die RFID-Technologie dar, bei der der Prüfvorgang auf Basis elektromagnetischer Wellen geschieht, die z. B. Papierverpackungen mühelos durchdringen können und somit keine Markierung der Verpackung nötig machen. Mit dieser Technologie kann das Produkt durch die Verpackung hindurch auf Originalität geprüft werden.

3.1.7 Ausgewählte Kennzeichnungstechnologien

Auf dem Markt für Sicherheitskennzeichnungen gibt es sehr viele verschiedene Technologien, welche zur Markierung von Produkten als Originalware genutzt werden können. Einen kleinen Auszug daraus zeigt Abbildung 3.2. Im Folgenden werden beispielhaft vier ausgewählte Technologien genauer vorgestellt und beschrieben.

Hologramme

Weit verbreitete Originalitätskennzeichen sind Hologramme auch Optically Variable Device (OVD) genannt (Abb. 3.4). Diese aufwendig erzeugten Abbildungen lassen bei Beleuchtung mit gleichartigem Licht ein dreidimensionales Abbild eines Gegenstands erscheinen. Mit diesen auffälligen Markierungen lassen sich Objekte als Originale kennzeichnen. Zusätzlich wird das optische Erscheinungsbild eines Produktes aufgewertet und so der Qualitätsanspruch des Originalherstellers dargestellt. Ein derart markiertes Produkt ist für den Kunden sofort und augenscheinlich von einer Kopie unterscheidbar.

Hologramme sind zunächst sehr sicher, da diese nicht kopierbar sind. Allerdings ist es Fälschern möglich, täuschend ähnliche Nachahmungen von Hologrammen zu erzeugen. Diese sind in Details von den Originalhologrammen unterscheidbar, machen es für den Kunden aber aufs Neue problematisch, Originalprodukt und Kopie auf den ersten Blick zu unterscheiden. Um hier eine zusätzliche Sicherheitsstufe zu integrieren, kann eine entsprechende Marke oder ein Markenzeichen im Hologramm abgebildet werden. Bei Nachahmung dieser OVDs macht der Fälscher sich aufgrund der juristisch unzulässigen Verwendung einer geschützten Marke strafbar.

Abb. 3.4: Hologramm (Schreiner ProSecure)

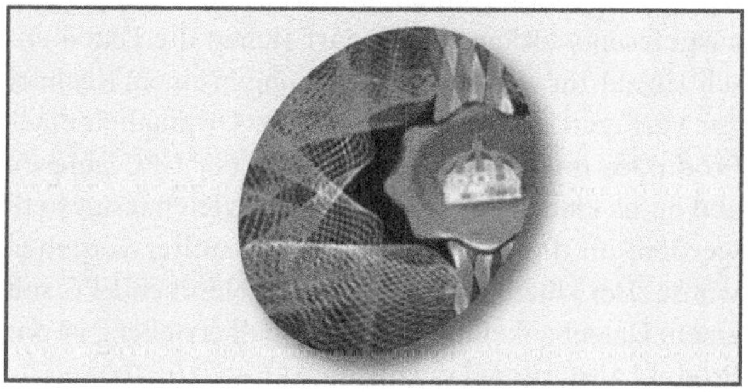

Besonders interessant ist im Bereich von Kunststoffen die Möglichkeit, das Hologrammnegativ in einer Spritzgussform einzufügen und so das Hologramm ins Bauteil zu integrieren und nicht als Hologrammetikett aufzukleben. Egal in welcher Form oder Ausprägung das Hologramm verwendet wird, beinhaltet es im Normalfall nur die Aussage der Originalität. Daten können nicht transportiert werden.

Der folgende Steckbrief fasst die wesentlichen Eigenschaften der Sicherheitsmarkierung Hologramm zusammen:

Hologramme / Optically Variable Device (OVD)	
Stufe	Originalitätskennzeichen
Kennzeichen	Hologramm / Hologramm(folie)
Trägermaterial	Folien, Etiketten
Grundmaterial	Beliebig (als Etikett) oder direkt auf Kunststoff
Ort	Verpackung, Etikett
Kennzeichnung / Applikation	Aufkleben oder in Spritzgussform integrieren
Prüfung / Identifizierung	Einfache optische Prüfung; eingehende optische Prüfung von bestimmter Merkmale mit Mikroskop
Prüf- / Identifizierungshäufigkeit	Unbegrenzt
Wirkprinzip der Prüfung	Optisch
Kontakt bei Prüfung	Berührungsfrei
Kopiersicherheit	Hologramme sind nicht reproduzierbar. Wesentlich ist immer die eingehende Prüfung.
Manipulationssicherheit	Mechanisch zerstörbar, abhängig von der Art der Applikation
Robustheit	Widerstandsfähig, limitierte UV-Stabilität
Typisches Einsatzgebiet	Medizinprodukte, Verpackungen, Banknote
Arten / Ausprägungen	2D- und 3D-Hologramme
Speichermöglichkeit / -art	In der Regel keine (bei TesaHolospot: Einbringen einer Nummer möglich)
Speichergröße	(Sonderlösungen: bis 1024 Bit)
Speicherbeschreibbarkeit	(Sonderlösungen: einmalig)
Erkennungswert beim Kunden, Kommunikationsaufwand	Offenes Merkmal, einfache optische Prüfung. Eingehende optische Prüfung durch Experten.

3

Infrarotfarben

Ein weiteres Originalitätskennzeichen sind Infrarotfarben (Abb. 3.3). Mit Infrarotfarben kann man Objekte markieren, ohne dass dies sofort offensichtlich ist, denn Infrarotlicht liegt außerhalb des für den Menschen sichtbaren Lichtspektrums. Daher werden Infrarotfarben als verdecktes Merkmal eingestuft. Eine Kennzeichnung von Objekten erfolgt meist dadurch, dass ein spezieller Lack, der Infrarotfarbpigmente enthält, aufgetragen wird. Die Eigenschaft, dass dieser Lack bei Anregung Infrarotlicht einer bestimmten Wellenlänge emittiert, kann nur mit speziellen Lesegeräten festgestellt werden. Mit diesen Geräten erfolgt die Originalitätsprüfung der gekennzeichneten Objekte.

Infrarotfarben	
Stufe	Originalitätskennzeichen
Kennzeichen	Farbpigmente (evtl. mit Trägermaterial)
Trägermaterial	Folie, Etikett, Bindemittel / Lack, keines etc.
Grundmaterial	Beliebig
Ort	Verpackung, Etikett, Banknote
Kennzeichnung / Applikation	Aufkleben, Drucken, Lackieren, etc.
Prüfung / Identifizierung	Manuelle / elektronische IR-Prüfgeräte
Prüf- / Identifizierungshäufigkeit	Unbegrenzt
Wirkprinzip der Prüfung	Optisch
Kontakt bei Prüfung	Berührungsfrei
Kopiersicherheit	Beschaffung von IR-Farbpigmenten schwierig
Manipulationssicherheit	Evtl. mechanisch entfernbar
Robustheit	Abhängig vom Trägermaterial, sehr robust
Typisches Einsatzgebiet	Banknoten, Medikamentenverpackungen
Arten / Ausprägungen	IR-Farbe verschiedener Wellenlängen
Speichermöglichkeit / -art	Keine
Speichergröße	-
Speicherbeschreibbarkeit	-
Erkennungswert beim Kunden, Kommunikationsaufwand	Verdecktes Merkmal, manuelle Prüfung mit einfachsten Handlesegeräten
Anmerkung	Sicherheitsniveau abhängig von Kombination und Codierung unterschiedlicher Pigmente

Zunächst entsteht bei Verwendung dieser Kennzeichnungstechnologie Sicherheit dadurch, dass für einen möglichen Fälscher eines Produktes nicht sichtbar ist, dass Infrarotfarben im Einsatz sind. So lassen sich Original und Kopie einfach durch das Vorhandensein bzw. Nichtvorhandensein der Infrarotfarbe unterscheiden. Sollte einem Fälscher auffallen, dass Infrarotfarben zum Schutz des Produktes verwendet wurden, ergibt sich eine weitere Hürde aus der beschränkten Verfügbarkeit dieser Farbpigmente. Die Sicherheit kann weiter dadurch erhöht werden, dass Infrarotfarbpigmente verschiedener Wellenlängen in einem definierten Verhältnis gemischt werden. Dieses Verhältnis ist bei der Prüfung feststellbar und von einem Fälscher nur äußerst schwer nachzubilden.

Auch Infrarotfarben beinhalten lediglich die Aussage der Originalität. Weitere Daten, die Informationen über das Produkt enthalten, können nicht integriert oder übermittelt werden.

Radiofrequenz-Identifikation (RFID)

Zum technischen Schutz von Produkten vor Produktpiraterie ist die Radiofrequenz-Identifikation (RFID) eine leistungsstarke Technologie. Dabei werden Produkte mit RFID-Transpondern (Abb. 3.5) markiert, auf denen meist in Form eines elektronischen Produktcodes (EPC) Informationen über das jeweilige Produkt gespeichert und zur Verfügung gestellt werden. Im EPC sind der Hersteller des Produktes, die Produktnummer sowie eine Seriennummer codiert. Dadurch ist es möglich, Produkte zu individualisieren und somit weltweit wiederzuerkennen. RFID ist somit als ein Unikatkennzeichen einzustufen.

Die Transponder können mit passenden Lesegeräten ausgelesen werden. Bei Bedarf stehen die Daten anschließend zur weiteren Verarbeitung in einem Rechner zur Verfügung. Zur Feststellung der Originalität eines Produktes muss zunächst lediglich der EPC gelesen und durch einen Online-Datenbankabgleich festgestellt werden, ob dieser vom Originalhersteller vergeben wurde. Bei Übereinstimmung des gelesenen EPC mit einem Datenbankeintrag des Originalherstellers, ist das Produkt als Original einzustufen.

Da der EPC sich im ungeschützten RW-Bereich[1] des Transponders befindet, darf dieser nicht allein als Unterscheidungsmerkmal dienen. Denn einerseits könnte der EPC einfach verändert werden, andererseits ist es Fälschern möglich, jederzeit weitere Transponder mit demselben EPC zu erzeugen. Daher sollte als zweite Schutzmaßnahme neben dem EPC noch die Unique Tag ID[2] (UID) in der Datenbank abgelegt und bei Prüfung eines Produktes auf Originalität abgeglichen werden. Hierbei müssen spezielle Transponder zum Einsatz kommen, bei denen in einem schreibgeschützten Bereich die UID gespeichert ist. Zusätzlich ist der Einsatz kryptographischer Verfahren zur Erhöhung der Sicherheit möglich.

Sicherheit entsteht bei Verwendung von RFID u. a. dadurch, dass jedes Produkt individuell unterscheidbar wird. So kann jederzeit nachvollzogen werden, um welches individuelle Produkt es sich handelt, und in der Datenbank geprüft werden, ob dieses Produkt mit dem betreffenden EPC und UID hergestellt wurde.

Um die Sicherheit nochmals zu erhöhen, ist zu erwägen, Track & Trace zu nutzen. Dies bedeutet, dass an jedem Identifikationspunkt, an dem ein Produkt gelesen und Daten mit der Datenbank abgeglichen werden, auch Daten in die Datenbank geschrieben werden. Dabei sollte ein zu schreibender Datensatz neben dem EPC und der UID noch Informationen über Lesezeitpunkt und -ort enthalten. Durch die ständige Ergänzung der Bewegungsdaten zu einem Produkt erhält man einen lückenlosen Nachweis darüber, wann das Produkt wo hergestellt wurde und wann es sich wo befunden hat. Wenn es einem Fälscher gelingen sollte, einen Transponder mit EPC und UID zu klonen, würden Unregelmäßigkeiten in den Bewegungsdaten des betroffenen Produktes entstehen. Bei Feststellung dieser Unstimmigkeiten kann dann angemessen reagiert werden.

Abb. 3.5: RFID-Transponder (Schreiner ProSecure)

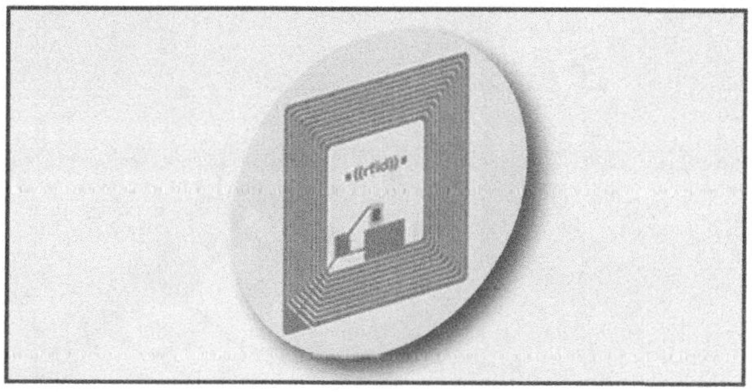

Radiofrequenz-Identifikation (RFID)	
Stufe	Unikatkennzeichen
Kennzeichen	Transponder: IC mit Antenne zur (elektro-)magnetischen Kopplung
Trägermaterial	Verschiedenste Formen (Label, Hard Tag etc.)
Grundmaterial	Frequenzabhängig, Schwierigkeiten bei leitfähigen Materialien
Ort	Etikett auf Produkt oder Verpackung, integriert in Produkt oder Verpackung etc.
Kennzeichnung / Applikation	Aufkleben, Eingießen etc.
Prüfung / Identifizierung	Antenne, Lesegerät, Rechner / Steuerung
Prüf- / Identifizierungs-häufigkeit	Unbegrenzt
Wirkprinzip der Prüfung	Elektromagnetisch
Kontakt bei Prüfung	Berührungsfrei
Kopiersicherheit	Abhängig vom konkreten System: Klonen von Transpondern mit EPC einfach; Klonen von Transpondern mit EPC und UID sehr schwer
Manipulationssicherheit	Ablösen des Transponders von der Befestigung abhängig. Zerstörung des Transponders durch mechanische Einflüsse möglich
Robustheit	Negativer Einfluss von leitfähigen Materialien (Metall, Flüssigkeiten) auf Lesbarkeit; Schutz des Transponder-Inlays vor mechanischen Einflüssen notwendig
Typisches Einsatzgebiet	Logistik, Werkzeugerkennung, Schließsysteme etc.
Arten / Ausprägungen	Verschiedene Systeme (z.B. Frequenzen, Standards etc.)
Speichermöglichkeit / -art	Digitale Daten auf Mikrochip
Speichergröße	Bis mehrere hundert kBytes
Speicherbeschreibbarkeit	Einmalig oder wiederbeschreibbar
Erkennungswert beim Kunden, Kommunikationsaufwand	Informationen sind nur mit speziellen Lesegeräten auslesbar

1 Wiederbeschreibbarer Speicherbereich des Transponders (RW = ReWritable)
2 Die Unique Tag ID wird vom Hersteller des im Transponder verbauten Chips (IC) bei der Produktion in einem ReadOnly Bereich abgelegt, ist weltweit einmalig und nicht veränderbar.

Copy Detection Pattern (CDP)

Copy Detection Pattern sind eine besondere Ausprägung von optischen Rauschmustern (Abb. 3.6). Diese werden im Computer aus sehr feinen schwarzen und weißen Bereichen in Abhängigkeit eines Sicherheitsalgorithmus als Bild generiert und anschließend gedruckt oder auf ein Produkt aufgelasert. Das Muster beinhaltet zunächst nur die Information der Originalität und wird mit einem speziellen Lesegerät ausgelesen. Zusätzlich können in das Muster weitere produktspezifische Daten geschrieben und beim Scanvorgang entschlüsselt werden. Hierbei kann beispielsweise – wie bei RFID – ein EPC im Muster abgelegt werden, welcher das Produkt eindeutig unterscheidbar macht. Daher wird das CDP als Unikatkennzeichen eingeordnet. Prinzipiell sind CDP ohne Lesegerät nicht als Original erkennbar und insbesondere nicht von einer Kopie unterscheidbar, was lediglich mit passend programmierten Lesegeräten möglich ist. Ein Datenbankabgleich ist nicht notwendig.

Da jeder Scan- und Druckvorgang mit einem nicht vermeidbaren Qualitätsverlust verbunden ist, sind diese Sicherheitsmerkmale kopiersicher und können auch nicht nachgeahmt werden. Um eine körperliche Übertragung des CDPs vom Originalprodukt auf eine Kopie zu verhindern, können diese Muster auch als Direktmarkierung auf das Original gelasert werden und sind somit integraler Bestandteil des Produktes.

Wie bei RFID können die aus dem CDP gelesenen Daten vom Lesegerät an einen Rechner zur weiteren Verarbeitung übergeben werden. Dies ermöglicht ebenfalls die Nutzung sämtlicher Track-and-Trace-Funktionalitäten, wie vorstehend unter RFID beschrieben.

Copy Detection Pattern (CDP)	
Stufe	Unikatkennzeichen
Kennzeichen	Gedrucktes Rauschmuster
Trägermaterial	Bedruckbare, laserbeschriftbare Materialien
Grundmaterial	Wie Trägermaterial; beliebig bei Verwendung eines Etiketts
Ort	Produkt, Verpackung
Kennzeichnung/ Applikation	Direkt Bedrucken, Aufbringen eines Etiketts, Laserbeschriftung
Prüfung/ Identifizierung	Scanner, spezielles Lesegerät
Prüf-/Identifizierungshäufigkeit	Unbegrenzt
Wirkprinzip der Prüfung	Optisch
Kontakt bei Prüfung	Berührungsfrei
Kopiersicherheit	Hoch
Manipulationssicherheit	Mechanisch zerstörbar, Übertragung muss durch geeignete Applikation verhindert werden.
Robustheit	Abhängig von der Applikation
Typisches Einsatzgebiet	Banknoten, Dokumente
Arten/Ausprägungen	CDP, BitSecure, Speicherung von zusätzlichen Daten im Rauschmuster möglich
Speichermöglichkeit/ -art	Binäre Daten
Speichergröße	In Abhängigkeit von der Größe des Musters (z.B. 96 bit)
Speicherbeschreibbarkeit	Einmalig bei der Erzeugung des Musters
Erkennungswert beim Kunden, Kommunikationsaufwand	Offenes Merkmal, spezielle Prüfgeräte notwendig

Abb. 3.6: CDP (links) und zugehöriges Lesegerät (Schreiner ProSecure)

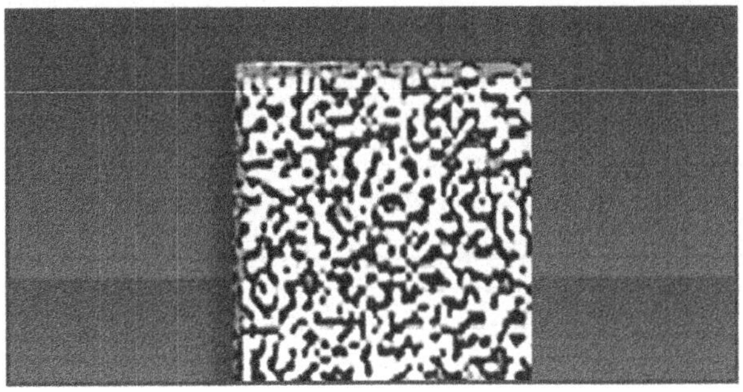

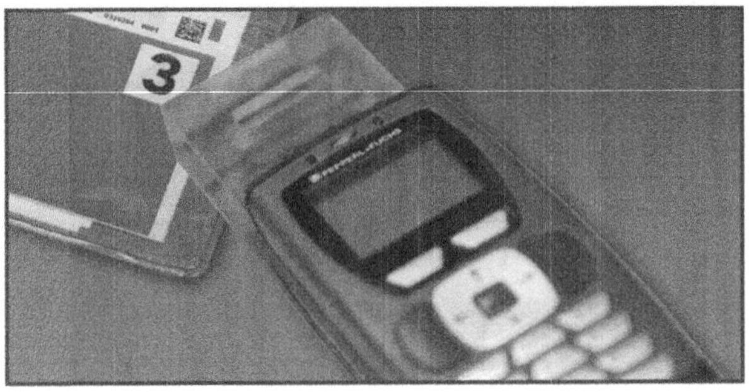

Weitere Kennzeichnungstechnologien

Wie in Abbildung 3.2 dargestellt, existieren weitere Kennzeichnungstechnologien im Bereich der Originalitäts- sowie Unikatkennzeichen, welche hier nicht näher beschrieben wurden. Darüber hinaus sind vielfältige Technologien mit anderen Ansätzen am Markt verfügbar. Um individuelle, den Anforderungen des Produktes und verknüpfter Prozesse entsprechende Sicherheitsmerkmale zu nutzen, können einerseits Einzeltechnologien, ggf. in Kombination, zum Einsatz kommen. Letzteres kann die Sicherheit für ein Produkt zusätzlich erhöhen.

Um den Anwender bei seiner Entscheidung für eine passende Kennzeichnungstechnologie zu unterstützen, ist im Rahmen des durch das Bundesministerium für Bildung und Forschung (BMBF) geförderten Forschungsprojektes „ProAuthent[3] – Integrierter Produktpiraterieschutz durch Kennzeichnung und Authentifizierung kritischer Bauteile im Maschinen- und Anlagenbau" ein Leitfaden zum Schutz vor Produktpiraterie durch Bauteilkennzeichnung entstanden, der u. a. Steckbriefe zu den am Markt verfügbaren und für den Maschinen- und Anlagenbau geeigneten Sicherheitstechnologien enthält. Abrufbar ist der Leitfaden unter www.ProAuthent.de.

3.2 Maßnahmen der Produktgestaltung

Laura Schröder

Unter Maßnahmen der Produktgestaltung werden Maßnahmen zusammengefasst, die sowohl die Entwicklung als auch die Konstruktion des Produktes beeinflussen. Damit umfassen sie:

- Konstruktive Maßnahmen (z. B. Kapselung)
- Methoden zur Produktgestaltung (z. B. Modularisierung)
- Integration von Sicherheitssystemen (z. B. Kennzeichnungstechnologien).

Im Mittelpunkt der Maßnahmen der Produktgestaltung steht der Schutz des Produkt-Know-hows bzw. des Know-hows seiner Komponenten und Ersatzteile. Es werden also zentrale Wissensträger eines Unternehmens geschützt. Da diese Wissensträger für Produktpiraten nahezu frei zugänglich auf dem Markt sind, sollen die Maßnahmen insbesondere die Möglichkeit des Reverse Engineering unterbinden. Eine weitere Intention etlicher Maßnahmen ist es, die Chance zu erhöhen, Marktanteile des eigenen Unternehmens abzusichern.

3.2.1 Konstruktive Maßnahmen

Der Fokus der konstruktiven Maßnahmen liegt auf der Verhinderung des Reverse Engineering. Ihre Berücksichtigung im Entwicklungsprozess wirkt der Piraterieursache entgegen, dass es keine Normen zum Umgang mit dem Produkt-Know-how in der Entwicklung gibt.

Kapselung

Eine konkrete konstruktive Maßnahme ist die sogenannte Kapselung. Hierbei wird in das Produkt ein Selbstzerstörungsmechanismus eingebaut, sodass bei dessen Demontage die gekapselten Produktkomponenten zerstört und nicht mehr untersucht und nachgebaut werden können. Um jedoch eine reibungslose Wartung des Produktes zu ermöglichen, sollte die Demontage trotzdem mit speziellen Kenntnissen oder Werkzeugen möglich sein. Bei einem Elektromotor können beispielswiese dessen Wicklungen vergossen werden. Somit können die Piraten nicht nachvollziehen, wie viele Wicklungen der Motor besitzt. Eine weitere Anwendung ist das Vergießen von Hardwarekomponenten, z. B. bei Steuerungen. Damit erhöht sich der Aufwand für den Produktpiraten, wenn er die einzelnen Bestandteile der Hardwarekomponente identifizieren möchte.

De-Standardisierung

Eine weitere konstruktive Schutzmaßnahme ist die De-Standardisierung zur Irreführung und Marktverknappung. Die De-Standardisierung des Bauteils erfolgt im Idealfall so, dass der Pirat nicht erkennt, dass es sich nicht um eine Standardkomponente handelt. Er wird daher eine Standardkomponente verwenden, was die Funktionalität des Produktes verringert. Selbst wenn der Plagiator bemerkt, dass es sich um eine de-standardisierte Komponente handelt, bietet diese Maßnahme einen gewissen Schutz, wenn der Imitator die Komponente nicht auf dem externen Markt beziehen kann. Er ist dann gezwungen, die Komponente selbst herzustellen, wodurch für ihn

3 Das Forschungsprojekt „ProAuthent – Integrierter Produktpiraterieschutz durch Kennzeichnung und Authentifizierung kritischer Bauteile im Maschinen- und Anlagenbau" wird mit Mitteln des Bundesministeriums für Bildung und Forschung (BMBF) gefördert und vom Projektträger Karlsruhe (PTKA) betreut.

ein Mehraufwand entsteht. Insbesondere sind dadurch zusätzliche Investitionen für den Piraten erforderlich (Neemann 2007). Zu einem gewissen Grad kann ein Originalhersteller selbst steuern, inwieweit es einen externen Markt für die de-standardisierte Komponente gibt. Entweder stellt er die Komponente selbst her und verfügt so allein über das erforderliche Know-how oder er entwickelt mit einem Zulieferer eine individualisierte Lösung. Dabei muss der Hersteller vertraglich absichern, dass er Exklusivabnehmer der modifizierten Komponente ist. Da durch die De-Standardisierung die Vorteile einer standardisierten Komponente, wie niedrige Kosten oder einfachere Wiederbeschaffung als Ersatzteil, verloren gehen, sind nur Komponenten zu de-standardisieren, bei denen dadurch die Produktfunktionalität deutlich gesteigert werden kann. Hiermit steigt die Akzeptanz des Kunden, ein Produkt zu kaufen, in dem keine Standardkomponenten verwendet werden, und der Hersteller besitzt ein zusätzliches Alleinstellungsmerkmal auf dem Markt.

Abbildung 3.7 zeigt dieses Vorgehen am Beispiel eines Herstellers für Textilmaschinen. Der Hersteller nutzt in seinen Galettenspindeln ein spezielles Fett für die Schmierung der Lager. Durch dieses spezielle Fett können die Lager über ihren kompletten Lebenszyklus ohne Wartungsaufwand geschmiert werden. Dadurch konnten insgesamt, trotz eines höheren Anschaffungspreises des Spezialfetts, die Lebenszykluskosten gesenkt werden. Plagiatoren erkannten zunächst nicht, dass hier ein besonderes Fett eingesetzt wurde, weshalb die Lebensdauer ihrer Plagiate nicht annähernd an die der originalen Galettenspindeln heranreichten. Selbst als die Produktpiraten merkten, dass ein spezielles Fett eingesetzt wurde, konnten sie es anscheinend nicht beziehen, da sie nun eine regelmäßige Wartungsstrategie bei ihren Spindeln verfolgten. Der Innovationsvorsprung der Lebenszyklusschmierung blieb dem Originalersteller also erhalten (Neemann 2007).

Abb. 3.7: Mit De-Standardisierung zur Irreführung und Marktverknappung ein Alleinstellungsmerkmal schaffen

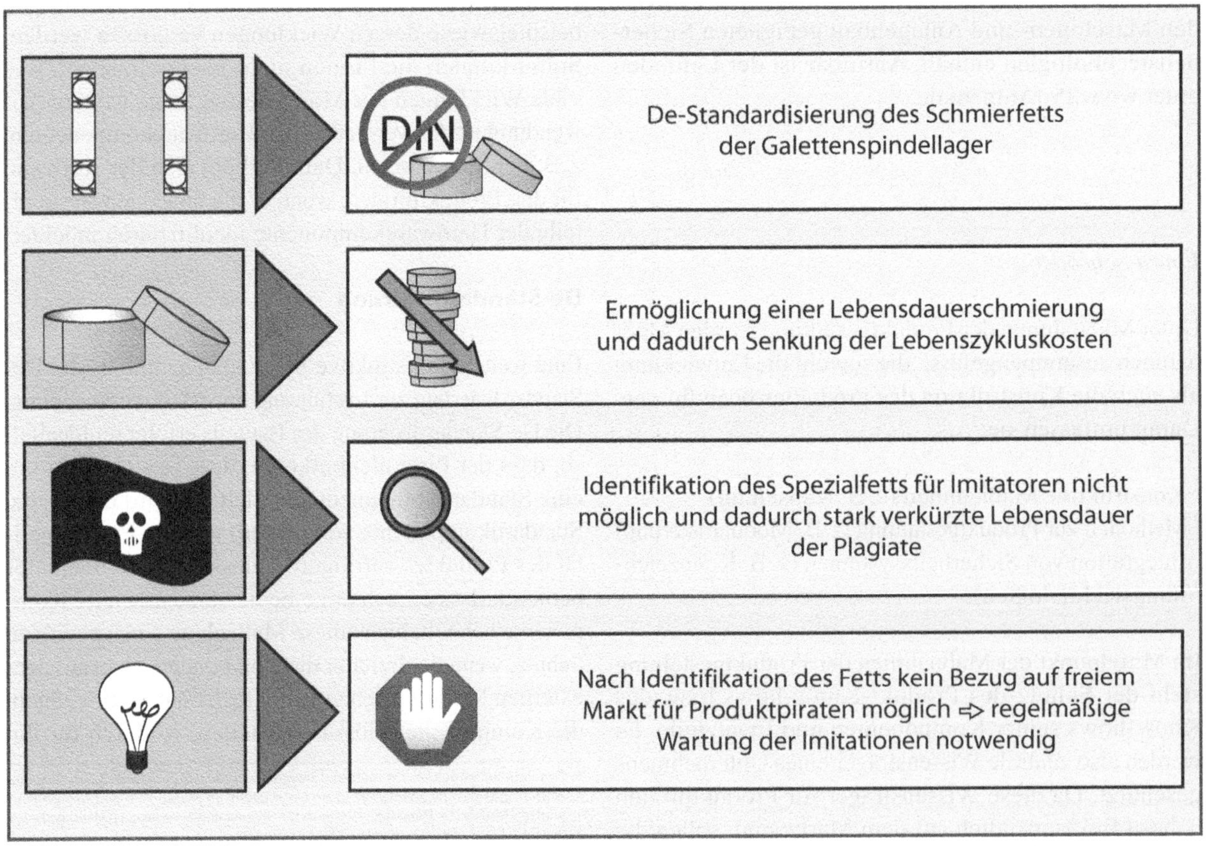

Wie das Beispiel zeigt, eignet sich für die De-Standardisierung von Komponenten besonders die Materialauswahl sowohl bei Werk- also auch bei Betriebsstoffen. Die verwendeten Materialen müssen Eigenschaften besitzen, an deren Leistungsfähigkeit konventionelle Materialien nicht heranreichen, sodass eine Bauteilkopie mit Standardmaterialien bereits frühzeitig versagt. Da die Materialspezifikation für den Imitator nicht direkt ersichtlich ist, muss dieser einen höheren Analyseaufwand betreiben, wenn seine Kopie die gleiche Leistungsfähigkeit aufweisen soll. Eine weitere Möglichkeit bei Werkstoffen ist die Veredelung ihrer Oberfläche, beispielsweise durch Härteverfahren oder Beschichtungen, denn auch hier ist der Plagiator gezwungen, mehr Ressourcen für die Analyse des Originalproduktes aufzuwenden.

Zusammengefasst müssen für eine effiziente Realisierung der Maßnahme folgende Merkmale erfüllt sein:

- Die de-standardisierte Komponente sollte über eine deutlich höhere Leistungsfähigkeit als die Standardkomponente verfügen. Je höher die Leistungsfähigkeit ist, umso mehr technisches Know-how muss der Imitator besitzen, um ein Plagiat erstellen zu können (Neemann 2007).
- Die De-Standardisierung darf durch Demontage und einfaches Nachmessen der Komponente nicht ersichtlich sein.
- Die modifizierte Komponente darf auf dem Markt nicht frei verfügbar sein.

3.2.2 Methoden zur Produktgestaltung

Einige bestehende Methoden zur Produktgestaltung können auch für den Kampf gegen die Produktpiraterie eingesetzt werden. Zentral ist dabei die Marktabsicherung einerseits, indem individuelle Kundenwünsche besser erfüllt werden können als von Wettbewerbern, und andererseits, indem Kundenwünsche schneller erfüllt werden als von Wettbewerbern. Um diese erprobten Strategien zur Sicherung der Marktanteile sowohl gegenüber legalen Wettbewerbern als auch Produktpiraten erfolgreich zu realisieren, müssen sie zum Teil im Sinne des Produktschutzes angepasst werden. Somit wirken diese Maßnahmen, wie die konstruktiven Maßnahmen, der Piraterieursache entgegen, dass Normen zum Umgang mit dem Produkt-Know-how in der Entwicklung fehlen.

Abb. 3.8: Angriffsfeld der Produktpiraten über die Variantenausprägung

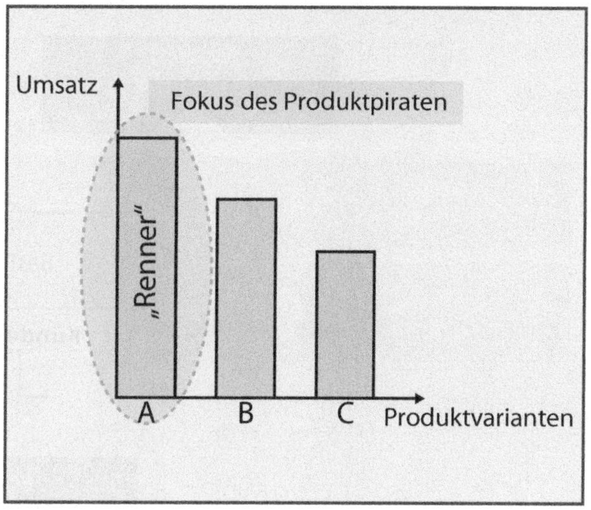

Erhöhung der Variantenvielfalt

Obwohl Produktpiraten bei der Auswahl, welche Produktvarianten eines Unternehmens sie kopieren, sich in erster Linie auf die Varianten konzentrieren, die besonders umsatzstark sind (Abb. 3.8), lohnt es sich für einen Originalhersteller, unterschiedliche Varianten anzubieten oder die Variantenvielfalt sogar zu erhöhen.

Durch die Einschränkung des Produktpiraten auf die Rennervarianten ist er nicht in der Lage, wie ein Lösungsanbieter kundenindividuelle Produkte anzubieten. Mit einer gezielten Erhöhung der Variantenvielfalt kann jedoch ein Orgininalhersteller auf unterschiedliche Kundenwünsche speziell eingehen, was einen engen Kundenkontakt herbeiführt. Aufgrund dieses Alleinstellungsmerkmals und des direkten Kundenzugangs, den Plagiatoren oftmals nicht besitzen, kann ein Originalhersteller seine Marktanteile schützen (Neemann 2007). Da mit der Erhöhung der Variantenvielfalt auch die Komplexität des Produktportfolios zunimmt, sollten bei der Realisierung der Maßnahmen Konstruktionsmethoden zur Komplexitätsreduktion eingesetzt werden. Eine dieser Methoden ist die Modularisierung (Abb. 3.9).

Hier wird eine modulare Produktarchitektur verwendet. Kennzeichen dieser Architektur ist die Zuordnung von verschiedenen Produktfunktionen zu jeweils einem Modul. Dabei treten an standardisierten Schnittstellen

3

Abb. 3.9: Prinzip der Modularisierung

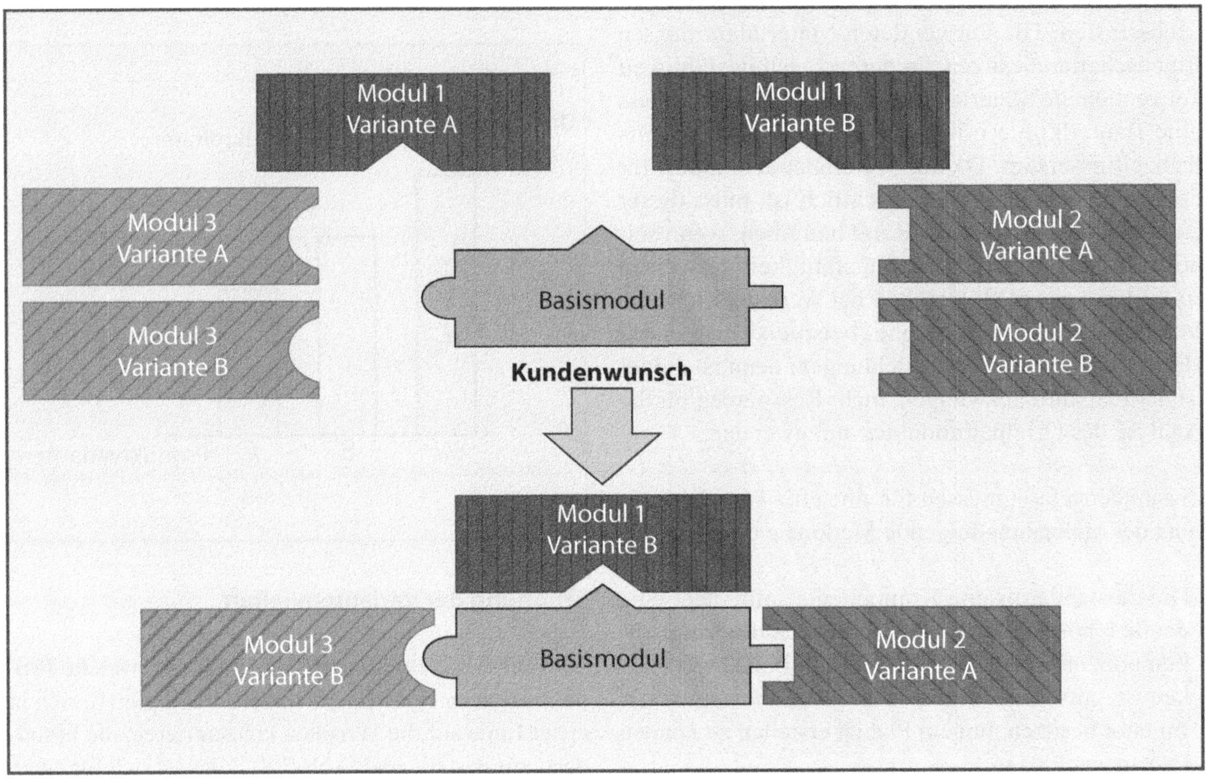

nur zuvor festgelegte Interaktionen zwischen den Modulen auf (de Weck und Simpson 2008). Durch die Montage verschiedener Module wird das Produkt hergestellt. Häufig stellen die gleichen Module die Basis für ein Produkt. Durch Hinzufügen weiterer, vom Kunden wählbarer Module wird das Produkt final erstellt. Aufgrund der modularen Architektur reicht es nun aus, Varianten der Module zu bilden, um variantenreiche Produkte anbieten zu können (Junge 2005). Da allerdings durch die Funktionszuordnung zu Modulen Imitatoren das Reverse Engineering erleichtert wird, sollte die Produktarchitektur nicht vollständig modular sein, d. h., dass auch die Module selbst einen modularen Aufbau besitzen. Vielmehr sollten wettbewerbsrelevante Module, mit denen sich ein Unternehmen von Wettbewerbern differenziert, über eine integrale Architektur verfügen, also die Bestandteile jeweils mehrere Funktionen erfüllen, sowie untereinander über nicht standardisierte Schnittstellen interagieren (de Weck und Simpson 2008). Die Funktionsintegration sollte dabei so hoch gewählt werden, dass das Modul nach außen als eine Blackbox mit definierter Aus- und Eingabe erscheint. Vor allem mechanische und elektrische Bauteile bieten sich für eine solche Funktionskonzentration an. Durch eine zusätzliche Kapselung kann der Schutz des Moduls noch verstärkt werden (Ann et al. 2006).

Verkürzung der Innovationszyklen

Kunden wünschen aktuelle und innovative Produkte. Daher kann ein Unternehmen seine Marktanteile auch absichern, indem es seine Innovationszyklen verkürzt und mit immer neuen Produkten seine Kunden überzeugt. Diese Schutzmaßnahme ist umso wirkungsvoller, je kürzer der Produktmarktzyklus ist, denn desto weniger Zeit hat der Imitator, sein Plagiat zu vertreiben. Ebenfalls sind komplexe Produkte durch diese Maßnahme besser geschützt, da sie im Allgemeinen eine lange Entwicklungsdauer besitzen, die in der Regel mit der Dauer korreliert, die ein Fälscher für die Erstellung seiner Kopie benötigt (Neemann 2007). Daher verbleibt dem Originalhersteller mehr Zeit zur Vermarktung seiner Produkte (Abb. 3.10).

Abb. 3.10: Zeitvorsprung eines Originalherstellers am Markt

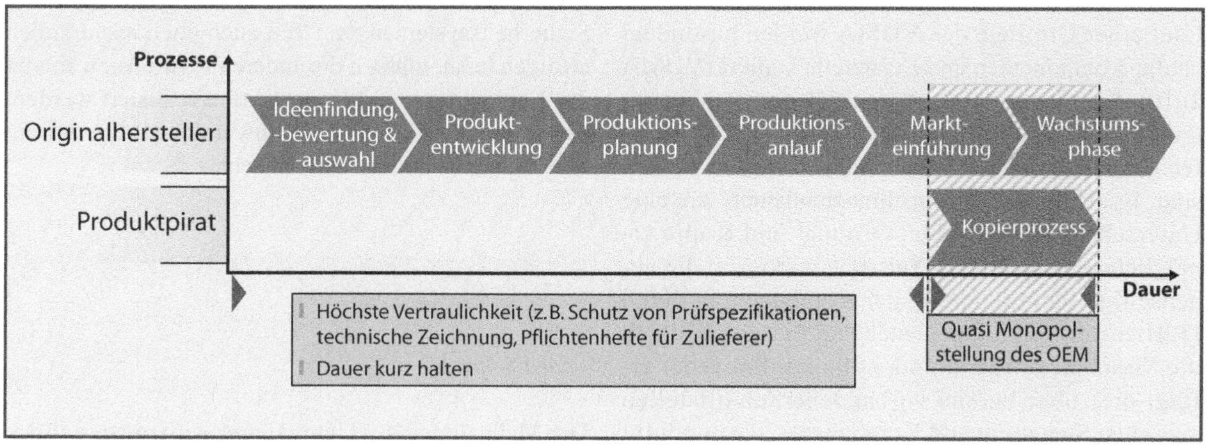

Um den Innovationsprozess zu beschleunigen, existieren bereits verschiedene Methoden, wie Simultaneous bzw. Concurrent Engineering, Open Innovation oder Rapid Prototyping. Für ihre Beschreibung sei auf die einschlägige Literatur verwiesen (vgl. Herstatt et al. 2007, Voigt 2008, Westkämper 2006).

3.2.3 Integration von Sicherheitssystemen

Sicherheitssysteme, die zum Produktschutz eingesetzt werden, sind vor allem Kennzeichnungstechnologien und IT-basierte Systeme. Da die verschiedenen Kennzeichnungstechnologien in Abschnitt 3.1 vorgestellt werden, wird im Folgenden auf IT-basierte Systeme eingegangen.

Produktaktivierung

Das im Folgenden vorgestellte IT-basierte Sicherheitssystem, die sogenannte Produktaktivierung, stammt ursprünglich aus dem Softwarebereich. Hier muss der Anwender einen vom Hersteller mitgelieferten Aktivierungscode eingeben, um das Produkt nutzen zu können. Die Funktionalität hängt somit von einem relativ kleinen Informationsumfang ab, der leichter zu schützen ist, als das vollständige Produkt. Um die Produktaktivierung auch für Produkte des Maschinen- und Anlagenbaus nutzen zu können, wurde die Produktaktivierung neu interpretiert. Unter Produktaktivierung wird danach das Bereitstellen eines qualifizierten Informationsumfanges aufgefasst, durch den der Anwender erst die gesamte Produktfunktionalität oder die gesamte Produktlebensdauer nutzen kann. Vorstellbar ist damit der Schutz von elektronischen Steuerungen, aber auch mechanischen Komponenten. Hier wäre allerdings der Informationsumfang nicht ein Aktivierungscode, sondern eine einmalig vom Anwender durchzuführende Prozedur. Falls die Aktivierung nicht erfolgt, muss gewährleistet sein, dass der Nutzer, wie bereits erläutert, das Produkt nur begrenzt verwenden kann. Da die Maßnahme auf die Einschränkung der Produktfunktionalität oder Nutzungsdauer abzielt, muss das Produkt zum einen über eine gewisse Funktionalität verfügen und zum anderen muss ein Teil der Funktionalität abgespaltet werden können (Neemann 2007). Daher bietet sich die Maßnahme besonders in Kombination mit der gezielten Erhöhung der Variantenvielfalt im Rahmen der Modularisierung an. Hier wurde bereits der Funktionsumfang des Produktes auf die einzelnen Module aufgeteilt.

Die Schutzwirkung der Maßnahme ist am größten, wenn das Produkt sklavisch kopiert, also eins zu eins nachgebaut wird, und somit die Aktivierung erforderlich ist und gleichzeitig die Weiterverbreitung des Informationsumfangs verhindert werden kann (Neemann 2007). Durch die Produktaktivierung und den erst damit verbundenen vollständigen Funktionsumfang hat der Kunde einen Anreiz, das Original zu kaufen. Zudem bietet es sich an, bei einem Softwareanteil die Kundenbindung zu intensivieren, da individualisierte Aktivierungscodes genutzt werden können. Somit stellt die Maßnahme eine Norm zum Umgang mit Know-how gegenüber Kunden dar.

Gegenseitige Identifizierung der Komponenten durch IT

Laut einer Umfrage des VDMA werden besonders häufig Komponenten und Ersatzteile kopiert (VDMA 2010). Ein Grund dafür ist, dass Käufer von Ersatzteilen meist dessen Echtheit nicht visuell überprüfen können, da viele Plagiate optisch nahezu perfekt sind. Es fehlen also Kontrollmechanismen, die eine Unterscheidung zwischen Original und Kopie ermöglichen. Gegen diese Tatsache wirkt u. a. die gegenseitige Identifizierung der Komponenten durch IT. Hier werden Komponenten und Ersatzteile durch die Maschinensteuerung identifiziert. Entweder erfolgt dies über bereits vorhandene Schnittstellen zwischen Steuerung und Komponente, wenn mit ihr ausreichend Informationen ausgetauscht werden können, oder es wird eine neue Schnittstelle durch eine zusätzliche Hardwarekomponente geschaffen, z. B. einem RFID-Chip. Im Forschungsprojekt Pro-Original wurden beide Lösungen realisiert. Im Werkzeugmaschinendemonstrator (siehe Kapitel 5) wurde auf existierende Schnittstellen zurückgegriffen, während die Firma KASTO Komponenten mithilfe von RFID-Technologie schützt.

Einsatz von Dongles

Dongles dienten ursprünglich dazu, das Kopieren von Software zu verhindern. Inzwischen gibt es aber auch Dongles zum Schutz von Maschinensteuerungen, wie das CAN-Dongle. Das CAN-Dongle ist ein kompaktes Zusatzgerät, das mit einem Mikroprozessor ausgestattet ist und über den internen CAN-Bus mit der betreffenden Maschinensteuerung kommuniziert. Während des Betriebes schickt die SPS-Steuerung eine Zahlenkombination, die im Dongle mithilfe einer dort hinterlegten mathematischen Formel verrechnet wird. Das Ergebnis wird vom Dongle an die Steuerung zurückgesendet und dort mit einem Speicherwert verglichen. Stimmen die Werte nicht überein, wird der Betrieb der Maschine unterbrochen. Damit dieser Schutz nicht umgangen werden kann, muss der Prozessortyp so beschaffen sein, dass die mathematischen Operatoren weder lesbar noch kopierbar sind. In diesem Fall nützt auch keine sklavische Kopie der Steuerung und des Maschinenprogramms, da die Freigabe durch den Dongle fehlt (Eckelmann 2006).

Eine Besonderheit der Maßnahmen der Produktgestaltung ist der Zeitpunkt ihrer Einsetzbarkeit im Produktlebenszyklus. Während die Integration von Sicherheitssystemen zum Teil auch noch nachträglich erfolgen kann, müssen die anderen Methoden während der Entwicklung und Konstruktion realisiert werden, da sie sonst gar nicht mehr anwendbar sind oder ein erheblicher Mehraufwand entsteht.

3.3 Maßnahmen der Unternehmensprozessgestaltung

Laura Schröder

Die Maßnahmen der Unternehmensprozessgestaltung passen verschiedene Unternehmensprozesse im Sinne des Produktschutzes an. Dabei werden die Prozesse derart gestaltet, dass bei ihrem Durchlaufen nur so wenig Know-how wie erforderlich preisgegeben wird. Da die Maßnahmen unterschiedliche Unternehmensprozesse betreffen, beziehen sie sich auf sämtliche Wissensträger eines Unternehmens. Eine Eingrenzung wie bei den Maßnahmen der Produktgestaltung ist also nicht möglich. Zudem kann auch kein Fokus bei den Schutzzielen der einzelnen Maßnahmen festgestellt werden, da die Prozesse und die damit geeigneten Maßnahmen heterogen zueinander sind.

Die Gestaltung der Unternehmensprozesse gehört zum Aufgabengebiet des Managements (Thommen 2008). Daher werden die Maßnahmen nach den verschiedenen Funktionen des Managements aufgeteilt. Aufgrund der zahlreichen Maßnahmen der Unternehmesprozessgestaltung werden hier Maßnahmen von drei Managementfunktionen vorgestellt, die wegen der Fülle des dort vorhandenen Know-hows besonders schützenswert sind. Dies sind:

- Informationsmanagement
- Produktionsmanagement
- Personalmanagement.

3.3.1 Maßnahmen im Informationsmanagement

Das Informationsmanagement hat zur Aufgabe, die Potenziale der Informations- und Kommunikationstechnik zu identifizieren und für das eigene Unternehmen zu erschließen. Des Weiteren ist das Informationsmanagement verantwortlich für die inner- und zwischenbetriebliche Unternehmenskommunikation (Thommen 2008). Dieser klassische Aufgabenbereich ist im Sinne des Know-how-Schutzes zu erweitern, nämlich um den Schutz von Informationen und Kommunikationswegen. Damit stellt das Informationsmanagement eine Querschnittsaufgabe dar, die über die verschiedenen Unternehmensfunktionen, wie Forschung & Entwicklung oder Produktion, reicht.

Die Maßnahmen im Bereich Informationsmanagement können in zwei Gruppen gegliedert werden:

- Informationsschutz durch Zugriffschutz mithilfe von Informationsbarrieren
- Informationsschutz durch Informationsreduktion.

Während bei der ersten Gruppe verhindert werden soll, dass Informationen verfügbar sind, dient die zweite Gruppe dazu, beim für den Prozessablauf erforderlichen Informationsaustausch den Informationsgehalt soweit wie möglich zu reduzieren, ohne den Ablauf zu gefährden. So müssen z. B. in einer Entwicklungspartnerschaft Konstruktionsdaten ausgetauscht werden. Hier soll durch die Berücksichtigung entsprechender Maßnahmen nur das Wissen fließen, das für die Fertigstellung der Konstruktion unbedingt notwendig ist.

Informationsschutz durch Zugriffsschutz mithilfe von Informationsbarrieren

Für die Errichtung von Informationsbarrieren muss das Know-how zunächst auf unterschiedliche Wissensträger aufgeteilt werden. Anschließend werden bewusst Informationsbarrieren zwischen diesen Wissensträgern eingerichtet. Diese absichtlich eingeführten Barrieren werden auch Chinese Walls genannt. Die Separierung des Wissens und die Implementierung eines Zugriffsschutzes bewirken, dass im Falle eines unerwünschten Zugriffs auf einen Wissensträger nur Wissensfragmente bekannt werden und nicht das vollständige, zum Kopieren eines Produktes erforderliche Wissen (Neemann 2007).

Das hier abstrakt beschriebene Prinzip der Chinese Wall, auch Brewer-Nash-Modell genannt, wurde entwickelt, um bei Bank- oder Börsentransaktionen das Ausnutzen von Insiderwissen zu unterbinden. Aber auch bei Unternehmensberatungen findet es Anwendung, um beispielsweise zu verhindern, dass ein Unternehmensberater innerhalb der Beratung an Insiderwissen über ein Unternehmen gelangt und dieses Wissen bei der Beratung eines Konkurrenzunternehmens nutzt (Eckert 2008). Hauptsächlich wird mit dieser Maßnahme die Ursache bekämpft, dass Know-how aufgrund fehlender Normen offenbart wird. Um die Barrieren realisieren zu können, muss das Know-how aufteilbar und wettbewerbsrelevantes Wissen identifizierbar sein.

Das Prinzip der Chinese Wall soll nun durch einige konkrete Maßnahmen verdeutlicht werden. Dabei werden die Maßnahmen nach den Wissensträgern gegliedert, die sowohl vor internem unberechtigten Zugriff durch Mitarbeiter als auch vor externem unberechtigten Zugriff durch z. B. Produktpiraten oder Partner der Wertschöpfungskette geschützt werden sollen (Abb. 3.11).

Abb. 3.11: Anwendungsgebiete der Chinese Wall

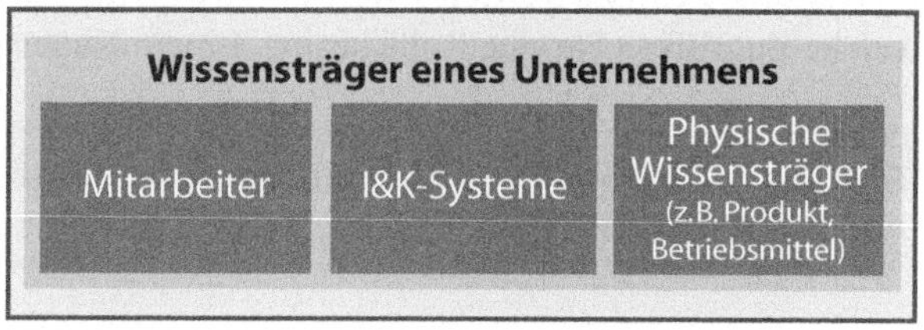

Beispiele für physische Wissensträger sind Produkt, Betriebsmittel oder papierbasierte Dokumente. Der überwiegende Teil der Maßnahmen ist dabei geeignet, sowohl externe als auch interne nicht erwunschte Zugriffe abzuwehren.

Wissensträger Mitarbeiter

Hier wird das Know-how auf unterschiedliche Mitarbeiter so aufgeteilt, dass jeder einzelne zwar ein Puzzlestück aber nicht das ganze Bild kennt. So weiß der einzelne Mitarbeiter vielleicht, wie Teile eines Produktes gefertigt werden, aber nicht, wie das gesamte Produkt herzustellen ist. Somit kann ein Mitarbeiter nicht aus Sorglosigkeit zu viel Wissen offenlegen. Zudem kann so auch verhindert werden, dass ein unzufriedener Mitarbeiter zu viel Know-how bei einem Arbeitgeberwechsel mitnimmt bzw. sein Know-how an Wettbewerber oder Produktpiraten weiterverkauft.

Wissensträger Informations- und Kommunikationssysteme

Mit dem Trend hin zum papierlosen Büro bzw. Unternehmen werden immer mehr Informationen digital gespeichert. Eine Schutzmaßnahme für digital gespeichertes Wissen ist die Vergabe von Zugriffsrechten. Dafür ist zunächst eine Klassifizierung der Daten erforderlich. Zum einen werden die Daten danach klassifiziert, inwieweit sie für die Erfüllung einer Funktion, z. B. Konstruktion von Bauteilen, benötigt werden. Innerhalb dieser Klassen kann anschließend differenziert werden, wie wettbewerbsrelevant die jeweilige Information ist. Denkbar ist beispielsweise eine Ampelkennzeichnung mit drei Stufen. Anschließend erfolgt die Zuordnung, welcher Nutzer welche Daten einsehen oder auch verändern darf. Dabei werden die Rechte so vergeben, dass der einzelne seine Funktion im Unternehmen erfüllen kann. Um nicht jeden Nutzer einzeln bewerten zu müssen, kann bei hohen Nutzerzahlen eine rollenbasierte Zugriffsberechtigung genutzt werden. Hierbei wird definiert, welche Zugriffsrechte eine Rolle besitzt. Einem Nutzer können dann eine oder mehrere Rollen zugewiesen werden. Somit werden Zugriffsrechte relativ aufwandsarm vergeben (Wildemann 2010, BSI 2009c). Ein Beispiel für die Klassifizierung von Daten und die Vergabe von rollenbasierten Zugriffsrechten zeigt Abbildung 3.12.

Im Projekt ProOriginal installierte DMG ein rollenbasiertes Zugangsberechtigungssystem für digital gespeicherte technische Zeichnungen (Abb. 3.13).

Durch die Implementierung von Zugriffsrechten auf digital gespeicherte Daten kann verhindert werden, dass Unbefugte, seien es nicht autorisierte Mitarbeiter oder Externe, auf Datensätze zugreifen. Allerdings kann damit nicht aktiv kontrolliert werden, ob jemand versucht, an für ihn nicht freigegebene Informationen zu gelangen. Daher sollte eine Auswertung erfolgen, ob Mitarbeiter besonders häufig versuchen, auf bestimmte Informationen zuzugreifen, für die sie nicht autorisiert sind. Somit ist das Unternehmen in der Lage, im Notfall Gegenmaßnahmen einzuleiten (BSI 2005).

Abb. 3.12: Beispiel für Klassifizierung von Unternehmensdaten und rollenbasierte Vergabe von Zugriffsrechten

Datenklassen			
Techn. Zeichnungen & Stücklisten	Vertriebsdaten	Produktionsdaten	...

	Unternehmens-leitung	Leiter Vertriebsregion A	Leiter Vertriebsregion B	Vertriebsmit-arbeiter Region A	...
Vertriebsregion A	Lesen & schreiben	Lesen & schreiben	Lesen	Lesen & schreiben	...
Vertriebsregion B	Lesen & schreiben	Lesen	Lesen & schreiben	Keine Rechte	...
...	...	...	...	...	...

Abb. 3.13: Implementierung von Zugriffsrechten im DMG-Konzern

Deckel Maho | Gildemeister (DMG), ein weltweit führender Hersteller von zerspanenden Werkzeugmaschinen, besitzt ein global aufgespanntes Produktions- und Vertriebsnetzwerk, u.a. mit einem Produktionsstandort in Schanghai für den asiatischen Markt. Unterschiedlichste Nutzer, wie Monteure oder Wartungspersonal, greifen auf die in einem PLM-System abgelegten technischen Zeichnungen zu.

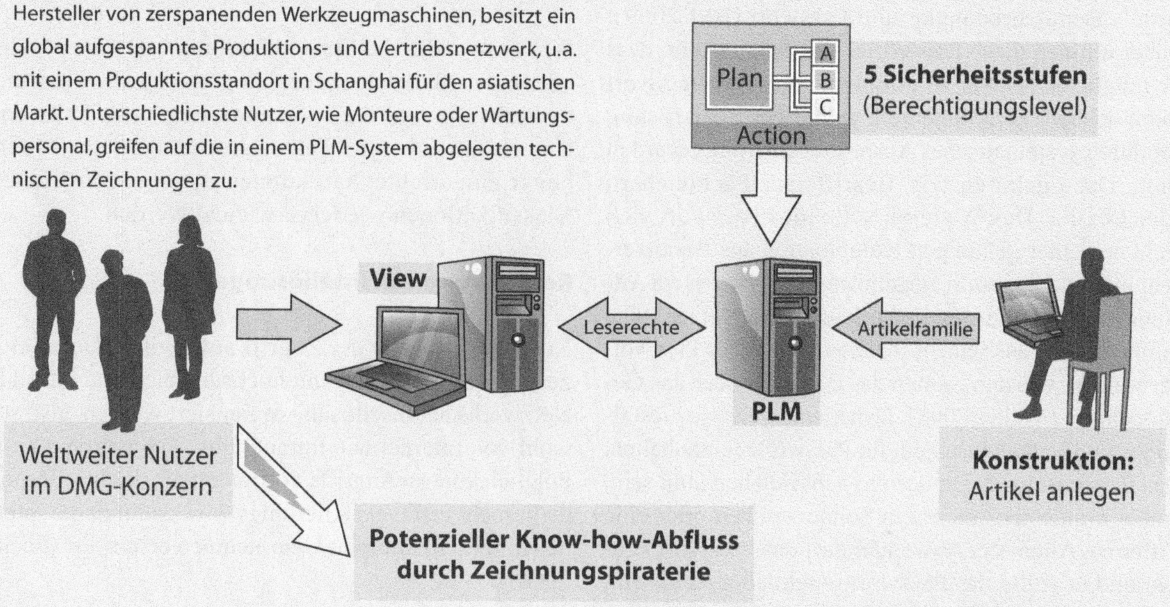

Um hier einem potenziellen Know-how-Abfluss vorzubeugen, wird den gespeicherten Artikelfamilien durch die Konstruktion jeweils eine Sicherheitsstufe zugeordnet. Insgesamt sind fünf unterschiedliche Sicherheitsstufen definiert worden. In Abhängigkeit der Funktion des Einzelnen und dem damit einhergehenden Aufgabengebiet, wird ihm eine Sicherheitsstufe zugeordnet. Daraus ergibt sich, für welche technischen Zeichnungen der Mitarbeiter Leserechte besitzt. Braucht ein Mitarbeiter eine Zeichnung, auf die er eigentlich keinen Zugriff hat, muss er eine begründete Ausnahme beantragen. Daraufhin erfolgt eine Prüfung, ob ihm ausnahmsweise ein Leserecht für die entsprechende Zeichnung gegeben wird.

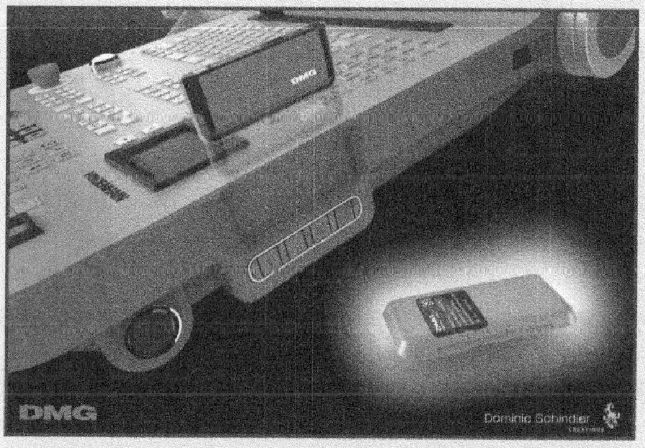

DMG schützt nicht nur sein eigenes Know-how durch die Vergabe von Zugriffsrechten, sondern bietet auch seinen Kunden die Möglichkeit, ihr Know-how, in diesem Fall Fertigungs-Know-how, zu schützen. Fertigungs-Know-how ist auf Werkzeugmaschinen in Form von CNC-Programmen gespeichert. Hier beschränkt der sogenannte SMARTkey® den Zugriff.

Zum einen erfolgt mit dem SMARTkey® die Einstellung der Betriebsart und zum anderen sind dort Zugriffsrechte für die Maschinensteuerung hinterlegt. Für den Know-how-Schutz ist insbesondere die zweite Funktion relevant. Es werden fünf verschiedene Anwendertypen definiert, die unterschiedliche Zugriffsrechte besitzen. Beim niedrigsten Typ kann der Maschinenbediener lediglich fertige Programme starten und stoppen. Für die Editierung eines Programmes ist bereits der vierte Anwendertyp erforderlich. Mithilfe einer Software, dem SMARTkey®-Manager, wird jedem SMARTkey® ein maximaler Anwendertyp zugeordnet. Jeder Maschinenbediener erhält dann seinen eigenen SMARTkey®. Somit können die Zugriffsrechte individuell festgelegt werden.

3

Gestaltungs- und Verhaltensregeln für Passwörter

Häufig erfolgt die Identifikation und Authentifizierung eines Mitarbeiters für den Zugang zu einem IT-System mittels Benutzerkennung und Passwort (BSI 2009). Daher müssen diese Passwörter so gestaltet sein, dass sie möglichst schwer zu ermitteln sind. Das Passwort sollte deshalb kein allgemein geläufiger Begriff sein, der durch systematisches Ausprobieren erraten werden kann. Dazu gehören z. B. Begriffe aus Fachbüchern oder Lexika. Des Weiteren sollte das Passwort sich nicht aus einer geläufigen Kombination aus Benutzerkennung und Passwort zusammensetzen, wie etwa Administrator/Administrator. Auch sollte ein Nutzer keine Informationen aus seinem sozialen Umfeld als Passwort verwenden, wie den Namen des Haustiers oder das Geburtsdatum (Müller 2008). Daher sind gewisse Gestaltungs- und Verhaltensregeln für Passwörter einzuhalten. Das Passwort muss mindestens acht Zeichen lang sein, wobei mindestens eines ein Sonderzeichen oder eine Ziffer ist. Allein der Anwender darf das Passwort kennen und er sollte das Passwort regelmäßig wechseln, z. B. alle neunzig Tage. Ein sofortiger Wechsel ist erforderlich, wenn eine unautorisierte Person das Passwort erfährt. Einmal genutzte Wörter sollten kein zweites Mal verwendet werden, auch nicht bei einem anderen System. Von Seiten der IT-Verantwortlichen sollte, falls technisch realisierbar, unterbunden werden, dass der Anwender triviale Passwörter wie „12345678" nutzen kann. Zudem sollte in vernetzten Systemen, auch im Intranet, die Übertragung der Passwörter verschlüsselt erfolgen. Gleichzeitig muss der Zugriff auf die im System hinterlegten Passwörter der Nutzer verhindert werden. Hier können ebenfalls Verschlüsselungen gebraucht werden (BSI 2008).

Kryptographie

Die Kryptographie ist die Lehre von der Verschlüsselung (Buchmann 2010). Mit ihr können alle Arten von Informationen verschlüsselt werden, die in eine digitale Form gebracht werden können, also digitale Dateien und elektronischer Schriftverkehr, aber auch Telefonie (BSI 2010). Die Ver- und Entschlüsselung der Daten erfolgt dabei mit mathematischen Algorithmen. Dazu sind jeweils sogenannte Schlüssel erforderlich. Je nach Aufbau dieser Schlüssel zum Ver- und Entschlüsseln kann zwischen unterschiedlichen Verfahren unterschieden werden, dem Private- und dem Public-Key-Verfahren (Buchmann 2010). Davon hängt u. a. ab, wie die Verteilung der Schlüssel unter den Kommunikationspartnern erfolgen muss, was mit entscheidend für die Sicherheit der Verschlüsselung ist (BSI 2010; Buchmann 2010).

Wie aufwendig die Verschlüsselung z. B. einer Datei oder einer Mail sein sollte, hängt davon ab, wie wettbewerbsrelevant die Informationen sind. Falls das Unternehmen bereits Zugangsrechte für seine Mitarbeiter eingerichtet hat, können die dort getroffenen Klassifikationen wiederverwendet werden.

Realisierung von Insellösungen

Noch stärker kann der Zugriff auf digitale Daten eingeschränkt werden, wenn hochsensible Daten des IT-Netzwerks als Insellösung organisiert werden, also sowohl von Internet wie Intranet physisch getrennt sind. Folglich können Angriffe von außerhalb der Insellösung nicht mehr erfolgen. Allerdings wird dadurch die interne Kommunikation im Unternehmen erschwert (Fuchs 2006).

Regelmäßige Aktualisierung von Schutzsoftware

Mit Schadsoftware, wie Viren, Würmern und Trojanern, können digitale Daten manipuliert, gelöscht oder gestohlen werden. Dabei unterscheiden sich die Schadprogramme u. a. nach der Art, wie sie sich verbreiten, der verwendeten Methode zum Eindringen in das Kommunikationssystem und der Art, wie sie die Dateien infizieren (Kaspersky 2008). Generell sind alle IT-Systeme gefährdet, die über Kommunikationsverbindungen oder Schnittstellen zu externen Datenträgern verfügen. Somit ist nicht nur das unternehmensinterne Netzwerk, sondern es sind z. B. auch Laptops und PDAs zu schützen. Die Schadsoftware macht sich Sicherheitslücken in Betriebssystemen oder Anwendungsprogrammen zunutze. Momentan sind vor allem Systeme gefährdet, die über ein Windows-Betriebssystem verfügen (BSI 2006, BSI 2009b). Um insbesondere den Verlust von Daten zu vermeiden, sind diese Lücken regelmäßig durch Updates und Patches zu schließen. Zusätzlich sind die Informations- und Kommunikationssysteme eines Unternehmens mit entsprechender aktueller Schutzsoftware abzusichern (BSI 2006). Häufig verwendete Schutzprogramme sind z. B. Virenscanner und Firewalls, die Netzwerke

Abb. 3.14: Angriff durch Stuxnet

Im Juli 2010 wurde die Schadsoftware Stuxnet öffentlich bekannt. Mir ihr wurde über einen USB-Datenträger die Siemens-Steuersoftware „Step7" und „WinCC", die unter einem Windows-Betriebssystem laufen, infiziert. Dabei hatte die Schadsoftware die Aufgabe, zum einen Daten auszuspähen und gleichzeitig die Infektion zu verbergen. Da gleich vier bisher unbekannte Windows-Sicherheitslücken ausgenutzt wurden und spezielle Funktionen für „WinCC" in Stuxnet integriert sind, gehen Experten für IT-Sicherheit davon aus, dass hier nicht gewöhnliche Kriminelle am Werk waren. Der immense Aufwand ist ein Indiz dafür, dass staatliche Dienste am Werk waren. Allerdings sind sich Experten einig, dass es sich trotz des Aufwands nicht um den ersten Angriff dieser Art handelt und auch es auch in Zukunft weitere Angriffe geben wird. Doch wie kann ein Unternehmen seine Industrieanlagen schützen?

Der Sicherheitsexperte Ralph Langner empfiehlt hierfür einen anderen Weg als die zuvor beschriebene Schutzmaßnahme. Da die Installation von Updates und Patches die Stabilität der Produktionsprozesse gefährdet und somit aufwendige Tests erforderlich sind, um den Betrieb zu gewährleisten, rät der Experte vom üblichen Weg ab. Zudem werden Anlangen zum Teil über zehn Jahre lang betrieben, sodass keine Updates mehr zur Verfügung stehen und damit ein Wechsel des Betriebssystems erforderlich würde. Anstatt diese teure Alternative zu realisieren, empfiehlt Langner daher die folgenden drei Punkte:

- Kontrolle der Zugangswege
- Systemhärtung
- Positivliste.

Im industriellen Umfeld gelangt Schadsoftware vor allen Dingen über zwei Wege in das System. Zum einen über USB-Sticks und zum anderen über das Netzwerk. Daher ist die Nutzung von USB-Sticks zu unterbinden und der Austausch mit dem Netzwerk durch eine Firewall zu schützen. Unter Systemhärtung wird verstanden, sämtliche Programme zu entfernen, die nicht im Produktionsumfeld benötigt werden, insbesondere Netzwerkdienste wie Webbrowser. In der Positivliste wird festgelegt, welche Anwendungen überhaupt ausgeführt werden dürfen. Daher wird eine entsprechende Schadsoftware blockiert. Mit diesem alternativen Weg wird ein effizienter Schutz für Industrieablagen gewährt (Ortgies 2010; Kremp und Lischka 2010).

durch Kontrolle und Filterung von unsicher erscheinenden Datenpaketen absichern (Eckert 2008).

Dass tatsächlich sämtliche Informations- und Kommunikationssysteme bedroht sind, zeigt der Fall der Schadsoftware Stuxnet. Mit ihr wurden Steuerungssysteme von Industrieanlangen angegriffen (Abb. 3.14).

Die bisher dargestellten Maßnahmen haben überwiegend mit softwarebasierten Hilfsmitteln den Zugriff auf digitale Informationen verhindert. Zugleich muss aber auch die Hardware geschützt werden. Hier können zum Teil die gleichen Maßnahmen wie für die physischen Wissensträger zum Einsatz kommen, z. B. durch die Vergabe von Zutrittsberechtigungen für Serverräume.

Die erläuterten Maßnahmen zum Schutz der Informations- und Kommunikationssysteme geben nur einen kleinen Überblick über die auf dem Markt verfügbaren Maßnahmen. Einen umfassenden Einblick in die Grundlagen der IT-Sicherheit gibt z. B. das Bundesamt für Sicherheit in der Informationstechnik auf seiner Homepage[4] in Form eines Kataloges.

3.3.2 Schutz physischer Wissensträger

In einem Unternehmen befinden sich physische Wissensträger, die vor unberechtigtem Zugriff geschützt werden müssen, wie Prototypen, Betriebsmittel oder das Produkt. Auch hier kann wieder das Prinzip der Chinese Wall verwendet werden: Das Know-How der Wissensträger wird zunächst aufgeteilt und anschließend eine Schutzbarriere eingerichtet.

Vergabe und Kontrolle von Zutrittsberechtigungen

Konkret bedeutet dies für die physischen Wissensträger, dass sie durch die Vergabe und Kontrolle von Zutrittsberechtigungen für Räume, Gebäudeteile des

4 www.bsi.bund.de/cln_183/DE/Themen/weitereThemen/ITGrundschutzKataloge/itgrundschutzkataloge_node.html

3

Unternehmens bzw. für das Firmengelände vor Diebstahl aber auch vor Spionage, z. B. durch die Dokumentation mit einer Fotokamera, zu schützen sind. Bei der Vergabe der Zutrittsrechte ist zu berücksichtigen, welche Rechte eine Person für die Erfüllung ihrer Aufgaben benötigt. Damit der Kreis der berechtigten Personen für Räume oder Gebäudeteile möglichst gering bleibt, sind die physischen Wissensträger nicht nur nach ihrer Relevanz für die Existenz des Unternehmens aufzuteilen, sondern auch danach, für welche Funktionserfüllung sie benötigt werden. Damit die Zugangsrechte nicht umgangen werden, müssen sie entweder durch Personen, wie Pförtner, oder durch technische Sicherheitssysteme, wie Ausweisleser, Iris- oder Fingerabdruckscanner, kontrolliert werden. Falls eigentlich nicht autorisierten Personen, wie Besuchern, Zutritt zum Firmengelände gewährt wird, darf dies nur in Begleitung von Mitarbeitern geschehen (BSI 2009a). Damit Mitarbeiter eines Unternehmens unbefugte Personen erkennen und entsprechend reagieren können, sollten Firmen- bzw. Besucherausweise ausgestellt werden. Durch unterschiedliche Farben der Ausweise können verschiedene Gruppen, wie externe Dienstleister oder Besucher, leicht von einem Mitarbeiter unterschieden werden. Somit wird eine zusätzliche Kontrollmöglichkeit für Zutrittsberechtigungen geschaffen (LfV 2010).

3

Definierte Routen für Unternehmensführungen

Im Zuge der Festlegung von Zutrittsberechtigungen sollte gleich eine Route für Unternehmensführungen festgelegt werden. Hiermit wird abgesichert, dass Besucher keinen Zutritt zu Teilen des Unternehmens haben, die sie trotz der Begleitung durch Mitarbeiter nicht sehen sollten. Wird z. B. der Forschungs- und Entwicklungsbereich ausgeschlossen, besteht nicht die Gefahr, dass Besucher einen Blick auf technische Zeichnungen werfen können. Gleichzeitig sollten für den Rundgang Verhaltensregeln festgelegt werden, wie etwa die Abgabe von Fotoapparaten oder Mobiltelefonen mit Kamera zu Beginn des Rundgangs.

Gestaltung des Produktionsnetzwerkes

Neben der Forschung und Entwicklung ist die Produktion ein besonders schützenswerter Unternehmensbereich, da hier sowohl der Wissensträger Produkt als auch die Betriebsmittel, die Fertigungs-Know-how beinhalten, vorhanden sind. Verfügt ein Unternehmen

Abb. 3.15: Chinese Walls zur Gestaltung von Produktionsnetzwerken

1. Chinese Wall	**Produktportfolio**	
Aufteilung	Basistechnologie	Schlüsseltechnologie
Zugriffsschutz	Verteilung / Aufbau der Wertschöpfungsnetzwerke	
2. Chinese Wall	**Produkt**	
Aufteilung	Basiskomponente	Schlüsselkomponente
Zugriffsschutz	Verteilung / Aufbau der Wertschöpfungsnetzwerke	

über ein Produktionsnetzwerk, d. h. über mehrere eigene aber auch fremde Produktionsstandorte – z. B. von Zulieferern –, kann die nun folgend beschriebene Gestaltung dieses Netzwerks den Know-how-Abfluss bei Produkt und Betriebsmittel reduzieren. Dabei können zwei verschiedene Chinese Walls implementiert werden (Abb. 3.15).

Die erste Chinese Wall schützt das Produktportfolio. Hier erfolgt die Aufteilung zum einen in Produkte, die Basistechnologien des Unternehmens darstellen, und zum anderen in Produkte, die zu den besonders wettbewerbsrelevanten Schlüsseltechnologien gehören. Bei der Entscheidung, was eine Basis- oder Schlüsseltechnologie ist, hilft die Betrachtung der erforderlichen Produktionstechnologien sowie der Produktlebenszyklusphase. Werden für die Herstellung des Produktes Technologien eingesetzt, die dem aktuellen Stand der Technik entsprechen, und befindet sich das Produkt bereits am Ende des Lebenszyklus, so handelt es sich um eine Basistechnologie. Eine Schlüsseltechnologie zeichnet sich hingegen durch notwendige, innovative Produktionstechnologien aus und befindet sich erst am Anfang seines Produktlebenszyklus. Dieselben Bewertungskriterien können für die Bildung der zweiten Chinese Wall genutzt werden. Hier bezieht sich allerdings die Aufteilung des Knowhows auf das einzelne Produkt. Das bedeutet, dass das Produkt in Basis- und Schlüsselkomponenten separiert wird. Da bei der Bildung beider Chinese Walls sowohl das Produkt als auch dessen Herstellungsweise berücksichtigt werden, wird neben dem Produkt der Wissensträger Betriebsmittel geschützt. Um die Chinese Wall zu vervollständigen, muss noch der Zugriffschutz sichergestellt werden. Dies erfolgt über die Standortauswahl für das Produkt bzw. die Komponenten (Fuchs 2006, Jolly und Hedtwitz 2005).

Zunächst sollen dabei nur eigene Standorte eines Unternehmens betrachtet werden. Schlüsseltechnologien bzw. -komponenten sollten nur an den Standorten gefertigt werden, die als „sicher" gelten. Merkmale eines sicheren Standorts sind z. B. loyale Mitarbeiter, dass der Standort nur vom eigenen Unternehmen getragen wird und dass keine Gesetze des Landes zur Preisgabe von Know-how verpflichten. Durch diese Standortwahl können zwar die Kernkompetenzen eines Unternehmens besser geschützt werden, allerdings können dadurch auch Kostennachteile entstehen. Gründe für den Aufbau eines globalen Netzwerks sind meist die Nutzung von Lohnkostenvorteilen, die Reduktion von Logistikkosten durch eine Produktion vor Ort und die Umgehung hoher Einfuhrzölle auf Endprodukte. Daher ist abzuwägen, ob Schlüsseltechnologien so in Baugruppen zerlegt werden können, damit sie auch an unsicheren Standorten ohne allzu großen Know-how-Verlust zum Endprodukt montiert werden können. Wie Abbildung 3.16 zeigt, berücksichtigt die Festo AG & Co. KG bei der Gestaltung ihres Produktionsnetzwerkes inzwischen die vorgestellte Maßnahme.

Werden Schlüsseltechnologien in Zusammenarbeit mit Zulieferern erstellt, sollten die einzelnen Komponenten durch verschiedene Zulieferer produziert werden. Dadurch hat kein Zulieferer Überblick über das gesamte Produkt, was die Fälschung des Endproduktes erheblich erschwert (Fuchs 2006). Allerdings müssen dafür mehrere gleichwertige Zulieferer hinsichtlich Zeit, Kosten und Qualität gefunden werden. Daneben entsteht aufgrund der nun notwendigen Koordination der verschiedenen Zulieferer ein Mehraufwand.

Abb. 3.16: Die Gestaltung des Produktionsnetzwerkes von Festo im Sinne des Produktschutzes

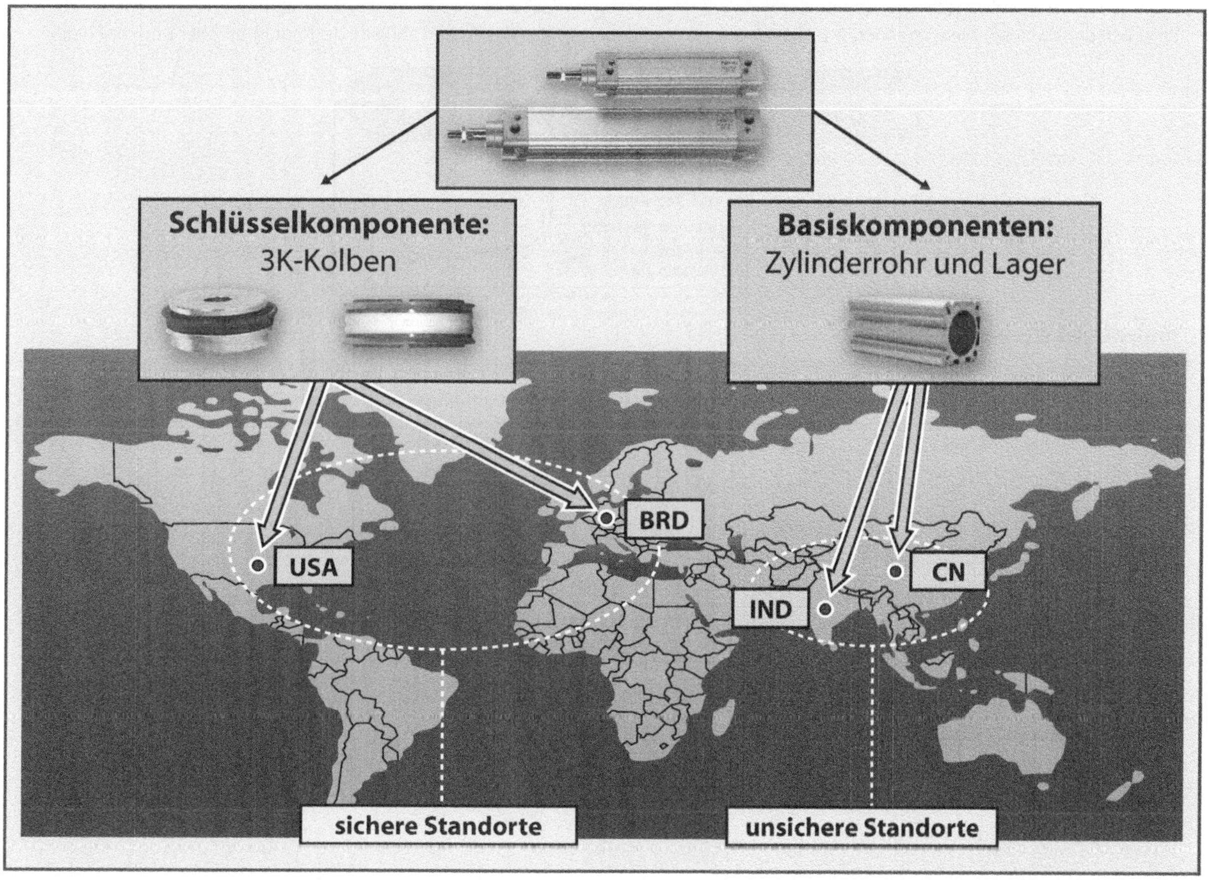

Abb. 3.17: Chinese Walls in Forschung & Entwicklung

Chinese Walls erhöhen die Sicherheit in unterschiedlichen Unternehmensprozessen. Allerdings führen sie auch zu Ineffizienz, da der Kommunikationsaufwand grundsätzlich erhöht wird und eventuell Optimierungspotenziale nicht genutzt werden können, da den Mitarbeitern erschwert wird, die Prozesse ganzheitlich zu betrachten. Bei der Implementierung muss also eine Abwägung zwischen Sicherheit und Effizienz erfolgen:

Sicherheit ⟺ **Effizienz**

Daher sollten die verschiedenen Ausprägungsformen der Chinese Wall nur für hoch sensible Bereiche genutzt werden, wie die Forschung und Entwicklung. Dabei sind folgende Ausprägungsformen denkbar (Fuchs 2006):

- Bildung von unabhängigen Entwicklungsteams für Module
- Separat eingerichtete Entwicklungsbüros mit Zutrittsberechtigungen und Kontrollsystem
- Organisation der Informations- und Kommunikationssysteme als Insellösung
- Vergabe von Zugriffsrechten innerhalb der Insellösung.

3

Abb. 3.18: Schutz von CAD-Modellen

Die Konsequenzen eines mangelnden Wissensschutzes sind offensichtlich: Gelangt das Wissen in die Hände von Mitbewerbern, haben diese ein leichtes Spiel, es gegen das eigene Unternehmen einzusetzen. Die Gefahr des Abflusses von Wissen ist prinzipiell zwar in jeder Produktlebenszyklusphase vorhanden, je früher aber im Produktlebenszyklus das Wissen abfließt, desto dramatischer sind die Folgen.

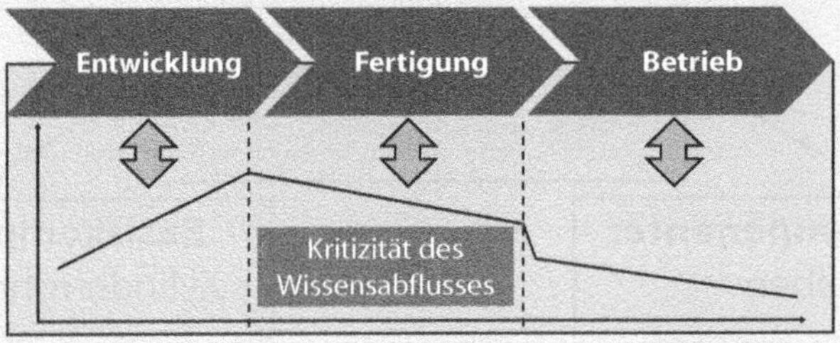

Kritizität des Wissensabflusses

Fließt bereits in der Entwicklungsphase Wissen ab, so besteht die Gefahr, dass das Plagiat sogar vor dem Original auf den Markt kommt. Gerade in dieser Phase muss dem Wissensschutz daher höchste Priorität eingeräumt werden.

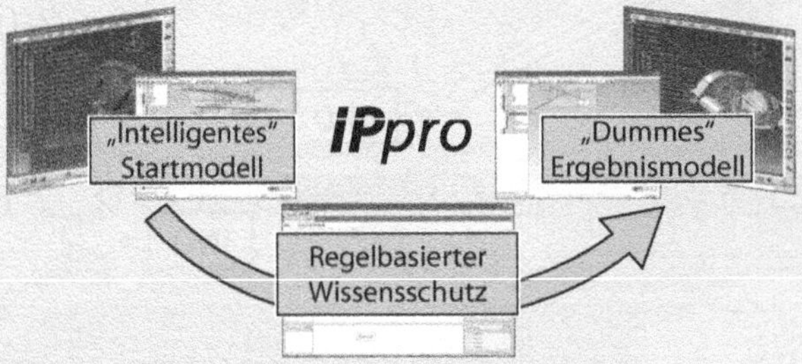

CAD-Wissensschutz mit der Lösung IPpro

Im Engineering-Bereich manifestiert sich das Wissen häufig in Form von 3D-Modellen und Zeichnungen. Die Wissensschutzlösung IPpro der :em engineering methods AG ermöglicht es Anwendern, gezielt Wissen in CAD-Modellen zu schützen. Mehr Informationen unter www.em.ag

Informationsschutz durch Informationsreduktion

Einfach den Zugriff auf bestimmte Informationen zu unterbinden, ist nicht immer praktikabel. Zum Teil ist für die Funktionserfüllung der Austausch von Informationen erforderlich oder aber rechtliche Rahmenbedingungen verpflichten das Unternehmen, Informationen offenzulegen. Um nicht mehr Know-how offenkundig zu machen als die Situation verlangt, ist kritisch zu prüfen, welche Informationen tatsächlich weitergegeben werden müssen. Durch die Berücksichtigung der Maßnahmen zur Informationsreduktion werden Regeln zum Umgang mit Know-how in das Unternehmen implementiert.

Bei Entwicklungskooperationen tauschen die beteiligten Partner CAD-Modelle aus. Sie sind besonders sensible Wissensträger in einem Unternehmen und sollten deshalb, wenn möglich, nicht mit dem vollen Informationsgehalt ausgetauscht werden. Die Entwicklungsingenieure müssen also entscheiden, welche Informationen aus den Modellen gelöscht werden. Inzwischen existieren hier Softwarelösungen, um den Entscheidungsprozess zu erleichtern. In Abbildung 3.18 wird beispielhaft ein Programm vorgestellt.Eine Möglichkeit, den Informationsgehalt bei 3D-Modellen zu reduzieren, besteht darin, qualitativ hochwertige Volumenmodelle der Hüllgeometrie zu erzeugen. Somit kann der Partner beispielsweise untersuchen, ob die Baugruppe oder Komponente eingebaut werden kann, ohne dass Details der Konstruktion übermittelt werden (o. V. 2010a).

Das Pflichtenheft im Maschinen- und Anlagenbau enthält meist das Konzept der Anlage, um den Kunden davon zu überzeugen, dass die Anforderungen des Lastenhefts erfüllt werden. Hier muss abgewogen werden, welche Informationen kundenrelevant sind und welche geheimes Unternehmens-Know-how umfassen. Es sollte also bei der Kommunikation mit dem Kunden der Informationsgehalt reduziert werden (Wildemann 2010).

Erhöhung des impliziten Wissens

Bei sensiblem Know-how bietet es sich bei familiengeführten Unternehmen an, dieses Wissen überwiegend nicht zu dokumentieren oder die Dokumentation zu reduzieren. Der Anteil an explizitem Wissen wird also bewusst reduziert und das personengebundene implizite Wissen erhöht. Allerdings birgt diese Maßnahme das Risiko, dass bei Ausscheiden des Wissensträgers das Know-how mit verloren geht, was schwerwiegende Folgen für das Unternehmen haben kann.

3.3.3 Maßnahmen im Produktionsmanagement

Neben den beschriebenen Informationsbarrieren gibt es weitere Maßnahmen, um die genannten Wissensträger in einer Produktion zu schützen. Dabei bietet sich eine Gliederung in zwei Gruppen an:

- Maßnahmen für die Produktion im Netzwerk
- Maßnahmen für einen Produktionsstandort.

Maßnahmen für die Produktion im Netzwerk

Im Mittelpunkt der Maßnahmen für die Produktion im Netzwerk steht die Zusammenarbeit mit Zulieferern. Mit den Maßnahmen werden zum einen Regeln für die Zusammenarbeit mit Zulieferern aufgestellt und zum anderen Möglichkeiten zur Kontrolle dieser Regeln aufgezeigt. Damit soll folgenden drei Hauptrisiken begegnet werden:

- Ein Zulieferer greift bewusst oder unbewusst z. B. bei der Herstellung von Baugruppen auf Plagiate zurück und gefährdet damit das Endprodukt des OEM.
- Ein Zulieferer erzeugt unlizensierten Factory Overrun.
- Ein Zulieferer stellt sein vom Unternehmen erlerntes Produkt- und Fertigungs-Know-how Dritten zur Verfügung.

Lieferantenaudits

Bevor die Zusammenarbeit mit einem Zulieferer aufgenommen wird, sollte dessen Zuverlässigkeit und Vertrauenswürdigkeit mit einem Lieferantenaudit sichergestellt werden. Die Auswahl eines Lieferanten nach Zertifikaten oder Gütesiegeln reicht insbesondere in China nicht aus, da diese häufig selbst gefälscht werden. Beim Lieferantenaudit analysiert und überprüft ein Auditor Systeme, Prozesse sowie die Einhaltung unternehmensinterner Vorgaben beim Zulieferer vor Ort (Fuchs 2006). Solche Audits sind regelmäßig zu wiederholen, um eine dauerhafte Kontrolle über den Zulieferer zu installieren (Witte 2010). Ebenfalls ist das Recht zu unangekündigten Audits zwischen Zulieferer

3

und Originalhersteller zu vereinbaren, damit eine höhere Kontrollwirkung erreicht wird (Welser et al. 2007).

Due Dilligences

Wenn bei der Zusammenarbeit mit einem Zulieferer wettbewerbsrelevantes Know-how betroffen ist, sollte das Audit durch eine Due Diligence erweitert werden. Dabei werden von Experten sowohl quantitative als auch qualitative Informationen über den Zulieferer analysiert und bewertet. Beispiele für qualitative Informationen sind die Qualität bisheriger Kunden des Zulieferers oder die Analyse und Bewertung, welchen Ruf der Zulieferer auf dem Markt genießt. In China wäre beispielsweise auch der Sitz des Zulieferers zu beachten, da es Regionen gibt, die dafür bekannt sind, dass es dort besonders viele Produktpiraten gibt (Fuchs 2006, Hofmann et al. 2009).

Wareneingangskontrolle

Unabhängig davon, ob Lieferantenaudits als Maßnahme genutzt werden, bietet die Wareneingangskontrolle Schutz vor Plagiaten unter Zuliefererkomponenten. Da Zulieferer bei bewusstem Einsatz von Plagiaten ihre Lieferungen aus Originalen und Plagiaten zusammensetzen, genügt eine stichprobenartige Kontrolle nicht aus. Besonders kritisch sind solche gemischten Zulieferungen bei großen Mengen oder wenn es sich um besonders sensible oder sicherheitsrelevante Zulieferungen handelt. Hier sind der erhöhte Zeitaufwand und die damit einhergehenden höheren Kosten in Kauf zu nehmen. Dabei sind zuverlässige Kontrolleure unabdinglich. Werden Fälschungen erkannt, muss der Zulieferer informiert werden. Damit wird unter Fälschern in der Regel bekannt, dass es unmöglich ist, beim Originalhersteller Plagiate einzuschleusen und sie geben auf (Fuchs 2006).

Rationalisierung des Rohmaterials

Da Zulieferer nicht ständig von Auditoren überwacht werden können und Dokumente über hergestellte Produktionsmengen gefälscht werden, kann die Herstellung von Factory Overrun durch den Zulieferer auf zwei Arten erschwert werden.

Wenn ein Rohmaterial nicht oder nur sehr schwer auf dem freien Markt verfügbar ist, kann ein Originalhersteller dieses Rohmaterial rationiert zur Verfügung stellen. Das Prinzip der Schutzmaßnahme kann Abbildung 3.19 entnommen werden.

Die Rationalisierung des Rohmaterials erfolgt dabei in Abhängigkeit der vom Zulieferer zu erbringenden Stückzahl. Zusätzlich muss es dem Unternehmen möglich

Abb. 3.19: Rationalisierung von Rohmaterial

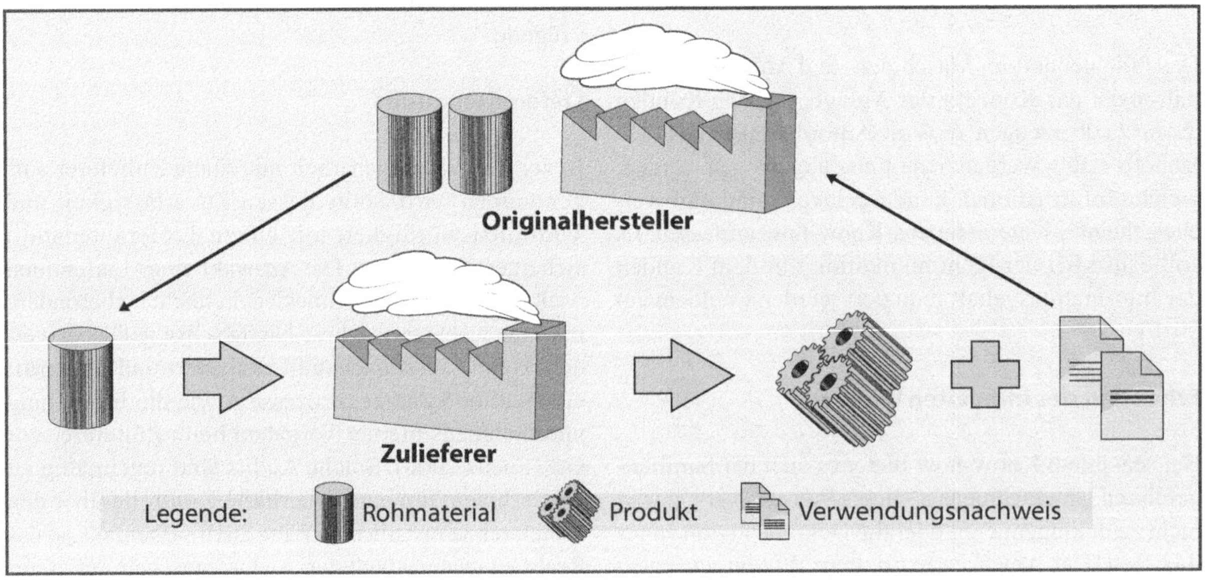

sein, einen Verwendungsnachweis über das Rohmaterial, z. B. Produktions- und Ausschussmengen, zu erhalten (Neemann 2007).

Getrennte Produktion und kontengierte Vergabe von Sicherheitssystemen

Da nicht jedes Produkt bzw. jede Komponente aus einem Rohmaterial besteht, das nur schwer oder gar nicht auf dem freien Markt beschaffbar ist, kann ein Schutz gegen Factory Overrun durch die getrennte Produktion und kontengierte Vergabe von Sicherheitssystemen, insbesondere Kennzeichnungstechnologien, sein. Die Herstellung und Funktionsweise des Sicherheitssystems muss vor dem Zulieferer geheim gehalten werden. Anschließend wird das Sicherheitssystem, analog zum Rohmaterial, vom Originalhersteller an den Zulieferer rationiert weitergegeben. Auch hier ist ständig zu überprüfen, ob das Kontingent an Sicherheitssystemen mit der Anzahl der gelieferten Stückzahlen übereinstimmt (Witte 2010).

Insourcing

Bei Schlüsseltechnologien bzw. -komponenten kann deren Insourcing den Verlust von Produkt- und Fertigungs-Know-how reduzieren. Durch die Herstellung an sicheren unternehmenseigenen Standorten hat das Unternehmen bessere Schutz- und Kontrollmöglichkeiten (Fuchs 2006). In manchen Situationen kann das Insourcing sogar bedeuten, dass der bisher unabhängige Zulieferer vom Unternehmen übernommen wird. Diese Option ist dann sinnvoll, wenn ein Zulieferer vom Unternehmen befähigt wurde, also vor allem ein intensiver Transfer von Fertigungs-Know-how stattgefunden hat, und nun droht, dass ein Wettbewerber oder Plagiator ebenfalls dieses Know-how nutzt. Insbesondere wenn dadurch die Konkurrenten einen Innovationsvorsprung aufholen können, ist ein Insourcing zu empfehlen. Allerdings wird bei dieser Maßnahme eventuell der Know-how-Schutz mit entgangenen Kostenvorteilen erkauft, da die Produktion des ehemaligen Zulieferers nicht mehr voll ausgelastet ist.

Maßnahmen für einen Produktionsstandort

Die nun dargestellten Maßnahmen können an jedem Standort eines Unternehmens realisiert werden, unabhängig davon, ob das Unternehmen über ein Produktionsnetzwerk oder nur über einen einzigen Standort verfügt. Da teilweise Produkteigenschaften signifikant von der eingesetzten Fertigungstechnologie abhängen, können bei einigen Schutzmaßnahmen starke Wechselwirkungen zwischen den Wissensträgern Betriebsmittel und Produkt bestehen.

Eigenentwicklung von Betriebsmitteln

Wenn durch ein Fertigungsverfahren wettbewerbsdifferenzierende Produkteigenschaften erzeugt werden oder der Originalhersteller durch dessen Beherrschung einen nicht durch andere Verfahren einholbaren deutlichen Kostenvorsprung realisieren kann, lohnt es sich, einen höheren Aufwand zum Schutz dieses Fertigungs-Know-hows zu betreiben. Um eine Diffusion dieses Know-hows zu unterbinden, sind die Betriebsmittel selbst zu entwickeln und ggf. auch selbst zu produzieren. Bei der Einbindung eines Maschinenlieferanten besteht die Gefahr, dass der Lieferant seinen Entwicklungsaufwand durch mehrfachen Verkauf der Fertigungsanlage amortisieren möchte. Daher wird er nach weiteren Käufern der Anlage suchen, insbesondere bei Unternehmen, die in derselben Branche tätig sind.

Durch die eigene Entwicklung und Herstellung der Betriebsmittel, kann dieses Risiko unterbunden werden. Allerdings ist die Schutzmaßnahme nur wirksam, falls das Fertigungsverfahren allein vom Originalhersteller in dieser Qualität beherrscht wird und nicht ohnehin auf dem freien Markt bezogen werden kann (Neemann 2007).

Fixkostenintensive Fertigungsverfahren

Fixkostenintensive Fertigungsverfahren können einen Beitrag zum Produktschutz leisten. Zunächst klingt diese Maßnahme nicht besonders erstrebenswert, da durch hohe Fixkosten das Kostenstrukturrisiko steigt. Der Anstieg des Risikos fällt für den Originalhersteller jedoch geringer aus als für den Fälscher. Der Plagiator besitzt zusätzlich das Risiko, dass rechtliche Schritte gegen ihn eingeleitet werden, die ihn zur Einstellung seiner Produktion zwingen. Daher kann er die geleisteten Investitionen nicht mehr amortisieren. Da Produktpiraten aber Produkte bevorzugen, die hohe Gewinne bei geringem Risiko versprechen, haben fixkostenintensive Fertigungsverfahren eine abschreckende Wirkung. Jedoch entfaltet sich diese Wirkung nur dann, wenn der Plagiator faktisch gezwungen ist, dieselben Fertigungsverfahren

3

3

Abb. 3.20: Forschungsprojekt „Pro-Protect – Produktpiraterie verhindern mit Softwareschutz"

Handlungsbedarf

Der Software-Anteil an Innovationen im Maschinen- und Anlagenbau nimmt stetig zu und immer mehr Funktionen werden durch Software realisiert. Ein wirkungsvoller Schutz dieser Software ist folglich die Voraussetzung für den Schutz der Produkt-Innovationen und erschwert den Nachbau. Gleichzeitig steigt mit zunehmender Digitalisierung der Produktion die Bedeutung des Schutzes von digitalen Produktionsdaten. Daher wächst der Schutzbedarf grundsätzlich in Richtung der Absicherung kompletter Entwurfs- und Fertigungsketten, wie beispielsweise der textilen Produktionskette. In der untenstehenden Abbildung ist das Angriffsszenario durch Produktpiraterie dargestellt von der CAD-Software über die Embedded-Software von Stickmaschinen bis zur Produktion von Textilien (ZSK Stickmaschinen GmbH Krefeld).

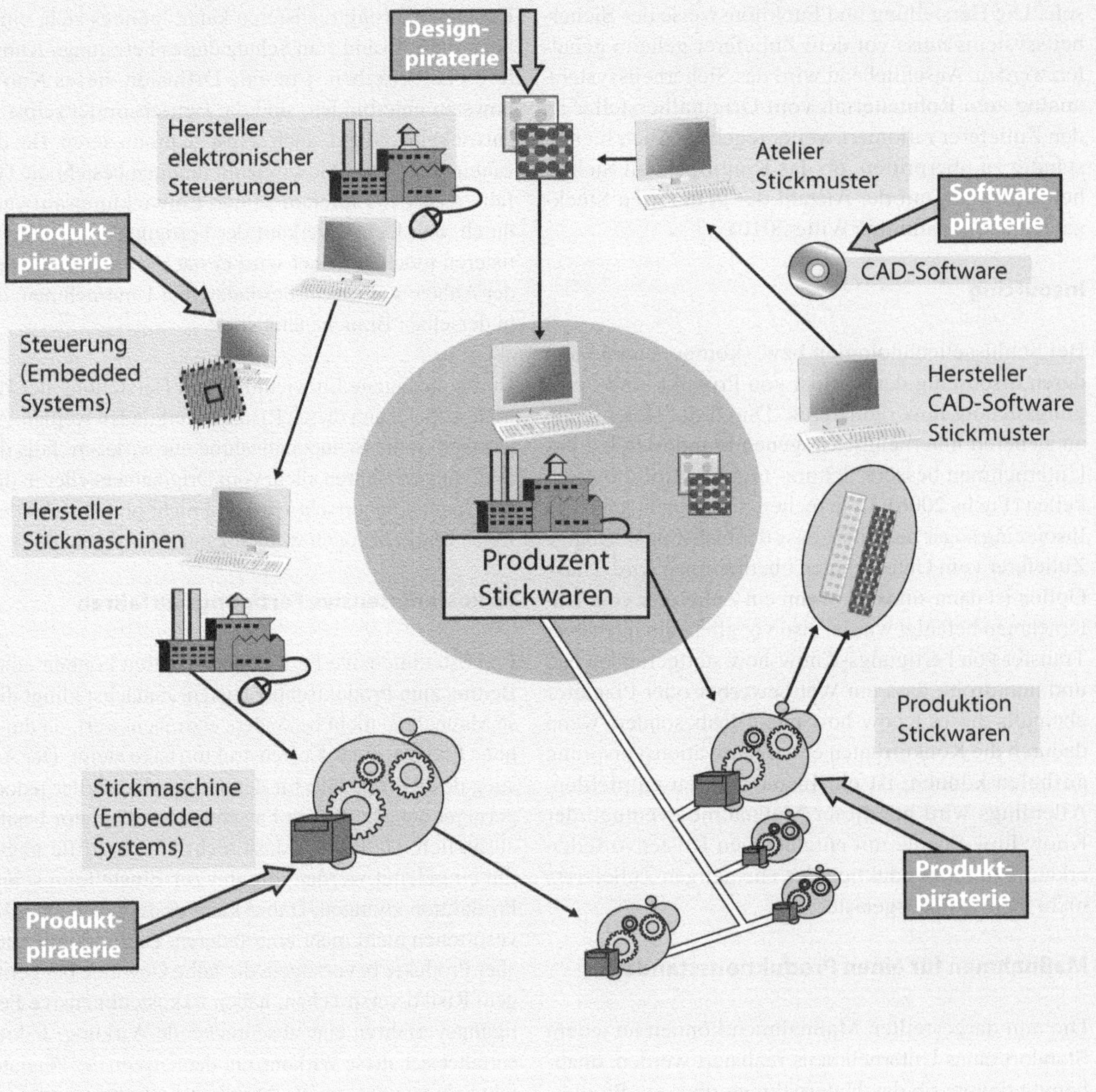

Lösung

Im Projekt „Pro-Protect" wurde ein durchgängiges Schutzsystem für Software (z. B. Maschinensteuerungsprogramme), digitale Produktionsdaten und Maschinendaten entwickelt.

Im Rahmen des Projektes wurden die Hardware- und Softwarekomponenten des bestehenden patentierten CodeMeter-DRM- und Lizenzmanagementsystems für die speziellen Anforderungen aus dem Maschinenbau weiterentwickelt.

Industrietaugliche Schutzhardware

Die CodeMeter-Schutztechnologie wurde auf neue (Embedded-) Betriebssysteme und neue Schnittstellen, wie z. B. SD-, CF- und µSD-Card (Abbildung unten) erweitert, um den industriellen Anforderungen in der Automatisierung gerecht zu werden. Diese umfassen u. a. einen erweiterten Temperaturbereich, erhöhte Störfestigkeit und eine hohe Zuverlässigkeit beim Laden von Programmen sowie beim Lesen und Schreiben von Daten. Durch die Kombination des Schutzsystems mit einem Speicher können diese Karten in nahezu allen Embedded-Systemen und Industrie-PCs nachgerüstet werden, indem die reine Speicherkarte gegen sie ausgetauscht wird.

Softwarebasiertes Lizenzmanagement

Neben hardwareunterstütztem Softwareschutz bietet das softwarebasierte Lizenzmanagementsystem „CodeMeterAct" die Speicherung der Lizenzinformationen und Schlüssel in einer verschlüsselten und digital signierten Lizenzdatei. Die digitale Signatur verhindert die Manipulation, die Verschlüsselung verhindert, dass in der Datei enthaltene Schlüssel zum Entschlüsseln geschützter Software oder Dokumente unberechtigt genutzt werden können. Die Lizenzdatei „CodeMeterAct" kann an einen PC gebunden sein, d. h., bei der sogenannten Aktivierung wird ein „Fingerabdruck" des PCs gebildet und dieser geht in die Verschlüsselung der Lizenzdatei ein.

Nutzen

Das entwickelte präventive Schutzsystem erschwert den 1:1-Nachbau durch wirkungsvollen Kopierschutz der Software, schützt das Know-how vor Reverse Engineering und erhöht die Zuverlässigkeit der Maschine durch Integritätsschutz. Daneben werden Maschinenunterlagen und digitale Produktionsdaten wirkungsvoll gegen Software-, Produkt- und Designpiraterie geschützt.

Im Umgang mit digitalen Produktionsdaten wurde sichergestellt, dass die zwischen den beteiligten Akteuren ausgetauschten Daten, z. B. Stickmusterdaten in der Textilindustrie, stets verschlüsselt und somit geschützt sind. Darüber hinaus wurde sichergestellt, dass bei der Abarbeitung der Aufträge nur genau die Stückzahl produziert wird, die im entsprechenden Produktionsauftrag verankert ist. Damit wird die unerlaubte Erzeugung von Plagiaten wirkungsvoll verhindert.

Die digitale „Maschinenakte" steigert die Effizienz im Kundendienst bei gleichzeitigem Know-how-Schutz und rechtssicherer Dokumentation des Services durch Dokumentenschutz und Zugriffskontrolle.

Förderzeitraum: 01.01.2008 – 31.12.2010

Projekthomepage: www.pro-protect.de | www.wibu.de

für die Produktion zu verwenden. Dieser Zwang besteht lediglich, wenn allein mit diesem Verfahren eine Produkteigenschaft erzeugt werden kann, die vom Kunden als Differenzierung empfunden wird und für die er eine starke Präferenz besitzt, oder die Eigenschaft bzw. das Produkt ausschließlich mit diesem Verfahren hergestellt werden kann (Neemann 2007).

Installation von Kontrollmechanismen

Neben den bisher erläuterten Schutzmaßnahmen, die den Umgang mit Know-how reglementieren, sind Kontrollmechanismen in der Produktion zu installieren. Um überprüfen zu können, ob Produkte (trotz realisierten Zugriffsschutzes) gestohlen worden sind, ist die Anzahl der Endprodukte mit den Rohstoffeinsatzmengen bzw. der Anzahl der Vorprodukte sowie der Zuliefererteile zu vergleichen. Auch Lager- und Ersatzteilbestände sind regelmäßig auf Schwund hin zu überprüfen (Fuchs 2006).

Im Jahr 2004 brachen chinesische Ingenieure in die Schanghaier Wartungsstation des deutschen Transrapid-Konsortiums ein. Sie untersuchten und vermaßen Teile der Trag- und Führungstechnologie. Dabei filmte heimlich ein deutscher Mitarbeiter den Know-how-Diebstahl (Wirtschaftswoche 03.12.2004). Dieser inzwischen bekannte Fall zeigt, dass in gefährdeten Ländern besondere Schutzmaßnahmen für einen Standort zu ergreifen sind. Hierbei können Unternehmen auf einen Markt von Sicherheitstechnologieanbietern zurückgreifen, die Systeme und Technologien zum Schutz vor Diebstahl oder Einbrüchen sowie Videosysteme anbieten. Die Palette möglicher Lösungen reicht von Einbruchmeldeanlagen über Videoüberwachung bis hin zu Geländeüberwachungssystemen (z. B. mobile Lösungen mit Robotern) oder elektronischem Diebstahlschutz (Künzel et al. 2009).

Maßnahmen im Personalmanagement

Eine Studie von PricewaterhouseCoopers ergab, dass in den Jahren 2006 und 2007 jedes zweite deutsche Unternehmen der industriellen Produktion durch Wirtschaftskriminalität geschädigt wurde. Dabei sind die häufigsten Deliktarten Produktpiraterie und Industriespionage mit insgesamt 26 Prozent. Damit sind Unternehmen der industriellen Produktion bedeutend öfter Opfer von Produktpiraterie und Industriespionage geworden als andere Branchen. Der resultierende Schaden durch Wirtschaftskriminalität beträgt im Durchschnitt 1,1 Millionen Euro pro Delikt, wobei im Einzelfall sogar Schäden über zehn Millionen Euro entstanden sind (Albrecht et al. 2008). Besonders alarmierend sind diese Zahlen vor dem Hintergrund, dass die industrielle Produktion in Deutschland sich überwiegend aus kleinen und mittleren Unternehmen zusammensetzt (Albrecht et al. 2008). In über einem Drittel der Fälle (39 Prozent) sind für diesen Schaden eigene Mitarbeiter verantwortlich – sie sind damit die Hauptverursacher neben den externen Tätern, zu denen das Unternehmen keine Geschäftsbeziehungen führt. Ein signifikanter Anteil der Täter stammt aus gehobenen Positionen und ist bereits seit zehn Jahren im Unternehmen. Hierbei

Abb. 3.21: Überblick über Maßnahmen im Personalmanagement

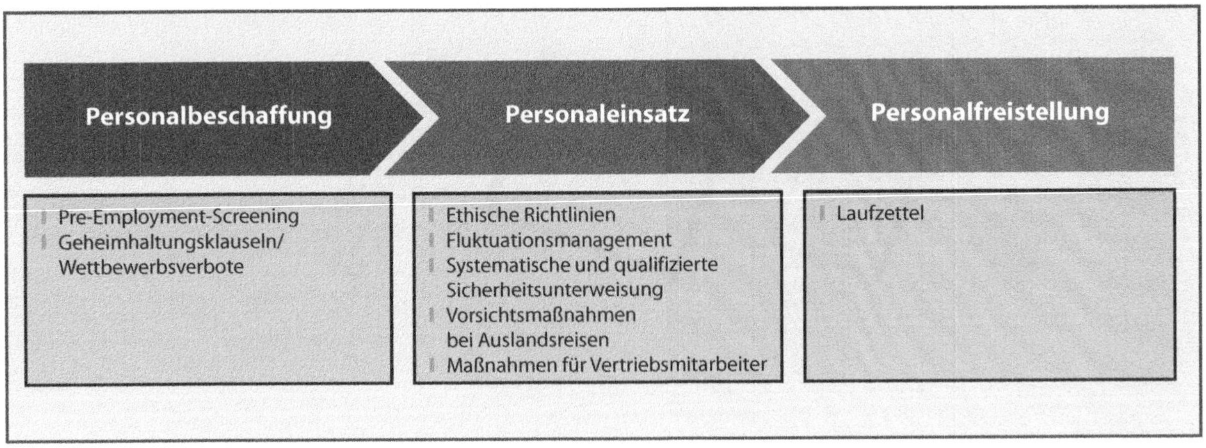

sind mangelndes Unrechtsbewusstsein und finanzielle Aspekte die Hauptursachen der Wirtschaftskriminalität (Albrecht et al. 2008). Aber auch ehrliche, unzufriedene Mitarbeiter sind eine Ursache für Know-how-Abfluss, denn mit jedem Mitarbeiter, der seine Stelle wechselt, geht ein Stück Know-how verloren. Des Weiteren verraten Mitarbeiter nicht nur absichtlich Know-how, sondern etlichen Mitarbeitern ist nicht bewusst, dass sie Know-how preisgeben. Zudem ist die Wirksamkeit etlicher Schutzmaßnahmen aus anderen Bereichen von der Akzeptanz der Mitarbeiter abhängig, z. B. der Wechsel der Passwörter. Daher sind Maßnahmen im Bereich des Personalmanagements besonders wichtig, wobei für die verschiedenen Phasen eines Arbeitsverhältnisses unterschiedliche Maßnahmen existieren (Abb. 3.21).

Pre-Employment-Screenings

Maßnahmen im Bereich Personalmanagement fangen bereits bei der Einstellung eines neuen Mitarbeiters an. Vor der Einstellung eines Bewerbers sollte er im Rahmen eines Pre-Employment-Screenings überprüft werden. Das Screening umfasst formal die Kontrolle der Echtheit, Lückenlosigkeit und Schlüssigkeit der Bewerbungsunterlagen des Kandidaten. Hierbei kann zur Unterstützung auf die Kompetenz spezialisierter Agenturen und Wirtschaftsdetekteien zurückgegriffen werden. Zusätzlich sind moderne Methoden der Personaldiagnostik einzusetzen (Fuchs 2006). Zwar entstehen durch das Pre-Employment-Screening zusätzliche Kosten, jedoch geben Experten an, dass bereits 70 Prozent der Bewerber, die später eine dolose, d. h. arglistige, Handlung begangen haben, schon bei ihrer Bewerbung unehrlich waren (Vitinius 2005).

Geheimhaltungsklauseln

Entscheidet sich ein Unternehmen nach einem erfolgreichen Screening für einen Bewerber, sollten Geheimhaltungsklauseln und, je nach zukünftiger Funktion des Mitarbeiters, ein Wettbewerbsverbot Bestandteil des neuen Arbeitsvertrags sein. Die Geheimhaltungsklauseln eignen sich zwar nur begrenzt zur Abschreckung, bilden aber die rechtliche Grundlage, falls es nach einem Vergehen des Mitarbeiters zu einem Verfahren kommt. Dabei erhöht eine genaue Definition des geheimzuhaltenden Wissens die Erfolgschancen (Witte 2010). Wettbewerbsverbote untersagen einem ausscheidenden Arbeitnehmer innerhalb einer bestimmten Frist, bei einem direkten oder indirekten Wettbewerber des Unternehmens zu arbeiten. Auch kann die Gründung oder der Kauf eines solchen Unternehmens untersagt werden. Für die Dauer des Wettbewerbsverbotes muss der Arbeitgeber eine Entschädigung zahlen, die mindestens der Hälfte der zuletzt erhaltenen vertraglichen Leistungen entspricht (Bauer et al. 2002, §74 HGB, §74a HGB). Alternativ kann die meist teure Maßnahme des Wettbewerbsverbotes durch längere Kündigungsfristen im Arbeitsvertrag, kombiniert mit Maßnahmen des Fluktuationsmanagements, ersetzt werden (o. V. 2010b).

Implementierung einer ethischen Richtlinie

Auch in China können unter gewissen Bedingungen Geheimhaltungsklauseln und Wettbewerbsverbote in den Arbeitsvertrag integriert werden (Fuchs 2006).

Eine präventive Maßnahme, um die Gefahr durch unzufriedene Mitarbeiter zu bannen, ist die Implementierung einer ethischen Richtlinie. Integrationsfördernde Werte und Prinzipien wie Entscheidungstransparenz und Fairness sind in die Richtlinien mit aufzunehmen und deren Einhaltung durch ein Compliance-Programm abzusichern. Verantwortlich für das Compliance-Programm ist sowohl das operative als auch strategische Management (Albrecht et al. 2008, Wieland et al. 2010).

Fluktuationsmanagement

Die ethischen Richtlinien sollten Teil eines aktiven Fluktuationsmanagements sein. Eine hohe Fluktuationsrate deutet auf eine geringe Loyalität bzw. auf eine hohe Unzufriedenheit der Mitarbeiter hin. Um Mitarbeiter dagegen langfristig an ein Unternehmen zu binden, gibt es unterschiedliche Möglichkeiten. Materielle Anreize sind dabei wesentlicher Bestandteil. Neben Boni gehören dazu auch Sachaufwendungen, wie Firmenwagen oder die Finanzierung von Eigentumswohnungen. Kündigt ein Mitarbeiter, so verliert er auch all seine Zuwendungen – ein Anreiz zu bleiben. Des Weiteren können interessante Arbeitsinhalte, internationaler Bezug der Tätigkeit und Entwicklungsmöglichkeiten in Form von Weiterbildungsmaßnahmen und Aufstiegschancen die Fluktuationsrate senken (Fuchs 2006, Witte 2010).

3

Systematische und qualifizierte Sicherheitsunterweisungen

Häufig sind viele Mitarbeiter wenig sensibilisiert für ihr eigenes Verschulden beim Know-how-Verlust. Aus diesem Grund sollte eine systematische und qualifizierte Sicherheitsunterweisung stattfinden. Diese sollte zielgruppenorientiert und nach Sicherheitsbereichen abgestuft erfolgen. Schulungsziele sollten die Sensibilisierung für Auffälligkeiten (z. B. das Social Engineering) sowie die Erläuterung innerbetrieblicher Sicherheitssysteme, wie Firmenausweise, und sicherheitsrelevanter Maßnahmen, wie der Wechsel von Passwörtern, sein. Die Unterweisung sollte auch anlass- und zeitbezogen erfolgen, z. B. vor und nach Geschäftsreisen in Staaten mit besonders hohem Spionagerisiko. Umgekehrt dienen diese Schulungen als Möglichkeit, die Kreativität der Mitarbeiter in puncto Sicherheit zu nutzen (LfV 2004).

Beim Social Engineering handelt es sich um eine Methode, bei der Mitarbeitern kritisches Know-how, wie Passwörter oder Daten, entlockt werden soll. Dabei wird dem Mitarbeiter in einem persönlichen oder telefonischen Kontakt vom Spion suggeriert, dass es sich bei ihm um eine vertrauenswürdige Person handelt, wie etwa um einen Mitarbeiter einer anderen Abteilung oder eines Reparaturdienstes. Aber auch per Mail wird inzwischen versucht, Mitarbeitern Know-how zu entlocken (Fuchs 2006).

Vorsichtsmaßnahmen bei Auslandsreisen

Bei Auslandsreisen in Staaten mit hohem Sicherheitsrisiko empfiehlt es sich, umfassende Vorsichtsmaßnahmen zu ergreifen, damit dem Mitarbeiter kein Know-how gestohlen werden kann. Vor dem Beginn der Reise sollte das Hotel selbst, ohne Hinzuziehung einer Agentur, gebucht werden. Werden Informations- und Kommunikationsgeräte, wie Laptops, mitgenommen, ist es ratsam, alle nicht genutzten Schnittstellen zu deaktivieren. Zudem sollten die Informationen vor Zugriff geschützt werden, etwa durch Passwörter und Kryptographie. Vor Ort sind nur eigene Kommunikationsmittel zu nutzen. Ist ein Dolmetscher erforderlich, ist die Selbstbuchung empfohlen. Da den Geheimdiensten häufig die Codierung der Hotelsafes bekannt ist, ist es besser, dort keine Dokumente oder Datenträger aufzubewahren. Des Weiteren sollte, gleichgültig um welchen Gesprächspartner es sich handelt, stark auf den Inhalt des Gesprächs geachtet werden, da es vielfältige Möglichkeiten der Überwachung gibt. Selbst Mobiltelefone können als Aufzeichnungsgeräte missbraucht werden (Sepp 2009).

Besondere Maßnahmen für Vertriebsmitarbeiter

Besonders in China werden die Vertriebskanäle eines Unternehmens missbraucht, um Plagiate im großen Stil bei Großhändlern, Einzelhandelsgeschäften und Kaufhäusern abzusetzen. Deshalb sind hier für Vertriebsmitarbeiter spezielle Maßnahmen ins Auge zu fassen. Um das Risiko von Bestechungsversuchen einzelner Vertriebsmitarbeiter mit teuren Geschenken oder Bargeld zu reduzieren, sollten die Mitarbeiter im Team und nicht einzeln beschäftigt werden. Durch die gegenseitige Kontrolle der Mitarbeiter untereinander wird es für den einzelnen schwierig, einer Bestechung nachzugeben. Ebenfalls ratsam ist es, das Vertriebssystem so transparent wie möglich zu gestalten, um die Möglichkeiten zur Bestechung weiter zu minimieren bzw. nachvollziehbar zu machen. Dies kann durch die Aufteilung von Verkaufsgebieten bzw. Kunden und die Festlegung von Verkaufsquoten, Routen und Besuchshäufigkeiten erreicht werden. Allerdings sollte ein Vertriebsmitarbeiter nicht zu lange verantwortlich für ein Verkaufsgebiet oder einen Kundenkreis sein, um keinen zu persönlichen Kontakt aufzubauen (Fuchs 2006).

Standardisierte Prozesse bei Personalfreistellungen

Scheidet ein Mitarbeiter aus dem Unternehmen aus, sind verschiedene Punkte zu beachten. Der ausscheidende Mitarbeiter hat sämtliche Dokumente, ausgeliehene Geräte wie Laptops oder Speichermedien und Hilfsmittel für den Zugang, wie Schlüssel oder Karten, abzugeben. Werden Zutrittsberechtigungen mithilfe biometrischer Verfahren verwaltet, sind die Zutrittsrechte für den Ausscheidenden zu löschen. Ebenfalls sind alle Zugriffsrechte in den Informations- und Kommunikationssystemen des Unternehmens zu löschen. Zudem muss das eventuell eingesetzte Sicherheitspersonal informiert werden, dass der Mitarbeiter das Unternehmen verlässt. In der Praxis haben sich sogenannte Laufzettel als hilfreich erwiesen, um den Prozess zu formalisieren. Der Laufzettel gibt dem Ausscheidenden vor, welche Punkte er vor dem Verlassen des Unternehmens zu erfüllen hat (BSI 2009d).

3.4 Juristische Absicherung zum erfolgreichen Produktschutz

Angelika Henow, Rudolf Nickels, Patentinformationszentrum Darmstadt

Die folgenden Ausführungen geben Auskunft zu Maßnahmen, um eine Verteidigungslinie auf juristischer Ebene gegen Produktpiraterie aufbauen zu können. Sie sind bewusst kurz gehalten und zeigen wichtige Aspekte auf, die jeweils zu berücksichtigen sind.

Die juristische Absicherung zum erfolgreichen Produktschutz setzt eine Reihe von Überlegungen voraus, die eng mit der Unternehmensstrategie, der Zielsetzung und der Marktsituation verbunden sind. Um das Risiko abschätzen zu können, gilt es, einige Eckdaten zu kennen und die eigene Zielsetzung zu analysieren. Der strategische Einsatz von Schutzrechten nutzt nicht der zur eigenen Absicherung der Entwicklungen, sondern er hilft auch bei der Planung von notwendigen Schritten gegen Piraterievorfälle. Sind die Grundlagen durch Schutzrechte gelegt, hat man ein gutes Rechtsmittel in der Hand, um seine Rechte aktiv durchzusetzen und notfalls einzuklagen. Immer wieder gilt es dabei, zu prüfen, ob die erforderlichen Maßnahmen den gewünschten Nutzen bringen, bzw. erst einmal festzulegen, welche Ziele das Unternehmen überhaupt erreichen will, um dann zu entscheiden, welche Mittel die geeigneten sind.

Hierfür sind in den einzelnen Phasen strategische Überlegungen anzustellen, um ein sinnvolles Vorgehen im Unternehmen zu ermöglichen. Die folgenden Ausführungen zeigen praktische Handlungsoptionen auf und geben Denkanstöße.

3.4.1 Optionen des Produktschutzes

Um eigene Rechte überhaupt geltend machen zu können, bedarf es abgesicherter Schutzrechte, die bei Streitigkeiten als Beweismittel vorgelegt werden können. Ohne diese ist eine Durchsetzung in der Regel nicht möglich. Dabei ist es wichtig, eine eigene, firmenspezifische Schutzrechtsstrategie aufzubauen. Zentral und sicherlich üblich sind Markenanmeldungen für die Produktkennzeichnung der Waren oder Dienstleistungen eines Unternehmens. Diese sind wichtig bei Zollfahndungen oder der Marktbeobachtung und der Frage, ob Plagiate unter falschem Namen vertrieben oder hergestellt werden. Für den Schutz der Form gibt es in Deutschland das sogenannte Geschmacksmuster, das international auch als Design Patent bezeichnet wird, obwohl es sich hierbei nicht um ein Patent handelt. Patente beziehen sich nämlich nur auf technische Neuentwicklungen oder Detailverbesserungen im technischen Bereich. Detaillierte Informationen zum Produktschutz sind bei den Patent- und Markenämtern oder den Patentinformationszentren zu finden. Eine vertiefende Broschüre ist unter www.main-piz.de zu finden.

Das ebenfalls wichtige Feld der Urheberrechte soll hier nur kurz erwähnt werden. Betrachtet man Plagiatsfälle in diesem Bereich, so beziehen sich diese hauptsächlich auf unberechtigte Kopien von Computerprogrammen oder Videos. Urheberrechte genießt der Entwickler, also Urheber eines (geistigen) Werkes. Mit Veröffentlichung oder Benutzung ist man automatisch Urheber desselben. – Zum Nachweis empfiehlt sich eine Veröffentlichung mit dem eigenen Namen und einer Datumsangabe. Das Internet eignet sich nicht zum Nachweis, da entsprechende Daten nicht langfristig gespeichert werden. Das Urheberrecht erlischt in Deutschland siebzig Jahre nach dem Tod des Urhebers; international gilt eine Frist von fünfzig Jahren.

Trotz internationaler Abkommen gibt es in den jeweiligen nationalen Ländern kleinere Abweichungen und Besonderheiten im Schutzrechtswesen, die im Einzelfall zu prüfen sind. Im Zusammenhang mit häufig auftretenden Plagiatsfällen werden später die Besonderheiten in China, Indien und Italien dargelegt.

Abb. 3.22: Strategisches Vorgehen zur juristischen Produktsicherung

IP-Strategie

Eine sinnvolle und gut durchdachte Strategie zur Absicherung des eigenen Know-hows sollte heutzutage selbstverständlich sein. Dabei sind die zentralen Entscheidungsfaktoren nicht nur finanzielle Aspekte, sondern auch die Ausdehnung des eigenen Geschäftsfeldes – zum einen inhaltlich, zum anderen geografisch – und die herrschende oder sich entwickelnde Marktsituation in Bezug auf Absatzmärkte und -zahlen. Nicht zuletzt sind die Aktivitäten der Mitbewerber zu berücksichtigen und möglichst regelmäßig zu kontrollieren.

Für die letztgenannten Punkte empfiehlt sich eine regelmässige Patentüberwachung, um sich abzeichnende Entwicklungen frühzeitig zu erkennen. Patentinformationszentren, Informationsvermittler und Patentanwälte bieten hier Unterstützung an.

Ein gut entwickeltes Patentportfolio garantiert eine durchdachte Patentpolitik, die sich dynamisch dem Markt anpasst, nicht mehr notwendige Patente abstößt und Fristen genauestens überwacht, um zielgerichtet und kostenbewusst vorzugehen. Die Möglichkeiten der kostengünstigen Anmeldeformen in Europa und auf internationaler Ebene sollten ausgeschöpft werden, wenn dies mit den Firmenzielen übereinstimmt.

Offensive oder defensive Schutzrechtsstrategien?

Hierbei spielen grundsätzlich die Überlegungen zur Geheimhaltung eine Rolle. Weiterhin sind das aufzustellende Patentportfolio und nicht zuletzt die finanziellen Ressourcen wichtig. Folgende Handlungsoptionen sind relevant und zeigen ein offenes oder eher defensives Vorgehen auf.

Offensive Schutzrechtsstrategien:

- Ständige und systematische Beobachtung von Wettbewerbern und Technikgebieten (Patent- und Markenüberwachung)
- Regelmäßige Beobachtung von Märkten (Messen, Fachzeitschriften, Kataloge)
- Fristenwahrung für Widersprüche beim Patentamt
- Ausschöpfung aller rechtlichen Maßnahmen gegen Nachahmer, Händler, Produzenten
- Nichtigkeitsklage, wenn gegnerisches Patent den eigenen Geschäftsbereich stört (nur mit vorheriger, umfangreicher Recherche sinnvoll)
- Schulungen von Mitarbeitern
- Sensibilisierung von Kunden und Händlern.

Defensive Schutzrechtsstrategien:

- Es wird nur angemeldet, was unbedingt notwendig ist
- Keine Patentportfoliostrategie
- Geringe Schutzrechtsverletzungen werden nicht geahndet (Marken verwässern, keine Patentüberwachung)
- Man reagiert nur, wenn man angegriffen wird
- Man reagiert erst, wenn ein Konkurrenzprodukt auf dem Markt erscheint.

Geheimhaltung oder Patentierung?

Die Thematik der Geheimhaltung bezieht sich selbstverständlich nur auf die technischen Schutzrechte, also Patente und Gebrauchsmuster. Hier werden Produkte oder Verfahrensabläufe mit speziellen Detailangaben patentiert.

Allgemeine Prozesse oder Forschungsergebnisse sind oft nicht patentfähig, da ihnen die sogenannte Technizität fehlt. In diesen Fällen ist es wichtig, aktiven Know-how-Schutz zu betreiben (s. u.).

Problematisch bei der Patentierung ist der Offenbarungszwang, was bedeutet, dass die Erfindung vollständig beschrieben werden muss, um ein Patent zu erhalten. Aus diesem Grund entscheiden sich einige Firmen gegen eine Patentierung. Dies ist jedoch nur dann sinnvoll, wenn die Mitbewerber nicht in der Lage sind, herauszufinden, wie ein Verfahren oder eine Maschine funktioniert. Hier gilt es, kritisch abzuwägen, ob die eigenen Entwicklungen wirklich sicher vor dem Auseinanderbau, der Analyse und schließlich dem Nachbau sind. Sogenannte Blackboxes beinhalten Komponenten, die z. B. in Kunststoff eingekapselt sind oder bei Öffnung selbstzerstörend wirken. Die heutigen Plagiatoren verfügen jedoch über ein hohes Maß an technischem Wissen und so sollte sehr selbstkritisch geprüft werden, ob diese Verfahren wirklich sicher vor Nachahmung sind.

Zentral stellt sich also die Frage, ob und in welchem Umfang patentiert werden soll. Dazu sind im Folgenden einige Aspekte aufgeführt.

Strategische Überlegungen für eine Patentierung:

- Marktvorteil – Alleinstellung – Konkurrenzvorsprung
- Gefahr des Reverse Engineering
- Parallelentwicklungen der Mitbewerber
- Solides Patentportfolio stärkt die Unternehmensposition
- Selbst kleinere Entwicklungen können die Konkurrenz abhalten/stören
- Forschungs- und Entwicklungskosten oder lange Entwicklungszeiten können durch gute Patentierungsstrategien lohnend werden
- Starke Partnerfirmen im Ausland könnten Interesse an gut laufenden Produkten haben (Zielmärkte ermitteln)
- Vergabe von Lizenzen (Erlöse können die eigenen Produkterlöse übersteigen)
- Stärkung der Verhandlungsposition (z. B. bei der Suche nach Vertriebspartnern oder Lizenzvergabe an größere Firmen)
- Steigerung des Unternehmenswertes
- Mitarbeitermotivation (Erfindervergütung, Anerkennung)

Strategische Überlegungen gegen eine Patentierung:

- Kurze Lebenszyklen der Produkte
- Hohes Innovationstempo der Branche
- Patentprüfungsverfahren dauert zu lange
- Patentierungskosten übersteigen den möglichen Gewinn
- Geheimhaltung
- Bewusste Veröffentlichung, um Patentierung zu vermeiden (z. B. gängig in der Softwarebranche)
- Risiko oder Scheu vor Patentverletzungsverfahren
- Nur Teilbereiche werden patentrechtlich geschützt

Aktiver Know-how-Schutz hat aber noch weitere Faktoren, zum Beispiel die Geheimhaltung.

Geheimhaltung im Unternehmen selbst

Dies betrifft einfache Maßnahmen außerhalb der Schutzrechtsmöglichkeiten. Geheimhaltungsverträge sollten zwischen Partnern oder auch bei Angeboten und Verhandlungen zur eigenen Absicherung eingesetzt werden.

- Mitarbeiter sensibilisieren
- Ausscheidende Mitarbeiter tragen Informationen ggf. weiter
- Werksführungen nicht in sensiblen Bereichen
- Messebesuche gut vorbereiten
- Firmeninformationen und Werbematerialien überprüfen

3.4.2 Durchsetzung der eigenen Schutzrechte

Die Grundlage für ein Vorgehen gegen Verletzer sind die eigenen eingetragenen Schutzrechte. Der Status des eigenen Schutzrechtportfolios sollte vor der Einleitung von Maßnahmen gegen Dritte zunächst genau geprüft werden.

- Solange eine Patentanmeldung nicht veröffentlicht ist, kann sie nicht als Rechtsinstrument genutzt werden.
- Mit der Veröffentlichung können jedoch nur Entschädigungsansprüche geltend gemacht werden.
- Ein Verbietungsrecht ergibt sich erst durch ein erteiltes und aktuell gültiges Patent.
- Bei Gebrauchsmustern ist im Verletzungsverfahren die Schutzfähigkeit des Gebrauchsmusters nachzuweisen, da diese nicht inhaltlich vom Patentamt geprüft wurden.
- Eine Merkmalsanalyse des eigenen Schutzrechts im Vergleich zum Verletzungsgegenstand ist vorzunehmen, um einen sicheren Nachweis führen zu können.

Die Schutzrechtssituation im betroffenen Technikbereich (Angreifbarkeit des eigenen Schutzrechts) und das Portfolio des anzugreifenden Verletzers sind genauestens zu ermitteln, um die eigene Vorgehensweise darauf abzustimmen.

Vor der Anmeldung von Schutzrechten und dem Entwurf einer firmeneigenen Schutzrechtsstrategie sind auch die Folgen und die Wahrscheinlichkeit von möglichen Auseinandersetzungen zu beachten:

- Mögliche gerichtliche Verfahren sind mit zu kalkulieren und ggf. Rücklagen zu bilden. Die Kostenabschätzung kann hier allerdings nur grob vorgenommen werden.
- Verschiedene Partner können für die Verteidigung wichtig sein:
  - Lizenznehmer (bei nicht ausschließlichen Lizenzen ist eine Erlaubnis des Inhabers nachzuweisen)
  - Besondere Spezialisten für Patentdurchsetzungsrecht als Prozessbevollmächtigte

- In besonderen Fällen können Rechtsschutzversicherungen eine Hilfe sein.

Der erste Schritt bei einem Verdacht auf Verletzung besteht im Sammeln von Informationen über die potenzielle Verletzungshandlung durch:

- Dokumentation über potenzielle Verletzung mit Fotos, Prospekten, Internetseiten, Rechnungen, Messeauftritten, Muster, Zeugen
- Genaue Bezeichnung des potenziellen Verletzers (Name, Firmierung, genaue Adressangaben)
- Ort der Verletzungshandlung im Vergleich zu eigenen Schutzrechten (ggf. Gerichtsort)
- Dokumentation zur Art der Verletzungshandlungen (Herstellen, Anbieten, gewerblicher Einsatz usw.).

Checkliste zur Auswahl der Durchsetzungsmaßnahmen

Genauso wie die Entscheidung für eine offensive oder defensive IP-Strategie hängt auch die Wahl der Durchsetzungsmaßnahmen zentral vom jeweiligen Unternehmen und dessen Zielen ab. Eine Unterstützung durch Rechtsexperten hilft bei der Entscheidungsfindung und dem strategischen Einsatz der notwendigen Maßnahmen.

Folgende Fragen spielen dabei eine zentrale Rolle:

- Die Gültigkeit des eigenen Schutzrechts und der Bezug zur vorliegendenVerletzungssituation
- Besteht ein Schutzrecht-Portfolio, das dem Verletzer Umgehungen praktisch unmöglich macht?
- Kann die Verletzung eindeutig nachgewiesen werden (Beratung durch Anwalt einholen!) und sind alle Beweismittel umfassend dokumentiert?
- Können mehrere Instanzen bei der Rechtsdurchsetzung finanziell getragen werden?
- Übersteigt die zu erwartende Verfahrensdauer durch evtl. mehrere Instanzen die eigene Produktvermarktung?
- Gibt es Unterstützung durch Partner (z. B. Lizenznehmer, Gleichgesinnte)?
- Existieren Spezialisten für Patentdurchsetzungsprozesse im speziellen Unternehmensfeld?
- Wie sieht die Schutzrechtssituation des Verletzers aus und könnte dieser selbst einen Prozess anstreben?
- Erwägung von Lizenzverhandlungen mit dem Verletzer
- Handelt es sich um einen systematischen Produktpiraten?
- Zielt man darauf ab, ein Signal an weitere potenzielle Piraten zur Abschreckung zu geben?

3.4.3 Durchsetzung der Rechte in der China

Die China ist inzwischen den internationalen Abkommen beigetreten, sodass die Patentgesetze dem internationalen Standard entsprechen.

Wichtige Vorarbeiten, um Rechte durchzusetzen:

- Eigene Schutzrechte in China registrieren
- Rechtssituation klären
- Eigene Zielsetzung klarstellen (Warenvernichtung, Plagiatoren stoppen oder bestrafen, Schadensersatz, Abschreckung)
- Verletzer ermitteln
- Beweismittel sammeln und gut dokumentieren
- Anwälte oder Detektive einbeziehen
- Kontakt zu Polizei, Behörde oder Gericht herstellen
- Verbündete suchen.

Chinesische Rechtsinstrumente

Im chinesischen Rechtssystem sind Zivilgerichte (Volksgerichte) sowie staatliche Verwaltungsbehörden zuständig, die frei wählbar sind. Ausschlaggebend ist der Ort der Verletzungshandlung. Die Durchsetzung der Rechte ist regional sehr unterschiedlich und in den Großstädten weiter fortgeschritten. So gibt es in ca. fünzig Städten neu eingerichtete Intellectual Property Service Centers. Es existiert keine Bindung an andere Gerichtsentscheidungen.

Best Practice in der China

Bisherige Berichte aus der China zeigen, dass sich zur Durchsetzung meist Großunternehmen mit Gleichgesinnten zusammengetan haben, um erfolgreich Klage einzureichen.

Die chinesischen Behörden sind sehr bemüht, sich dem internationalen Standard anzupassen und groß angelegte Razzien und Produktvernichtungsaktionen werden in der Presse verfolgt.

Trotzdem sollten auch kleinere Unternehmen die in der China tätig sind, Maßnahmen gegen Produktpiraten einleiten und konsequent verfolgen.

Die aufgeführten Punkte zeigen Handlungsoptionen und Entscheidungshilfen auf, die sich bisher bewährt haben und auf andere Länder übertragbar sind.

Abb. 3.23: Checkliste zum erfolgreichen rechtlichen Produktschutz

- ✓ Schutzrechte rechtzeitig national eintragen
- ✓ Schutzrechtssituation in der China überwachen
- ✓ Messebesuche
- ✓ Kontrolle der Vertriebswege
- ✓ Zur Grenzbeschlagnahme Schutzrechte bei der Global Access China Limited (GAC) registrieren
- ✓ Eigene Schutzrechte gut absichern und Nachweise vollständig zusammentragen
- ✓ Eigene Zielsetzung klarstellen
- ✓ Vor Ort Vertrauensanwälte einbeziehen
- ✓ Regionale Gegebenheiten ermitteln und möglichst in Wirtschaftsmetropolen agieren
- ✓ Guten Kontakt zu Behörden und Polizei herstellen
- ✓ Umfangreiche Nachforschungen zu potenziellen Fälschern vornehmen
- ✓ Mediation und außergerichtliche Einigung in Erwägung ziehen
- ✓ Kosten-Nutzen-Analyse vornehmen und Zeitfaktor bedenken
- ✓ Allianzen mit geschädigten Unternehmen eingehen
- ✓ Lobbyarbeit betreiben
- ✓ Konsequentes Vorgehen stärkt die eigene Position

3.4.4 Durchsetzung von Schutzrechten in Indien

Indien hat ein dreistufiges Justizsystem. Es gibt etwa 600 District Courts. Auf der nächsten Stufe sind auf Bundesstaatenebene High Courts etabliert (insgesamt 23). Darüber hinaus existiert der Supreme Court in Neu-Delhi. Ein großes Problem für die Durchsetzung besteht in Indien bei den Bearbeitungszeiten auf Verwaltungsebene.

Mit der Veröffentlichung einer Patentanmeldung können bereits vor Erteilung im eingeschränkten Umfang Rechte geltend gemacht werden.

Die Verjährungsfrist für die Einleitung einer Klage wegen Patentverletzung beträgt drei Jahre ab dem Zeitpunkt der Verletzung.

Prinzipiell bestehen drei Hauptwege im Vorgehen gegen Produktpiraten:

- Der klassische Weg über Abmahnung, einstweilige Verfügung und Klage
- Die strafrechtliche Verfolgung von Verletzern: Markenverstöße werden in Indien durchaus mit strafrechtlichen Konsequenzen bedroht (Freiheitsstrafe von sechs Monaten bis drei Jahre oder Geldstrafe). Bei Patentverletzungen werden diese Sanktionen nicht verhängt.
- Die Grenzbeschlagnahme: Insbesondere bei Markenverstößen kann die Grenzbeschlagnahme durch die indischen Zollbehörden zweckmäßig sein. Allerdings ist diese Maßnahme administrativ noch nicht gut organisiert, sodass diese von erfahrenen Unternehmen bisher nicht als besonders effektiv bewertet wird.

Bei der Überlegung, ob eine Abmahnung übermittelt wird, steht die Frage nach dem Typus des Verletzers im Vordergrund. Ein als chronisch bekannter Produktpirat würde sich kaum beeindrucken lassen. Ganz im Gegenteil wird er mit der Abmahnung bereits vorgewarnt, um z. B. Beweise zu vernichten. Hier ist der sofortige Antrag für eine einstweilige Verfügung zu empfehlen, um schnell eine Marktentfernung der verletzenden Gegenstände zu erreichen. Diese gehen an die District Courts. Wenn das Gericht den Antrag ohne Anhörung des Gegners anerkennt, kann innerhalb weniger Tage gehandelt werden. Mit einer Anhörung der Gegenseite kann sich das Verfahren allerdings in die Länge ziehen (bis zu eineinhalb Jahre).

Eine Hauptsacheklage ist allerdings nur bei aussichtsreichen Schadensersatzzielen zu empfehlen, da diese Verfahren oft Jahre beanspruchen. Hier ist ebenfalls der District Court zuständig. In Schadensersatzfragen ist die Rechtsprechung allerdings sehr zurückhaltend. Die Verfahrenskosten liegen je nach

Streitwert bei etwa 5.000 bis 20.000 Euro. Durch die langen Verfahrenszeiten und die geringen Schadensersatzbeträge üben zivilrechtliche Verfahren nur einen geringen Abschreckungseffekt auf routinierte Produktpiraten aus. Es ist daher in Indien auch zu überlegen, ob ggf. ein strafrechtliches Vorgehen gegen den Verletzer möglich ist.

In Nordindien gibt es stärkere Antipiraterie-Bemühungen. Empfehlungen eines Experten für Indien zielen auf eine gut durchdachte Regelung der Vertrags- und Lizenzfragen (z. B. Know-How-Verträge mit indischen Partnerunternehmen), eine sorgfältige Marktbeobachtung, die Nutzung von Schiedsverfahren und bei öffentlichkeitswirksamen Auseinandersetzungen auf eine gute PR-Arbeit.

3.4.5 Durchsetzung der Schutzrechte in Italien

In den letzten Jahren gab es einige Änderungen bei Gesetzgebungen und Regelungen zum geistigen Eigentum in Italien. Mit den Neuerungen im italienischen Patentgesetz in den 1990er Jahren wurde die Verfolgung der mittelbaren Patentverletzung gestärkt.

Durch eine Verordnung aus dem Jahr 2003 wurden in Italien an den Landgerichten (tribunali) und den Berufungsgerichten (corti d'appello) Spezialabteilungen eingerichtet, die für Verfahren im Bereich des geistigen Eigentums zuständig sind. Diese speziellen Kammern bestehen jeweils aus sechs mit IP-Fragen vertrauten Richtern und sind an zwölf Gerichten in Italien vorhanden, nämlich Bari, Bologna, Catania, Florenz, Genua, Mailand, Neapel, Palermo, Rom, Turin, Triest und Venedig. Inhaltlich sind diese Kammern für Streitigkeiten in Sachen Marken, Patente, Sorten, Gebrauchs- und Geschmacksmuster, Urheberrechte sowie Tatbestände des unlauteren Wettbewerbs im Zusammenhang mit dem geistigen Eigentum zuständig. Ebenso sind Marken- und Geschmacksmusterangelegenheiten auf Gemeinschaftsebene Aufgabe dieser Kammern.

Im neuen Gesetzbuch aus dem Jahr 2005 wurde das dritte Kapitel der gerichtlichen Durchsetzbarkeit gewidmet. Hier ist auch explizit von „Maßnahmen gegen die Produktpiraterie“ die Rede. Es wurde in den neuen Regelungen der Versuch unternommen, Streitigkeiten beim geistigen Eigentum handelsrechtlichen Verfahrensbereichen zuzuordnen, um so eine zügigere und einfachere Bearbeitung von Streitfällen zu erreichen. Von Experten wird eine Verkürzung der Verfahrenszeiten von bis zu einem Jahr erwartet.

Das Thema „einstweiliger Rechtsschutz“ wurde ebenfalls im Gesetzbuch erfasst. Vor allem wurden die heterogenen Regeln zu den einzelnen Schutzrechten in eine einheitlichere Form gebracht, die für alle Schutzrechte gilt. Somit konnte eine gemeinsame Form der Sanktionierung bei den verschiedenen Schutzrechten gestaltet werden.

Zentral für die Verhinderung von Piraterie ist die Frage des Umfangs der Sanktionierung. Mit den Neuregelungen sollte die Praxis der Gerichte, den ersatzfähigen Schaden zu gering zu bewerten, überwunden werden. Vielfach stellte dies in der Vergangenheit geradezu eine Aufforderung zur Nachahmung dar. Das Gericht hat nunmehr bei seiner Entscheidung die unterschiedlichen Arten der Schadensregulierung zu bewerten (entgangener Gewinn, Verletzergewinn sowie eine fiktive Lizenzgebühr), um z. B. bei ungleichen Verhältnissen von Verletzergewinn und entgangenem Gewinn des Patentinhabers eine angemessene Lösung zu finden. Nach der neuen Gesetzgebung wird nun zwischen vorläufigen und für sich allein gültigen Sicherungsmaßnahmen, d. h. ohne Hauptsacheverfahren, unterschieden. Damit wird es den Richtern möglich, Sicherungsmaßnahmen anzuordnen, die kein Hauptsacheverfahren verlangen. Ist ein Hauptsacheverfahren erforderlich, muss dies innerhalb einer Frist von sechzig Tagen eingeleitet werden. Ansonsten ist die Sicherungsmaßnahme aufzuheben.

Die Beantragung eines Sicherungsverfahrens erfordert die Darlegung des Rechtsanspruches und den Nachweis, dass Gefahr im Verzug ist. Zur Glaubhaftmachung des Rechtsanspruches wird empfohlen, dies durch ein fachliches Gutachten zu untermauern.

Im Rahmen der Auskunftsansprüche beim Sicherungsverfahren ist es mit den neuen Regelungen möglich, Auskunft über die Vertriebsnetze des Verletzers zu erlangen. Außerdem ist eine Sicherungsbeschlagnahme möglich, um künftige Schadensersatzansprüche besser eintreiben zu können.

Interview mit Herrn Thomas Ehrenberg, Röchling Automotive AG & Co. KG

Thomas Ehrenberg, Röchling Automotive AG & Co. KG

Bei der grundsätzlichen Überlegung, ob es sinnvoll bzw. notwendig ist, in Italien ein Schutzrecht anzumelden, gibt einige Besonderheiten zu beachten. Wie sehen diese aus?
Beispielsweise birgt das italienische Patentsystem einige Fallen, die bei dieser Überlegung von entscheidender Bedeutung sind. Die Schwierigkeit, ein in Italien erwirktes Schutzrecht auch in der Praxis durchsetzen, wird durch die Einschätzung des World Competitiveness Yearbook deutlich, das Italien zu den Staaten zählt, in denen die Durchsetzung von IPR weltweit am schwierigsten sei, weit schwieriger als beispielsweise in China.

Warum ist dies aber so und was kann der Anmelder tun, um seine Chancen für eine erfolgreiche Durchsetzung zu erhöhen? Welche Strategie ist die richtige?
Die Strategie zur Durchsetzbarkeit der eigenen Schutzrechte darf natürlich nicht erst mit der Marktpräsenz eines potenziellen Verletzers beginnen, sondern bereits deutlich früher, nämlich vor der Anmeldung. Hier werden die Voraussetzungen geschaffen, die das Recht an der eigenen Erfindung von seinem ideellen Status zu einem durchsetzbaren und somit erst wirtschaftlich sinnvollen Recht befördern. Die entscheidenden Weichen werden deshalb vor der Anmeldung gestellt. Bevor die Frage des „Wie melde ich an?" gestellt werden kann, muss die des „Was melde ich an?" beantwortet werden.

Die Reihenfolge bei der Durchsetzung von Schutzrechten in Italien lautet also demnach:
Was muss ich anmelden, um die besten Chancen zur Durchsetzbarkeit zu haben (nationale oder EP- bzw. PCT-Anmeldung)? Wie kann ich dieses Schutzrecht durchsetzen / verteidigen?
Ganz richtig! Bis zum Jahr 2008 war die erste Frage eindeutig zu beantworten, da bei einer nationalen italienischen Patentanmeldung keine Neuheitsrecherche durchgeführt wurde und somit die Rechtsbeständigkeit nicht mit Sicherheit zu beantworten war. Eine europäische Anmeldung war damit die zu empfehlende Lösung.

Seit dem 1. Juli 2008 aber unterliegt jede nationale italienische Patentanmeldung einer vom Europäischen Patentamt durch geführten Neuheitsrecherche.

Das italienische Patentamt UIBM fungiert hierbei als Mittler zwischen Anmelder und EPA. Inwiefern hier Prüfungsbescheide und Erwiderungen äquivalent zum europäischen Verfahren dargestellt werden, lässt sich aufgrund der bisher noch recht kurzen Zeitspanne aktuell noch nicht eindeutig beantworten, vergangene Erfahrungen mit dem UIBM lassen hier jedoch Skepsis durchaus angebracht erscheinen.

Eine europäische (bzw. PCT-) Anmeldung mit Benennung von Italien als Bestimmungsland erscheint deshalb nach wie vor als bessere, zumindest aber sicherere Lösung.

Auf diese Weise wird also das Risiko eines Schadensersatzes bei Vorgehen gegen einen mutmaßlichen Verletzer deutlich verringert, da hier eine wesentlich größere Sicherheit über die Rechtsbeständigkeit des Schutzrechts besteht?
Ganz richtig! Ein weiterer Vorteil liegt darin, dass sich EP-Dokumente komfortabel recherchieren lassen, während eine Recherche oder eine Einsehbarkeit italienischer Patente nahezu unmöglich ist. Es ist von daher für einen potenziellen Verletzer nicht absehbar, ob er ein nationales italienisches Patent (unwillentlich) verletzt.

Die Haltung des mutmaßlichen Verletzers, so man ihn mit seiner Verletzung konfrontiert, ist demzufolge im Normalfall eine abwehrende und verteidigende, da das diesbezügliche Unrechtsbewusstsein verständlicherweise nicht besonders stark ausgeprägt sein wird.

Zudem ist der Rechtsstand italienischer Schutzrechte innerhalb eines vertretbaren Zeitraums und mit vertretbarem Aufwand nicht feststellbar, da sich eine Anfrage beim italienischen Patentamt in Rom, die Klarheit schaffen könnte, sehr lange – unter Umständen über Jahre – hinziehen kann.

Die richtige Anmeldestrategie – das „Was?" – ist also das Fundament der möglichen späteren Durchsetzbarkeit und von entscheidender Bedeutung für dieselbe. Gibt es weitere Punkte zu berücksichtigen?

3

3

Der zweite unbedingt zu beachtende Aspekt bezüglich der Durchsetzbarkeit ist das italienische Rechtssystem mit seinen Besonderheiten. Die Arbeitsweise der italienischen Gerichte ist hier besonders hervorzuheben. Diese arbeiten sehr langsam und dies nicht erst ab Prozessbeginn, sondern bereits im Vorfeld. So ist es durchaus nicht außergewöhnlich, wenn Gerichtstermine erst nach Jahren zur Verhandlung angesetzt werden.

Diese Langsamkeit verbunden mit einer europäischen Verordnung aus dem Jahr 2001 ist von entscheidender Bedeutung für das weitere Vorgehen.

Diese europäische Verordnung (Artikel 27 EuGVVO) lautet:

(1) Werden bei Gerichten verschiedener Mitgliedstaaten Klagen wegen desselben Anspruchs zwischen denselben Parteien anhängig gemacht, so setzt das später angerufene Gericht das Verfahren von Amts wegen aus, bis die Zuständigkeit des zuerst angerufenen Gerichts feststeht.

(2) Sobald die Zuständigkeit des zuerst angerufenen Gerichts feststeht, erklärt sich das später angerufene Gericht zugunsten dieses Gerichts für unzuständig.

Ziel dieses Artikels 27 ist es also, sich widersprechende Entscheidungen der Gerichte in getrennten Verfahren zu vermeiden. Was bedeutet diese europäische Verordnung für die Praxis?
In der praktischen Umsetzung bedeutet dies, dass eine Berechtigungsanfrage des Patentinhabers an einen mutmaßlichen Verletzer diesem die Möglichkeit gibt, bei einem (auch) in Italien gültigen Schutzrecht bei einem italienischen Gericht Klage auf Feststellung, dass er das Patent nicht verletze, zu erheben (negative Feststellungsklage). Die darauf als Reaktion erfolgende Leistungsklage des Schutzrechtsinhabers wird sofort ausgesetzt, da die negative Feststellungsklage zeitlichen Vorrang hat.

Dem zweiten, später angerufenen Gericht ist es verwehrt, die Zuständigkeit des ersten Gerichts zu überprüfen. Das bedeutet, das später angerufene Gericht setzt auch dann aus, wenn das zuerst angerufene Gericht eindeutig unzuständig ist.

Patentverletzer haben somit die Möglichkeit, in Italien eine negative Feststellungsklage einzureichen, mit der Folge, dass sich damit alle anderen Gerichte in Europa für nicht zuständig erklären müssen.

In diesem Zusammenhang kursiert der Ausdruck „italienischer Torpedo". Was ist damit gemeint?
Durch die Langsamkeit der italienischen Gerichtsbarkeit kann sich eine solche Klage über Jahre hinziehen. Selbst ein Erfolg des Patentinhabers vor Gericht wird so zum Pyrrhussieg, da der Verletzer seine eigentlich gesetzwidrige Handlung unter dem Schutz des laufenden Verfahrens den ganzen Zeitraum über die Patentverletzung fortsetzen kann und bei einem negativen Bescheid seiner Klage das entsprechende Unternehmen bereits aus dem Handelsregister gestrichen haben kann und es somit nicht mehr existiert.

Diese mögliche Vorgehensweise nennt man „italienischer Torpedo". Der Patentinhaber muss sich darüber im Klaren sein, ob er dieses Risiko eingehen will und den beispielsweise in Deutschland üblichen Weg der Berechtigungsanfrage wählt und womöglich mit einem italienischen Torpedo konfrontiert wird oder ob er zur Vermeidung desselben keine Berechtigungsanfrage stellt, sondern sofort eine Leistungsklage einreicht und das Risiko aus diesem Vorgehen trägt.

Das A und O ist bei letzterem Vorgehen eine peinlich genaue Prüfung, ob tatsächlich eine nachweisbare Verletzung vorliegt, um hier mögliche Regresszahlungen bereits im Vorfeld auszuschließen bzw. diese Gefahr möglichst zu minimieren.

Zusammenfassend lässt sich sagen, dass die Strategie zur Durchsetzung von Schutzrechten in Italien, so schwierig sie auch erscheint, auf zwei wesentlichen Säulen ruht, nämlich der Frage, ob ein nationales italienisches oder ein europäisches (bzw. PCT-) Schutzrecht angemeldet werden soll, und der Vermeidung des sogenannten italienischen Torpedos, um nicht auf dem italienischen Rechtsweg das Nachsehen zu haben.

Es lässt sich also sagen, dass eine Durchsetzung von Schutzrechten in Italien zwar einige Tücken hat, unter Beachtung der oben genannten Punkte aber durchaus Erfolg versprechend ist.
Voraussetzung ist aber, gerade für deutsche Patentanmelder, sich von der bekannten Vorgehensweise im eigenen Land zu verabschieden und die besonderen Gepflogenheiten des Landes Italien bei jedem Schritt zu beachten. Sinnvoll ist deshalb in jedem Fall die Konsultation eines italienischen Patent- bzw. Rechtsanwalts, um sich hier in den Wirren des Rechtssystems nicht zu verirren.

3.4.6 Ländertabelle mit Zusatzinformationen

Als Ergänzung zur Darstellung der Situation in den ausgewählten Ländern China, Indien und Italien wurde eine Informationssammlung in einer elektronischen Tabelle erstellt. Diese enthält Kurzinfos und Internetlinks zu folgenden Bereichen:

- Übersicht über Verfahren
- Anmeldebehörde mit Link
- Anmeldestatistiken (soweit verfügbar)
- Gebühren für Anmeldung und während der Laufzeit
- Link zur aktuellen Gebührenliste
- Mittlere Dauer bis Erteilung
- Maximale Schutzdauer
- Einspruchs- / Widerspruchsverfahren
- Spezifische Verfahrensschritte
- Anwaltspflicht und Link zum Anwaltsverzeichnis
- Softwarerelevante Informationen
- Unterschiede zum DE-Recht
- Links zu Fachartikeln
- Gesetzestexte
- Internationales Recht – Anmeldeoptionen mit Links sowie Besonderheiten
- Vorgehen gegen Verletzer
- Erfahrungsberichte (Links)
- Weitere Linkadressen.

Diese Informationen sind abrufbar unter www.mainpiz.de – Basisinfos – Patentstrategie – Internationaler Schutz.

3.5 Mehrwert für den Kunden schafft Schutz vor Plagiaten

Benjamin Hueske, Philipp Kuske

Der Kunde ist bei der Abwehr von Produktimitaten einer der wichtigsten Verbündeten und gleichzeitig derjenige, der auftauchende Plagiate bewusst oder unbewusst einkauft und somit das Original substituiert. Maßnahmen zu entwickeln, die an den Kunden gerichtet sind, ist daher eine logische Schlussfolgerung. Insbesondere über die Schaffung von einem immateriellen Mehrwert kann es dem Originalhersteller gelingen, den Kunden eng an das Unternehmen zu binden und somit keinen Raum für Produktpiraten zu lassen.

Die Verknüpfung von Zusatznutzen mit anderen implementierten Schutzmaßnahmen (z. B. der Produkt- und Prozessgestaltung oder der Kennzeichnungstechnologien) kann weiterhin sinnvoll sein, um die Frage der Kostenübernahme von Schutzmaßnahmen zu beantworten. Prinzipiell gibt es hierfür zwei Möglichkeiten. Entweder übernimmt das Unternehmen die Kosten selbst oder bürdet diese dem Kunden auf, indem ein höherer Preis verlangt wird – beide Szenarien sind aber nicht zielführend (Wildemann et al. 2010). Wird durch einen (im Idealfall quantifizierbaren) Mehrwert nun aber ein Nutzen generiert, der den Aufwand für die implementierte Schutzmaßnahme deckt oder übersteigt, kann im eigenen Unternehmen oder beim Kunden die Akzeptanz von implementierten Schutzmaßnahmen zusätzlich erhöht werden.

3

3.5.1 Industrielle Dienstleistungen als nicht imitierbarer Mehrwert für den Kunden

Besonderes Potenzial hierfür bieten industrielle Dienstleistungen. Industrielle Dienstleistung beschreiben solche Dienstleistungen, die von einem produzierenden Unternehmen erbracht werden. Kennzeichnend ist hierbei die Kombination von Sach- und Dienstleistung. Dienstleistungen in diesem Bereich setzen gezielt an der Stärke Deutschlands, der industriellen Produktion, an. Sie erweitern das Sachprodukt um z. B. eine Beratungsleistung und stellen somit dem Kunden eine Problemlösung statt des bloßen Produktes zur Verfügung. Der Originalhersteller gewinnt neben einer höheren Kundenbindung auch häufig eine höhere Umsatzrendite als im klassischen Produktgeschäft (Abb. 3.24).

Da viele der Prozesse im Bereich der industriellen Dienstleistungen den persönlichen Kontakt erfordern und schwer automatisierbar sind, stellt der Versuch, diese zu imitieren, die Produktpiraten vor kaum zu überwindende Hürden. Gleichzeitig kann es dem Originalhersteller durch eine effiziente Dienstleistungserbringung, Standardisierung der Prozesse und Automatisierung womöglich gelingen, den Mitarbeitern mehr Zeit für den Kundenkontakt und die Entwicklung kundenspezifischer Problemlösungen zur Verfügung zu stellen und somit Differenzierungsmerkmale zu generieren. Drei der größten Herausforderungen im Bereich der industriellen Dienstleistungen sind somit das Erkennen der Kundenbedürfnisse, die Schaffung von Transparenz bei der Dienstleistungserbringung und die Effizienz der Dienstleistungserbringung.

Abb. 3.24: Umsatzstruktur deutscher Unternehmen im Produktionsmaschinen- und Anlagenbau (Felmy 2008)

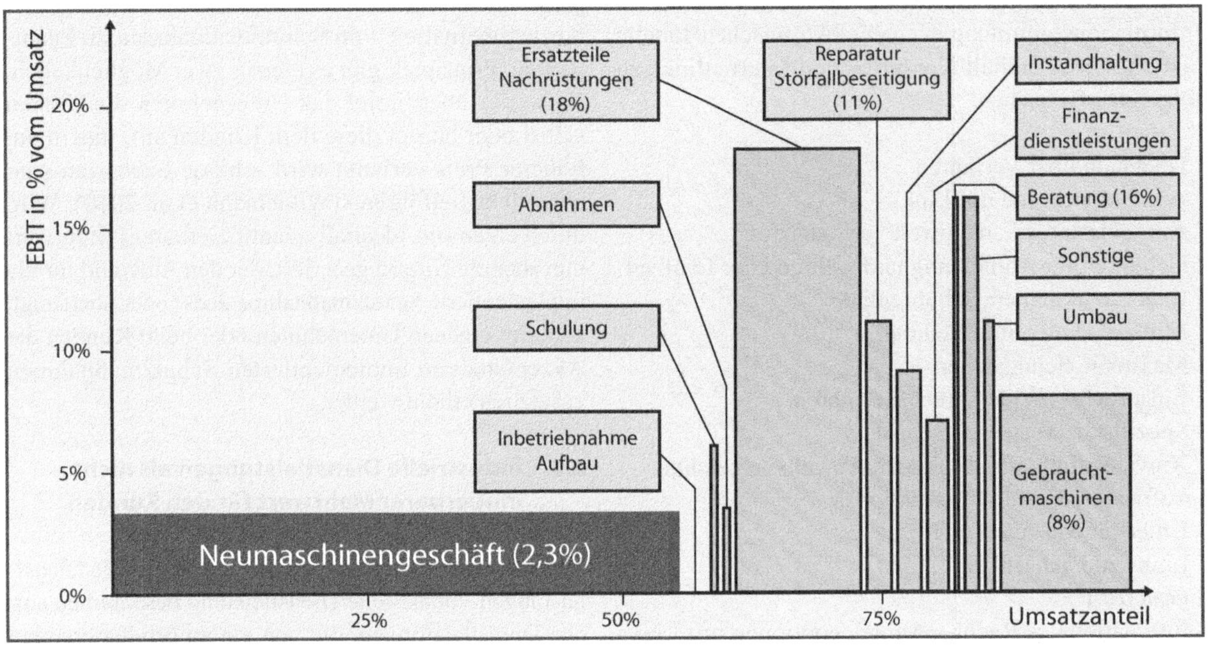

3.5.2 Potenziale industrieller Dienstleistungen in der Zerspanung für den Kunden

Die steigende Komplexität von Investitionsgütern resultiert aus den technologischen Entwicklungen und der höheren Anzahl an Funktionen. Ihre Bedienung wird immer schwieriger und erfordert großes Know-how, über das nicht jeder Nutzer von Investitionsgütern (Anwender) verfügt (Kinkel et al. 2003). Somit führt eine Unterstützung des Industriegüterherstellers bei

- der Installation
- der Bedienung der Maschine
- der Schulung der Mitarbeiter

in der Regel zu einer Reihe von Vorteilen für den Anwender. Beispielhaft seien folgende genannt (Roth 2003, Meier 2004):

- Geringere Fehlerhäufigkeit bei Maschinenbedienung
- Erhöhung der Produktivität
- Erhöhung der Maschinenverfügbarkeit
- Sicherung des Produktionsprozesses
- In einigen Fällen Weitergabe der vollen Verantwortung über den Produktionsprozess an den Anbieter.

Mit der Möglichkeit, bestimmte Aufgaben fremd vergeben zu können, ist es dem Kunden möglich, sich auf seine Kernkompetenzen zu konzentrieren (Hoeck 2005).

Zusätzlich zu den oben aufgelisteten Dienstleistungen sind bei hoher Anlagenkomplexität eine intensive Beratung und eine Planung des Gesamtsystems notwendig (Roth 2003). Außerdem ist es für den Anwender allein bei nahezu homogenen Produkten auf dem Markt fast unmöglich, das Produkt zu finden, welches genau den erwarteten Nutzen stiftet bzw. seine Bedürfnisse zu 100 Prozent befriedigt. Aus diesen Gründen wird der Beratung eine hohe Bedeutung zugewiesen. Die Einschätzung der Relevanz einzelner Dienstleistungen aus Nachfragersicht ist in Abbildung 3.25 dargestellt. Durch die Zusammenarbeit zwischen Anbieter und Nutzer, z. B. in Form einer Beratung, können die Kundenbedürfnisse und die Anforderungen an das Produkt sowie an die Dienstleister besser erkannt werden. Dadurch kann eine Erhöhung des Kundennutzens erzielt werden (Schuh et al. 2000).

Letztendlich werden ausschlaggebende Faktoren beim Kauf eines Investitionsgutes weiterhin Wirtschaftlichkeit, Produktivität und Qualität sein. Allerdings erwartet

Abb. 3.25: Bedeutung einzelner Serviceleistungen aus Nachfragersicht (Busse et al. 2004)

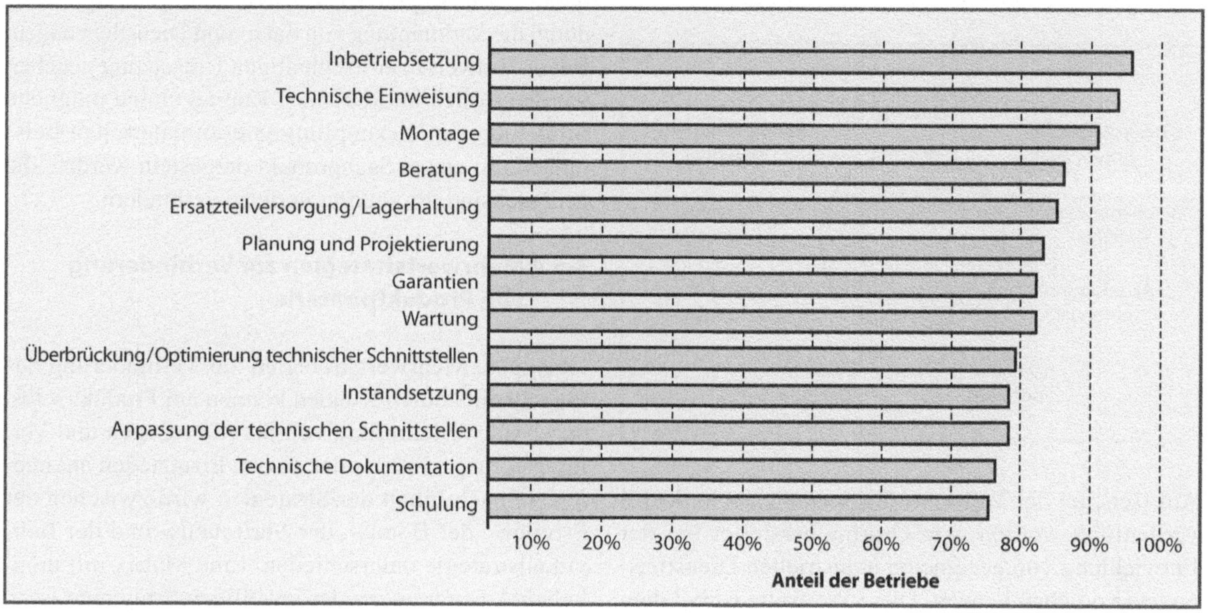

der Kunde, diese Anforderungen nicht nur durch materielle Güter erfüllt zu bekommen (Abb. 3.25), sondern auch durch die Erbringung von Dienstleistungen und durch einen engeren Kontakt zum Lieferanten (Kinkel 2003, Meier 2004).

Zusammenfassend kann eine Nutzensteigerung beim Kunden durch folgende Punkte erreicht werden:

- Optimale Beratung und Anpassung des Produktes des Dienstleisters an die Kundenbedürfnisse.
- Integration von externem Know-how (das intern aufgrund zunehmender Fluktuation abnimmt bzw. mit dem Stand der Entwicklung nicht mithalten kann)
- Kostensenkung; dabei hat der Dienstleister die Chance, die Leistung häufig kostengünstiger zu realisieren als der Kunde, da er durch die Erbringung von Dienstleistungen für mehrere, gleichartige Kunden Skaleneffekte erreichen kann.

3.5.3 Potenziale industrieller Dienstleistungen für den Anwender

Neben dem Nutzen der Anwender von Investitionsgütern bieten Dienstleistungen auch dem Dienstleister selbst ein erhebliches Nutzenpozential (Abb. 3.26). Dienstleistungen eröffnen aus Sicht des Anbieters u. a. die Möglichkeit,

- Sich von Wettbewerbern zu differenzieren, z. B. eine Produktauslegung vs. reiner Produktverkauf
- Komplett neue Geschäftsfelder zu eröffnen, z. B. Logistikleistungen im Kundenwerk zu übernehmen
- Dem Kunden gegenüber ein Argument bei der Anbahnung von Geschäften zu haben
- Das eigene Image als „Problemlöser" aufzuzeigen
- Den Kunden über den Nutzen der eigenen Produkte zu informieren und ihm den Nutzen zu erschließen
- Neue Ertragsquellen zu eröffnen, wenn die Vermarktung der Dienstleistungen als eigenständiges Produkt gelingt
- Die Gefährdung, von Produktpiraterie betroffen zu sein, zu reduzieren.

In der Regel wird weder auf der Seite der Anbieter noch auf der Seite der Anwender klar festzustellen sein, welche Nutzenpotenziale erschlossen werden sollen. Dies ist einerseits eine situative Entscheidung, andererseits adressiert eine Entscheidung – für oder wider eine Dienstleistung – mehrere Nutzenpotenziale. In der Praxis zeigt sich, dass insbesondere Unternehmens- und Branchenbesonderheiten angepasste Lösungen erfordern, auch wenn die Grundprobleme ähnlich sind. Dies macht die Schwierigkeit deutlich, die Produktpiraten bei der Imitation von Produkten, die mit Dienstleistungen verknüpft sind, haben.

Abb. 3.26: Nutzenpotenziale industrieller Dienstleistungen (Friedli und Schuh 2003)

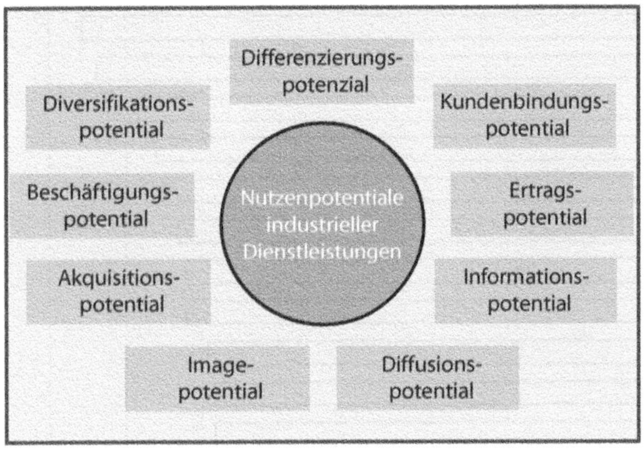

Am Beispiel der Wertkette Zerspanungstechnik soll verdeutlich werden, wie Originalhersteller bei der Entwicklung von geeigneten industriellen Dienstleistungen vorgehen können. Diese Wertkette ist bei dem hier zugrundeliegenden Verständnis durch alle an der Zerspanung beteiligten Partnern charakterisiert. Sie umfasst somit Maschinenhersteller, Komponentenhersteller, Werkzeughersteller und Anwender von Zerspanungstechnik und ist durch die elementaren Schritte Anlagenplanung, Anlagenbetrieb und Anlagenauslauf gekennzeichnet. In jeder Phase existieren spezifische Anforderungen an die Partner der Wertkette, die durch Dienstleistungen besser bewältigt werden können.

Während in der Planungsphase vorwiegend Engineering-Dienstleistungen im Vordergrund stehen, nehmen in der Betriebsphase unterstützende Dienstleistungen, wie Wartung oder Versorgung mit Verbrauchsmaterialien, zu, aber auch hier sind Beratungsleistungen im Sinne einer Optimierung immer relevant. Für den Auslauf der Produkte kommt insbesondere der gezielten Aussteuerung von Beständen, beispielsweise an Werkzeugen, und der Unterstützung durch Dienstleister eine große Bedeutung zu. Schlüssel zum Erfolg mit Dienstleistungen ist es also, dem Kunden die

- richtigen Leistungen (Art der Dienstleistung, Umfang und Qualität),
- effizient (minimaler Ressourceneinsatz bei gegebenem Leistungsziel) und
- transparent (für den Kunden erkennbarer Aufwand und Nutzen) zu erbringen.

Die gelungene Umsetzung dieser drei Bereiche ist ein Schlüssel zum Erfolg im Dienstleistungsgeschäft und damit zur erfolgreichen Abwehr von Produktpiraterie durch die Verknüpfung von Sach- und Dienstleistungen. Bevor Hinweise zur nachhaltigen Umsetzung gegeben werden, sollen im folgenden Kapitel einige mögliche Strategien zur Verknüpfung von immateriellen Leistungen mit einem Sachprodukt dargestellt werden, die geeignet sind, Produktpiraterie zu verhindern.

3.5.4 Mehrwertstrategien zur Verhinderung von Produktpiraterie

Geeignete Mehrwertstrategien zur Verhinderung des Plagiatkaufs durch Kunden können am Produkt selbst durch die Verknüpfung von Servicezusagen und Verfügbarkeitsgarantien oder an den Ersatzteilen anknüpfen. Je nach Inhalt der Strategien wird zwischen der Privileg-, der Bonus-, der Vertrauens- und der Individualstrategie unterschieden. Eine Matrix mit möglichen Ausprägungen der jeweiligen Strategien ist in Abbildung 3.27 dargestellt. Auch hier gilt aber, dass jedes Unternehmen die Strategien wählen muss, die am besten zu der spezifischen Unternehmenssituation, der Zielgruppe und den Produkten passen. Die genannten Ausprägungen können daher nur als Anregungen für eine Diskussion im Unternehmen dienen. Eine mögliche Vorgehensweise zur Auswahl und Ausgestaltung der geeigneten Strategien wird, unterstützt durch ein Praxisbeispiel, im anschließenden Kapitel präsentiert.

Privilegstrategien

Bei Privilegstrategien verknüpft der Originalhersteller im Wortessinne mit der (vertraglich vereinbarten) Verwendung von Originalteilen ein Sonderrecht für den Kunden. Der Kunde sichert also die ausschließliche Verwendung von Originalteilen zu, gewährt dem Originalhersteller auch das Recht, dies zu überprüfen und erhält dafür als Gegenleistung gewisse Zusatzleistungen. Für den Service könnte das z. B. bedeuten, dass der Originalhersteller Junior- und Seniortechniker bzw. Experten zur Verfügung stellt oder eine Spezialhotline einrichtet, die zu bevorzugter Behandlung im Servicefall (z. B. durch die Umleitung in eine Warteschleife, die den Kunden auf einem noch höheren Serviceniveau bedient) führt. Ebenso wäre die Erweiterung der Garantieleistungen über das übliche Maß hinaus denkbar.

Abb. 3.27: Mehrwertstrategien zur Verhinderung von Produktpiraterie

	Ersatzteil	Service	Verfügbarkeit
Privileg		❙ Erweiterte Gewährleistung ❙ Klassifizierung der Kunden ❙ Einsatz von Junior-Technikern, Senior-Technikern, Experten ❙ VIP-Club mit Spezialhotline, regelmäßigen Informationen über Innovation etc.	❙ Einsatz von Junior-Technikern, Senior-Technikern, Experten ❙ VIP-Notfallanruf ❙ Dauer der Reaktionszeit bei Servicefall ❙ Zugriff auf bestimmte Funktionen der Steuerung bei Goldclub/Goldmember-Status
Bonus	❙ Recycling „Abwrackprämie" ❙ Performance Contracting (Verkauf von Stückzahlen, Pay Per Piece) ❙ Kundenspezifische Sonderaktionen ❙ Fixierter Rückkaufwert ❙ Wartungsvertrag mit nutzungsabhängigem Rückkaufwert ❙ Marktberatung ❙ Preisreduktion bei Nicht-Existenz von Plagiaten ❙ Exklusiver Zugang zu Innovationen für Kunden mit 100 % Originalkomponenten ❙ Rückvergütungsanreize „Original-PayBack" ❙ Geldbonus „5 Jahre plagiatfrei"	❙ Teilnahme an speziellen Kunden-Technikforen	❙ Garantie definierter Verfügbarkeit ❙ Exklusiver Zugang zu Innovationen für Kunden mit 100% Originalkomponenten
Vertrauen	❙ Unabhängige Beratung bezüglich Internationaler Trends ❙ Zehn-Tage-Umtauschrechte „Junge Gebrauchsteile" ❙ Personalisierte Newsletter ❙ LCC-Abschätzung mitgeben ❙ Blog installieren, um Bewusstsein für die Gefahr des Plagiateinsatzes zu schaffen ❙ Aufnahme in PR-Arbeit durch Anwendungsbeispiele ❙ Qualitätssiegel „100% Original" schaffen ❙ Hilfestellung für die Fertigung geben	❙ Fernwartung ❙ Empfehlung für die richtige Wahl des Servicelevels ❙ Updates- und Upgrades-Regeln ❙ Regelmäßige Softwareupdates ❙ Maschinenumbau/-upgrades ❙ Bereitstellung von Technologie-Datenbanken ❙ TCO-Vereinbarungen ❙ Wissens-Blog für Kunden ❙ Mitbestimmungsfeatures für das nächste Produktrelease ❙ Hilfestellung für die Fertigung geben	❙ Fernwartung ❙ 24-Stunden-Servicehotline, sieben Tage die Woche ❙ Rücknahmegarantien ❙ Empfehlung für die richtige Wahl des Servicelevels ❙ Risikominimierung im Bezug auf Sicherheit, Qualität und Verfügbarkeit
Individuell	❙ Nachverfolgbarkeit der Ersatzteile ❙ Schwund verringern durch Identifikation der Komponenten im Ersatzteillager ❙ Erleichterte Ersatzteilbestellung ❙ Performance Contracting (Verkauf von Stückzahlen, Pay Per Piece) ❙ Online-Shop für Ersatzteile ❙ Cross-Selling	❙ Condition Monitoring ❙ Zustandsorientierte Instandhaltung ❙ Track & Trace ❙ Einsatz der Maschinenakte zur Serviceverbesserung ❙ Verschleißerkennung ❙ Automatische Werkzeugidentifikation ❙ Planung und Projektierung mit Verkauf des Produktes anbieten ❙ Maschinenakte für präzise Diagnosen und Service ❙ Erleichterte Kommunikation durch Diagnose und Fehlercodes ❙ Fernkonfiguration/Unterstützung ❙ Cross-Selling ❙ Übernahme der Instandhaltung und Werkzeuglogistik durch den OEM	❙ Condition Monitoring ❙ Lastkollektivüberwachung ❙ Zustandorientierte Instandhaltung ❙ Track & Trace ❙ Selbstkonfiguration, optimale Maschineneinstellung und Fehlerdiagnose durch hohe Maschinenintelligenz ❙ Verschleißerkennung ❙ Maschinenakte für präzise Diagnose und Service ❙ Schnelle Verfügbarkeit von Ersatzteilen ❙ Ausruf und Hinweis auf Laufzeitende von Verschleißteilen ❙ Fernkonfiguration/Unterstützung ❙ Hinweis für wirtschaftlich sinnvollen Veräußerungszeitpunkt geben ❙ Verkauf von Problemlösungen anstatt Verkauf von Maschinen

Für die Verfügbarkeit könnten schnellere Reaktionszeiten bei einem Servicefall (bzw. garantierte Reaktionszeiten) eine Privilegierung des Kunden mit Originalteilen darstellen. Dieser kann dann mit einer Behebung des Fehlers innerhalb einer gewissen Zeitspanne rechnen und somit eventuell auftretende Produktionsausfälle minimal halten. Der Originalhersteller erhält gleichzeitig ein Differenzierungsmerkmal nicht nur gegenüber den Produktpiraten, sondern auch gegenüber dem Wettbewerber. Denkbar wäre auch die Erweiterung der Zugriffe auf bestimmte Funktionen einer Maschinensteuerung für Kunden mit privilegiertem Status.

Zu beachten ist dabei immer, dass die Privilegierung der Kunden mit Originalteilen nicht zu einer Diskriminierung der Kunden führt, die den herkömmlichen Weg wählen. In Abhängigkeit der Marktmacht des Originalherstellers gegenüber dem Kunden können hier unterschiedlich stark ausgeprägte Strategien gewählt werden.

Bonusstrategien

Dienstleistungen dieser Kategorie gewähren dem Kunden einen Bonus, wenn dieser nachweislich Originalteile einsetzt. Diese Boni können monetär ausgestaltet sein, wie z. B. fixierte Rückkaufwerte oder „Abwrackprämien" beim Tausch „Alt gegen Neu", können sich aber auch in immateriellen Leistungen wie in der Teilnahmemöglichkeit an speziellen Kundenforen ausdrücken. Insbesondere im Bereich der Verfügbarkeit kann ein Originalhersteller aber einen Mehrwert für den Kunden generieren, wenn er diesem z. B. eine vereinbarte Verfügbarkeit garantiert. Diese Garantie sollte vertraglich fixiert werden und ermöglicht es dem Originalhersteller, die ausschließliche Verwendung von Originalteilen durch den Kunden ebenfalls vertraglich festzuhalten. Auf diese Weise kann dem Kunden eine stabile Produktion und somit ein Vorteil gegenüber seinen Wettbewerbern geboten werden. Dies kann sogar so weit gehen, dass der Kunde exklusiven Zugang zu Innovationen erhält, wenn er die ausschließliche Verwendung von Originalteilen nachweisen kann.

Vertrauensstrategien

Die Konzepte der Vertrauensstrategien versuchen, ein besonderes Vertrauensverhältnis zum Kunden aufzubauen und diesen zum Verbündeten im Kampf gegen Produktpiraterie zu machen. Dazu zählen die Übermittlung von Botschaften zur Markenidentität, z. B. durch ein Qualitätssiegel „100 % Original", das der Kunde auf seine Homepage präsentieren kann, und die Sensibilisierung des Kunden durch Kommunikationsmaßnahmen. Unterstützt werden können diese Strategien durch Leistungen im Service, wie z. B. die Empfehlung eines geeigneten Servicelevels oder die Bereitstellung von Technologiedatenbanken, sowie die Einbindung in den Produktentstehungsprozess. Die Botschaft, dass Kunden ihre Risiken in der Produktion durch den Einsatz von Originalteilen minimieren, unterstützt ebenfalls den Aufbau eines Vertrauensverhältnisses zum Kunden.

Individualstrategien

Werden Dienstleistungen auf die spezifische Situation des Kunden angepasst, spricht man von Individualstrategien. Ein klassisches Beispiel hierzu ist das sogenannte Performance Contracting, bei dem im Extremfall z. B. keine Werkzeuge verkauft werden, sondern durch den Hersteller dem Kunden ein bestimmter Stückpreis garantiert wird. Auch die Festlegung von kundenindividuellen Instandhaltungsstrategien, z. B. verknüpft mit Condition Monitoring, fällt unter die Kategorie der Individualstrategien. Die Verfolgung von Ersatzteilen und Komponenten durch Track & Trace kann ebenfalls individuell auf die Supply Chain des Kunden abgestimmt werden und ermöglicht die lückenlose Kontrolle der Supply Chain für beide Seiten. Der Originalhersteller vermindert somit das Risiko, dass fremde Komponenten in die Supply Chain eingeschleust werden, der Kunde kann z. B. durch die Identifikation der Ersatzteile im Lager den Schwund verringern.

3.5.5 Vorgehen zur Bestimmung des optimalen Dienstleistungsangebotes

Alle vier skizzierten Strategiefelder sind mit ihren Ausprägungen grundsätzlich geeignet, um eine Sachleistung so mit einer Dienstleistung oder einer immateriellen Leistung zu verknüpfen, dass die Kundenbindung erhöht und somit der Raum für Produktpiraten reduziert wird. Die Kunst ist es allerdings, die für die spezifische Unternehmenssituation geeigneten Dienstleistungen auszuwählen.

Dazu wurde am Institut für Produktionsmanagement, Technologie und Werkzeugmaschinen (PTW) der TU Darmstadt im Rahmen des BMBF-Verbundprojektes ProDienst mit namhaften Industrievertretern der Zerspanungsbranche ein Konzept entwickelt, mit dem folgende, wesentlichen Fragen beantwortet werden:

- Welche Dienstleistung biete ich an?
- Wie vermittle ich dem Kunden Aufwand und Nutzen?
- Wie gestalte ich Prozesse effizienter und nutzbringender für den Kunden?

Das Vorgehen zur Entscheidungsfindung, ob das Dienstleistungsprogramm ausgeweitet oder die Organisation der Dienstleistungserbringung vorrangig optimiert werden sollte, zur Festlegung der zielführenden Maßnahmen sowie zur Auswahl und Nutzung der notwendigen Methoden ist in Abbildung 3.28 dargestellt.

Im folgenden Kapitel wird die Ausweitung des Dienstleistungsangebotes am Beispiel eines der weltweit führenden Hersteller im Bereich von Spannsystemen konkretisiert. Für die Ergebnisse zur Vorgehensweise zur Optimierung der Dienstleistungsorganisation sei auf die veröffentlichten Publikationen des PTW verwiesen (Abele et al. 2007; Abele et al. 2008; Hueske 2009).

3.5.6 Vorgehen zur Ausweitung des Dienstleistungsangebotes am Beispiel der OTT-JAKOB Spanntechnik GmbH

Benjamin Hueske, Hubert Sykora

Die Firma OTT-JAKOB Spanntechnik GmbH möchte mit neuen Serviceleistungen vor allem den Endkunden ansprechen. Endkunden sind in diesem Fall die Anwender der Spannsysteme, also Unternehmen, die in ihrer Fertigung mit zerspanender Technik arbeiten. Bisher liefert und verkauft die OTT-JAKOB Spanntechnik GmbH ihre Spannsysteme und Komponenten hauptsächlich an Werkzeugmaschinen- und Spindelhersteller. Diese verbauen die Komponenten in ihren Produkten und so gelangen sie schließlich zum Anwender. Heute hat die OTT-JAKOB Spanntechnik GmbH keine Kenntnis darüber, wann und wo die einzelnen Komponenten in Betrieb genommen werden. Auch die Ersatzteile bezieht der Endkunde meist über den Maschinen- und/oder Spindelhersteller, vor allem dann, wenn sich die Maschinen noch in der Gewährleistungsfrist befinden. Dies soll sich mit dem verstärkten Dienstleistungsangebot für den Endkunden ändern.

Durch die Betrachtung der Wettbewerber, des Umfeldes und durch Workshops mit den Mitarbeitern von

Abb. 3.28: Bedeutung einzelner Serviceleistungen aus Nachfragersicht (Busse et al. 2004)

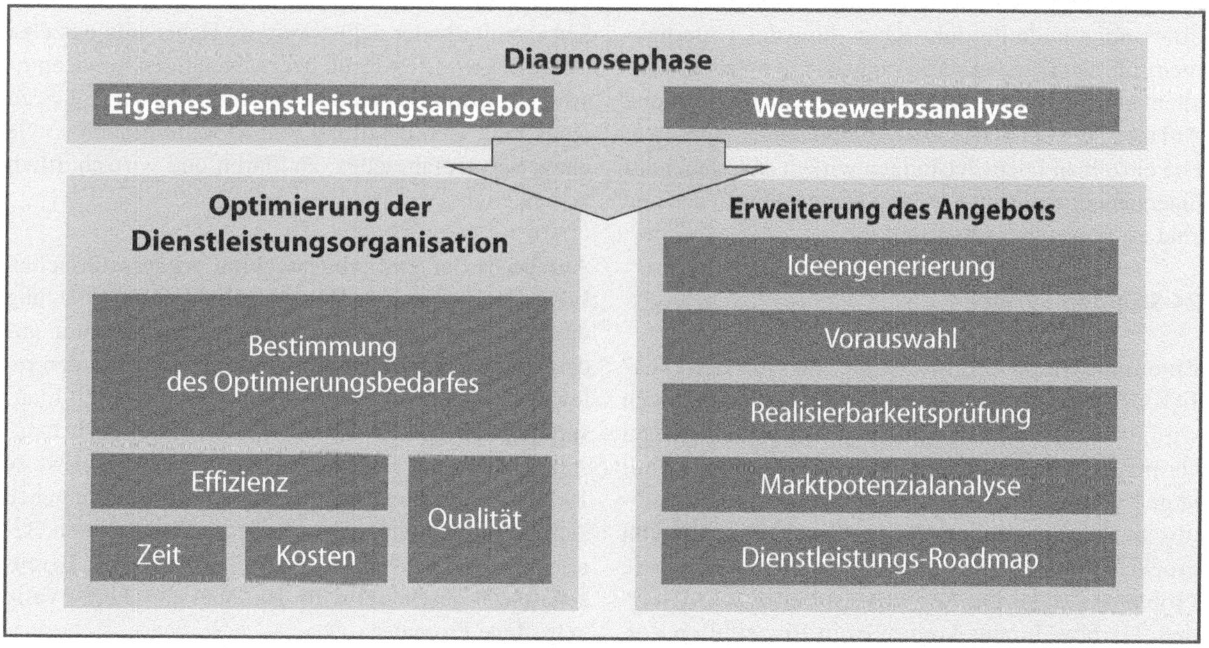

OTT-JAKOB, u. a, aus Vertrieb, Konstruktion und Produktion, konnten sechs als für die Zukunft relevanten Dienstleistungsideen vorausgewählt werden. Diese sind in Abbildung 3.29 dargestellt. Dabei sind die Ansätze sowohl auf die Verbesserung vorhandener Dienstleistungen (z. B. Schulung) als auch auf für OTT-JAKOB komplett neue Felder (z. B. 24-Stunden-Service) ausgerichtet.

Abb. 3.29: Mögliche Dienstleistungen

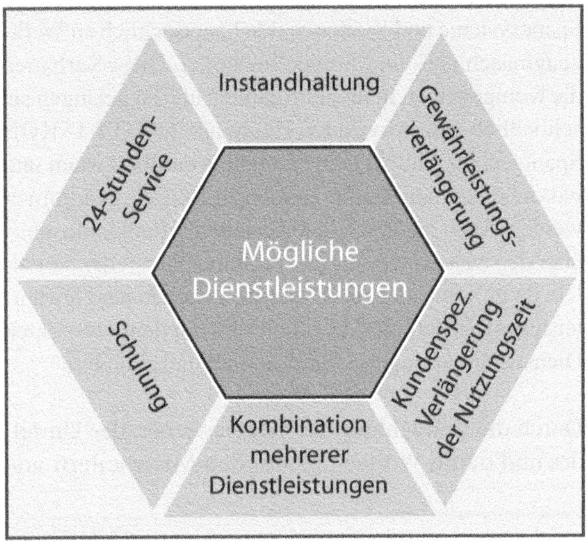

Alle identifizierten Dienstleistungen haben das Ziel, dass umfassende Produkt-Know-how des Unternehmens für den Kunden stärker nutzbar zu machen – vor allem eine höhere Verfügbarkeit seiner Maschinen und Anlagen, die OTT-JAKOB-Komponenten enthalten. Die einzelnen Dienstleistungen wirken sich dabei auf unterschiedliche Weise auf den Kundennutzen aus und sind im Folgenden dargestellt.

24-Stunden-Service

Eine industrielle Dienstleistung, die von der OTT-JAKOB Spanntechnik GmbH bisher nicht angeboten wird, ist ein 24-Stunden-Service. Aus verschiedenen Gesprächen mit Mitarbeitern des Unternehmens konnte gefolgert werden, dass für die Kunden eine telefonische Beratung außerhalb der Geschäftszeiten von großer Hilfe wäre. Auf diese Weise könnten kleinere Probleme seitens der Servicemitarbeiter gelöst werden. Darüber hinaus kommt es in Einzelfällen vor, dass Ersatzteile für das Spannsystem dringend benötigt werden. Fällt dieser Zeitpunkt beispielsweise auf einen Samstag, muss derzeit der Kunde mit seiner Bestellung bis Montag warten. Daher ist zumindest eine kurzfristige Bestellmöglichkeit von Standardkomponenten wünschenswert.

Zudem muss die Frage beantwortet werden, ob ein 24-Stunden-Service auch den Einsatz eines Servicemitarbeiters vor Ort einschließen sollte. Eine Prognose des Kundenbedarfs für diese Leistung ergab, dass mit hoher Wahrscheinlichkeit keine ausreichende Nachfrage vorliegt. Aus diesen Gründen wird ein 24-Stunden-Service erwogen, der in erster Linie als telefonische Beratungshotline dient. Bestellungen von Standardteilen sowie ihr Expressversand soll für Notfälle ermöglicht werden. In Ausnahmefällen kann auch ein Vor-Ort-Einsatz des Servicemitarbeiters erfolgen. Allerdings sind die hierfür entstehenden Gesamtkosten inklusive der Zuschläge, die außerhalb von Geschäftszeiten üblich sind, vom Kunden zu übernehmen.

Geht man davon aus, dass diese industrielle Dienstleistung in der Anfangsphase nicht allen Kunden angeboten wird, sondern hauptsächlich den A-Kunden, kann mit einer überschaubaren Anzahl an telefonischen Anfragen gerechnet werden. Aus diesem Grund ist der ständige Einsatz eines Mitarbeiters im Unternehmen wirtschaftlich nicht zu vertreten. Alternativ kann dieses Problem organisatorisch mithilfe eines Bereitschaftsdiensts der Servicemitarbeiter gelöst werden. Dabei sind einzelne Detailfragen, wie Anzahl der notwendigen Servicemitarbeiter, Ermöglichen des Unternehmenszuganges zu jeder Zeit, Bereitstellung von Mobiltelefonen sowie eines Servicefahrzeugs, zu klären und wirtschaftlich zu bewerten.

Auf Basis der grob abgesteckten organisatorischen Lösungen wurde eine Wirtschaftlichkeitsabschätzung durchgeführt. Die Gesamtkosten ergeben sich u. a. aus den Bereitschaftspauschalen, multipliziert mit den relevanten Tagen, sowie aus der prognostizierten Inanspruchnahme des 24-Stunden-Service. Bei einer Inanspruchnahme des Mitarbeiters, bei der er beispielsweise 10 Prozent der Bereitschaftszeit beschäftigt ist, ergeben sich Gesamtkosten, die im unteren fünfstelligen Bereich liegen. Die Annahme, dass 10 Prozent der Bereitschaftszeit gearbeitet wird, ist dabei eine konservativ getroffene Prognose.

Aufgrund dieser Abschätzung wurde beschlossen, den 24-Stunden-Service als Ansatz weiter zu verfolgen. In einer ersten Phase wird dieser Service voraussichtlich als exklusive Dienstleistung für A-Kunden, gegen ein geringes Entgelt oder kostenlos, angeboten werden. So kann der Service zuerst mit geringem Ressourcenaufwand eingeführt werden. Falls sich diese Dienstleistung gut etablieren sollte, wird sie in einer zweiten Phase allen übrigen Kunden angeboten. Dadurch kann sich OTT-JAKOB mithilfe des 24-Stunden-Service deutlich von ihren Wettbewerbern des Technologiemarkts Spannsysteme differenzieren. In diesen Phasen wird der Service vor allem in Deutschland und im deutschsprachigen Ausland angeboten, da die OTT-JAKOB Spanntechnik GmbH ihren Sitz in Süddeutschland hat und somit die Reaktionszeiten innerhalb Deutschlands, der Schweiz oder Österreich relativ kurz sind.

Schulung

Schulungen gehören seit Jahren zu den Serviceleistungen der OTT-JAKOB Spanntechnik GmbH. Erfolgt die Schulung beim Hersteller, so ist sie kostenfrei. Wünscht der Kunde hingegen eine Schulung bei sich vor Ort, werden lediglich die entstandenen Fahrtkosten berechnet. Dieser Service wird von den Kunden (meist die OEM) bisher sehr geschätzt, sodass die meisten Spindel- und Werkzeugmaschinenhersteller diese Schulung bereits besuchten. Eine Ausweitung dieser Dienstleistung auch für die Anwender wird als potenzialträchtig angesehen. Insbesondere größere Produktionsunternehmen, die eine Vielzahl von Werkzeugmaschinen und somit eine hohe Anzahl von automatischen Spannsystemen einsetzen, sind dabei die Zielgruppe. Für die Unternehmen sind die Instandhaltungsmitarbeiter in Theorie und im Umgang mit den Spannsystemen zu schulen, um zukünftige Inspektions- oder Wartungsarbeiten besser durchführen bzw. den Aus- und Einbau der Komponenten schneller vornehmen zu können.

Gewährleistungsverlängerung

Die von der OTT-JAKOB Spanntechnik GmbH für ihre Produkte eingeräumte Gewährleistung beträgt zwölf Monate. Dabei wird angenommen, dass die Produkte in einem Einschichtbetrieb zum Einsatz kommen. Für einige Kunden ist diese Gewährleistungsdauer nicht ausreichend, insbesondere, wenn in mehreren Schichten gearbeitet wird. Aus diesem Grund wird untersucht, inwieweit eine Verlängerung der Gewährleistung dem Kunden gegenüber angeboten werden kann. Prinzipiell ist festzuhalten, dass für eine Gewährleistungsverlängerung eine Instandhaltungsvereinbarung notwendig ist. Ohne Wartungs- und vor allem Instandsetzungsmaßnahmen kann zum Beispiel keine zwei Jahre dauernde Gewährleistung für ein Spannsystem gegeben werden, dass in einem Dreischichtbetrieb eingesetzt wird. Deshalb werden für verschiedene Einsatzbedingungen sowie Gewährleistungsdauern die Wartungsintervalle berechnet. Anhand des folgenden Beispiels soll die Vorgehensweise verdeutlicht werden: Für ein Spannsystem wird eine Gewährleistungsdauer von drei Jahren angefragt. Die Einsatzbedingungen beim Anwender erlauben eine Lebensdauer der Drehdurchführung in Höhe von 8.000 Stunden. Außerdem werden in einer Minute vier Werkzeugwechsel vorgenommen. Aus diesen Daten lassen sich nun die benötigten Instandsetzungsintervalle berechnen. Bei einem angenommenen Dreischichtbetrieb ergeben die 8.000 Einsatzstunden der Drehdurchführung eine Lebensdauer von einem Jahr. Deshalb ist die Drehdurchführung insgesamt zwei Mal instand zusetzen, damit eine Gewährleistung für drei Jahre übernommen werden kann. Außerdem ergeben die vier Werkzeugwechsel pro Minute auf das Jahr hochgerechnet ca. zwei Millionen Hübe, was in etwa

Abb. 3.30: Schulungsangebote durch Originalhersteller

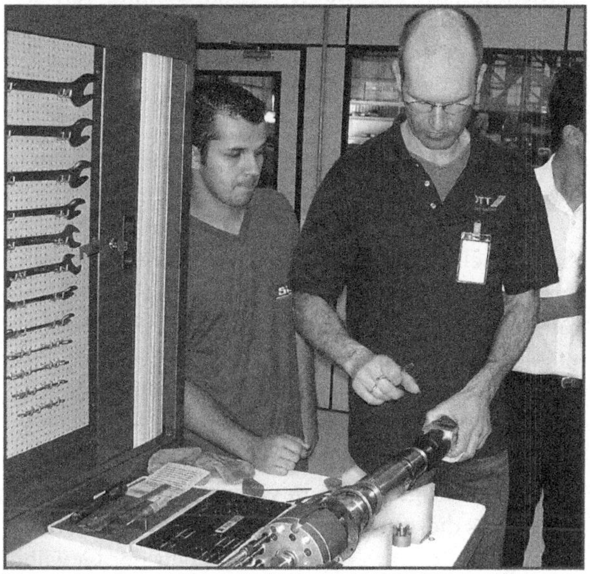

den Lebensdauererwartungen des Spannsatzes, der Löseeinheit und des Spannkopfs entspricht. Auch diese Komponenten müssen nach jedem Jahr ausgetauscht werden, um die angefragte Gewährleistung von drei Jahren anbieten zu können. Wird dagegen ein Zweischichtbetrieb angenommen, so sind alle Komponenten nach eineinhalb Jahren auszuwechseln. Bei einem Einschichtbetrieb halten alle Komponenten die vollen drei Jahre aus, sodass keine Instandsetzungsmaßnahmen in dieser Zeit vorgenommen werden müssen.

Eine entscheidende Frage bei der Gewährleistungsverlängerung ist, ob und in welcher Höhe eine Prämie vom Kunden verlangt werden soll. Der Kunde überträgt durch eine solche Dienstleistung einen Teil seines Risikos auf die OTT-JAKOB Spanntechnik GmbH. Dabei muss die Höhe der Prämie dieses Risiko abdecken können. Eine Recherche über die Prämienhöhen von Anschlussgarantien in verschiedenen Branchen ergab, dass diese sich zwischen 0,52 und 3,07 Prozent des Anschaffungswertes für jedes Jahr der Gewährleistungsverlängerung bewegen. Die Berechnung des Ausfallrisikos von Komponenten von OTT-JAKOB würde im Rahmen dieser Werte liegen.

Eine Instandhaltung anhand der realen Einsatzdaten kann durch die Verwendung des von OTT-JAKOB angebotenen Positionscontrollers erreicht werden. Nach derzeitigem Stand kann er allerdings nur die Zahl der Werkzeugwechsel dokumentieren.

Kundenspezifische Verlängerung der Nutzungszeit

Ein besonderer Beratungsservice, der dem Anwender angeboten werden kann, ist die kundenspezifische Verlängerung der Nutzungszeit von Spannsystemen. Sind die Betriebsbedingungen bekannt, also neben den verwendeten Drücken und Drehzahlen auch z. B. die Werkstücke, die es zu bearbeiten gilt, können Servicemitarbeiter die Nutzungszeit für den speziell betrachteten Anwendungsfall genauer bestimmen und durch Komponentenanpassung gezielt erhöhen. Zum einen sind sie dazu fähig, weil sie über eine große Wissensbasis sowie über langjährige Erfahrung mit diesen Produkten verfügen. Zum anderen sind die in der Produktbeschreibung angegebenen Lebensdauererwartungen durchschnittliche Angaben, die die speziellen Einsatzbedingungen nicht beachten. Voraussetzung für diese industrielle Dienstleistung ist, dass sich die Einsatzbedingungen beim Anwender nicht stark verändern und dass der Servicemitarbeiter die Möglichkeit bekommt, vor Ort die Betriebszustände zu beurteilen.

Der Vorteil, den der Anwender durch die verlängerte Nutzungszeit erhält, überwiegt in den meisten Fällen die hierfür einmalig entstehenden Kosten. Um die Attraktivität dieser industriellen Dienstleistung zu erhöhen, ist geplant, die Beratungsgebühr von einer bestimmten Nutzungsverlängerung abhängig zu machen.

Instandhaltungsdienstleistungen

Instandhaltungsdienstleistungen setzen sich aus den drei Aktivitäten Inspektion, Wartung und Instandsetzung zusammen (Abb. 3.31). Im Rahmen des Projektes ProDienst sollte beurteilt werden, welche Aktivitäten von der OTT-JAKOB Spanntechnik GmbH dem Kunden angeboten werden sollen und welche der Kunde selbst wirtschaftlicher erbringen kann.

Abb. 3.31: Grundmaßnahmen der Instandhaltung

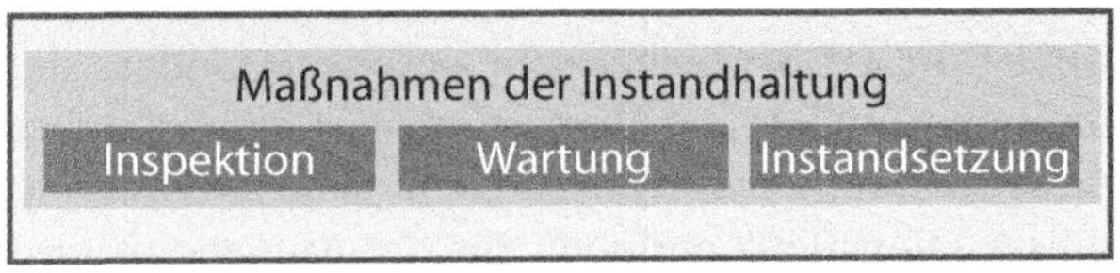

Der Nutzen, der sich für den Kunden aus der Instandhaltungsdienstleistung ergibt, besteht in erster Linie in der Instandsetzung der abgenutzten Komponenten des Spannsystems. Hierzu ist nur die OTT-JAKOB Spanntechnik GmbH in der Lage, da sie über das nötige Produktwissen verfügt, um den Abnutzungsvorrat bei diesen Teilen wieder aufzufüllen. Vor allem wird für die instandgesetzten Komponenten die gleiche Gewährleistung übernommen wie für neu gekaufte Produkte, wodurch kein Nachteil für den Kunden entsteht. Des Weiteren braucht der Kunde die speziellen Betriebsmittel, die für die Instandsetzung benötigt werden, nicht selbst vorzuhalten. Außerdem muss das Know-how im Unternehmen nicht bewahrt werden, sodass auch hierfür kein Aufwand entsteht. Allerdings kann die Instandsetzung bisher nicht vor Ort durchgeführt werden, sodass an diesem Punkt zusätzliche Versandkosten für den Kunden entstehen. Nach Eingang der Komponen-

Abb. 3.32: Instandhaltungsmaßnahmen der OTT-JAKOB GmbH

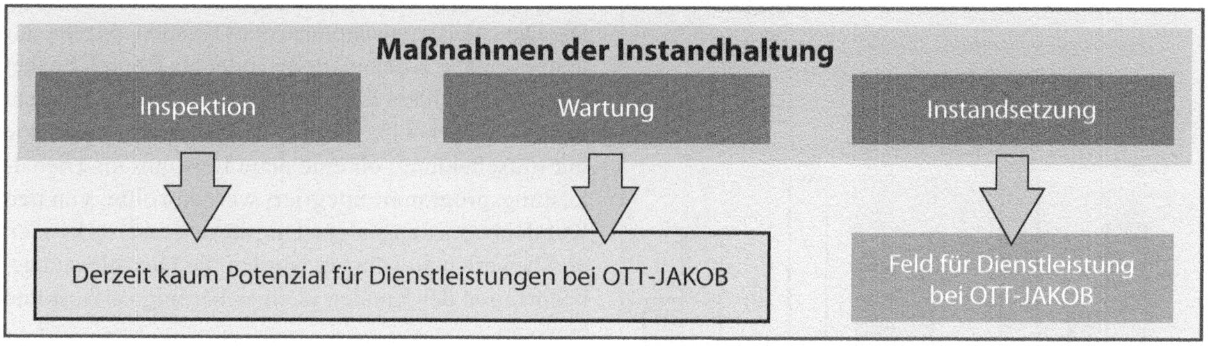

ten bei der OTT-JAKOB Spanntechnik GmbH können die Teile innerhalb von 24 Stunden instandgesetzt und wieder zurückverschickt werden.

Anders ist die Situation bei der Inspektion und Wartung zu beurteilen. Hier entsteht ein Großteil der Kosten durch die Anreise des Servicemitarbeiters. Da die Wartungsarbeiten wenige Maßnahmen betreffen und keine speziellen Kenntnisse erfordern, sollten diese besser von den Kunden selbst durchgeführt werden. Für die üblichen Inspektionsmaßnahmen gilt prinzipiell das Gleiche. Auch hierfür ist kein spezifisches Fachwissen notwendig, sodass eigene Mitarbeiter des Kunden die Aufgaben übernehmen können. Als Messinstrument wäre lediglich ein Gerät notwendig, dass die Einzugskraft misst. Diese wird von der OTT-JAKOB Spanntechnik GmbH preisgünstig angeboten. Da Druck- und Temperaturmessungen lediglich in Ausnahmefällen notwendig sind, können diese weiterhin von den Servicemitarbeitern vorgenommen werden. Hier wäre ein separater Kauf der Messinstrumente nicht sinnvoll.

Eine Gegenüberstellung der Kosten und Nutzen ist für diese industrielle Dienstleistung recht einfach vorzunehmen. Der Nutzen der Instandsetzung ist allein deshalb schon gegeben, weil der Kunde die Instandsetzungsmaßnahmen nicht selbst durchführen kann. Er profitiert von der Know-how-Basis des Herstellers, ohne das Wissen selbst besitzen und pflegen zu müssen. Unabhängig davon profitiert er zusätzlich von der höheren Zuverlässigkeit seiner Werkzeugmaschine, die durch die geplante Instandhaltung ermöglicht wird. Die Ausfallwahrscheinlichkeit ist durch die vorbeugenden Maßnahmen auf ein Minimum reduziert, was vor allem im Hinblick auf die Vermeidung möglicher Folgeschäden vorteilhaft ist. Fällt beispielsweise die Drehdurchführung aus, könnte eine geflutete Motorspindel die Folge sein. Die Wahrscheinlichkeit, dass die Elektronik sowie sonstige Bestandteile der Werkzeugmaschine beschädigt werden, ist hierbei hoch. Betrachtet man die Kosten, so stehen als Alternative entweder ein Neukauf oder die Inanspruchnahme der Instandsetzungsmaßnahme zur Auswahl. Die Kosten für die Instandsetzungsmaßnahme lassen sich auf ca. 60 Prozent des Neukaufwertes beziffern, bieten also einen Kostenvorteil von bis zu 40 Prozent.

Die Kosten-Nutzen-Bewertung bei den übrigen Instandhaltungsmaßnahmen gestaltet sich schwieriger. Es erscheint für den Kunden unwirtschaftlich, die gewöhnliche Inspektion und Wartung durch die OTT-JAKOB Spanntechnik GmbH durchführen zu lassen (Abb. 3.32).

Das Instandhaltungsdienstleistungsangebot wird deshalb in Zukunft so aufgebaut sein, dass in der Regel die Inspektions- und Wartungsarbeiten weiterhin vom Kunden selbst durchzuführen sind, die Instandsetzung der Spannsystemkomponenten aber durch OTT-JAKOB vorgenommen werden sollte. Deshalb müssen die Teile durch den Kunden ausgebaut und an die OTT-JAKOB Spanntechnik GmbH geschickt werden. Eine Rücksendung der überholten Teile wird innerhalb von 24 Stunden nach Eingang zugesichert. Der Kosten-Nutzen-Bewertung der Instandsetzung liegen detaillierte Zeit-, Wartungsintervall-, Verschleiß- und Ausfallanalysen zugrunde, die hier nicht ausgeführt werden können, die allerdings zeigen, dass ein positiver Nutzen für den Kunden gegeben ist.

3

Abb. 3.33: Interesse an neuen Dienstleistungen

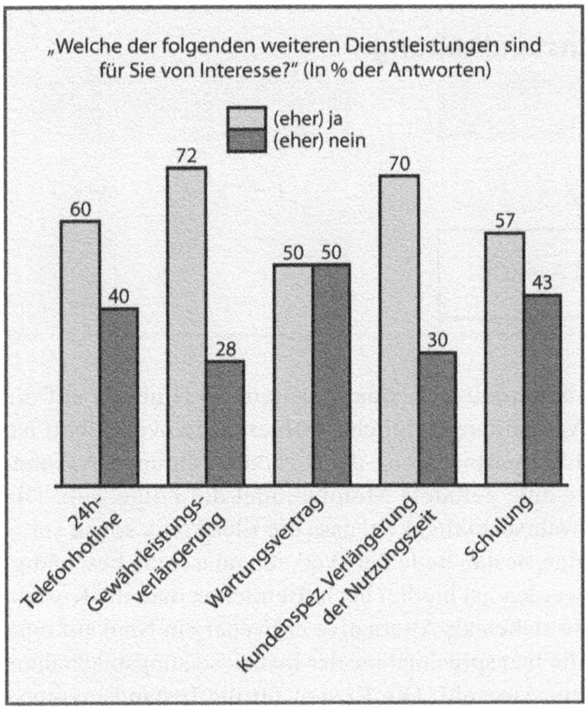

Abb. 3.34: Kundenbedarf Schulung

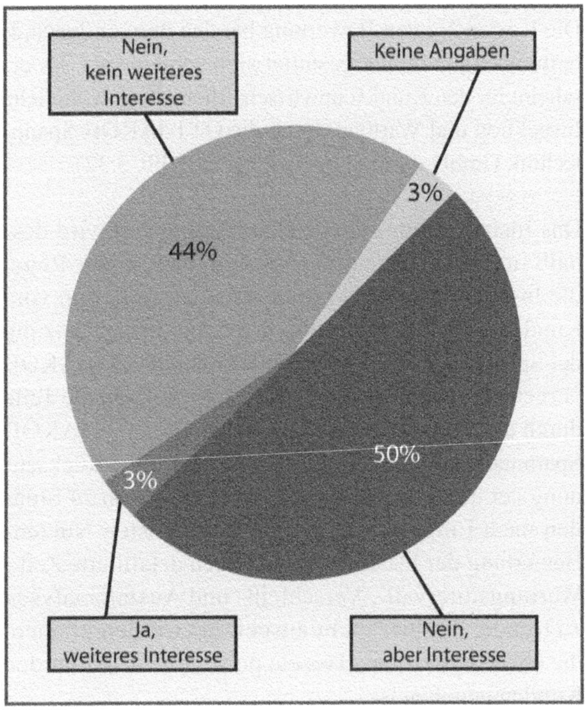

Kombination mehrerer Dienstleistungen zu einem Komplettpaket

Die Dienstleistungen können dem Kunden einzeln, nur in bestimmten Kombinationen oder als Komplettpaket angeboten werden. Inwieweit eine Bündelung oder ein Komplettangebot unterbreitet werden sollte, hängt, wie die Entscheidung, ob eine neue Leistung ins Dienstleistungsprogramm integriert werden sollte, von den Kundenbedürfnissen ab. Um diese besser erkennen und bewerten zu können, wurden die Dienstleistungsbedürfnisse der Kunden in einer Umfrage erfasst und bewertet.

Marktpotenzialanalyse: Kundenumfrage

Um die intern ermittelten Dienstleistungspotenziale an den externen tatsächlichen Kundenbedarfen zu spiegeln, wurde im Rahmen des Projektes eine Kundenbedarfsanalyse durchgeführt.

Als Erhebungsmethode wurde die schriftliche Befragung für diesen Zweck als sehr geeignet eingeschätzt. Dazu wurden insgesamt 280 Kundenunternehmen der OTT-JAKOB angeschrieben, insgesamt wurden vierzig Fragebogen (mit Nachfassaktion) zurückgesandt, dies entspricht einer Rückläuferquote von 15 Prozent.

Das Hauptziel der Befragung war die Abfrage des Interesses bzw. die Bedürfnisabfrage nach neuen Serviceleistungen seitens OTT-JAKOB. Doch auch das bisher schon bestehende Dienstleistungsangebot, in Form von Reparaturen, Ersatzteilen und sonstigen Leistungen, sowie die telefonische Beratung sollte durch den Kunden bewertet werden, falls er eine dieser Leistungen schon einmal in Anspruch genommen hatte. In den Fragen, die sich mit den neuen, zukünftig möglichen Dienstleistungen beschäftigten, wurde dem potenziellen Kunden keine genaue Beschreibung der möglichen Ausgestaltung der Dienstleistung gegeben, sondern nur der Oberbegriff abgefragt. Lediglich der 24-Stunden-Service war durch die telefonische Hotline näher definiert.

In einer globalen Frage wurde das grundsätzliche Interesse an den möglichen Dienstleistungen abgefragt (Abb. 3.33). Die Ergebnisse dieser Frage können als fast durchweg positiv bewertet werden. Die Einschätzungskategorie „eventuell" wird im

Rahmen der Ergebnisbewertung als Interesse für die neuen Dienstleistungen angesehen. Allerdings kann davon ausgegangen werden, dass derjenige, der sein Kreuz an dieser Stelle macht, sich nur für die Dienstleistung interessieren wird bzw. sie beziehen würde, wenn sie kostenlos bzw. sehr preisgünstig angeboten würden.

Des Weiteren wurde detailliert auf das Schulungsangebot eingegangen. Da diese bereits im Programm der OTT-JAKOB Spanntechnik GmbH verankert sind, wurde hier differenziert, ob die Dienstleistung bereits in der Vergangenheit nachgefragt wurde und ob ein (weitergehendes) Interesse an der Dienstleistung besteht. Allerdings gab keiner der Befragten der bereits Erfahrungen mit den Schulungen der OTT-JAKOB Spanntechnik gemacht hat an, kein weiteres Interesse zu haben. Dies ist ein Indikator für die hohe Qualität dieser Dienstleistung. Über die Hälfte der Befragten, nämlich 53 Prozent, haben Interesse an einer (weiteren) Schulung (Abb. 3.34).

Die Befragungsergebnisse wurden mit internen Experten besprochen und diskutiert. Anhand der gewonnenen Erkenntnisse können die folgenden Schlussfolgerungen für das (zukünftige) Dienstleistungsmarketing bei der OTT-JAKOB Spanntechnik GmbH gezogen werden.

Das langfristige Ziel der Firma ist es weiterhin, dem Kunden ein umfassendes Serviceangebot, in Form von Einzelleistungen und Dienstleistungspaketen, anbieten zu können. Die Ausrichtung des Angebotes auf Leistungen zur pro-aktiven Instandhaltung wurde durch das Ergebnis der Kundenbedarfsanalyse positiv bestätigt. Der nächste notwendige Schritt des Unternehmens ist es nun, die Leistungspolitik noch mehr zu konkretisieren und sie anhand der Kundenbedürfnisse auszurichten und abzustimmen. Das langfristige Ziel eines „Rundum-sorglos-Pakets“, soll durch ein schrittweises Vorgehen erreicht werden. Der erste Schritt, der angestrebt wird, um das Leistungsangebot zu erweitern, wird sein, das Leistungsprofil des derzeit bereits bestehenden Schulungsangebotes zu überarbeiten und auszubauen und, als völlige Neuerung, sich an den Bereich des Seminarangebotes heranzuwagen.

Als Schlussfolgerung des beschlossenen sukzessiven Ausbaus des Dienstleistungsangebotes wurde das Leistungsprofil für Schulungen u. a. in den folgenden Bereichen überarbeitet:

- Leistungspolitik
  - Leistungspolitische Aufgabe und Ziele der Schulung: Die Schulung hat, vor allem beim Endkunden, die Aufgabe, die Instandhaltungsmitarbeiter in diesen Unternehmen in Theorie und im Umgang mit den Spannsystemen zu schulen, damit sie zukünftige Inspektions- oder Wartungsarbeiten besser durchführen bzw. den Aus- und Einbau der Komponenten schneller vornehmen können.
  - Nutzenaspekte der Schulung (Auszug): Die Nutzenaspekte, die sich durch eine solche Schulung ergeben, sind für den Anwender u. a. folgende:
    - Verbesserung der Anwendersicherheit und der Prozesssicherheit: Durch diese gezielte Schulung wird der Mitarbeiter sicherer und entschlossener im Umgang mit den Spannkomponenten.
    - Reduzierung des allgemeinen Risikos: Wenn der Kunde über die Risiken und die zu erwartenden Lebenszeiten der Komponenten aufgeklärt ist, kann so zukünftig auf die rechtzeitige Wartung und den rechtzeitigen Austausch der Teile gezielt geachtet werden.
    - Vermeidung von Folgeschäden an Spindel und Werkstück

    Ausführung der Schulung: Grundsätzlich besteht die Möglichkeit, die Schulung sowohl bei Kunden vorort, als auch bei der Firma OTT-JAKOB Spanntechnik GmbH selbst abzuhalten. Jedoch ist es immer sinnvoller, die Schulung direkt beim Kunden durchzuführen, da hier die einzelnen Vorgehensschritte an den Maschinen und den beim Kunden im Einsatz befindlichen Komponenten, also direkt am täglichen Arbeitsplatz der Schulungsteilnehmer, aufgezeigt werden können.
- Preispolitik
- Kommunikationspolitik für das Schulungsangebot.

Die Konkretisierung und Erweiterung dieser drei Politiken bildet die Basis für ein verbessertes Schulungsangebot bei der OTT-JAKOB Spanntechnik GmbH. Dieses eröffnet die Möglichkeit, mit einem erweiterten Dienstleistungsangebot am Markt Fuß zu fassen und den Kontakt zu den Endkunden zu intensivieren. Dieser Durchgriff auf den Endkunden erschließt viele Dienstleistungspotenziale, die in der Nutzungsphase der Produkte der OTT-JAKOB Spanntechnik GmbH liegen.

3

[4] Entwicklung und Umsetzung der Abwehrstrategie

Einführung

Das folgende Kapitel zeigt, wie das in Kapitel 2 vorgestellte Darmstädter Modell einer wirksamen Know-how-Schutzstrategie im Unternehmen nachhaltig implementiert werden kann. Die optimale Verteilung der Ressourcen im Know-how-Schutz und die Entscheidung über die Art der einzusetzenden Maßnahmen spielen dabei eine zentrale Rolle. Daher wird im Folgenden aufgezeigt,

- wie Produkte und Prozesse bezüglich des Bedarfes an Schutzmaßnahmen priorisiert werden können
- welche Rolle dabei ein Risikoportfolio spielt
- wie Maßnahmen auf Produktebene ausgewählt werden können
- welche Schritte für eine Implementierung der Strategie im Unternehmen gegangen werden müssen
- wie Standardisierung und kontinuierliche Verbesserung des Schutzes die Nachhaltigkeit der Strategie sicherstellen.

Nach der Ist-Analyse und dem Erkennen der Möglichkeiten, die es für den Know-how-Schutz gibt, stehen Unternehmen vor der Aufgabe, eine definierte Abwehrstrategie umzusetzen.

Dazu zählt das Setzen von Prioritäten zur Maßnahmenauswahl. Hierbei ist im Wesentlichen die Frage zu beantworten, welche Produkte und welche Prozesse mit welchen Methoden geschützt werden sollen. Ebenso wichtig sind aber auch die Organisation der Piraterieabwehr durch das Herausbilden von geeigneten Strukturen im Unternehmen und die kontinuierliche Weiterentwicklung des Schutzes.

Die folgenden Kapitel werden Antworten auf die oben aufgeworfenen Fragen geben und Unternehmen bei der Umsetzung eines wirksamen Know-how-Schutzes anleiten.

4.1 Priorisierung der zu schützenden Prozesse

Welche Prozesse wie geschützt werden sollten, ergibt sich unmittelbar aus der Bearbeitung des Prozessmodells, wie es in Kapitel 2 beschrieben wurde. Ergebnis dieser Risikoanalyse sind die Hauptrisikofelder, die aus Schutzlücken in den Unternehmensprozessen resultieren, und die Ausgabe geeigneter Gegenmaßnahmen, um die Schutzlücken zu schließen. Häufig zeigt sich nach dieser Ist-Analyse schon ein großes Potenzial an relativ einfach umsetzbaren Maßnahmen in Bezug auf Unternehmensprozesse, die schon erheblich zur Erhöhung des Schutzniveaus im Unternehmen beitragen.

4.2 Priorisierung der zu schützenden Produkte

Etwas schwieriger ist die Antwort auf die Frage nach der Priorität der zu schützenden Produkte. Sowohl aus Kosten- als auch aus Praktikabilitätsüberlegungen ist es in einem ersten Schritt nicht zielführend, das gesamte Produktportfolio zu schützen. Grundsätzlich gibt es zwei mögliche Herangehensweisen, die relevanten Produkte, die mit geeignten Maßnahmen zu schützen sind, zu identifizieren.

Die erste Möglichkeit folgt einem intuitiven, empirisch untermauerten Ansatz. Hierbei entscheidet z. B. die

Geschäftsführung, welche Produkte mit Priorität zu behandeln sind. Dabei können Schutzmaßnahmen auf Produktgruppen angewendet werden, von denen bereits Plagiate bekannt geworden sind oder man entscheidet sich, Produkte zu schützen, die von besonderer strategischer Relevanz sind, z. B., weil damit kritische Märkte beliefert werden.

Die zweite Möglichkeit besteht in einer systematischen Auswahl der Produkte. Untersuchungen der Autoren dieses Buches haben gezeigt, dass Produkte mit einem hohen Umsatzanteil signifikant häufig von Produktpiraterie betroffen sind. Der Grund für die Gefährdung dieser Produkte ist deren Sichtbarkeit am Markt. Insbesondere Weltmarktführer werden mit den Produkten, mit denen sie den größten Umsatz erzielen, am ehesten identifiziert und sind daher beliebte Ziele der Produktpiraten. Von Bedeutung ist hier der Verlust von Umsatz bei Substitution der Originale durch Plagiate, was sich direkt auf die Rendite auswirkt, und der Angriff auf die Kernkompetenz des Unternehmens, sofern man der These folgt, dass ein hoher Umsatzanteil ein guter Indikator für die Kernkompetenz eines Unternehmens ist. Bei diesen Produkten sollte also ein Schwerpunkt bezüglich der umzusetzenden Maßnahmen liegen.

Die zweite wichtige Entscheidungsgröße ist die strategische Bedeutung des Produktes für das Unternehmen. Produkte mit hoher strategischer Bedeutung sollten, gerade mit Blick auf die Wahrung des Innovationsvorsprunges und des Know-hows im Unternehmen, ebenfalls mit besonderer Priorität geschützt werden.

4.2.1 Risikoportfolio zur Produktklassifizierung

Mit beiden Dimensionen gelingt es, ein Portfolio aufzuspannen, mit dem die Relevanz der Produkte für den Know-how-Schutz ermittelt werden kann. Dieses Portfolio ist in Abbildung 4.1 dargestellt. Der Umsatzanteil ist leicht ermittelbar und die Daten hierzu sind in jedem Unternehmen vorhanden. Die Einordnung der strategischen Bedeutung sollte durch die Unternehmensleitung erfolgen.

Abb. 4.1: Risikoportfolio zur Produktklassifizierung

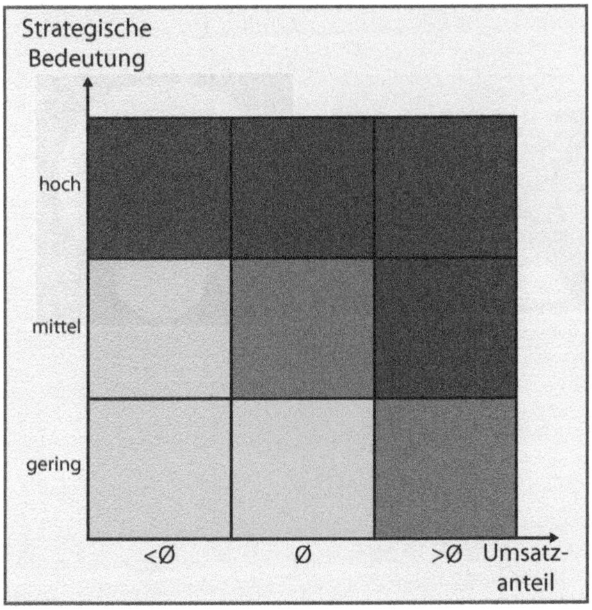

Abb. 4.2: Ermittlung der Umsatzkategorien des Risikoportfolios

Bemessungsgrundlage	$\text{rel. Umsatzanteil} = \dfrac{\text{Umsatzanteil}_{\text{Produkt\_i}}}{\max_j \text{Umsatzanteil}_{\text{Produkt\_j}}}$
Kategorie A (> ø)	$\text{Umsatzanteil}_{\text{Produkt\_i}} > \frac{1}{n}\sum_j^n \text{Umsatzanteil}_{\text{Produkt\_j}} + \sigma_j$
Kategorie B (ø)	$\frac{1}{n}\sum_j^n \text{Umsatzanteil}_{\text{Produkt\_j}} < \text{Umsatzanteil}_{\text{Produkt\_i}} < \frac{1}{n}\sum_j^n \text{Umsatzanteil}_{\text{Produkt\_j}} + \sigma_j$
Kategorie C (< ø)	$\text{Umsatzanteil}_{\text{Produkt\_i}} < \frac{1}{n}\sum_j^n \text{Umsatzanteil}_{\text{Produkt\_j}}$

Hervorzuheben ist, dass alle Produkte, die eine hohe strategische Bedeutung besitzen, zu schützen sind, selbst wenn diese nur einen geringen Umsatzanteil haben. Zur Klassifizierung der Dimension Umsatzanteil sollte der relative Umsatzanteil der einzelnen Produkte gewählt werden. Als überdurchschnittlich sind diejenigen Produkte auszuwählen, deren relativer Umsatzanteil (berechnet aus absolutem Umsatzanteil dividiert durch den Umsatzanteil des Produktes mit dem höchsten absoluten Umsatzanteil) größer als die Summe aus durchschnittlichem relativen Umsatzanteil und der Standardabweichung der relativen Umsatzanteile ist. Produkte der mittleren Kategorie sind diejenigen, deren Umsatzanteil zwischen dem mittleren relativen Umsatzanteil und der Summe aus durchschnittlichem relativen Umsatzanteil und der Standardabweichung der relativen Umsatzanteile ist. Alle restlichen Produkte sind in die niedrigste Kategorie einzuordnen. Eine Übersicht über die Regeln zur Kategorisierung ist in Abbildung 4.2 dargestellt.

Schon über den Umsatzanteil gelingt somit eine schnelle Priorisierung der Produkte, um zügig erste Schutzmaßnahmen umsetzen zu können. Ein Beispiel eines realen Anwendungsfalls ist anonymisiert in Abbildung 4.3 dargestellt. Hierbei wurde das gesamte Produktspektrum des betrachteten Unternehmens nach obigen Kategorisierungsregeln eingeteilt. Es wird deutlich, dass das zu schützende Produktspektrum für die Umsetzung erster Maßnahmen erfolgreich auf einige wenige Produkte reduziert werden konnte. Die Zuordnung der Produkte zu ihrer strategischen Relevanz für das Unternehmen ermöglicht dann eine effiziente und zielführende Priorisierung der zu schützenden Produkte.

Abb. 4.3: Kategorisierung eines Produktportfolios nach Umsatzanteilen

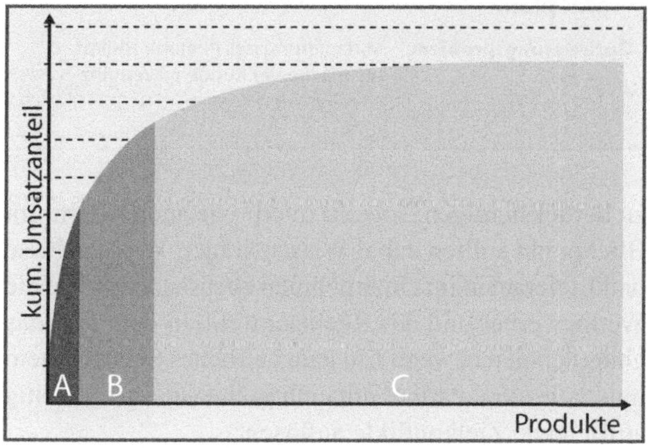

4.2.2 Auswahl geeigneter Maßnahmen auf Produktebene

Sind die zu schützenden Produkte priorisiert, gilt es, geeignete Maßnahmen auszuwählen. In Kapitel 3 sind eine Vielzahl von Maßnahmen bereits vorgestellt worden. Ausgehend von den Produkten, die zu schützen sind, ist ein Anforderungskatalog an geeigneten Maßnahmen zu erstellen. Über diesen Anforderungskatalog wird die Auswahl an geeigneten Maßnahmen bereits stark eingeschränkt. Dabei kann es ggf. sogar erforderlich sein, eigene Schutzmechanismen zu entwickeln, falls sich die Vielzahl an bereits bekannten Schutzmechanismen als nicht geeignet für die zu schützenden Produkte erweisen.

Lebenszyklusphase als Selektionskriterium zur Maßnahmenauswahl

Als erstes Selektionskriterium eignet sich die Phase des Lebenszyklus, in der sich das Produkt befindet (Abb. 4.4).

Während der Entwicklungsphase (Ia) und eines möglichen Relaunches (Ib) können konstruktive Maßnahmen an dem Produkt vorgenommen, Kennzeichnungen in Marketingkampagnen den Kunden mitgeteilt, Patente angemeldet oder die Produktion den Bedürfnissen des Know-how-Schutzes angepasst werden. Ist das Produkt bereits am Markt etabliert, sind solche umfassenden Maßnahmen nur mit nicht zu rechtfertigendem Aufwand möglich. Während der Phasen Wachstum, Reife, Sättigung und Degeneration sind also für das konkrete Produkt in erster Linie Maßnahmen zum Monitoring der Plagiatsituation und zur Evaluation des aktuellen Gefährdungsniveaus relevant. Unter Umständen können reaktive Maßnahmen, wie z. B. die Verfolgung von Schutzrechtsverletzern, ins Auge gefasst werden. Diese setzen natürlich die Implementierung entsprechender (juristischer) Maßnahmen bereits in der Entwicklungsphase voraus.

Über das Selektionskriterium „Lebenszyklusphase" können die zur Verfügung stehenden Maßnahmengruppen also eingegrenzt werden. Gleichzeitig wird deutlich, dass über den Einsatz von Schutzmaßnahmen am Produkt oder im Produktionsprozess schon sehr frühzeitig – nämlich vor Markteintritt – nachgedacht werden muss. Sinnvoll ist es aber, dass durch ein

4

Abb. 4.4: Selektionskriterium „Phase des Lebenszyklus"

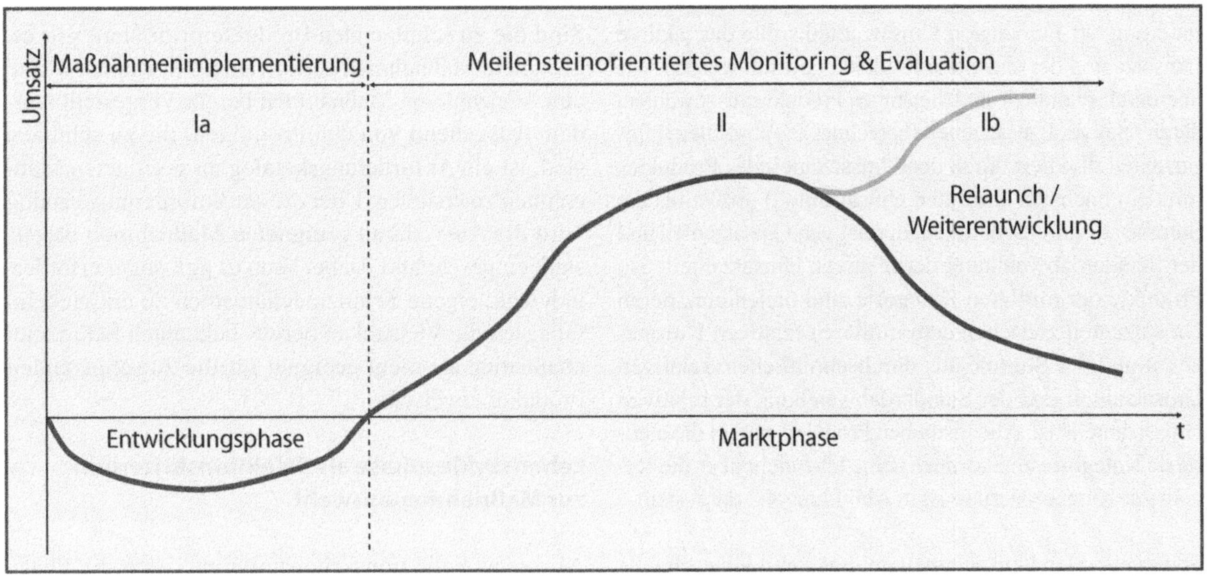

Monitoring und eine Evaluation der auf dem Markt befindlichen Produkte ein Rückschluss auf die Risikosituation neu zu entwickelnder Produkte gezogen wird. Die Auswahl und Priorisierung der zu schützenden Produkte anhand der Risikomatrix in Abbildung 4.1 basiert – wie oben beschrieben – in einer Dimension auf Marktdaten. Das Risikopotenzial von Produkten ähnlicher Kategorien mit ähnlicher Markterwartung, die neu in das Produktportfolio aufgenommen werden, kann also über bereits existierende Produkte des Unternehmens abgeleitet werden.

Nach dieser ersten Selektionsphase sollten anhand eines Anforderungskataloges potenzielle Maßnahmen auf ihre Tauglichkeit für den Einsatz im Unternehmen geprüft werden. Dieser Anforderungskatalog wird im Folgenden näher beschrieben.

Abb. 4.5: Optimierungsproblem des Piraterieschutzes

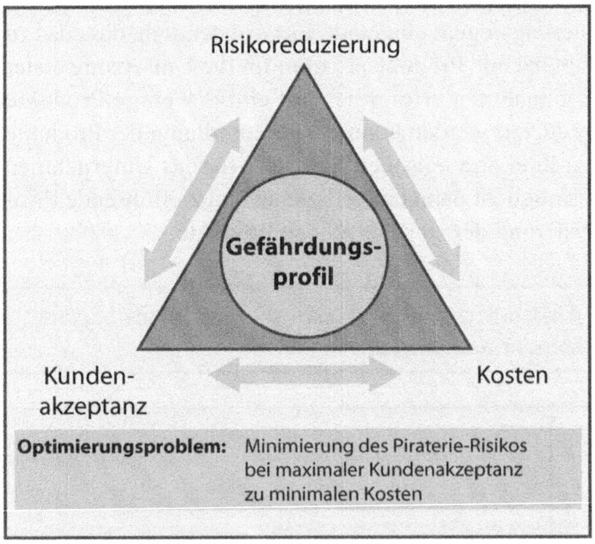

Selektion anhand eines Anforderungskataloges

Die Identifikation der geeigneten Maßnahmen für das jeweilige Unternehmen in Bezug auf das Risikoprofil, das Produktportfolio und das Wettbewerbsumfeld ist nicht trivial. Denn hier muss zufriedenstellend gelöst werden, wie das Piraterierisiko bei maximaler Kundenakzeptanz und geringstmöglichen Kosten minimiert werden kann (Abb. 4.5). Zusätzlich sind die Anforderungen und Bedürfnisse weiterer Interessensgruppen zu berücksichtigen, sowohl intern wie auch extern. Im Blickpunkt sollten dabei Wissensträger, Wissensflüsse und Lieferanten im Unternehmen ebenso stehen wie die Wettbewerber und das Rechtsumfeld, in dem sich das Unternehmen bewegt. Ein ganzheitliches Schutzsystem muss alle diese Partner mit einbeziehen und gleichzeitig auftretende Zielkonflikte auflösen.

Abb. 4.6: Anforderungen an ein Schutzsystem

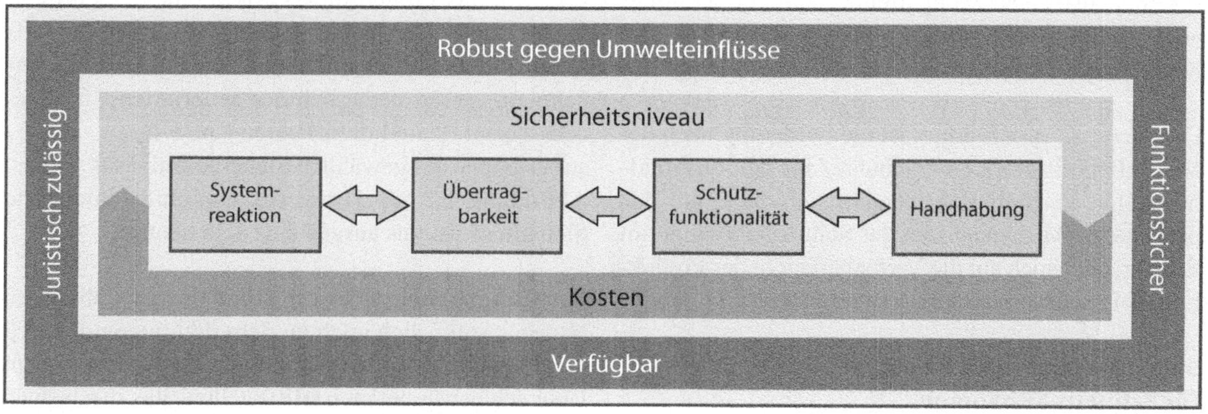

Beispiele hierfür finden sich im Unternehmensalltag zur Genüge. So sind z. B. Lohnfertiger im Detail über das zu fertigende Produkt inklusive der zu verwendenden Materialien zu informieren – dies führt aber gleichzeitig zu einer Offenlegung von Know-how.

Umgesetzte Maßnahmen können aber auch juristische Konsequenzen für den Originalhersteller haben. Hier spielen insbesondere Aspekte des Wettbewerbsrechtes eine wichtige Rolle. Maßnahmen sind daher immer auch im Kontext der Marktposition des Unternehmens kritisch auf ihre juristische Zulässigkeit hin zu prüfen. So können Schutzmaßnahmen dann unzulässig sein, wenn Unternehmen ihre marktbeherrschende Stellung ausüben, um Wettbewerber vom Markt zu drängen.

Ein Beispiel hierfür findet sich im Urteilsspruch des Europäischen Gerichthofes vom 2. März 1994, der eine „komplexe Behinderungsstrategie, die der führende Hersteller von Bolzenschussgeräten in Bezug auf die als Zubehör erforderlichen Bolzen anwendete" (Heinemann 2002) als wettbewerbswidrig einstufte. Als missbräuchlich wurde dabei gemäß Art. 82 Buchstabe d) EGV eine Kopplungsstrategie gewertet, bei der das verurteilte Unternehmen „den Verkauf patentgeschützter Gegenstände (sogenannter „Kartuschenstreifen") davon abhängig [machte], dass gleichzeitig Bolzen bezogen wurden" (Heinemann 2002).

Beide Beispiele zeigen, dass Unternehmen wohl gerade deshalb häufig auf die gewerblichen Schutzrechte als einzige Schutzmaßnahmen gegen Know-how-Diebstahl ausweichen, da die Anwendung und Auswahl anderer Maßnahmen deutlich komplexer ist. Da aber auch das Problem Produktpiraterie komplex ist, müssen sich Unternehmen dem Entscheidungsproblem der Maßnahmenauswahl stellen, denn einfache Maßnahmen allein werden nicht zu einem nachhaltigen Erfolg führen.

Dreistufige Anforderungsebenen

Durch eine systematische Definition der Anforderungen an Schutzmaßnahmen gelingt es aber, zu einer geeigneten Auswahl an Maßnahmen für die spezifische Risikosituation des Unternehmens zu gelangen. Abbildung 4.6 gibt einen Überblick über verschiedene Anforderungsebenen und -felder.

Die erste Anforderungsebene repräsentiert K.-o.-Kriterien bei der Auswahl von Maßnahmen. Ein wesentlicher Punkt ist – wie bereits ausgeführt – die juristische Zulässigkeit von Maßnahmen, insbesondere mit Blick auf das Wettbewerbsrecht.

Ein zweiter Aspekt ist die dauerhafte Robustheit der Maßnahme gegenüber Umwelteinflüssen, denen das zu schützende Produkt ausgesetzt ist. Dies können z. B. für den Einsatz im Bereich der Werkzeugmaschine Temperaturschwankungen, Vibration oder Kühlschmierstoffe sein. Gerade für Kennzeichnungstechnologien ist dies eine wesentliche Anforderung.

Eng verknüpft mit der Robustheit gegenüber äußeren Einflüssen ist die Forderung nach der Funktionssicherheit der Maßnahme. Dies zielt nicht nur auf die Aufrechterhaltung der Funktion im realen Betrieb ab, sondern bezieht auch den Ausschluss negativer Wechselwirkungen mit anderen Komponenten eines Gesamtsystems, also seine Kompatibilität, mit ein, worunter auch die Gewährleistung der Austauschbarkeit von Komponenten fällt.

Das vierte K.-o.-Kriterium ist die Forderung nach der Verfügbarkeit des Kopierschutzes für den Originalhersteller. Verfügbarkeit bezieht sich dabei auf das permanente Vorhandensein der Schutzmaßnahme im Einsatz, aber auch auf die Verfügbarkeit in der Produktion, beispielsweise von Hologrammen.

Sicherheitsniveau vs. Kosten für Schutzmaßnahmen

Die zweite Ebene von Anforderungen an ein Schutzkonzept betrifft die Abwägung zwischen Kosten und Sicherheitsniveau. Das zu wählende Sicherheitsniveau ist dabei auf die vorherrschende Risikosituation und auf Praktikabilität im Einsatz anzupassen.

4

Praktikabilität bezieht sich z. B. auf das Echtzeitverhalten von Schutzmaßnahmen bei Embedded Software oder auf den Umgang mit Schutzmaßnahmen im Servicefall. Das zu wählende Sicherheitsniveau richtet sich auch nach der Risikosituation und den vorherrschenden Angriffsszenarien sowie der Sicherheitskritizität des Bauteils.

So ist das Sicherheitsniveau grundsätzlich dann hoch zu wählen, wenn das Bauteil für die Aufrechterhaltung der Funktionsfähigkeit sicherheitsrelevanter Gesamtsysteme kritisch ist. Dies kann ein Lager im Flugzeug ebenso sein wie das Längenmesssystem eines Hochregallagers. Neben der Sicherheitsrelevanz eines Bauteils sollte auch die Relevanz der Komponente für das Unternehmen – sei es bezüglich des generierten Umsatzes oder des im Bauteil immanenten Know-hows – positiv auf die Höhe des gewählten Sicherheitsniveaus wirken. Abbildung 4.7 gibt Hinweise, wie unterschiedliche Sicherheitsniveaus ausgestaltet sein können.

Die Entscheidung über die Höhe des zu wählenden Niveaus sollte sich auch an dem dominierenden Typ von Produktpiraten und den Folgen für die Prozesse im Unternehmen orientieren (Hilfestellung hierzu gibt auch das Kapitel 2). Obligatorisch für jedes Unternehmen ist ein gewisser Grundschutz des Know-hows. Dazu können z. B. Patente und einfache Kennzeichnungstechnologien wie Hologramme gehören. Je professioneller ein Pirat agiert und je höher die verfügbaren Ressourcen oder die kriminelle Energie der Piraten ist, desto höher sollte auch das Schutzniveau gewählt werden. Sind Produkte des Originalherstellers z. B. im Visier der organisierten Kriminalität, so ist über den verstärkten persönlichen Schutzes der Mitarbeiter insbesondere in unsicheren Ländern nachzudenken. Entführungen von Mitarbeitern, um an sensibles Know-how zu gelangen, sind dabei gängige Methoden der organisierten Kriminalität. Die höchste Stufe stellt der Pirat dar, der von staatlichen Institutionen, wie Geheimdiensten, Forschungseinrichtungen oder ähnlichem, unterstützt wird. Unternehmen sollten hier ebenfalls auf die Hilfe nationaler Behörden,

Abb. 4.7: Zu wählendes Sicherheitsniveau der Schutzmaßnahmen

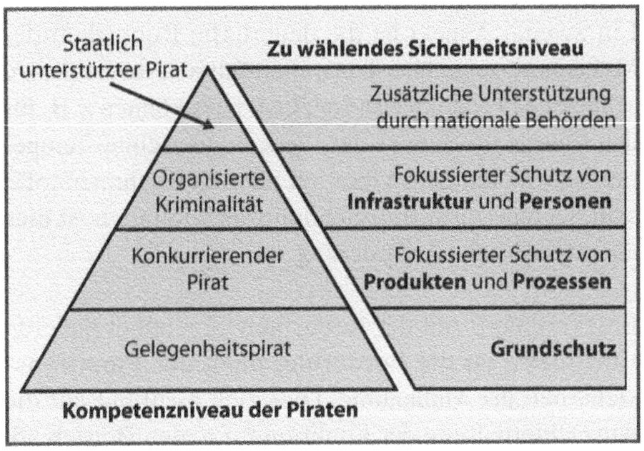

Abb. 4.8: Kosten-Nutzen-Verhältnis von Schutzmaßnahmen

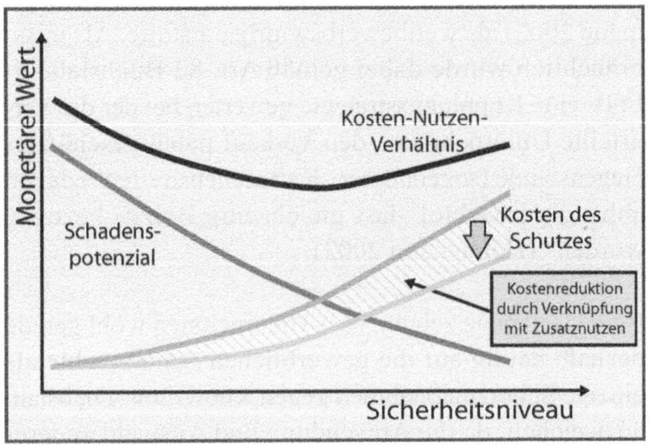

wie z. B. das Bundesamt für Verfassungsschutz, zurückgreifen.

Das Sicherheitsniveau hat dabei unmittelbare Auswirkung auf die Kosten des implementierten Schutzes. Auf der zweiten Anforderungsebene müssen Unternehmen bei der Entscheidung für eine Schutzmaßnahme den Zielkonflikt zwischen möglichst hohem Sicherheitsniveau und möglichst niedrigen Kosten in geeigneter Weise auflösen. Abbildung 4.8 verdeutlicht den grundsätzlichen Zusammenhang zwischen Höhe des Sicherheitsniveaus, Kosten der Schutzmaßnahmen und Höhe des Schadenspotenzials. In der Praxis ist das optimale Kosten-Nutzen-Verhältnis leider nicht so leicht zu bestimmen wie in der dargestellten Abbildung. Grund hierfür sind die Schwierigkeiten bei der Bestimmung der Schadenshöhe, wie bereits in Kapitel 1 (Abb. 1.16) dargelegt wurde.

Zu berücksichtigen ist dabei zusätzlich, dass der Kunde in der Regel nicht bereit sein wird, die durch einen Schutz entstehenden, höheren Kosten zu tragen. Den Kosten muss also ein Nutzen in ausreichender Höhe gegenübergestellt werden. Dieser Nutzen kann im Unternehmen selbst entstehen und bezieht sich in erster Linie auf die Reduktion des Schadenspotenzials. Auch für diese Betrachtung gilt, dass es von großer Bedeutung ist, eine ausreichend fundierte Risikoanalyse duchzuführen, um die notwendige Höhe des Sicherheitsniveaus bestimmen zu können. Damit wird auch eine Aussage über die Komplexität der eingesetzten Maßnahmen getroffen. Bei komplexeren und damit kostenintensiveren Maßnahmen ist es zielführend, bereits vorab weitere Produktnutzen vorzusehen, da es häufig problematisch ist, den Schaden so zu quantifizieren, dass die Kosten durch den potenziell vermiedenen Schaden gerechtfertigt werden können.

Zusätzliche Nutzen könnten z. B. sein, dass durch entsprechende Maßnahmen die innerbetriebliche Logistik vereinfacht, eine Marktüberwachung realisiert oder die Reklamationsbearbeitung beschleunigt wird. Deutlich wirksamer ist es aber, wenn durch Schutzmaßnahmen ein Mehrwert für den Kunden geschaffen wird und sich somit die Kundenbindung erhöht, Wettbewerbsvorteile generiert werden und ggf. die Kosten auch an den Kunden weitergegeben werden können. Eine Methodik zur Identifikation geeigneter Nutzenpotenziale und deren Umsetzung findet sich im Kapitel 3. Durch diese Verknüpfung der Schutzmaßnahmen mit einem Zusatznutzen kann eine Kostenreduktion erzielt oder ein höheres Sicherheitsniveau zu gleichen Kosten erreicht werden.

Anforderungen an die Praktikabilität im Einsatz

Die dritte Ebene beschreibt die Anforderungen an die Praktikabilität der Schutzmaßnahmen im Einsatz und betrifft im Wesentlichen produktbezogene Maßnahmen. Dabei stellt sich zunächst die Frage, wie ein System mit implementierter Schutzmaßnahme auf den Versuch des Nachbaus reagieren sollte. Das System kann z. B. mit einer Zerstörung der Komponente bei dem Versuch des Reverse Engineerings, der Verweigerung der Funktion bei Einbau gefälschter Komponenten in ein Gesamtsystem oder der reinen Protokollierung des Versuches, Komponenten zu fälschen, reagieren. Die Wahl der richtigen Systemreaktion wird dabei von der Art der Schutzmaßnahme, dem Einsatzgebiet der Maßnahme und der Beziehung zum Kunden bestimmt.

Auch die Übertragbarkeit oder Kompatibilität des Schutzes ist eine wichtige Anforderung. Hier spielt die Akzeptanz einer Schutzmaßnahme beim Kunden, beim Lieferanten und beim Händler eine bedeutende Rolle. Eine Schutzmaßnahme muss problemlos in bestehende Systeme oder Prozesse integrierbar und auch auf andere Systeme oder Prozesse grundsätzlich übertragbar sein, damit sie auf Akzeptanz stößt.

Der dritte Aspekt befasst sich mit der Schutzfunktionalität einer Maßnahme. Hierunter werden Anforderungen, wie z. B. die Anpassbarkeit einer Schutzmaßnahme an neue Gegebenheiten, die Möglichkeiten der Erweiterung oder Aktualisierung von Maßnahmen, die Fähigkeit zur autarken Funktionserfüllung, d. h. Aufrechterhaltung der Schutzwirkung ohne Online-Anbindung, oder eine modulare Struktur, verstanden.

Die Handhabung einer Schutzmaßnahme zielt vor allem auf den Servicefall und den Umgang mit einer Maßnahme im unternehmerischen Alltag ab. Darunter fallen z. B. die Nutzung vorhandener Schnittstellen, die praktikable Verwaltung von Freigaberechten, z. B. bei Digital-Rights-Management-Systemen, oder die einfache Anforderung nach handhabbaren Dimensionen, wie z. B. Gewicht oder Größenabmessungen.

Am Beispiel des Lebenszyklus einer Werkzeugmaschine lassen sich die unterschiedlichen Anwendungsfälle verdeutlichen. Jeder Anwendungsfall wirft Fragen bezüglich des Umgangs mit einem Plagiatschutz auf, die für eine praktikable Verwendung des Schutzes sinnvoll beantwortet werden müssen. Abbildung 4.9 benennt einige Fragen, wie sie sich bei der Umsetzung eines Kopierschutzes in einem Gesamtsystem „Werkzeugmaschine" stellen.

Im skizzierten Beispiel der Abbildung 4.9 ergeben sich aus der Definition der Anwendungsfälle Anforderungen, die bereits bei der Montage der Maschine berücksichtigt werden müssen. Hier stellt sich z. B. die Frage, wie die Echtheitsmerkmale oder Schutzmechanismen unterschiedlicher Hersteller in einem Gesamtsystem realisiert werden können. Insbesondere Schnittstellen in der Mechatronik sind in geeigneter Weise zu gestalten. Weiterhin bedeutet die Umsetzung von Schutzmaßnahmen für den Bereich der Qualitätssicherung die Berücksichtigung eines zusätzlichen Prozessschrittes, nämlich die Überprüfung der Funktionsfähigkeit des Schutzes nach dem Einbau.

Auch die Inbetriebnahme der Maschine verlangt nach Prozessvorgaben für den ausführenden Mitarbeiter. Hier muss klar kommuniziert werden, welche Echtheitsmerkmale zu prüfen sind und wie diese aussehen. Weiterhin stellt sich die Frage nach der Fixierung des Maschinenzustands hinsichtlich der während der Inbetriebnahme verbauten Originalkomponenten. Ggf. sind Seriennummern zu prüfen und zu protokollieren, Informationen des Maschinenlogbuches auszulesen, oder ähnliches.

Für den Servicefall sind ähnliche Funktionalitäten vorzusehen. Die Frage nach den überwachten Komponenten muss ein Servicemitarbeiter ebenso sicher beantworten können wie die Frage nach der Vorgehensweise zum Prüfen der Originalität. Ein Vergleich des ausgelieferten Zustands mit dem Zustand im Servicefall kann insbesondere für einen (im Zweifel ungerechtfertigten) Gewährleistungsfall von hohem Interesse sein.

Abb. 4.9: Anwendungsfälle für Schutzmaßnahmen im Lebenszyklus einer Werkzeugmaschine

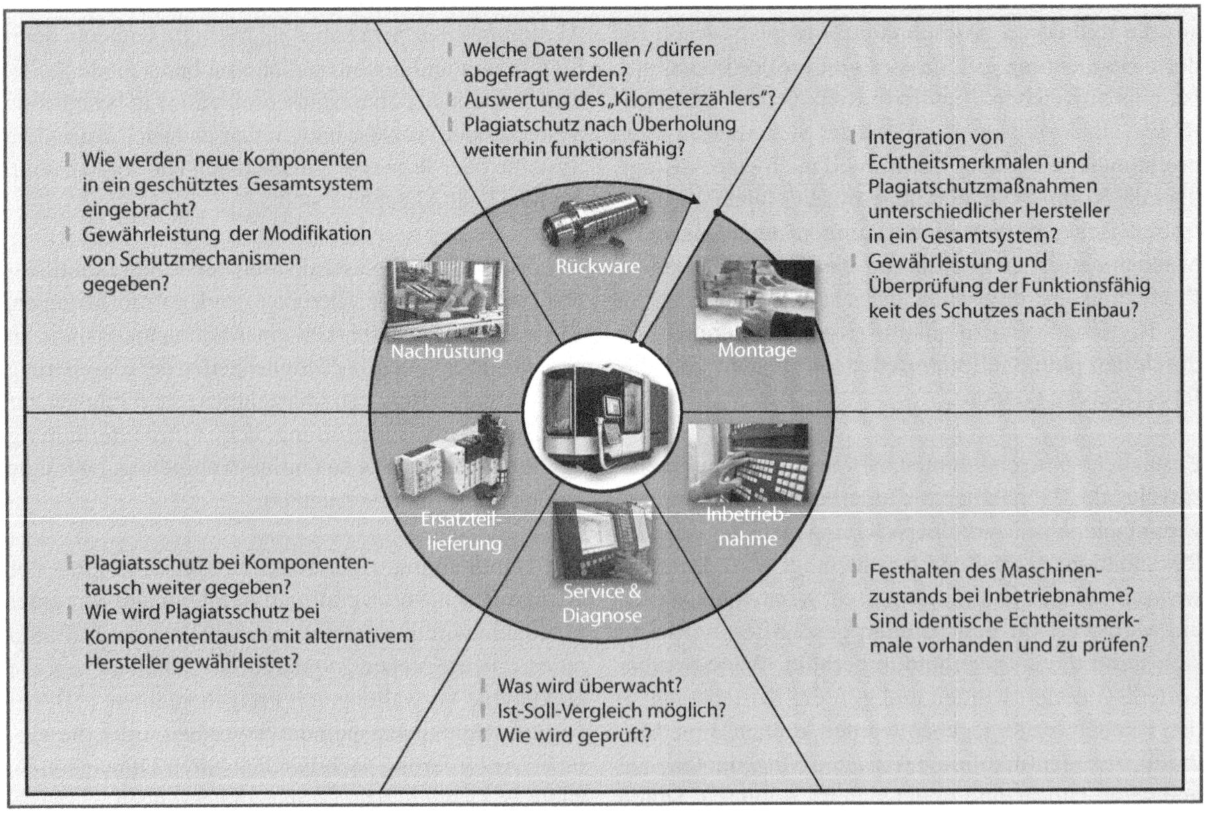

Die Integration von einzelnen Schutzmechanismen in ein Gesamtsystem und die Vernetzung dieser Mechanismen zu einem ganzheitlichen Schutz stellt weitere Anforderungen während des ganzen Lebenszyklus der Werkzeugmaschine. So darf beispielsweise bei Ersatzteillieferungen die Funktionsfähigkeit des Schutzes nicht gefährdet werden. Da das Produkt Eigentum des Käufers ist, muss das Gesamtsystem darüber hinaus auch dann funktionsfähig bleiben, wenn alternative Hersteller oder sogar Plagiate integriert werden. Dennoch muss in diesen Fällen eine zufriedenstellende Antwort auf die Frage nach der Systemreaktion gefunden werden.

Nachrüstungen eines Systems sind ebenfalls relevant. Neue Komponenten müssen integrierbar, Schutzmechanismen ggf. modifizierbar sein. Insbesondere vor dem Hintergrund, dass die Lebensdauer einer Werkzeugmaschine beim Kunden im Schnitt zwischen fünfzehn und zwanzig Jahre (Hagemann 2010, Schischke et al. 2010) beträgt, wird deutlich, dass solche Überlegungen einen wesentlichen Raum bei der Gestaltung eines Schutzes einnehmen müssen.

Weiterhin betroffen ist der Umgang mit Kopierschutzmaßnahmen bei Rückware, wie z. B. einem Spindeltausch nach Kollision. Aus rechtlicher Sicht stellt sich hier die Frage, ob und wenn ja, welche Daten abgefragt werden dürfen. Zum anderen muss ein Schutz nach einer Überholung weiterhin funktionsfähig bleiben. So müsste z. B. die Zuordnung von eineindeutigen Seriennummern zu bestimmten Maschinennummern aktualisiert werden, wozu ein geeigneter Mechanismus vorzusehen ist.

Die Prüfung der juristischen Zulässigkeit der ins Auge gefassten Maßnahme bzw. die Flankierung der Maßnahme durch geeignete rechtliche Schritte sollte am Ende der Maßnahmenauswahl stehen. Insbesondere Kollisionen mit dem Wettbewerbsrecht und der Eingriff in die Eigentumsrechte der Kunden sind auf jeden Fall zu vermeiden.

Abb. 4.10: Checkliste zur Auswahl geeigneter Schutzmaßnahmen

- ✓ Die Auswahl von Maßnahmen zum Schutz der Unternehmensprozesse erfolgt über die Auswertung des Risikoprozessmodells
- ✓ Die Auswahl geeigneter Schutzmaßnahmen für die Produkte erfolgt durch folgende Prozessschritte:
  - ✓ Priorisierung der zu schützenden Produkte über ein Gefährdungsportfolio in zwei Dimensionen
  - ✓ Erste Maßnahmenselektion über das Kriterium „Lebenszyklusphase"
  - ✓ Zweite Maßnahmenselektion anhand eines dreistufigen Anforderungskataloges
  - ✓ Definition von Anwendungsfällen anhand des Produktlebenszyklus und Abgleich der Soll-Anforderungen mit dem Ist-Zustand
  - ✓ Auswahl und/oder Weiterentwicklung bestehender Maßnahmen oder Neuentwicklung geeigneter Maßnahmen
  - ✓ Juristische Bewertung des umgesetzten Schutzes

4.2.3 Methode zur Auswahl der prioritären Maßnahmen

Die am Beispiel der Werkzeugmaschine skizzierte Vorgehensweise kann an dieser Stelle nicht vollständig sein, verdeutlicht aber, wie ein Anforderungskatalog für Schutzmaßnahmen entwickelt und ausgestaltet werden sollte. Diese Vorgehensweise empfiehlt sich für jedes Produkt, für das Schutzmaßnahmen ausgewählt werden sollen. Vorab muss ein Lastenheft mit definierten Anwendungsfällen stehen, damit Schutzmaßnahmen wirken und den Betrieb nicht negativ beeinflussen. Kapitel 4.2 hat dabei deutlich gemacht, welche Anforderungen berücksichtigt werden müssen, um im Spannungsfeld zwischen Kundenakzeptanz, Kosten und Risikominimierung zu einer zufriedenstellenden Lösung zu gelangen.

Festzuhalten bleibt, dass eine Schutzmaßnahme dann besonders wirksam ist, wenn nicht nur geeignete Technologien in ein System implementiert werden, sondern diese dem Kunden und dem OEM einen ausreichenden Nutzen über die Schutzwirkung hinaus bieten. Dabei muss sich die gesamthafte Schutzmaßnahme nicht nur innerhalb juristisch zulässiger Grenzen bewegen, sondern auch den Anforderungen an die Praktikabilität im Einsatz genügen. Nebenstehende Checkliste (Abb. 4.10) führt nochmals die wesentlichen Aspekte als Zusammenfassung auf.

4

4.3 Implementierung der Strategie im Unternehmen

Nachdem die Probleme im Unternehmen erkannt, die vorhandenen Möglichkeiten zum Schutz gegen Produktpiraterie identifiziert und zu schützende Prozesse und Produkte priorisiert sind, kommt es nun zum wichtigsten Teil bei einer Strategie, nämlich der Implementierung, wie folgendes Zitat zeigt: „[...] regardless of the intrinsic merit a particular strategy has, it cannot succeed if an effective implementation procedure is missing [...]. Implementation is what strategy is all about. You can't be satisfied with a theory, a system or even a strategy that is creative but isn't viable"(Raps 2008).

Folgt man der Definition von Clausewitz, dass Strategie die Ökonomie der Kräfte ist, so wird deutlich, dass die Implementierung auf Effektivität, Effizienz und Organisation der Akteure während der Umsetzung sowie auf die richtige Positionierung der Akteure vor der Umsetzung fokussiert (Raps 2008). Um diese Ziele zu erreichen, sollte man einem Regelwerk folgen, welches die bedeutendsten Militärstrategen der Geschichte von Sunzi über Caesar bis zu Moltke bereits definiert haben (Abb. 4.11, in Anlehnung an Bickhoff 2008). Dieses skizzierte Verständnis über erfolgreiche Strategien ist

Abb. 4.11: Bausteine erfolgreicher Strategien

heute nach wie vor richtig, auch für die Umsetzung einer wirksamen Abwehrstrategie gegen Produktpiraterie, wenn auch der Schauplatz ein anderer ist. In der Organisation des Schutzes des Know-hows und der Produkte vor Produktpiraterie sollten diese Elemente also wiederzufinden sein.

4.3.1 Barrieren von Know-how-Schutzstrategien in der Praxis

Betrachtet man die Evolution von Abwehrstrategien in Unternehmen, so ist häufig folgender Ablauf festzustellen (Staake und Fleisch 2008): Ein Unternehmen stellt durch ein entdecktes Plagiat eigener Produkte oder von Produkten der unmittelbaren Konkurrenz fest, dass Produktpiraterie nicht länger ein zu vernachlässigendes Problem ist. Daraufhin wird ein Mitarbeiter (meist aus der Rechts- oder Patentabteilung) angewiesen, sich künftig neben dem Tagesgeschäft um diese und ähnliche Probleme zu kümmern. Darauf folgend tauchen immer mehr Plagiatsfälle auf und Schutzlücken werden deutlicher, da Mitarbeiter aufgrund des nun existierenden klaren Ansprechpartners im Unternehmen die identifizierten Probleme kommunizieren können. Das Problem weitet sich aus, immer mehr Abteilungen werden involviert, eine Flut von Informationen wird erzeugt und der Mitarbeiter stößt an Kapazitätsgrenzen. Je nach Engagement der Unternehmensführung und des beauftragten Mitarbeiters droht nun der systematische Kampf gegen Produktpiraterie vernachlässigt zu werden und das Unternehmen beschränkt sich auf das Löschen jeweils aktuell auftretender Brände. Aus diesem Ablauf können einige Lehren für die Implementierung erfolgreicher Schutzstrategien gezogen werden, insbesondere durch Prüfung, inwiefern die oben skizzierten Bausteine Anwendung gefunden haben.

Typisch und immer wieder in der Praxis vorzufinden ist die reaktive Herangehensweise an die Problematik. Unternehmen werden erst tätig, wenn ein Plagiat aufgetaucht ist (Harte-Bavendamm und Ammendola 2000, Winkler und Wang 2007) und versuchen, wie geschildert, mit Mitarbeitern, die bereits andere Tätigkeiten ausfüllen, das Problem zu bekämpfen, indem z. B. Klagen gegen einen Schutzrechtsverletzer angestrebt werden. Dies entspricht aber nicht einem anzustrebenden Handeln aus einer Position der Stärke heraus. Der Schauplatz des Kampfes ist also schlecht gewählt, zumal Produktpiraten naturgemäß mit einer Reaktion der Originalhersteller rechnen und sich entsprechend vorbereiten (siehe dazu auch die Ausführungen zum Kompetenzniveau der Produktpiraten in Kapitel 1).

Charakteristisch ist auch, dass bei einmal begonnen Aktivitäten im Bereich des Know-how-Schutzes immer mehr Mitarbeiter ihre Erfahrungen unsystematisch einbringen und somit ein zunächst als gering eingestuftes Problem weitaus größere Ausmaße annimmt. Der Grund hierfür liegt darin, dass Mitarbeiter im Unternehmen zwar eine der wichtigsten Quellen für Informationen über die Bedrohungssituation und den aufgetretenen Know-how-Verlust darstellen. Es fehlen aber standardisierte Prozesse und zentralisierte Informationskanäle, bei denen die einzelnen Wissensbruchstücke kanalisiert und an einer zentralen Stelle zusammengeführt werden. Mitarbeiter, die daher von Plagiaten, z. B. auf Messen oder über Kunden, von Plagiaten erfahren, wissen häufig nicht, wem sie diese Informationen mitteilen sollen, zumal sie zusätzlich den Wert dieser Informationen zu oft unterschätzen. Die „Kommunikation zwischen Generälen und Bataillonen" funktioniert somit nicht einwandfrei und wichtige strategische Vorteile beim Kampf gegen Produktpiraten bleiben ungenutzt.

Das dritte Charakteristikum des oben geschilderten Vorgehens liegt in der Komplexität der Steuerung der Abwehrmechanismen über verschiedene Abteilungen hinweg. Mitarbeiter, die bestimmten Abteilungen oder Vorstandsbereichen zugeordnet sind (z. B. in der Rechts- oder Patentabteilung) und neben dem operativen Tagesgeschäft die Abwehr gegen Produktpiraterie organisieren sollen, sind häufig schlichtweg überfordert. Dies liegt nicht nur an der fehlenden Verfügbarkeit zeitlicher Ressourcen, sondern oft auch an der mangelhaften Durchsetzbarkeit von Entscheidungen über Abteilungsgrenzen hinweg und ist ein häufig beobachtetes Phänomen in der Praxis (Kaplan und Norton 2008). Für den Prozesseigner ist es somit schwierig, die definierte Strategie nachhaltig umzusetzen, den Fortschritt zu kontrollieren und die Wirksamkeit sicherzustellen.

Das skizzierte Vorgehen eignet sich demnach nicht, eine Abwehrstrategie zu implementieren, die ihr volles Potenzial entfalten kann. Im Folgenden wird ein Vorgehen aufgezeigt, das alle Bausteine einer erfolgreichen Strategieimplementierung enthält und die Voraussetzungen für ein aktives Bekämpfen von Produktpiraterie beinhaltet.

4.3.2 Bildung einer Task-Force gegen Produktpiraterie

Bei jeder Strategie sind das Engagement und die Selbstverpflichtung der Unternehmensführung bei der Implementierung ein wesentlicher Erfolgsfaktor. Dies gilt in besonderem Maße für die Umsetzung einer nachhaltigen Abwehrstrategie gegen Produktpiraterie. Eine Umsetzung hat also top-down zu erfolgen, weil die Zusammenarbeit unterschiedlicher Interessensgruppen im Unternehmen koordiniert werden muss, um die Ganzheitlichkeit des Ansatzes zu gewährleisten. Von entscheidender Bedeutung ist dabei, dass über kurz oder lang alle Mitarbeiter mit eingebunden werden, da diese nicht nur eine der wichtigsten Quellen für Informationen, sondern zugleich auch wichtige Träger entscheidender Abwehrmaßnahmen sind.

Bereits 1988 formulierte Harvey, dass die Gründung einer abteilungsübergreifenden Task-Force die Voraussetzung für eine wirksame Strategie sei (Harvey 1988). Obwohl diese Erkenntnis bereits seit über zwanzig Jahren bekannt ist, liegt die Formulierung und Steuerung einer Strategie zum Know-how-Schutz in der Praxis in den allermeisten Fällen in den Händen entweder der Rechts- oder Patentschutzabteilung (bei Großunternehmen) oder der Geschäftsleitung (bei KMU) (Karg und Petersen 2010). Strategien für Know-how-Schutz, welche ernst gemeint sind, müssen aber ihren Niederschlag in der Organisationsform finden.

Es empfiehlt sich daher, im Unternehmen eine Task-Force einzurichten, die bei Großunternehmen von einer Zentralfunktion als Stabsstelle des Vorstands oder des Aufsichtsrats, in kleinen und mittleren Unternehmen z. B. von der Assistenz der Geschäftsführung geleitet und koordiniert werden sollte. Abbildung 4.12 verdeutlicht die Gliederung der Task-Force.

Diese Task-Force hat auf Basis einer umfassenden und fundierten Ist-Analyse Handlungsfelder zu priorisieren und eine ganzheitliche Strategie zum Know-how-Schutz zu entwickeln, zu implementieren, den Erfolg zu kontrollieren und kontinuierlich zu verbessern. Sie bildet also das Herz einer jeden Strategie für den Know-how-Schutz.

Diese weit gefassten Aufgabengebiete ziehen eine Vielzahl an operativen Tätigkeiten nach sich, die wiederum in die Kategorien „Kommunikation steuern", „Kampagnen

4

Abb. 4.12: Aufgaben der Task-Force gegen Produktpiraterie

Aufgabengebiet / Erfolgsfaktor	Kommunikation steuern	Kampagnen durchführen	Kontrolle sicherstellen	Kontinuierliche Verbesserung
Konzentration der Kräfte	Task-Force mit wenigen Mitgliedern und Adressierung der richtigen Key-User	Handlungsfelder und Produkte priorisieren	Definition und Überprüfung weniger geeigneter Leistungskennzahlen	Kooperation und Vernetzung
Wesentlicher Vorteil durch Innovation	Nutzung von intelligenter Software zur Steuerung der Kommunikation	F&E-Kapazität für die Entwicklung von Schutzmaßnahmen nutzen	Vertriebsdaten mit statistischen Verfahren auf Auffälligkeiten prüfen	Innovative Schutztechnologien auf Einsetzbarkeit prüfen
Genaue Abstimmung von strategischen Zielen und Ressourcen	Fundierte Informationsbasis durch standardisierte Kommunikationskanäle schaffen	Kosten-Nutzen-Analysen und Mehrwert umzusetzender Maßnahmen prüfen	Monitoring des Unternehmensumfeldes auf Veränderungen der Risikosituation	Kontinuierlich Schutzlücken identifizieren und eliminieren
Organisation der Kommunikation zwischen Generälen und Bataillonen	Motivierende Integration aller Mitarbeiter in den Kommunikationsprozess	Prävention durch Information	Aufbau einer bereichsübergreifenden Regelkommunikation	Know-how-Schutz im betrieblichen Vorschlagswesen verankern
Auswahl des Kriegsschauplatzes gemäß der eigenen Stärke	Vorhandene Kommunikationskanäle im Unternehmensverbund nutzen	Messen in geeigneten Ländern als Angriffspunkt gegen Schutzrechtsverletzer nutzen	Engagement der Unternehmensführung aber Delegation auf allen Hierarchieebenen	Unternehmensphilosophie „Know-how-Schutz" schaffen und in den Köpfen der Mitarbeiter verankern
Kenne Deinen Feind	Kunden der Piraten mit ins Boot holen und aktiv angehen	„Regeln des Umfeldes brechen" und Piraten aus Piratensicht attackieren	Plagiate erwerben und analysieren	Mechanismen der Piraterie verstehen und hinterfragen

Abb. 4.13: Informationsprozess Piraterieabwehr

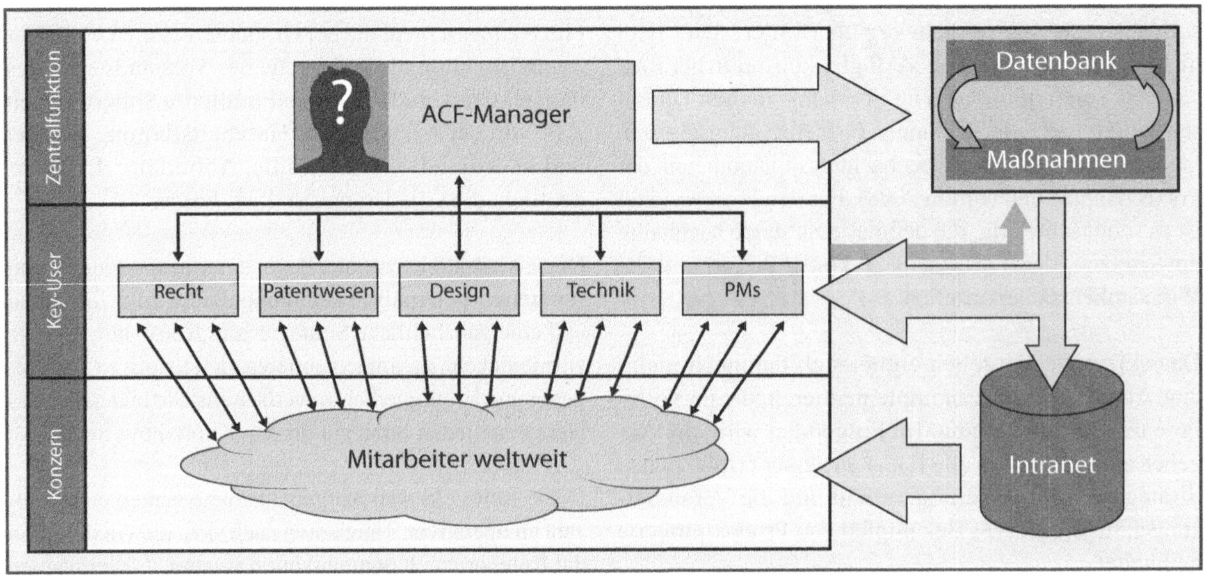

planen", „Kontrolle sicherstellen" und „Kontinuierliche Verbesserung" eingeordnet werden können. Verknüpft mit den strategischen Erfolgsfaktoren ergibt sich eine Aufgabenmatrix, wie sie in Abbildung 4.13 dargestellt ist.

4.3.3 Kommunikation steuern

Die Task-Force hat durch Kommunikation alle Mitarbeiter und Partner der Supply Chain motivierend in den Kampf gegen Produktpiraterie einzubinden, um eine möglichst fundierte Informationsbasis zu schaffen. Entlang der Erfolgsfaktoren ergeben sich die im Folgenden näher beschriebenen Aufgaben.

Die Forderung nach einer Konzentration der Kräfte macht die Etablierung einer möglichst kleinen Task-Force notwendig, die dennoch alle wichtigen Key-User integriert und die richtigen Funktionen im Unternehmen adressiert. Diese Key-User sollten aus allen Abteilungen des Unternehmens stammen. Dazu gehören neben Funktionsträgern aus der Rechts- und Patentabteilung (soweit vorhanden) auch Akteure aus der Produktion, dem Vertrieb, dem Marketing, der Wettbewerbsbeobachtung (Competitive Intelligence), dem After Sales bzw. Kundendienst, der Forschungs- und Entwicklungsabteilung und dem Einkauf. Diese Key-User bringen zum einen umfangreiches Wissen aus den verschiedenen Abteilungen mit in die Task-Force, zum anderen fungieren sie als Bindeglied zwischen der Arbeit der Task-Force und dem restlichen Unternehmen und tragen somit zu einer Sensibilisierung für das Thema Produktpiraterie über die Abteilungsgrenzen hinaus bei.

Damit sind wichtige Voraussetzungen geschaffen, um den Informationsfluss aus der Task-Force in das Unternehmen hinaus und von den Mitarbeitern des Unternehmens in die Task-Force hinein zu gewährleisten. Da die Mitarbeiter eine der wichtigsten Informationsquellen zum Thema Produktpiraterie sind, ist der Aufrechterhaltung und Forcierung der Kommunikation zwischen „Generälen und Bataillonen" unbedingt Priorität einzuräumen, um Strategien erfolgreich planen und umsetzen zu können.

Um die Kommunikation zu unterstützen und zu vereinfachen, kann der Einsatz intelligenter Wissensmanagement-Software zielführend sein. Im Idealfall wird hier auf bereits existierende Systeme in der Unternehmenslandschaft zurückgegriffen. Anforderungen

Abb. 4.14: Bausteine des Wissensmanagements der Task-Force (in Anlehnung an Probst et al. 2010)

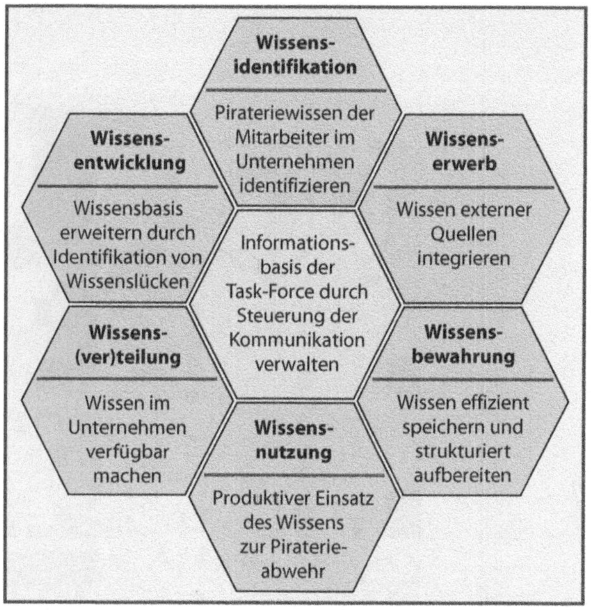

an entsprechende Werkzeuge sind, dass Mitarbeiter möglichst einfach Informationen an die Task-Force weiterleiten können und dass durch die Software eine Wissensbasis aufgebaut werden kann. Auch für diese Wissensbasis sind geeignete Instrumente auszuwählen. Im Idealfall werden eine dezentrale Verwaltung und eine nutzerspezifische Zugriffssteuerung mit unterschiedlichen Berechtigungsstufen ermöglicht.

Die wichtigste Anforderung an ein solches Werkzeug ist, dass das Ziel der maximalen Informationsgewinnung erreicht wird, indem möglichst viele Informationen strukturiert in das System einfließen. Abbildung 4.14 führt die wichtigsten Ziele des Kommunikationsprozesses an.

Dazu ist eine hohe Nutzerakzeptanz notwendig, damit die Wissensbasis von den entsprechenden Akteuren regelmäßig verwendet wird. Eine einfache Administration und Pflege durch die Task-Force ist daher wesentliche Voraussetzung.

Da Daten, wie Stückzahlen, Preise, Deckungsbeiträge oder Umsatzanteile betroffener Produkte, wichtige Kenngrößen für eine Gefährdungsanalyse sein können, kann die Anbindung an ein bestehendes ERP-System sinnvoll sein.

4

Abb. 4.15: Kampagne der Volkswagen AG – Volkswagen Originalteile (Bildnachweis: Volkswagen AG)

Um redundante Datenhaltung zu vermeiden, ist auch eine Integration der Wissensbasis in existierende Systeme vorstellbar. Obwohl es auf dem Markt bereits eine Vielzahl bestehender Wissensmanagementsysteme gibt, gilt auch hier der Grundsatz, die Dinge zunächst einfach zu halten. Das oberste Ziel ist das Sammeln von Informationen über das Problemfeld Produktpiraterie aus dem Unternehmen heraus. Das in Kapitel 2 skizzierte Prozessmodell bietet hierfür gute Voraussetzungen.

Um diesem Ziel gerecht zu werden, sind standardisierte Kommunikationskanäle einzurichten. Jeder Mitarbeiter im Unternehmen muss Kenntnis darüber besitzen, auf welchem Weg er mit der Task-Force in Kontakt treten kann und welche Mitarbeiter für das Thema Know-how-Schutz zuständig sind. Eine feste Verankerung der Task-Force im Organigramm und den Strukturen des Unternehmens ist notwendig. Durch Kampagnen, wie sie später noch detailliert geschildert werden, sind Mitarbeiter zu sensibilisieren und zu motivieren, beim Kampf gegen Produktpiraterie und für Know-how-Schutz aktiv mitzuwirken – in diesem Fall durch den Aufbau einer Wissensbasis über Produktpiraterie.

Wann immer möglich, sind schon vorhandene Kommunikationskanäle – wie Intranet, Mitarbeiterzeitschriften, E-Mail-Verteiler etc. – zu nutzen bzw. für den vorliegenden Zweck auszubauen. Die Mitarbeiter sind mit diesen Kanälen bereits vertraut und müssen sich nicht an neue Medien gewöhnen – es entstehen keine wesentlichen Mehrkosten.

Auch die Kunden sollten in die Kommunikationsstrategie eingebunden werden, um diese von den Vorteilen eines Originalproduktes zu überzeugen und ihnen die Gefahren und Kosten von Plagiaten aufzuzeigen. Ein Beispiel einer durchgängigen Kommunikationsstrategie liefert die Volkswagen AG. Auf Lastwagen der Verteilzentren wird ebenso für Originalteile geworben wie auf Plakaten und Faltblättern. Unter der Internetadresse www.volkswagen-original-teile.de wirbt das Unternehmen für die Vorzüge und bietet Werbeclips zum Download an. Die Kommunikationskampagne hat die drei Botschaften überlegene Qualität, Sicherheit sowie die Bewahrung der Markenidentität („Damit Ihr Volkswagen ein Volkswagen bleibt.") zum Inhalt und versucht so, die Kunden emotional an die Marke zu binden und gleichzeitig von den Vorteilen der Originalersatzteile zu überzeugen. Ein Beispiel einer Anzeige aus dieser Kampagne findet sich in Abbildung 4.15.

Die Steuerung der Kommunikation durch die Task-Force sollte aber nicht nur auf interne Interessensgruppen fokussieren, sondern auch externe Akteure mit einbeziehen. Neben der Sensibilisierung von Partnern der Wertschöpfungskette sind insbesondere die Kunden, auch diejenigen, die Plagiate kaufen, als Verbündete zu gewinnen. Diese sind in der Kommunikation aktiv zu adressieren, nicht anklagend, sondern mit dem Ziel, die Gründe für den Kauf von Plagiaten zu erfahren. Die Antworten auf die Fragen, warum Plagiate dem Originalprodukt vorgezogen werden, wie die Piraten den Vertrieb und das Marketing organisieren, welche Erfahrungen die Kunden mit den Plagiaten gemacht haben, woher die Plagiate stammen und zu welchem Preis diese verkauft werden, sind wertvolle Erkenntnisse für die Abstimmung der Abwehrstrategie.

Die Ausführungen zeigen, dass Kommunikation ein wesentlicher Bestandteil bei der Implementierung von Abwehrmaßnahmen ist. Die operativen Aufgaben der Task-Force gehen natürlich noch weit über die hier geschilderten Aufgaben hinaus. Oberstes Ziel ist es, Mitarbeiter, Partner der Wertschöpfungskette und Kunden zu Verbündeten im Kampf gegen internationale Produktpiraterie und beim Know-how-Schutz zu machen und eine fundierte Informationsbasis zu schaffen, auf der strategische Entscheidungen gründen können. Alle Einzelmaßnahmen sind diesem Ziel unterzuordnen.

Die Steuerung der Kommunikation und die Entwicklung einer Kommunikationsstrategie obliegt der Task-Force. Die Einbindung kompetenter Partner, wie z. B. der Kommunikationsabteilung des Unternehmens, in die Task-Force ist daher selbstverständlich.

4.3.4 Kampagnen durchführen

Zweites wesentliches Aufgabengebiet der Task-Force sind die Durchführung von Kampagnen und die Umsetzung von Schutzmaßnahmen. Diesem Aspekt widmet sich der nächste Teilabschnitt.

Wirksame und kosteneffiziente Abwehrstrategien müssen auf die Produkte und Prozesse fokussieren, die für den Schutz des Know-hows oder die Abwehr von Schäden die größte Relevanz besitzen. Die Task-Force hat die Aufgabe, diese Priorisierung

4

Abb. 4.16: Sensibilisierungsmaßnahme zum IT-Schutz bei der Festo AG & Co. KG (Bildnachweis: Festo)

vorzunehmen, die wesentlichen Handlungsfelder zu identifizieren und die Entscheidung zu treffen, ob Schutzmaßnahmen im Produkt implementiert werden müssen, welchen Umfang diese haben sollten und welche Schutzziele dabei im Vordergrund stehen müssen. Hier hilft der Rückgriff auf die Methodiken, die in Kapitel 2.4.1 und 2.4.2 dargestellt wurden. Die Task-Force ist zuständig für diese Verfahren und muss sie über die Unternehmensbereiche hinweg koordinieren und forcieren.

Sind die Produktgruppen identifiziert, die einen konstruktiven oder technischen Schutz benötigen, ist für die Task-Force die Mitwirkung im Neuheiten-Entstehungsprozess unabdingbar. Zielführend ist hier nicht das Vorschlagen konkreter Maßnahmen oder Konstruktionsvorgaben, sondern eine kooperative Lösungsfindung gemeinsam mit den Mitarbeitern der Forschung und Entwicklung. Aufgabe der Task-Force ist es, die Schutzziele vorzugeben und mögliche Maßnahmengruppen vorzuschlagen und Maßnahmenbeispiele darzustellen. Die konkrete Umsetzung in das Produkt obliegt dann der F&E-Abteilung.

So könnte z. B. eine Analyse des Gefährdungspotenzials durch die Task-Force ergeben, dass insbesondere der Ausschluss von Gewährleistungen bei Verwendung von Fälschungen durch den Kunden relevant ist. Das Schutzziel ist dann, dass der Originalhersteller im Gewährleistungsfall schnell und einfach die Originalität des betroffenen Produktes nachweisen kann. Mögliche Lösungsvorschläge wären z. B. das Ein- bzw. Aufbringen von offenen oder verdeckten Kennzeichnungstechnologien, sowie die maschinengestützte Authentifizierung einer Komponente durch eine zentrale Steuereinheit des Gesamtsystems.

Mit welchen Maßnahmen diese Schutzziele, z. B. unter Nutzung der vorgeschlagenen Lösungsprinzipien, erreicht werden können, ohne dass diese die Funktionsfähigkeit des Produktes einschränken und im Idealfall keine oder nur geringe Kosten verursachen, obliegt den verantwortlichen Funktionsträgern des Neuheitenentstehungsprozesses. Hinweise zur Bewertung existierender Maßnahmen und Anforderungen an neue Maßnahmen sind zu Beginn dieses Kapitels detailliert aufgeführt. In einem iterativen Prozess zwischen Task-Force und F&E-Abteilung sind dann die Feinabstimmungen durchzuführen.

Die Durchführung einer Kosten-Nutzen-Analyse sowie die Identifikation von Mehrwerten für den Kunden und/oder den Originalhersteller sind ebenso Aufgabe der Task-Force wie die Einbindung des Vertriebes und der Marketingabteilung auch unter den Aspekten des Know-how-Schutzes.

Gleiches gilt für die Unternehmens- und Geschäftsprozesse. Das in Kapitel 2 skizzierte Prozessmodell zeigt Schutzlücken im Unternehmen auf. Diese gilt es je nach bewerteter Risikohöhe durch geeignete Gegenmaßnahmen zu schließen. Die Maßnahmen sollten dabei an der identifizierten Ursache ansetzen und nicht die Symptome bekämpfen.

Ein häufiges Problem der Praxis ist das Fehlen von Normen im Umgang mit Know-how. Dies liegt unter anderem daran, dass Mitarbeiter nicht ausreichend darüber aufgeklärt sind, wie mit Unternehmens-Know-how umzugehen ist. Mitarbeiter des Vertriebs sind beispielsweise häufig versucht, eher zu viel Know-how zu offenbaren, um einen Abschluss beim Kunden erzielen zu können.

Die Task-Force hat daher die Aufgabe, entsprechende Normen zu erarbeiten und klar an alle Mitarbeiter zu kommunizieren sowie das Einhalten dieser Normen zu kontrollieren. Neben den oben geschilderten Sensibilisierungsmaßnahmen sind daher auch Schulungsmaßnahmen im gesamten Unternehmen bzw. Konzern durchzuführen.

Die Sensibilisierung der Mitarbeiter, der Partner der gesamten Supply Chain und der Kunden für die Problematik eines fehlenden Know-how-Schutzes, aber auch bezüglich der Bedeutung jeder auch noch so kleinen Information sollte von der Task-Force ebenfalls geplant und nachgehalten werden. Ziel dabei ist es, z. B. betroffene Auslandsgesellschaften, Mitarbeiter, Lieferanten und Entwicklungspartner zu Verbündeten im Kampf gegen Produktpiraterie zu machen. Für die interne Kommunikation sind alle vorhandenen Kommunikationsmittel, wie Intranet, Mitarbeiterzeitungen oder Informations-Rundschreiben, zu nutzen. Regelmäßige Kampagnen zum Thema Know-how-Schutz, z. B. mit Ausstellungen von entdeckten Plagiaten, Darstellung von Erfolgen und umgesetzte Lösungen gegen Produktpiraterie, Vortragsveranstaltungen oder Darstellung der negativen Folgen von Produktpiraterie am Beispiel des eigenen Unternehmens, helfen bei der Sensibilisierung und Motivation der Mitarbeiter und Partner der Supply Chain. Die Koordination, die Festlegung der zeitlichen Reihenfolgen und der Inhalt der Kampagnen sollte der Task-Force obliegen. „Prävention durch Information" sollte hierbei die Devise der Kampagnen sein.

Von ebenso entscheidender Bedeutung ist die Klassifizierung des Know-hows im Unternehmen bzw. Unternehmensverbund. Die Task-Force hat in Kooperation mit den entsprechenden Fachabteilungen festzulegen, welches Know-how im Unternehmen welchen Schutzbedarf hat und wer Zugriff auf dieses Know-how haben darf. Dabei ist zwischen implizitem und explizitem Wissen zu unterscheiden.

Bezüglich des expliziten und kodifizierten bzw. kodifizierbaren Wissens sind die Informationssysteme und die entsprechenden Wissensträger kritisch zu prüfen und auf Schutzlücken zu untersuchen. Das in Kapitel 2 eingeführte Prozessmodell unterstützt mit seiner strukturierten Herangehensweise.

Schützenswertes Wissen ist zu identifizieren und für einen Schutz zu selektieren, denn nicht alles ist gleich wichtig. So sind z. B. die Zugriffsrechte auf die Fertigungszeichnungen eines Unternehmens zu regeln. Nicht jeder Mitarbeiter an jedem Standort des Unternehmens muss zwingend Zugriff auf alle Fertigungszeichnungen haben. Hier sollten klare Rechtevergaben erfolgen und geeignete DRM-Systeme eingesetzt werden (siehe für weitere Ausführungen Kapitel 3). Eine Klassifikation könnte nach Technologieniveau erfolgen (Normteile, Standardteile, High-Tech, Innovationen). Auch für andere Wissensträger gilt es, ein Klassifikationsschema aufzubauen, um schützenswertes Wissen zu identifizieren. Instrumente hierfür gibt es bereits, wie z. B. das Skill Mapping (vgl. u. a. Fitzek 2002, Fischer 2009, Probst 2010). Dabei sind nicht nur Dokumente im Blick zu behalten, sondern auch produktbasierte Wissensträger, wie z. B. Fertigungsanlagen oder Produkte. Insbesondere der Umgang mit Prototypen oder Nullserien ist häufig nicht klar geregelt – diese wandern nach Beendigung der Testreihen häufig in den normalen Restmüll.

Eine Einstufung der verschiedenen Wissensträger nach Relevanz mit Implikationen für den Umgang mit diesen ist also sinnvoll. Hinweise liefert die Geheimschutzordnung des deutschen Bundestages, die alle Informationen klassifiziert nach „VS – Nur für den Dienstgebrauch", „VS – Vertraulich", „Geheim" und „Streng Geheim" und an die Klassifikation verschiedener personeller, organisatorischer, materieller sowie informationstechnischer Maßnahmen anknüpft. In Anlehnung an Fischer 2009 und Fietzek 2002 könnte ein Unternehmen ein Portfolio gemäß Abbildung 4.17 erstellen und jede neue Informationen entsprechend klassifizieren sowie levelspezifische Richtlinien für den Umgang vorsehen.

Neben den materiellen Wissensträgern nehmen die personellen Wissensträger eine mindestens ebenso bedeutende Rolle ein. Hier sind die Schlüsselmitarbeiter zu identifizieren und entsprechende Maßnahmen vorzusehen. Neben Schulung, Sensibilisierung und Aufklärung sind auch Mitarbeiterzufriedenheitsmessungen, Pre-Employment Screenings und Verteilung der Kompetenzen sinnvolle Maßnahmen, die durch die Task-Force zu koordinieren sind. Der Fall Saatchi & Saatchi zeigt, welche verheerenden Auswirkungen die Vernachlässigung dieser Schlüsselmitarbeiter haben

Abb. 4.17: Klassifikationsschema für schützenswertes Know-how im Unternehmen

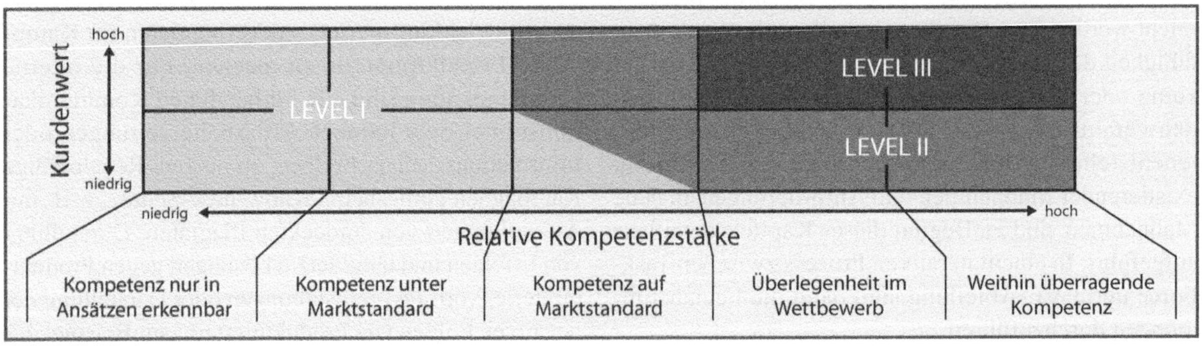

kann. Die Werbeagentur trennte sich 1994 auf Druck der Hauptaktionäre vom Vorsitzenden Maurice Saatchi. Dieser nahm nicht nur Kundenaufträge im Wert von 50 Millionen Pfund, sondern auch dreizig der kreativsten Mitarbeiter mit und stürzte das Unternehmen somit in eine schwere Krise (Probst 2010). Auch General Motors erlebte mit dem Wechsel des Einkaufschefs José Ignacio López zu Volkswagen einen ähnlichen Fall, bei dem eine Schlüsselperson zum Verlust einer ganzen Gruppe hochqualifizierter Manager führte (Probst 2010).

Doch nicht nur der Wechsel von Schlüsselmitarbeitern führt zu Know-how-Verlusten. Viel häufiger ist bei den Mitarbeitern fehlende Sensibilität festzustellen. Bei Auslandsreisen nach China oder Russland nehmen hochqualifizierte Mitarbeiter des Unternehmens oftmals ihre Dienstlaptops mit sich, auf denen hochsensible Daten gespeichert sind. Schutzmaßnahmen im Unternehmen selbst versagen häufig, da der Mensch zur Schwachstelle wird. Hier ist durch die Task-Force Aufklärungsarbeit zu leisten und Maßnahmen einzuleiten, dass z. B. Informationen des Levels II oder III (siehe obiges Portfolio) nicht auf Laptops gespeichert werden dürfen, sondern nur in vom restlichen Unternehmensnetzwerk isolierten Speichermedien abgelegt werden.

Bei der Durchführung von Kampagnen gegen Produktpiraten ist die Auswahl des Kriegsschauplatzes, der den eigenen Stärken entgegenkommt, einer der wichtigsten Erfolgsfaktoren. Originalhersteller haben hier nach wie vor Produktpiraten gegenüber einen erheblichen Vorteil, nämlich die Fähigkeit zum strategischen und planvollen Handeln. Diesen Vorteil sollten sie auch ausspielen, indem sie ihr Innovationspotenzial für die Entwicklung von intelligenten Schutzmaßnahmen sowie das Vertriebs- und Marketing-Know-how für intelligente Öffentlichkeitsarbeit und Kundenbindungsmaßnahmen nutzen. Die Initiative sollte wie bei einem guten Schachspieler immer auf Seiten der Originalhersteller liegen. Nur defensives Reagieren ist zu wenig. Aufgabe der Task-Force ist es, diese Initiative zu suchen und aufrechtzuerhalten.

Als Beispiel dient die Wahl des richtigen Gerichtes bei Patentstreitigkeiten. Untersuchungen haben gezeigt, dass sich z. B. in den USA die Erfolgsquoten von Patentinhabern vor den Gerichten der einzelnen Bundesstaaten zwischen 16 und 75 Prozent bewegen (Creutz 2009). Die Task-Force sollte solche Fakten bei der Erstellung und Umsetzung von Abwehrstrategien mit im Blick haben, um den Piraten auf dem fallspezifisch günstigsten Kriegsschauplatz gegenüber zu treten.

Das Potenzial der strategischen Planung voll auszuschöpfen bedeutet auch, die „Regeln des Umfeldes" zu brechen und nicht nur aus der Sicht eines Originalherstellers zu agieren.

Um die Mechanismen der Produktpiraterie verstehen zu lernen und Maßnahmen aus der Initiative heraus zu entwickeln, sollte die Task-Force die Sicht eines Produktpiraten einnehmen. Die Durchführung sogenannter Business Wargames als Instrument der strategischen Planung kann dabei unterstützen. Hierbei nehmen Mitarbeiter des Unternehmens verschiedene Rollen ein und bilden z. B. das Firmen-Team, die Wettbewerbs-Teams, ein Kunden-Team und das Piraten-Team. Charakteristisch am Business Wargaming ist, dass dieses eine maßgeschneiderte Simulation darstellt, die auf spezifische Fragenstellungen Antworten sucht (Oriesek und Schwarz 2009). Für den Fall der Produktpiraterie könnte z. B. das Piraten-Team die Aufgabe erhalten, ein Produkt des Unternehmens ohne Zuhilfenahme von Fertigungszeichnungen zu rekonstruieren (Reverse Engineering) und eine Fertigungsstrategie auszuarbeiten. Aufgabe des Firmen-Teams wäre es, Strategien zu entwickeln, die genau dieses verhindern. Das Wettbewerbsteams sollte versuchen, sich durch diese implementierten Abwehrmechanismen einen Vorteil für das eigene Produkt zu verschaffen, während das Kunden-Team entscheiden müsste, welches Produkt unter welchen Voraussetzungen das bessere ist. Auf diese Weise kann das Optimierungsproblem zwischen Kundenakzeptanz, Risikominimierung und Kosten in einem interaktiven Prozess gelöst werden. Der mögliche Ablauf eines solchen Simulationsspieles ist in Abbildung 4.18 dargestellt.

Die Abbildung zeigt, dass ein solches Simulationsspiel komplex werden kann und demnach auch einer guten Vorbereitung bedarf. Dazu sind z. B. die Hauptrisikofelder mit einer kurzen Beschreibung dieser Risiken in das Spiel einzubringen. Ebenso könnten existierende Plagiate den Teilnehmern zur Verfügung gestellt werden. Die Vorbereitung der Seminarräume durch das Aufhängen von Plakaten kann den Denkhorizont der Teilnehmer erweitern (Mićić 2010). Um die Kreativität der Teilnehmer anzuregen, ist es ebenfalls sinnvoll, bereits vorab die wichtigsten Abwehrstrategien und Maß-

4

Abb. 4.18: Ablauf eines Strategic Business Wargame (Mićić 2010)

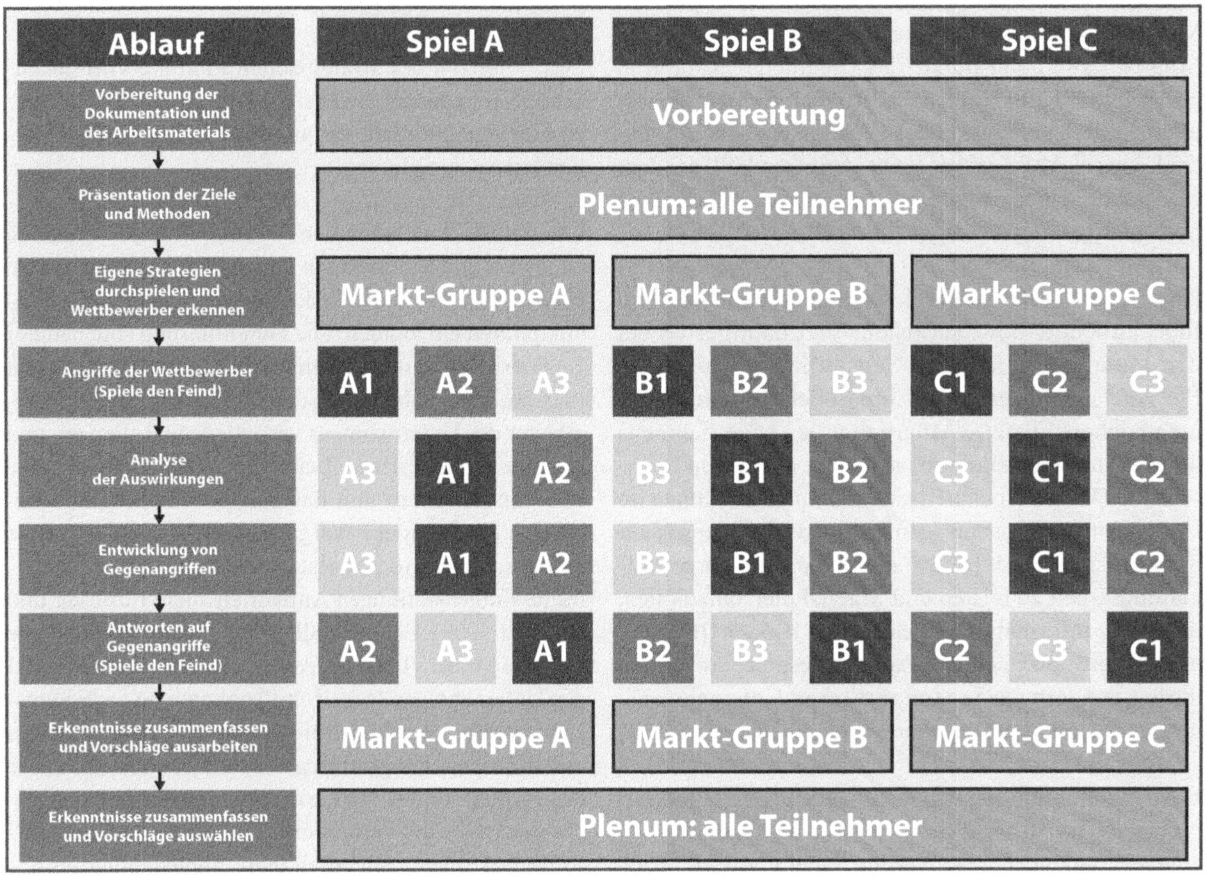

Abb. 4.19: Leistungskennzahlen zum Monitoring der Risikosituation

Risikoursachen	Leistungsindikatoren	Indikatorenausprägungen
Fehlende oder unzureichende Kontrollmechanismen	Externe Reviews der Sicherheitssysteme Ergebnisse von Paper-Due-Dilligences	Reviewnoten Auditnoten
Fehlende Normen zum Umgang mit Know-how	Lieferantenaudits Bereichsaudits im Unternehmen	Auditnoten
	Anteil geschulter Mitarbeiter	Prozentwerte
Unzufriedenheit der Akteure	Mitarbeiterzufriedenheit Kundenzufriedenheit Lieferantenscreening	Zufriedenheitsindex
	Fluktuationsrate	Prozentwerte pro Jahr
Starke Verhandlungsmacht der Akteure	Umsatzanteile von Kunden	Prozentwerte
	Anzahl Kunden Anzahl Lieferanten	Definierte Schwellenwerte

nahmengruppen z. B. in Form von Foliensammlung vorzubereiten und an die Teilnehmer auszuhändigen (Mićić 2010). Nachdem die Vorbereitungen getroffen und im Plenum Ziele und Methoden vorgestellt wurden, beginnt die Simulation. Je nach Anzahl der Teilnehmer können hier unterschiedlich viele Gruppen mit den entsprechenden Teams gebildet werden, die Angriffe und Gegenangriffe simulieren und die Auswirkungen in den Gruppen und im Plenum diskutieren. Auf diese Weise kann eine Vielzahl an innovativen Strategieelementen entwickelt werden. Die Task-Force sollte hierbei die Vorbereitung, Spielleitung und Protokollführung übernehmen sowie die Resultate dokumentieren.

Die Vorteile des Business Wargaming liegen dabei in dem aktiven Einbezug der Teilnehmer, der Antizipation zukünftiger Entwicklungen, der Berücksichtigung unterschiedlichster Perspektiven und Lernwege, der teambildenen Wirkungen und dem Testen von Alternativen (Oriesek und Schwarz 2009). Die Leitung eines solchen Simulationsspiels obliegt der Task-Force, die dafür z. B. auch externe Berater oder Trainer engagieren kann. Das Business Wargaming ist nicht das einzige Instrument der strategischen Planung, aber sicherlich ein sehr wirkungsvolles, welches viele der hier genannten Faktoren erfolgreicher Strategien einbezieht.

4.3.5 Kontrolle sicherstellen

Die Kontrolle des Erfolges von implementierten Strategien und der Nachhaltigkeit umgesetzter Maßnahmen ist ein weiteres wesentliches Aufgabenfeld der Task-Force. Im Folgenden sollen die operativen Tätigkeiten näher erläutert werden.

Um die Kontrolle der umgesetzten Abwehrstrategie effizient durchführen zu können, empfiehlt es sich, dass die Task-Force, basierend auf den identifzierten Risikofeldern, geeignete Leistungskennzahlen definiert. Diese können quantifizierbare oder nicht quantifizierbare Größen sein. Der Rückgriff auf bestehende Daten ist, wie im nächsten Abschnitt beschrieben, dabei von Vorteil. Es kann aber auch notwendig sein, neue Indikatoren zu definieren. Diese sollten aus den vier Risikoursachenfeldern abgeleitet werden, wie beispielhaft Abbildung 4.19 zeigt.

Manche Autoren empfehlen die Verwendung einer Anti-Piraterie-Balanced-Scorecard zur Steuerung der Abwehrstrategie (Geiger und Meyer-Schwickerath 2010). Dies kann hilfreich sein, um die Indikatoren zur Leistungskontrolle zu systematisieren, bietet aber im Prinzip nur eine etwas andere Vorgehensweise wie die in diesem Buch skizzierte an.

Bei der Kontrolle der Risikosituation empfiehlt es sich, auf bestehende Daten zurückzugreifen. Hier liegt aufgrund der stark ausgeprägten IT-Strukturen und des Vorhandenseins von ERP-Systemen der Vorteil auf Seiten der Originalhersteller. Insbesondere Informationstechnologien des Customer-Relationship-Managements sollten zur Identifizierung von Auffälligkeiten im Unternehmensumfeld genutzt werden. Beispiele aus der Praxis veranschaulichen den Nutzen solcher Auswertungen. So kategorisiert ein Hersteller von Systemen für die Druckweiterverarbeitung – die Müller Martini GmbH – die verkauften Maschinen nach den Einsatzbedingungen beim Kunden. Unter der Annahme, dass gleiche oder ähnliche Maschinen einen ähnlichen Ersatzteilbedarf haben, können über statistische Verfahren Auffälligkeiten des Kundenkaufverhaltens identifiziert werden. Zwar können entdeckte Auffälligkeiten nur Verdachtsmomente liefern, aber diese sind ausreichend, um den Kunden aktiv anzusprechen und mit diesem eventuelle Maßnahmen zur Vermeidung von Produktpiraterie zu besprechen. Die Verknüpfung von verschiedenen bereits vorhandenen Daten – Maschinendaten aus der Maschinenakte, Informationen aus der Kundenproduktion und Vertriebsdaten – bietet ein neuartiges Gesamtbild für die Entwicklung einer spezifischen Strategie gegen Produktpiraterie (Bender 2010).

Neben der Kontrolle des Unternehmensumfeldes und der Generierung von wertvollen Daten für die Abwehr von Produktpiraterie (z. B. über die beliebtesten Ziele der Produktpiraten) kann somit auch ein Mehrwert für den Kunden generiert werden, denn der Originalhersteller erkennt auch eventuell unsachgemäßen Gebrauch der Anlage. Der genannte Hersteller entwickelte auf Basis dieser Daten ein umfassendes modulares Servicekonzept, mit welchem dem Kunden ein maßgeschneidertes Serviceangebot unterbreitet werden kann (Bender 2010).

Die Task-Force sollte also prüfen, welche Daten bereits im Unternehmen vorhanden sind und durch neue logische Verknüpfungen dieser Daten geeignete Informationen sowohl zur Vorbereitung von Maßnahmen und Strategien als auch für die Kontrolle der Schutzstrategien gewinnen.

Abb. 4.20: Ereignisgesteuerte Prozesskette bei Auffindung eines Plagiats auf Messen

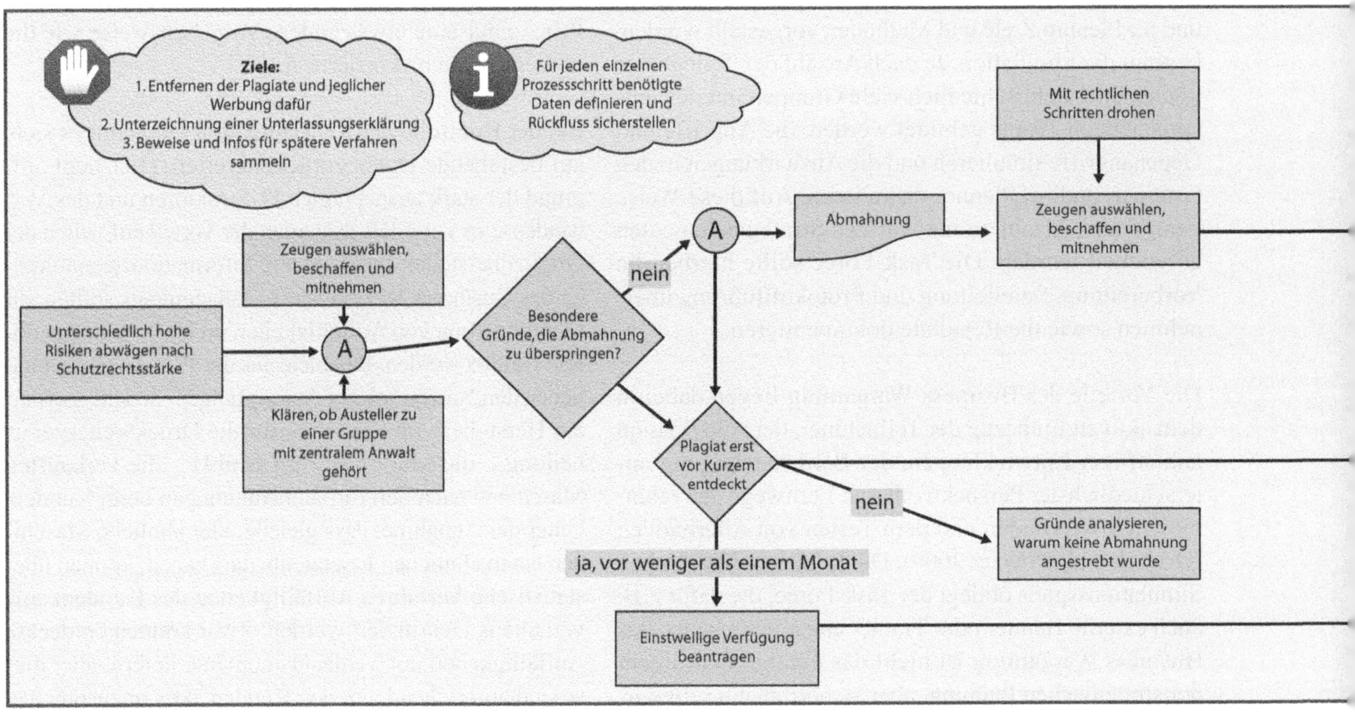

Zusätzlich zu den Kampagnen für die Sensibilisierung der Mitarbeiter ist auch die Planung und Umsetzung von Maßnahmen zum Produktschutz im Allgemeinen Aufgabe der Task-Force. Ziel dieses Tätigkeitsgebietes ist die kontinuierliche Risiko-, Ursachen- und Maßnahmenanalyse zum Schutz der Unternehmensprozesse. In operative Aufgaben übersetzt, bedeutet dies die Beobachtung des Marktes der Schutztechnologie-Anbieter und die Auswertung (ggf. auch die Dokumentation) der neu auf dem Markt erscheinenden Technologien, um im Bedarfsfall einen Überblick über existierende Maßnahmengruppen zu besitzen. Weiterhin sind die Vor- und Nachbereitung von Messen und anderen öffentlichen Auftritten unter Know-how-Schutzaspekten mit Priorität zu behandeln. Es ist zu prüfen, ob sich unter den Messeausstellern verdächtige Wettbewerber befinden, um bereits im Vorfeld gemeinsam mit Behörden aktiv zu werden, falls Schutzverletzungen drohen. Weiterhin sind Mitarbeiter zu instruieren, wer bei Entdeckung eines Plagiats zu informieren ist und welche Informationen weiterzuleiten sind. Auf der Messe ist Kontakt mit entsprechenden Help-Desks zu halten, um im Bedarfsfall schnell reagieren zu können. Rundgänge insbesondere bei Messen, die in kritischen Ländern stattfinden, dienen zusätzlich der Überprüfung, ob Produkte des eigenen Unternehmens nachgeahmt werden. Diese Aufklärungsarbeit kann mit sogenannten ereignisgesteuerten Prozessketten unterstützt werden. Im Falle einer Messe wäre das Ereignis, welches eine Prozesskette auslöst, das Auffinden eines ausgestellten Plagiats. Ziele bzw. Aufgaben, die sich daraus ergeben, sind, dass das Plagiat und die Werbung dafür entfernt werden, der ausstellende Produktpirat eine Unterlassungserklärung unterzeichnet und Beweise und Informationen für spätere Verfahren gesammelt werden. Der Ablauf ist in Abbildung 4.20 dargestellt. Der Vorteil dieser Darstellung ist die Abbildbarkeit der Prozesskette in einer Software. Die Mitarbeiter wissen zudem genau, was zu tun ist, welche Daten abzufragen sind und wohin die Informationen gemeldet werden müssen.

Neben den Messen ist das Internet eine weitere wichtige Informationsquelle über das Auftauchen von Plagiaten. Konsequenterweise sollte daher auch das Internet nach Auffälligkeiten gescreent werden. Typische Fälle sind das Nachahmen von Internetauftritten, die Verwendung identischer Typenbezeichnungen sowie die Verwendung von Produktfotos oder Katalogabbildun-

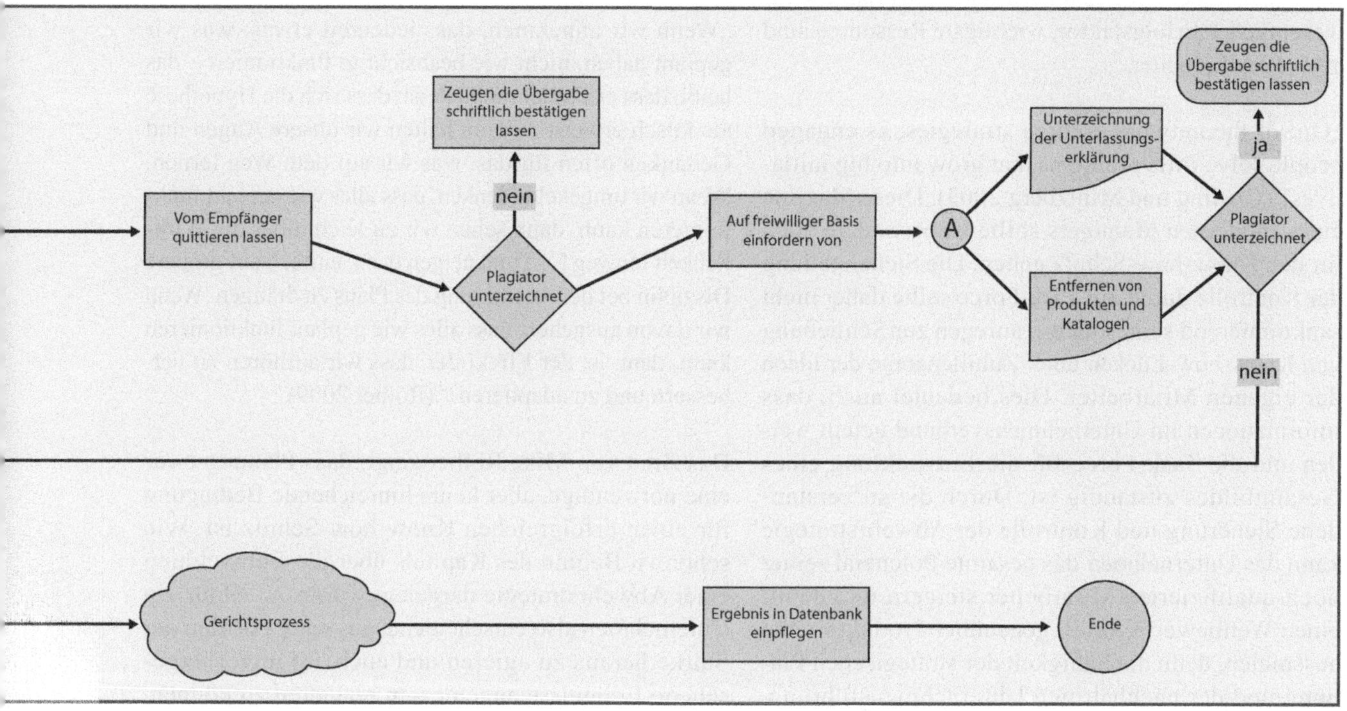

4

gen der Originalhersteller. Es sollte daher eine Routine entwickelt werden, mit der in regelmäßigen Abständen entsprechende Auffälligkeiten aufgespürt werden. Der Einsatz von entsprechenden Computerprogrammen kann hier sinnvoll sein. Auch die Sicherstellung der Durchführung von Paper-Due-Dilligences (siehe Kapitel 3) bei Lieferanten und Kooperationspartnern ist Aufgabe der Task-Force.

Um das Ziel eines wirksamen Piraterieschutzes zu erreichen, ist der Aufbau und die Sicherstellung einer bereichsübergreifenden Regelkommunikation und Wissenstransfers eine der wichtigsten operativen Aufgaben der Task-Force bzw. des Leiters der Task-Force. Für eine effizient funktionierende Regelkommunikation sind

- Berichtszeiträume festzulegen
- Geeignete Berichtsformulare zu definieren
- Ggf. eine Informations- und Kommunikationsmatrix aufzubauen.

Diese Matrix regelt, welche Bereiche bzw. Funktionsträger welche Berichte in welchen zeitlichen Abständen erhalten. Darüber hinaus dokumentiert sie, welche verbindlichen Besprechungen und Führungsgespräche durchzuführen sind und wie die Berichterstattung an den Vorstand zu erfolgen hat. Erfolgreiche Unternehmen definieren für ähnliche Aufgaben z. B. formal strukturierte Gespräche im Monatsrhythmus (Venohr 2006). Diese Besprechungen dienen zum Sammeln und Kanalisieren aller notwendigen Informationen zum Aspekt des Know-how-Schutzes und fördern den Informationsfluss aus dem Unternehmen über die Key-User in die Task-Force hinein. Zu standardisierende Informationsprozesse sind insbesondere die Aufnahme entdeckter Plagiate mit konkreten Handlungsanweisungen dazu, welche Personen zu informieren und welche Informationen zu sammeln sind. Auf diese Weise entsteht eine über die Zeit immer detailliertere Informationsbasis, die für weitere Analysen genutzt werden kann. Der Aufbau und die Pflege einer Wissensbasis sind daher eng mit der Sicherstellung einer Regelkommunikation verknüpft.

Bei der Steuerung dieser Prozesse ist darauf zu achten, dass die Kooperation mit den Bereichen nicht als „Kontrollwahn" der Task-Force angesehen wird. Know-how-Schutz sollte nicht als „Befehl von oben" empfunden werden, sondern als wesentlicher Beitrag aller Mitarbeiter zur Wettbewerbsfähigkeit des Unternehmens und somit zum Erhalt des eigenen Arbeitsplatzes. Das Engagement der Unternehmensführung ist daher zwar wesentlicher Erfolgsfaktor, wichtigste Ressource sind aber die Mitarbeiter.

„Out of the network emerge strategies, as engaged people solve little problems that grow into big initiatives" (Gosling und Mintzberg 2003). Diese Maxime eines modernen Managers sollte insbesondere auch für den Know-how-Schutz gelten. Die Sicherstellung der Kontrolle durch die Task-Force sollte daher nicht sanktionierend sein, sondern anregen zur Schließung von Know-how-Lücken unter Zuhilfenahme der Ideen der eigenen Mitarbeiter. Dies bedeutet auch, dass Informationen im Unternehmensverbund geteilt werden und die Task-Force für die Entwicklung eines Gesamtbildes zuständig ist. Durch die so verstandene Steuerung und Kontrolle der Abwehrstrategie kann das Unternehmen das gesamte Potenzial seiner hoch-qualifizierten Mitarbeiter steigern und damit einen Wettbewerbsvorteil gegenüber Produktpiraten ausspielen, denn die Fähigkeit der strategischen Planung und der nachhaltigen Unternehmensführung, basierend auf langjährigen Erfahrungen, fehlt den Nachahmern noch sehr häufig.

Neben der Kontrolle der Unternehmensstrukturen und des Fortschritts der umgesetzten Abwehrmaßnahmen ist die Kontrolle der externen Aktivitäten ebenfalls von großer Bedeutung. Insbesondere entdeckte Plagiate sind wichtige Informationsquellen. Unternehmen sollten daher Plagiate ggf. über Umwege käuflich erwerben und analysieren. Von Interesse sind hierbei die Qualität der Plagiate, mögliche Schwachstellen bei der Fertigung und Kompatibilität zu anderen Komponenten, wenn diese in Gesamtsystemen eingesetzt werden.

Die Informationen können dabei für zwei Ziele eingesetzt werden. Zum einen erlangt man detaillierte Kenntnisse über die Nachahmer, zum anderen können Kunden mit entsprechenden Informationen über die mangelhafte Qualität der Plagiate sensibilisiert werden. Demonstrationen, die die Überlegenheit der Originalprodukte im Vergleich zu Plagiaten darstellen, sind hierbei wirksame Instrumente. Neben der Produktstruktur sind auch die Prozessstrukturen bei den Produktpiraten von großem Interesse. Insbesondere die Kostenstrukturen und die Kalkulationen sind von Bedeutung.

4.4 Weiterentwicklung der Strategie im Unternehmen

„Wenn wir annehmen, dass jederzeit etwas, was wir geplant haben, nicht wie beabsichtigt funktioniert – das heißt, dass es immer möglich ist, dass sich die Hypothese als falsch erweist –, dann halten wir unsere Augen und Gedanken offen für das, was wir auf dem Weg lernen. Wenn wir umgekehrt denken, dass alles wie geplant funktionieren kann, dann sehen wir zu leicht über die Wirklichkeit hinweg [...] und neigen dazu, einfach auf größere Disziplin bei der Ausführung des Plans zu drängen. Wenn wir davon ausgehen, dass alles wie geplant funktionieren kann, dann ist der Effekt der, dass wir aufhören zu verbessern und zu adaptieren." (Rother 2009)

Das Zitat von Mike Rother zeigt, dass Planung zwar eine notwendige, aber keine hinreichende Bedingung für einen erfolgreichen Know-how-Schutz ist. Wie schon zu Beginn des Kapitels über die Entwicklung einer Abwehrstrategie dargelegt wurde, ist es für ein Unternehmen also entscheidend, aus einer Position der Stärke heraus zu agieren und auch auf unvorhergesehene Ereignisse angemessen reagieren zu können. Dies gilt auch und gerade für den Know-how-Schutz. Das relevante Umfeld ist hier von einer hohen Dynamik geprägt, die Risikolage sehr situationsspezifisch und die Mechanismen sind noch nicht ausreichend verstanden, um Handlungsaxiome setzen zu können.

Daher ist der in diesem Buch vorgeschlagene Prozess auch auf die dynamische Anpassung der Strategie ausgerichtet. Nahezu alle vorgeschlagenen operativen Aufgaben der Task-Force sind unmittelbar umsetzbar und

Abb. 4.21: Kontinuierliche Verbesserung durch Definition eines Zielzustandes (nach Rother 2009)

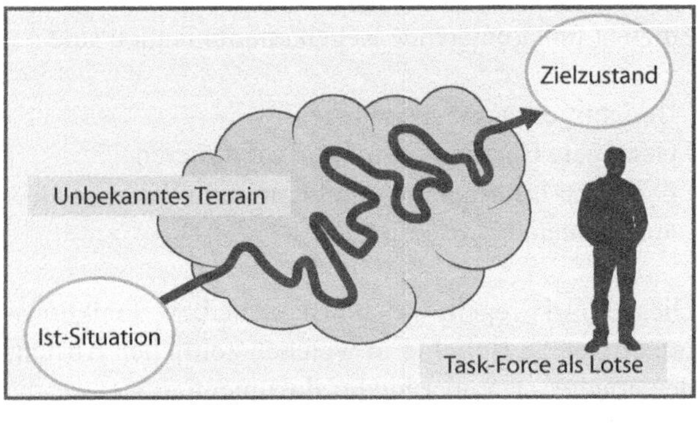

benötigen nur wenig Vorlaufzeit. Durch die Etablierung einer Aufgabenmatrix mit Erfolgsfaktoren und Aufgabengebieten ist die Task-Force in der Lage, permanent das eigene Tätigkeitsfeld zu erweitern und anzupassen. Dies bedingt aber auch den Willen zur kontinuierlichen Verbesserung und Adaption gemeinsam mit allen Mitarbeitern des Unternehmens. Ähnlich wie beim Qualitätsmanagement bedeutet Stillstand bei den Bemühungen der Verbesserung des Know-how-Schutzes automatisch einen Rückschritt. Rother definiert dabei kontinuierliche Verbesserung und Adaption als „die Fähigkeit, sich durch unklares und unvorhersehbares Terrain in Richtung eines gewünschten Zustands zu bewegen, indem man sensibel für aktuelle Verhältnisse am Ort des Geschehens ist, und entsprechend darauf reagiert" (Rother 2009).

Aufgabe der Task-Force ist es nach dieser Definition, dem Unternehmen sozusagen als Lotse durch das unklare Terrain zu dienen (Abb. 4.21). Hilfsmittel zur Navigation wurden in den vorangegangenen Kapiteln dargestellt. Das bedeutet, sich von den Ereignissen nicht treiben zu lassen, sondern aktiv zu steuern. Die Definition eines Zielzustands ist damit Bestandteil der strategischen Planung durch die Task-Force. Der Weg zu diesem Zielzustand dagegen ist offen und erfolgt in dem genannten unbekannten Terrain. Der Lernprozess spielt hierbei die entscheidende Rolle, denn auf Basis von Gelerntem kann die Strategie justiert werden, da das, was im letzten Schritt gelernt wurde, Einfluss auf den folgenden Schritt haben kann (Rother 2009).

4.4.1 Standardisierung als Schlüssel zum Erfolg

Diese Randbedingungen sollten nicht zum langwierigen Theoretisieren führen. Im Gegenteil sollte unverzüglich der ersten Schritt getan und alle weiteren Schritte auf Basis des Vorangegangen gesetzt werden, ohne dabei das Ziel eines in seinen Prozessen und Produkten geschützten Unternehmens aus dem Auge zu verlieren.

Erfolgreiche Maßnahmen sind zu standardisieren und zu Routinen auszuarbeiten, für nicht erfolgreiche Maßnahmen sind die Gründe des Scheiterns zu analysieren und die Maßnahmen zu verbessern. Unternehmen, die erfolgreichen Know-how-Schutz betreiben, haben standardisierte Prozesse im Unternehmen implementiert, Richtlinien und das Berichtswesen ausgearbeitet und verfügen über Hintergrundinformationen zur konkreten Risikolage (Staake und Fleisch 2008).

Das schlichte Kopieren von Abwehrstrategien und Prozessen anderer Unternehmen ist für einen nachhaltigen Erfolg nicht zielführend – jedes Unternehmen muss auf Basis der spezifischen Risikosituation und der vorhandenen Strukturen eine eigene Strategie entwickeln und spezifische Erfolgsfaktoren herausarbeiten.

Abb. 4.22: Arten der Statusmeetings der Task-Force

	Besprechungsarten		
	Operatives Meeting	**Strategieüberprüfung**	**Strategiesitzung**
Agendapunkt	Analyse neuer Erkenntnisse Planung anstehender Aufgaben Durchführung von PDCA-Zyklen	Prüfung der Leistungskennzahlen Vorbereitung der Audits Auswertung vergangener Audits Durchführung von Schulungen	Analyse der erzielten Ergebnisse Analyse der Umfeldbedingungen Definition der Strategie fürs kommende Jahr Ressourcenfestlegung
Häufigkeit	14-tägig oder monatlich	Quartalsweise	Jährlich
Teilnehmer	Task-Force	Task-Force mit Bereichsleitern	Task-Force, Bereichsleiter, Unternehmensführung
Fokus	Steuerung der operativen Tätigkeit der Task-Force	Prüfung des Implementierungserfolges der Strategie	Langfristige Weiterentwicklung der Strategie; Unternehmensumfeld
Ziel	Kontinuierliche Verbesserung der Abwehrmaßnahmen und Sicherstellen des Umsetzungserfolges	Feintuning der Abwehrstrategie; Anpassung bei schlechten Entwicklungen	Verbesserung der Strategie; Erlangung von Verständnis über die Mechanismen der Produktpiraterie

Abb. 4.23: Der PDCA-Zyklus als Teil der kontinuierlichen Verbesserung des Know-how-Schutzes

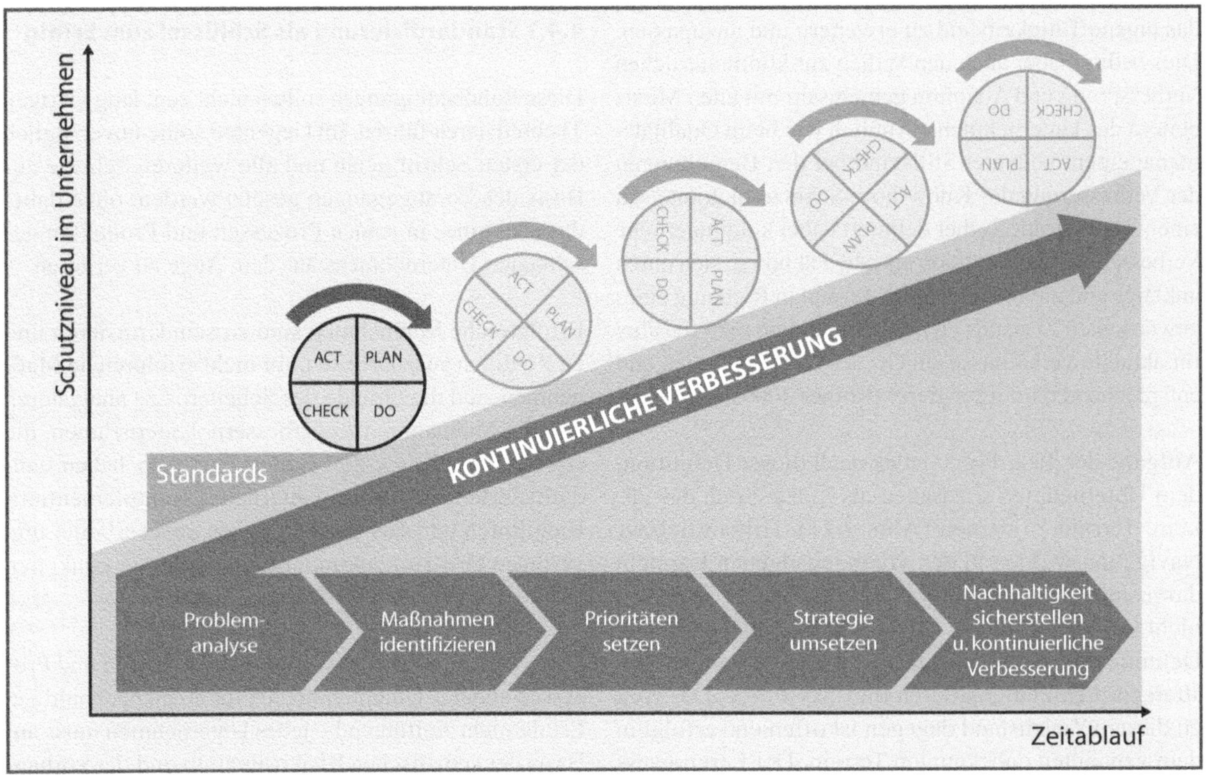

Abb. 4.24: Der PDCA-Zyklus für die Maßnahmenumsetzung

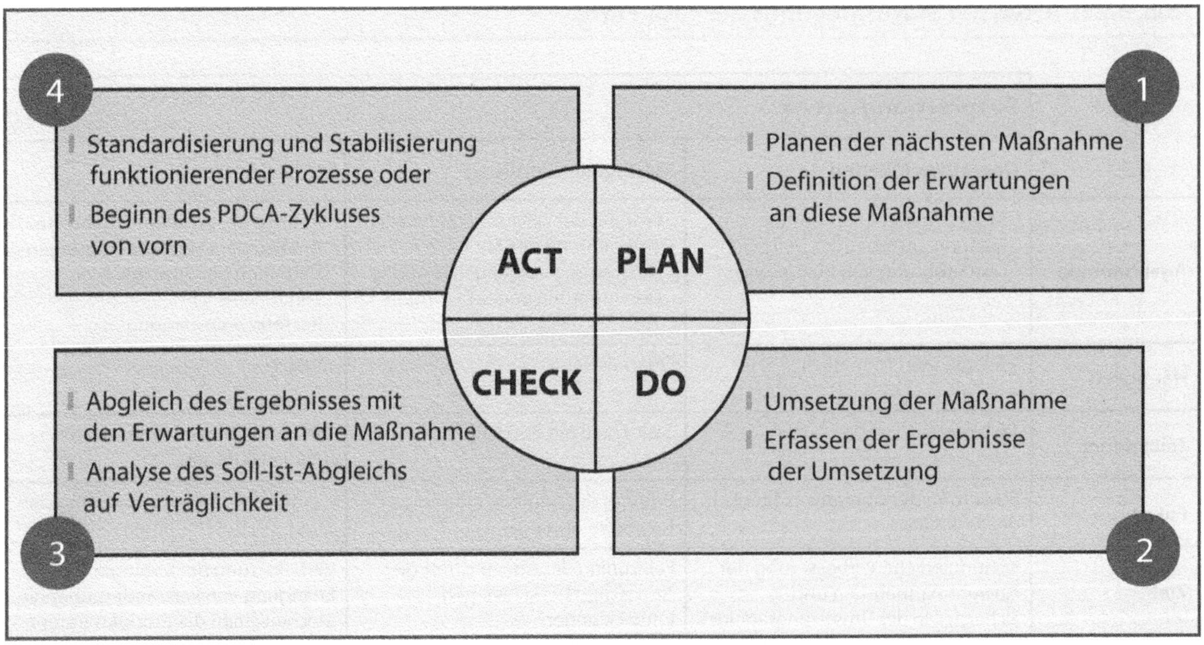

4

4.4.2 Institutionalisierung des kontinuierlichen Verbesserungsprozesses

Dazu sollte der kontinuierliche Verbesserungsprozess institutionalisiert werden. Regelmäßige Statusmeetings der Task-Force mit unterschiedlicher Ausrichtung sind daher sinnvoll. Abbildung 4.22 gibt in Anlehnung an Kaplan und Norton 2008 einen Überblick, welchen Fokus, welche Ziele und welche Teilnehmer welche Agendapunkt in den unterschiedlichen Besprechungsarten abhandeln sollten.

Die Frequenz der Sitzungen sollte situativ auf das Unternehmen abgestimmt werden. Insbesondere zwischen den operativen Meetings sollte aber nicht zu viel Zeit liegen, da nur durch eine enge Abstimmung der Task-Force sichergestellt ist, dass die in der Strategie verankerten Ziele umgesetzt werden. Insgesamt stellen die unterschiedlichen Besprechungen sicher, dass über den Zeitablauf das Schutzniveau des Unternehmens kontinuierlich erhöht wird. Der zu Beginn des Kapitels dargestellte Implementierungsprozess ist dabei als Schleife zu verstehen. Abbildung 4.23 versinnbildlicht, wie die Task-Force hier vorgehen sollte.

4.4.3 Der PDCA-Zyklus bei der Verbesserung des Know-how-Schutzes

Wesentliches Instrument des kontinuierlichen Verbesserungsprozesses ist der PDCA-Zyklus, der auch Bestandteil der operativen Meetings sein sollte. Mithilfe dieses Zyklus werden die Maßnahmen im Unternehmen geplant, deren Wirksamkeit kontrolliert und erfolgreiche Maßnahmen standardisiert. Abbildung 4.24 zeigt die Bestandteile der einzelnen Aktivitätsfelder auf.

Herausforderung für die Task-Force ist es, die Maßnahmen so operativ zu formulieren, dass diese direkt umgesetzt werden können, die Ergebnisse aber auch erfassbar sind. Konkret bedeutet dies, dass die adressierten Funktionsträger im Unternehmen eine klare Aufgabenbeschreibung – nicht unbedingt einen Lösungsvorschlag – durch die Task-Force erhalten. Der zweite Zyklusschritt ist dann die Begleitung der Maßnahmenumsetzung und das Erfassen der Ergebnisse der Umsetzung. Fokus ist hier zunächst nicht primär die erzielte Schutzwirkung, da diese eher langfristig messbar ist. Vielmehr geht es um die Erfassung der Ergebnisse, wie die Maßnahme im Unternehmen angenommen wird. Auch Stichprobenkontrollen durch externe Projektteams oder die Task-Force selbst können hier sinnvoll sein. Die erfassten Ergebnisse werden dann ausgewertet und es wird durch die Task-Force geprüft, ob die Abweichung von Soll zu Ist tolerierbar ist. Ist dies der Fall, sind die Maßnahmen zu standardisieren und zu Routinen auszuarbeiten, indem z. B. Richtlinien formuliert werden. Anderenfalls ist die Maßnahme entweder zu verbessern oder zu verwerfen und der PDCA-Zyklus erneut zu beginnen.

Während dieser Prozess durch die in kurzen Abständen stattfindenden operativen Meetings gesteuert wird, dienen die Strategie-Reviews dem Feintuning der Abwehrmaßnahmen. Hier sind die durch die Task-Force definierten Leistungskennzahlen zu prüfen, sowie Audits vorzubereiten und auszuwerten. Gleichzeitig dienen diese Besprechungen auch der Information der Bereichsleiter des Unternehmens. Diese sollten aktiv mit in den Prozess einbezogen und auf identifizierte Schutzlücken hingewiesen werden.

Die jährlich (oder nach Bedarf des Unternehmens auch öfter) stattfindenden Strategiesitzungen dienen der langfristigen Weiterentwicklung der Strategie. Dazu sind die im Zeitablauf gesammelten Informationen auszuwerten und die Risikosituation des Unternehmens neu zu bewerten. Dabei sollte es Ziel sein, die Mechanismen der Produktpiraterie zu verstehen, indem Antworten auf die Fragen gefunden werden, welche Produkte Produktpiraten warum und wie kopieren und wie und wo Know-how aus dem Unternehmen abfließt. Gleichzeitig sind die erzielten Ergebnisse und die noch offenen Aufgaben dem Vorstand zu präsentieren. Gemeinsam mit dem Vorstand sind auch die Ressourcen festzusetzen und den prioritären Handlungsfeldern zuzuordnen. Auch wenn eine Kosten-Nutzen-Analyse im Falle des Know-how-Schutzes schwer durchzuführen ist, sollte der Erfolg der Task-Force an der erreichten Aufwand-Nutzen-Relation gemessen werden. Hier dienen die Ergebnisse und Entwicklung der Leistungskennzahlen ebenfalls als Messgröße. Die regelmäßige Anwendung der in Kapitel 2 dargestellten Methode zur Identifikation der Risikosituation zeigt ebenfalls deutlich die erzielten Ergebnisse auf.

Abb. 4.25: Organisationen im Bereich des Know-how-Schutzes

	Forschen & Entwicklung	Schulungen	Beratung	Erfahrungsaustausch	Sensibilisierung	Schutzrecht
Patentinformationszentrale			▮		▮	▮
Deutsches Patent- und Markenamt			▮			▮
Aktion Plagiarius e.V.					▮	
protect-ing.de (VDMA)				▮		
Messe Frankfurt against Copying			▮			▮
Beratungsunternehmen			▮			
CASED – Center for Advanced Security Research Darmstadt	▮					
IHK				▮	▮	
APM e.V. – Aktionskreis gegen Produkt- und Markenpiraterie			▮	▮	▮	
BMWi					▮	
ASW e.V. – Arbeitsgemeinschaft für Sicherheit der Wirtschaft		▮	▮	▮	▮	
Universitäten und Forschungseinrichtungen	▮					
CAMP	▮	▮	▮	▮	▮	▮

4.4.4 Kooperation und Vernetzung über die Unternehmensgrenzen hinaus

Zur Konzentration der Kräfte empfiehlt es sich für betroffene Unternehmen, die Zusammenarbeit mit weiteren Akteuren zu suchen. Kooperation und Vernetzung ist daher eine weitere wichtige Aufgabe der Task-Force. Es gibt bereits eine Vielfalt unterschiedlicher Anlaufstellen zum Thema Know-how-Schutz und Produktpiraterie. Die wichtigsten sind in Abbildung 4.25 zusammengefasst. Jede Einrichtung bietet zu unterschiedlichen Themenfeldern Unterstützung an – teilweise sogar kostenfrei. Der Schwerpunkt liegt dabei bisher noch auf Sensibilisierungs- und Aufklärungsarbeit sowie dem Erfahrungsaustausch in Form von Tagesseminaren oder Konferenzen.

Die Task-Force des Unternehmens sollte den Kontakt zu diesen Einrichtungen suchen. Der Erfahrungsaustausch mit anderen betroffenen Unternehmen hilft dabei insbesondere bei der Verbesserung des eigenen Schutzes. Hier kann die Task-Force nicht nur von auf-

Abb. 4.26: Internetauftritt der World Bearing Association zum Thema Produktpiraterie

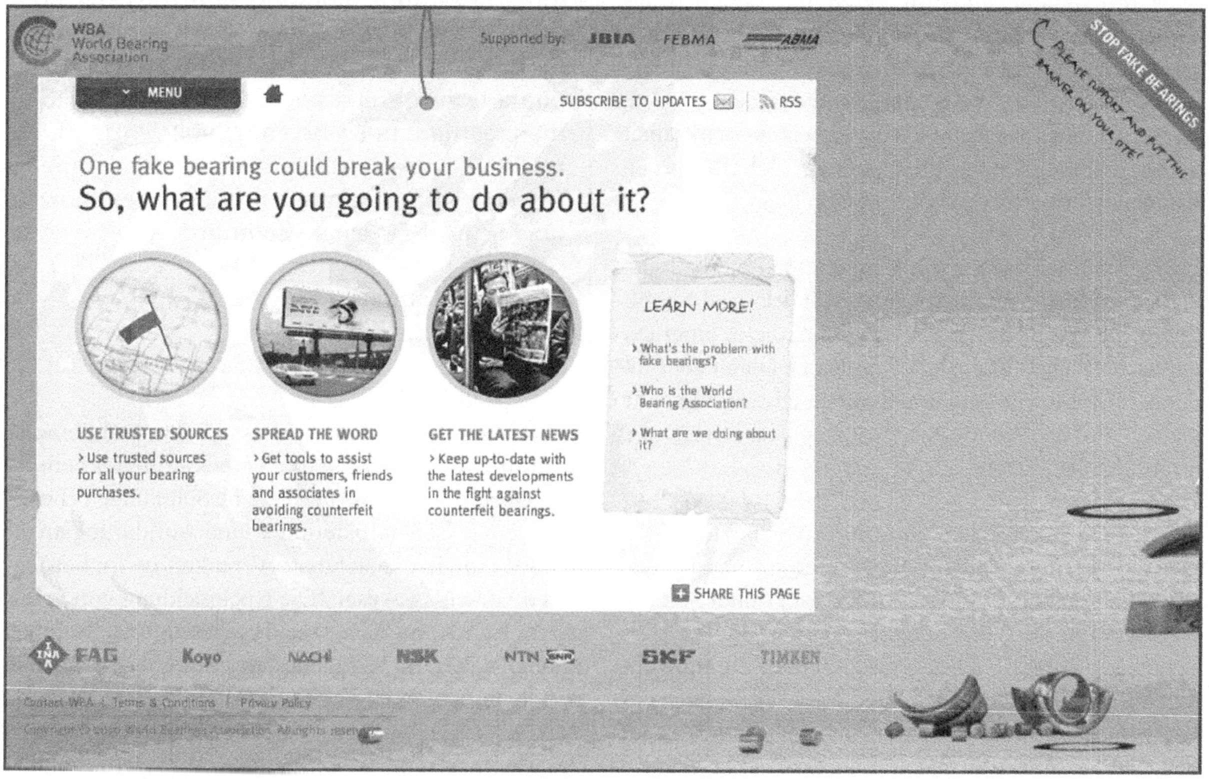

Centrum für angewandte Methoden gegen Produktpiraterie – CAMP

An der TU Darmstadt wurde Anfang 2011 das „Centrum für angewandte Methoden gegen Produktpiraterie" – CAMP – gegründet, das zukünftig gemeinsam vom PTW, dem PIZ und der Festo AG & Co. KG betrieben wird.

CAMP ist das Kompetenzzentrum für innovativen Produktschutz, bündelt die Kompetenzen der Partner in den Bereichen technische und organisatorische Schutzmaßnahmen, Risikobewertung sowie gewerbliche Schutzrechte und wird Forschung im Bereich Know-how-Schutz für den Maschinenbau betreiben. Der Anspruch der exzellenten Forschung gemeinsam mit Partnern der Industrie ist dabei Grundlage des Erfolges. Über maßgeschneiderte Schulungsmodule möchte CAMP die Unternehmen zur Umsetzung eines erfolgreichen Know-how-Schutzes befähigen.

„Kompetenzzentrum gegen Produktpiraterie"

getretenen Pirateriefällen anderer Unternehmen lernen, sondern auch Erfolg versprechende Ansätze für Abwehrmaßnahmen identifizieren und die Übertragbarkeit auf die eigenen Strukturen prüfen. Auch die Zusammenarbeit mit Partnern der Wertschöpfungskette im Bereich des Know-how-Schutzes sollte forciert werden, da hier enormes Potenzial für die Errichtung wirksamer Schutzmaßnahmen bei gleichzeitiger Schaffung von Kundenmehrwerten gehoben werden kann.

Last but not least sollte die Kooperation innerhalb der eigenen Branche gesucht werden. Ein Beispiel hierfür liefert die World Bearing Association, die in einer gemeinschaftlichen Kampagne vor den Gefahren der Produktpiraterie warnt, Aufklärungsarbeit leistet und Kräfte bündelt. Auf der Internetseite www.stopfakebearings.com informiert der Verband.

Um die neu entwickelten, innovativen Schutztechnologien auf die Einsetzbarkeit für das eigene Unternehmen oder die eigenen Produkte prüfen zu können, ist die Kooperation mit Forschungseinrichtungen und Universitäten sinnvoll. Diese verfügen über die notwendigen Ressourcen, um Forschungsarbeit im Bereich des Know-how-Schutzes voranzutreiben und Antworten auf nicht gelöste Fragen zu finden. Kooperative Forschungsprojekte zwischen Universitäten und Unternehmen sind ein wertvolles Instrument, das die Task-Force für die eigenen Zwecke nutzen sollte.

Nahezu wichtigste Aufgabe der Task-Force zur Erreichung eines kontinuierlichen Verbesserungsprozesses ist es aber, den Mensch in den Mittelpunkt des Know-how-Schutzes zu stellen. Jeder Mitarbeiter muss sich in den Dienst der Abwehr gegen Produktpiraterie und ungewollten Know-how-Abfluss stellen und gemeinsam mit der Task-Force um Verbesserungen bemüht sein. Dazu sind externe und interne Schulungen ebenso wichtig wie Sensibilisierungs- und Aufklärungsmaßnahmen, sowie die sichtbare Verankerung im betrieblichen Vorschlagswesen. Die Rückmeldung von Erfolgen im Know-how-Schutz und umgesetzte Maßnahmen erhöhen dabei die Motivation der Mitarbeiter, die sich aktiv beteiligen, und motiviert bisher Unbeteiligte.

Das Bewusstsein, dass Schutz von Unternehmens-Know-how Schutz der Arbeitsplätze und Eröffnung neuer Chancen bedeutet, sollte bei den Mitarbeitern ankommen, denn Know-how-Schutz geht letztlich alle an. Delegierbar ist nur die Steuerung des Prozesses. Wie bereits zu Beginn des Kapitels erwähnt: Die Task-Force sollte sich als Lotse durch das unbekannte Terrain bewegen und die Schachfiguren so stellen, dass das Unternehmen aus einer Position der Stärke heraus agieren kann.

Die vier Aktivitätsfelder Forschung & Entwicklung, Beratung, Schulung und Networking machen CAMP zum idealen Ansprechpartner für Unternehmen, die sich dem Risiko Produktpiraterie ausgesetzt sehen und aktives Risikomanagement betreiben möchten. Einzigartig an CAMP ist dabei die Bündelung der Kompetenzen in allen relevanten Bereichen des Know-how-Schutzes in einem Zentrum.

Weitere Informationen:
www.camp.tu-darmstadt.de

[5] Best Practice: Piraterieschutz bei der Festo AG & Co. KG

Einführung

Produktpiraterie in der Praxis heißt für die Festo AG & Co. KG, dass bislang 50 Prozent der Produktgruppen durch Plagiate betroffen sind, Tendenz steigend. Darüber hinaus bedrohen Imitationen von Internetauftritten, Katalogen und die Übernahme von Produktbezeichnungen die Markenidentität. In den letzten Jahren wurden daher verstärkt Anstrengungen zum Schutz des Know-hows unternommen. Das folgende Kapitel zeigt dabei auf,

- welche Anforderungen ein weltweit agierendes Unternehmen des Maschinenbaus an eine effektive und effiziente Schutzstrategie stellt
- wie diese Anforderungen in technologische und organisatorische Schutzmaßnahmen einfließen
- wie die Kunden durch die Schaffung eines Mehrwertes durch Schutzmaßnahmen zu Verbündeten im Kampf gegen Produktpiraten werden
- wie das Schutzkonzept nachhaltig im Unternehmen implementiert wird.

5.1 Ausgangssituation

(Charlotte Kantel, Carsten Titze)

Die Festo AG & Co. KG ist ein global ausgerichtetes, familiengeführtes Unternehmen mit Stammsitz in Esslingen am Neckar und mit rund 13.500 Mitarbeiterinnen und Mitarbeitern weltweit erfolgreich. Die Kernkompetenzen von Festo liegt in den Bereichen der Fabrik- und Prozessautomatisierung, hier bietet das Unternehmen abgestimmte Branchenlösungen für die Automobil-, Elektronik-, Nahrungsmittel-, Pharma- und die Prozessindustrie.

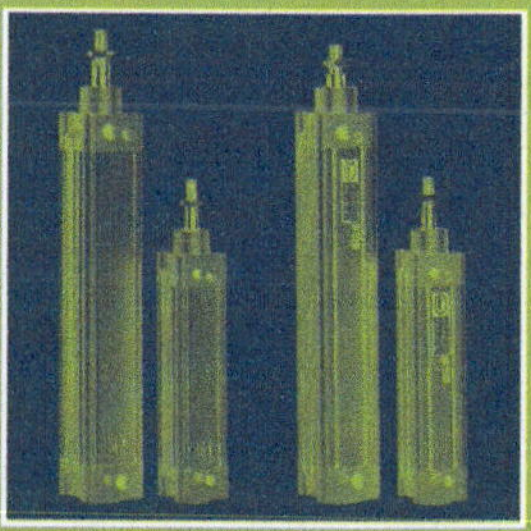

Mit einem Umsatz von 1,3 Mrd. Euro im Jahr 2009 gehört Festo zu den weltweit führenden Anbietern in der Steuerungs- und Automatisierungstechnik. Die über 30.000 standardisierten Katalogprodukte werden dabei durch variantenreiche Baukastensysteme zu kundenspezifischen Lösungen zusammengestellt.

Die Produkte von Festo sind geprägt von sehr hoher Qualität. Dies ist zurückzuführen auf erhebliche Entwicklungsaufwände und hohe Qualitätsanforderungen im gesamten Unternehmen. Jährlich werden rund 9,5 Prozent des Umsatzes in Forschung und Entwicklung investiert, pro Jahr werden etwa 100 Neuheiten zum Patent angemeldet. Insgesamt hält das Unternehmen ca. 2.500 Patente weltweit. Ein Novum in der Automatisierungstechnik sind darüber hinaus neue Ansätze in der Produktentwicklung durch Bionik und Biomechatronik. Die ständige Innovationsbereitschaft des Unternehmens trägt dazu bei, den technologischen Vorteil im Markt weithin erkennbar erscheinen zu lassen.

Festo ist mit 58 eigenständigen Landesgesellschaften und 250 Niederlassungen in 176 Ländern weltweit erfolgreich. In Deutschland zählt das Unternehmen drei Produktionsstandorte: Esslingen, Ostfildern und St. Ingbert. Weltweit kommen acht Standorte hinzu: Sao Paulo (Brasilien), Sofia (Bulgarien), Shanghai (China), Bangalore (Indien), Biel (Schweiz), Ceská Lípa (Tschechische Republik), Simferopol (Ukraine) und Budapest (Ungarn).

Die Bedrohung durch Produktpiraterie nimmt auch für Festo seit einigen Jahren stetig zu. Insgesamt sind fast 50 Prozent der Produktgruppen von Festo durch Piraterie bedroht: pneumatische und elektrische Antriebe,

Ventile, Druckluftaufbereitung und pneumatische und elektrische Verbindungstechnik. Die Ähnlichkeit der Produkte ist äußerlich zum Teil so groß, dass aufgrund der deutlichen technologischen Unterlegenheit der Plagiate ein Imageschaden und/oder Produkthaftungsklagen zu befürchten sind. Der Kundenstamm von Festo vertraut seit vielen Jahren der hohen Qualität der Produkte. Die damit verbundene hohe Investitionsbereitschaft der Kunden, die weltweiten Produktionsstätten und die Konsolidierung in der Automatisierungsbranche machen das Unternehmen besonders anfällig für Produktpiraterie.

5.1.1 Plagiarius

Der „Plagiarius", ein Negativpreis für besonders dreiste Produktkopien, wird 2010 zum 34. Mal verliehen. Die Trophäe ist ein schwarzer Zwerg mit goldener Nase, als Sinnbild für den Gewinn, den sich die Fälscher mit den dunklen Geschäften verdienen (Plagiarius o. J.).

Abb. 5.1: Logo der Aktion „Plagiarius" (Plagiarius o. J.)

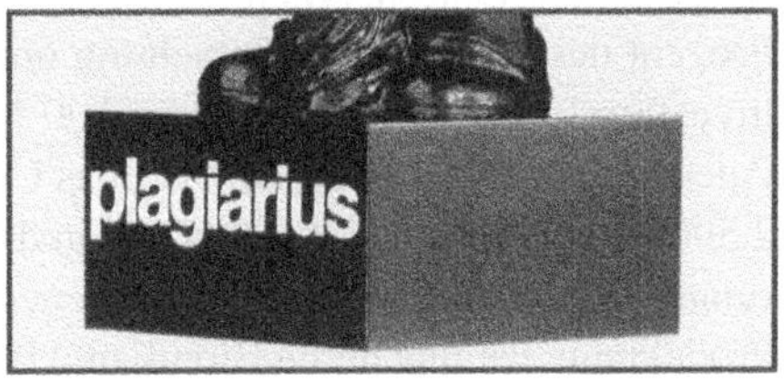

Seit dem Jahr 2002 stehen regelmäßig Festo-Plagiate als Preisträger in der „Hitliste" der dreisten Kopien (Abb. 5.2 - 5.4)

Abb. 5.2: Zahnriemenachse (Plagiarius o. J.), 2009

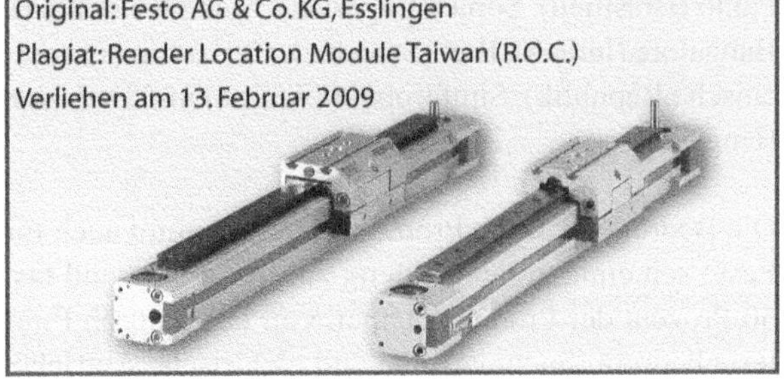

Abb. 5.3: Proportional-Druckregelventil (Plagiarius o. J.), 2005

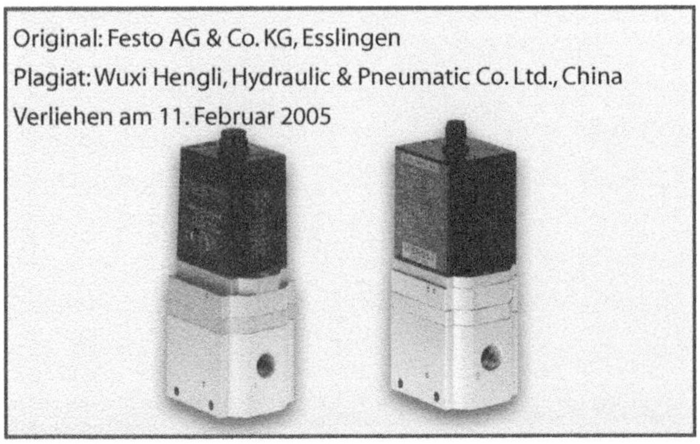

Abb. 5.4: Normzylinder (Plagiarius o. J.), 2002

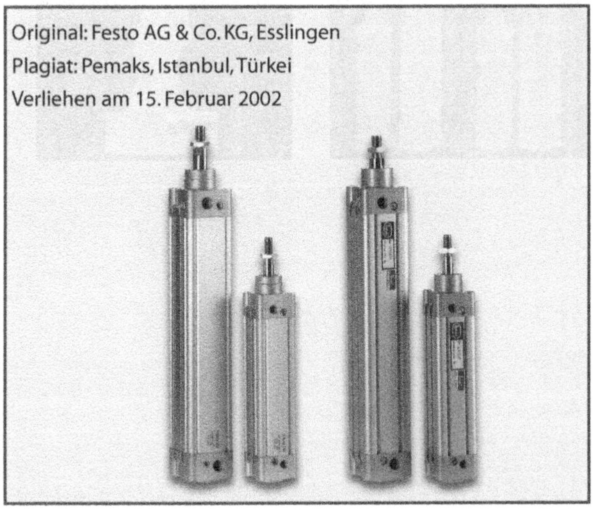

5.1.2 Teilnahme am Verbundprojekt ProOriginal

Das Forschungsprojekt ProOriginal ist ein vom Bundesministerium für Bildung und Forschung gefördertes Verbundprojekt. Das Ziel ist die Entwicklung eines ganzheitlichen Produktschutzes gegen Produktpiraterie, vorrangig für produzierende Industrieunternehmen.

Partner sind unter anderem die Firmen Festo, Siemens, Deckel Maho Gildemeister (DMG), ProCom, das Patentinformationszentrum (PIZ) und das Institut für Produktionsmanagement, Technologie und Werkzeugmaschinen (PTW) in Darmstadt. Das im 2. Quartal 2008 gestartete Projekt läuft voraussichtlich bis zum 1. Quartal 2011.

Die Firma Festo übernimmt in dieser Zeit als Konsortialführer verschiedene Arbeitspakete.

Im Mittelpunkt des Projektes steht das Schnüren eines Maßnahmenbündels, mit dem eine kosten- und nutzenoptimale Schutzwirkung für das gesamte Unternehmen erreicht wird. Die besondere Betrachtung der gesamten Wertschöpfungskette, beispielhaft anhand einer Werkzeugmaschine, führt dabei zu innovativen und wechselseitig wirkenden Lösungen, welche Einzelmaßnahmen deutlich überlegen sind. Auf diese Weise wird der „Ideenklau" effizient gestoppt.

ProOriginal verfolgt fachübergreifend verschiedene Ansätze zur Piraterieabwehr. Technologische, organisatorische und rechtliche Ansätze werden verbunden, um einen möglichst umfassenden Schutz zu gewähren. Technisch wird z. B. an der wechselseitigen Identifikation von Maschinenkomponenten und verschiedenen Konzepten für steuerungsbasierten Schutz gearbeitet. Organisatorische Ansätze zeigen Konzepte auf, welche eine Bewertung des unternehmensspezifischen Risikos zu den Gefahren durch Produktpiraterie ermöglichen. Ebenso werden Prozesse definiert, wie die effektive Bearbeitung eines Plagiatfalls nach dessen Bekanntwerden möglich ist.

Im patentrechtlichen Teil werden die patentrechtliche Situation in europäischen und nicht-europäischen Ländern beschrieben und Handlungsempfehlungen aufgezeigt.

Das Projekt setzt präventiv und über die gesamte Wertschöpfungskette eines Produktes an und verhindert Umsatz- und Gewinnverluste, den signifikanten Imageschaden durch Markenpiraterie, die Erhöhung der Fälschungsrate und die Ausbreitung von s. g. „verlorenen" Vertriebsregionen.

5.1.3 Verschiedene Arten von Produktpiraterie

Von Produktpiraterie betroffen sind bei Festo nicht nur Produkte, sondern auch die eigene Markenidentität.

Zu sehen ist die Webseite der italienischen Landesgesellschaft von Festo (Abb. 5.5). Abbildung 5.6 zeigt die Nachahmung der Internetpräsenz durch ein chinesisches Unternehmen. Das Grunddesign der Seite ist vollständig übernommen, das Layout mit den verschiedenen Reitern zur Navigation ebenfalls. In den Abbildungen 5.2 - 5.4 nicht sichtbar ist die nachgeahmte, teilweise identische Typenbezeichnung der Produkte sowie die Nutzung der Marke Festo in der Produktbeschreibung (Abb. 5.7).

Festo Deutschland hatte bis vor wenigen Jahren das gleiche Design, die deutsche Seite ist jedoch inzwischen in einem anderen Layout online.

Abb. 5.5: Internetauftritt von Festo Italien

Abb. 5.6: Internetauftritt von SuperMech

Abb. 5.7: Produktpräsentation von SuperMech

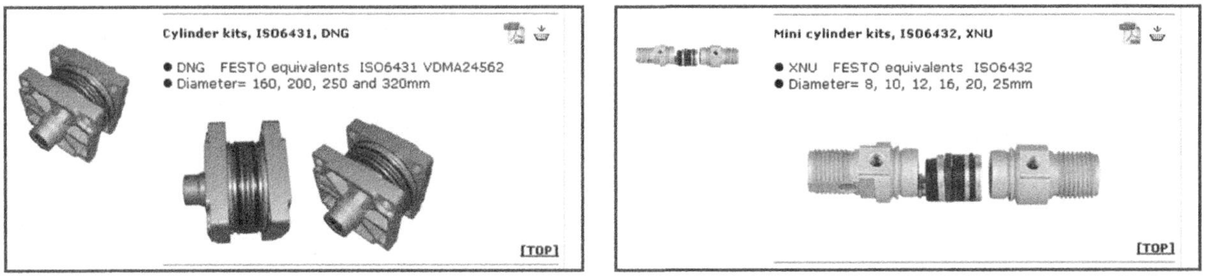

5.2 Anforderungen von Festo an ein Schutzkonzept

Ein universell anwendbares Schutzkonzept mit einem dazugehörigen Maßnahmenbündel existiert nicht. Ein nachhaltiges Schutzkonzept ist vielmehr abhängig von den Marktgegebenheiten und unternehmens- / produktspezifischen Anforderungen.

Die Anforderungen von Festo an ein zu implementierendes Schutzkonzept beinhalten insgesamt sieben relevante Kriterien. Diese wurden durch ein interdisziplinäres Gremium mit Mitarbeitern aus Entwicklung, Produktion, Logistik, Vertrieb und Marketing erarbeitet.

5.2.1 Fälschungssicherheit

Für Festo spielt die Umgehungssicherheit des Schutzes eine große Rolle. Das Unternehmen erwartet eine Kennzeichnung, welche durch den Plagiathersteller mit vertretbaren Mitteln nicht nachzuahmen ist. Wichtig ist auch, dass eine eingeführte Kennzeichnung dem technisch aktuellsten und sichersten Stand entspricht. Eine zukünftige Änderung der Kennzeichnung steht erst wieder zur Diskussion, falls sich bedeutende technische Fortschritte ergeben.

5.2.2 Track & Trace und Rückverfolgbarkeit

Die Möglichkeit einer lückenlosen Rückverfolgbarkeit von Produkten entlang der Logistikkette, ähnlich der Sendungsverfolgung von Paketen, ist für Festo eine weitere Anforderung an eine Kennzeichnung. Mittels Track & Trace soll der Weg eines jeden Produktes rekonstruiert werden können. Ziel ist es, ein mögliches Einschleusen von Plagiaten in die Logistikkette, gerade im Hinblick auf Exportmärkte, aufzudecken und entsprechend zu verhindern.

5.2.3 Kundenmehrwert

Ein Produktschutz, insbesondere eine zusätzliche Kennzeichnung, bringt naturgemäß einen kostenseitigen Mehraufwand mit sich. Dieser wird letztlich auf das Endprodukt umgeschlagen. Aus Vertriebssicht heraus ist jedoch die Mehrzahl der Kunden von Festo nicht bereit, einen zusätzlichen Produktschutz zu bezahlen. Hieraus ergibt sich die maßgebliche Anforderung, dass eine Kennzeichnung zusätzlichen Kundenmehrwert generieren soll. Nur dieser kann einen zu erwartenden höheren Produktpreis rechtfertigen.

Gelingt es mithilfe einer Kennzeichnung, ein einzelnes Produkt zu identifizieren, kann Festo zusätzliche Nutzenaspekte daraus ableiten.

5.2.4 Implementierung und Betrieb bei Festo

Die Produktionsprozesse bei Festo sind im höchsten Maße optimiert und größtenteils automatisiert. Die Implementierung eines Produktschutzes bringt somit produktionsbedingte Änderungen mit sich. Die Anforderung von Festo ist daher, diese Änderungen so gering wie möglich zu halten. Nach Möglichkeit sollen die bestehenden Anlagen umgerüstet, jedoch keinesfalls höhere Neuinvestitionen getätigt werden. Das Produktionspersonal, welches die Kennzeichnung auf das Produkt oder auf die Umverpackung aufbringen soll, wird entsprechend informiert und geschult.

Neben den Änderungen im Produktionsablauf besteht für Festo die Maßgabe, auch die Änderungen im administrativen Bereich so gering wie möglich zu halten. Zur Überwachung des Schutzes werden keine personellen Ressourcen zur Verfügung gestellt. Außerdem sollen sich Daten, welche sich aus der Kennzeichnung aller Produkte ergeben, in die bestehenden IT-Systeme eingliedern lassen. Ein „paralleles" Informationssystem gilt es zu verhindern, da dieses im laufenden Betrieb zusätzliche Kosten mit sich bringt.

5.2.5 Implementierung und Anwendung beim Kunden

Im Hinblick auf die Kundenseite ist es für Festo eine zwingende Anforderung, alle Aufwände bei Implementierung und Anwendung einer Produktschutzmaßnahme so gering als möglich zu halten. Müssen beim Kunden Systemumstellungen stattfinden, um den Schutz zu implementieren, oder müssen neue, kostenintensive Geräte beispielsweise zur Überprüfung des Schutzes angeschafft und Mitarbeiter eingehend geschult werden, so stellt dies für Festo ein Ausschlusskriterium dar.

Denkbar ist aber ein Modell, in dessen Rahmen Festo seinen A- und B-Kunden entsprechende Mittel zur Produktidentifizierung kostenfrei zur Verfügung stellt.

5.2.6 Einfluss auf gültige Designrichtlinien

Ein für Festo nicht unerhebliches Kriterium ist der Einfluss einer Kennzeichnung auf das Produktdesign. Die Vorschriften zur Produktgestaltung, die sich aus dem Corporate Design ergeben, sind äußerst restriktiv. Insbesondere sind Änderungen im Hinblick auf Form, Farbe und Beschriftungen kaum durchsetzbar. Aus diesem Grund besteht für Festo die Forderung, dass ein Produktschutz das gängige Farbschema des Corporate Design nicht verletzen darf. Auch zusätzliche Beschriftungsträger sind nicht umsetzbar, da aufgrund der geringen Abmaße vieler Komponenten kein Platz dafür vorhanden ist. Eine weitere Anforderung seitens Festo besteht in puncto Haltbarkeit und Belastbarkeit der Kennzeichnung. Da Komponenten teilweise abrasiven Medien, mechanischen Belastungen oder hohen Temperaturschwankungen ausgesetzt sind, dürfen nur zugelassene und sehr haltbare Kennzeichnungsträger eingesetzt werden.

Ein Produktschutz mittels Kennzeichnung muss für Festo demzufolge unauffällig, klein und hochbeständig ausfallen. Idealerweise sollte der Schutz die bestehenden

Beschriftungsträger nutzen. Somit könnten gleichermaßen die Implementierungs- und Betriebskosten gering gehalten und die Anforderungen bestmöglich erfüllt werden.

5.3 Schutzkonzepte

Festo, ein unmittelbar von Produktpiraterie betroffenes Unternehmen, beschäftigt sich im Rahmen des Forschungsprojektes ProOriginal intensiv mit dem Schnüren eines umfassenden Maßnahmenbündels, um mit einem nachhaltigen Schutzkonzept die Bedrohung zu minimieren.

Hinsichtlich der genannten Anforderungen existieren für Festo zurzeit keine vom Markt beziehbaren Lösungen. Demnach sind eigene Konzepte zum Schutz vor Produktpiraterie zu entwickeln. ProOriginal und Festo arbeiten dazu an folgenden Schutzmaßnahmen:

- Eindeutige Produktidentifizierung
- Integrierter steuerungsbasierter Schutz
- Juristischer / patentrechtlicher Schutz
- Kooperation mit Partnern der Wertschöpfungskette
- Optimierung von Unternehmensprozessen
- Schutz durch Produkt- und Dienstleistungsinnovationen
- Plagiatsschutz durch Erhöhung der Kundenbindung

5.3.1 Eindeutige Produktidentifizierung

Gelangt ein gefälschtes und oft minderqualitatives Produkt unbemerkt zum Kunden und wird nicht als Fälschung erkannt, kann es zu unerwarteten Ausfällen mit weitreichenden Folgen kommen. Als vermeintlicher Hersteller des eingesetzten Produktes kann Festo im Anschluss mit ungerechtfertigten Garantie- und Schadensersatzansprüchen konfrontiert werden. Um dies zu verhindern und dem Kunden die Gewissheit zu geben, dass er eine Originalkomponente von Festo erhält, ist eine eindeutige Produktidentifizierung unumgänglich. Ein neuartiges Beschriftungskonzept für alle im Produktionsnetzwerk befindlichen Werke soll die einheitliche, eindeutige und fälschungssichere Kennzeichnung der Produkte ermöglichen. Dabei werden die bestehenden Typenschilder beibehalten.

In einem Rollout werden alle Produktionswerke sukzessiv auf das zentrale Beschriftungskonzept umgestellt. Der Wechsel betrifft jeweils die Bereiche Endmontage, Verpackung und Versand. Das eingesetzte Typenschild trägt, wie auch bisher, die genaue Typenbezeichnung, Material- und Seriennummer und – falls erforderlich – technische Angaben. Neu sind der Data-Matrix-Code sowie der dazugehörige Produkt-Key.

Abb. 5.8: Typenschild mit Produkt-Key und Data-Matrix-Code

Den Data-Matrix-Code oder Produkt-Key nutzt ein Kunde / Logistikdienstleister zur Produktidentifikation und Originalitätsprüfung. Ersteres kann mittels handelsüblicher Matrix-Code-Scanner eingelesen, über Schnittstellen (z. B. Ethernet) in Protokollform an Festo übermittelt und dort serverbasiert auf Echtheit überprüft werden.

Sollte die Prüfung des Codes mittels Scanner nicht möglich bzw. die notwendigen IT-Schnittstellen nicht vorhanden sein, besteht die Möglichkeit, den Produkt-Key direkt auf einer Portalseite von Festo einzugeben.

Ist der übermittelte oder eingegebene Code falsch oder wurde die maximale Anzahl von vorher definierten Abfragen überschritten, erhält der Kunde / Logistikdienstleister eine entsprechende Meldung mit der Bitte sich direkt mit Festo in Verbindung zu setzen.

Abb. 5.9: Schema zur Übermittlung des Produkt-Keys

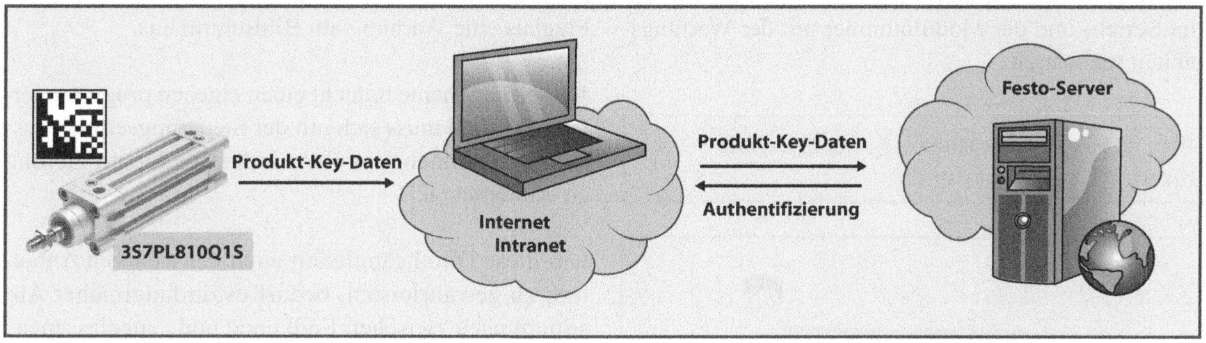

Falls vom Kunden gewünscht, kann der Produkt-Key überdies genutzt werden, um eine Vielzahl von Informationen und Mehrwertangeboten zu erhalten:

- Reklamationsabwicklungen können äußerst zielgerichtet bearbeitet werden, da die Produktdaten schnell und vollständig zur Verfügung stehen.
- Die Verknüpfung zwischen Produkt-Key und Kundenauftrag erlaubt die schnelle Verbindung zu weiteren Kundenauftragspositionen.
- Festo kann seinen Kunden auch nach dem Verkauf zusätzliche Informationen zur Verfügung stellen und damit notwendige Normen und Zertifizierungen zielgerichteter bereitstellen.
- Der Kunde kann sich anhand einer eindeutigen Kennzeichnung Produktdaten, alle technischen Daten, Anleitungen und ggf. Softwareupdates während der gesamten Lebens- und Archivierungsdauer beschaffen.
- Der Wiederbestellprozess kann wesentlich vereinfacht werden, da der Kunde nicht mehr die Produktkonfiguration bestimmen muss, sondern die eindeutige Kennzeichnung seiner bisherigen Komponenten zur Bestellung nutzen kann.

Das neue Typenschild mit seinen erweiterten Merkmalen wird in die existierende Unternehmenssoftware vollständig integriert und spart somit den Aufwand für ein zusätzliches Verwaltungssystem. Festo sieht diese Kennzeichnungsform als eine wichtige Maßnahme zum nachhaltigen Schutz vor Produktpiraterie.

5.3.2 Integrierter steuerungsbasierter Schutz

Eine weitere Forschungsleistung – aus dem Verbundprojekt ProOriginal heraus entwickelt – bietet der integrierte steuerungsbasierte Schutz. Der Kunde hat erstmals bei der Überprüfung der Originalität der Produkte keinen zeitlichen und personellen Mehraufwand, denn die Authentifizierung läuft nach dem Einbau der Komponenten vollständig automatisiert ab. Die Steuerungseinheit einer Werkzeugmaschine erkennt die zuvor digital gekennzeichneten Komponenten selbstständig und prüft diese auf Echtheit. Über einen bauteilbezogenen Code werden die Komponenten gekennzeichnet, vergleichbar mit einem digitalen Typenschild. Mittels geeignetem Feldbus werden bestimmte Produktdaten an die Steuerungseinheit der Maschine übertragen und die Komponente authentisiert. Das Ergebnis dieser Authentizitätsprüfung wird am Ausgabebildschirm visualisiert und die Werkzeugmaschine reagiert, im Rahmen des juristisch möglichen Spielraums, und gibt eine Meldung am Bildschirm aus.

Auf der Hannover Messe 2010 wurde dieses Schutzkonzept vom Projekt ProOriginal vorgestellt. Ein Fräsbearbeitungszentrum vom Typ DMC 65 H duoBLOCK® der Firma Deckel Maho Gildemeister (DMG) wurde mit Komponenten von Festo ausgestattet. Werkzeugmaschinen von DMG sind in ihrer Konzeption so aufgebaut, dass sowohl die Pneumatik- als auch die Hydraulikkomponenten in einer eigens dafür konstruierten Fluidbox verbaut sind. Die geforderte Doppelausführung (Original und Plagiat) von Wartungseinheit und Ventilinsel war in der Fluidbox sehr gut zu realisieren. Zur Demonstration auf der Messe wurden die als Plagiat gekennzeichneten Komponenten rot verschlaucht, die Originale blau. Die von Festo verbaute Wartungseinheit MP6 ist ein absolutes Novum, da sie die erste Wartungseinheit mit PROFIBUS-Ansteuerung ist und somit die Möglichkeit bietet, Daten auszulesen. Sie bietet unter anderem eine automatische Filter- und Füllstanderkennung sowie die elektronische Steuerung des Ausgangsdrucks. Außerdem lässt sich eine Abfrage der Serien- und der Modulnummer mit der Wartungseinheit realisieren.

Abb. 5.10: Pneumatische Komponenten montiert auf Trägerblech

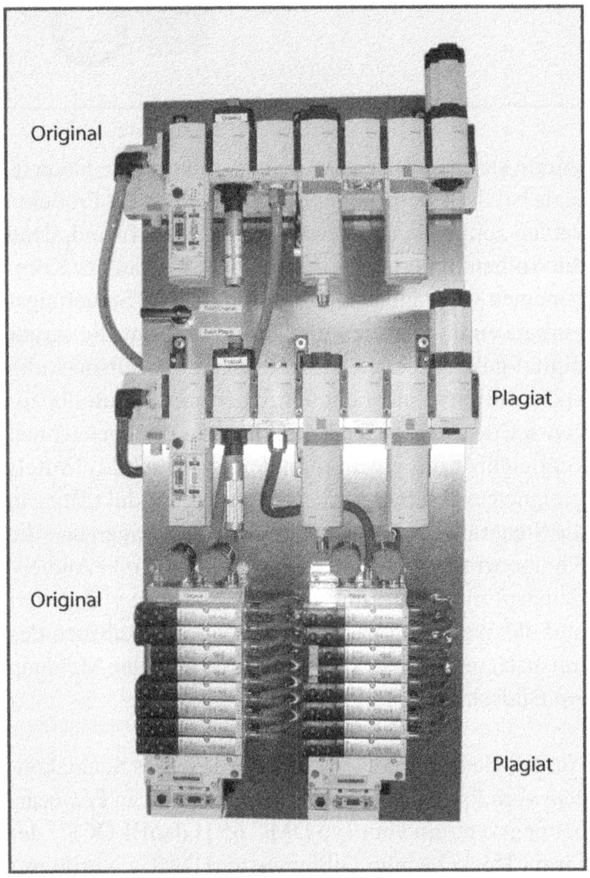

Auch die eingebaute Spindel der Firma Weiss ist mit der neuen Schnittstelle DRIVE-CLiQ® von Siemens, einem Kommunikationsmedium zur Realisierung der Echtzeitübertragung von Antriebskomponenten, ausgestattet, welches eine automatische Identifizierung der Komponente ermöglicht. Die Steuerung der Firma Siemens unterstützt sowohl die PROFIBUS-Anbindung von Festo als auch das DRIVE-CLiQ® der Firma Weiss und entspricht somit den Anforderungen, beide Komponenten zuverlässig zu authentifizieren. Die Daten, wie z. B. die Seriennummer, können mithilfe der Siemens-Steuerung ausgelesen werden. Auf der Messe wurde zur Demonstration der Plagiatserkennung manuell zwischen dem Original und dem Plagiat hin- und hergeschaltet. Die Steuerung gab bei dem Betrieb des Plagiats eine Warnung am Bildschirm aus.

Jede Komponente braucht einen eigenen programmierten Code und muss sich mit der Steuerungseinheit austauschen können, um eine eindeutige Identifizierung zu ermöglichen.

Um diese Durchgängigkeit auch bei weiteren Anbietern zu gewährleisten, bedarf es umfangreicher Abstimmungen zwischen Endkunde und „zugelassenen" Originalherstellern. Festo, als Originalhersteller von Automatisierungskomponenten, ist für den Dialog mit seinen Marktbegleitern gut vorbereitet. Alle kommunikationsfähigen Komponenten können mit moderatem Aufwand digital gekennzeichnet werden.

5.3.3 Juristischer/patentrechtlicher Schutz

„Grundsätzlich gilt in unserem Rechtsraum der Grundsatz der Nachahmungsfreiheit. Dies bedeutet, Erster mit einer genialen Geschäftsidee, einem Design oder einer technischen Erfindung zu sein, schützt nicht vor Nachahmern." (IHK Stuttgart 2010)

Bei Festo entscheidet ein Technik-Gremium darüber, welche Neuheit juristisch wie geschützt werden soll. Dieses Gremium setzt sich aus Vertretern der Abteilungen Recht, Patentwesen, Entwicklung und Produktmanagement zusammen. Für jede schützenswerte Neuheit wird individuell entschieden. Entscheidungsgrundlage ist unter anderem eine vorangehende Patentrecherche, denn es muss sichergestellt werden, dass niemand ein ähnliches oder sogar gleiches Produkt schon geschützt hat. Zudem werden die Kosten einer Schutzrechtsanmeldung in Relation zu der Nachahmungswahrscheinlichkeit gesetzt und verglichen. Ist die Nachahmungswahrscheinlichkeit eher als gering einzuschätzen, fällt die Entscheidung oftmals gegen eine teure und aufwendige Anmeldung des Produktes. Die Nachahmungswahrscheinlichkeit hängt zudem im Wesentlichen vom Zielmarkt des Produktes ab. Handelt es sich um ein Land, in dem selbst nach der Entdeckung einer Schutzrechtsverletzung der Plagiator kaum strafrechtlich belangt werden kann, ist eine Anmeldung nur bedingt zweckmäßig. Besteht hingegen im Zielmarkt ein sehr hohes Markpotenzial und folglich auch eine damit einhergehende hohe Nachahmungswahrscheinlichkeit, ist eine Anmeldung ratsam.

5.3.4 Kooperation mit Partnern der Wertschöpfungskette

Von Produktpiraterie betroffene Unternehmen können allein nur bedingt Gegenmaßnahmen ergreifen. Dies liegt insbesondere darin begründet, dass weltweit operierende Unternehmen, wie auch Festo, ihre Wertschöpfung über ein komplexes Netzwerk mit mehreren Akteuren hinweg erzielen. Sprichwörtliche „Alleingänge" sind somit im Hinblick auf einen Piraterieschutz nicht zielführend.

Die vorgestellten Schutzmaßnahmen „eindeutige Produktidentifizierung" und „integrierter, steuerungsbasierter Schutz" bedingen sogar die Kooperation mit Partnern.

Festo strebt seit Längerem nach einer intensiven Zusammenarbeit zwischen seinen Lieferanten, Dienstleistern, Logistikunternehmen und Entwicklungspartnern.

Nun soll diese Zusammenarbeit auch auf das Thema Produktpiraterie ausgeweitet werden. Ein erster Erfolg ist das Schutzkonzept des integrierten steuerungsbasierten Schutzes. Hier sieht man deutlich, mit welcher Schlagkraft Kunde (DMG), Entwicklungspartner (Weiss, Siemens) und Hersteller (Festo) einen wirksamen Schutz gegen Produktpiraterie entwickeln und umsetzen.

Auch die Kunden von Festo müssen im Kampf gegen die Produktpiraterie zu Partnern werden – sie sind es, welche Plagiate unbemerkt kaufen und durch eine Verifizierung mittels Produkt-Key die Fälschung aufdecken können.

5.3.5 Optimierung der Unternehmensprozesse

Neben den technischen und juristischen Maßnahmen ist auch entscheidend, die internen Unternehmensprozesse zu analysieren und zu optimieren, so dass Piraten die Aneignung unternehmensinternen Wissens erschwert und somit das Kopieren der Originalprodukte verhindert wird. Es gilt, das Know-how des Unternehmens bestmöglich und umfassend von Grund auf zu schützen.

Das Forschungskonsortium ProOriginal hat dazu ein Tool entwickelt, das die Bewertung eines unternehmensspezifischen Risikos zu den Gefahren durch Produktpiraterie erlaubt und konkrete Maßnahmen aufzeigt.

Zukünftig soll es mit diesem Tool auch möglich sein, Plagiatsfälle zu dokumentieren und auszuwerten, um eine Erfolgskontrolle über implementierte Schutzmaßnahmen zu erhalten.

Diese präventive Schutzmaßnahme, mit deren Hilfe eine Art „Durchleuchtung" des eigenen Unternehmens möglich ist, ermöglicht Festo einen gesamthaften Einblick in die eigenen Schutzlücken.

Die Frage, mit welchen konkreten Schritten Festo die ermittelten Schutzlücken schließt und damit seine Unternehmensprozesse optimiert, wird im Kapitel 5.4 „Implementierung und Verankerung des Schutzes" näher beschrieben.

5.3.6 Schutz auf Messen

Wird ein Plagiat auf einer Messe entdeckt, verstreicht oft wertvolle Zeit, bis die geeigneten Schritte und Maßnahmen eingeleitet werden können, und häufig verschwindet das Plagiat plötzlich vom Stand des Plagiators, wenn dieser etwas von der Entdeckung ahnt. Die Dokumentation des Plagiats geschieht überdies meist nur sporadisch und unvollständig, bei einer späteren Schutzrechtsdurchsetzung fehlen dann die Beweise. Genau diese Gelegenheit aber gilt es für das betroffene Unternehmen zu nutzen, Fälschungen aufzudecken und die weitere Präsentation und Verbreitung derselben effektiv zu verhindern. Um die damit zusammenhängenden Abläufe zu standardisieren, wurde im Projekt ProOriginal ein entsprechendes Werkzeug entwickelt. Es gibt Hilfestellung, wie bei der Entdeckung eines Plagiats reagiert werden muss, welche Personen – wie zum Beispiel der Messeveranstalter, ein externer, spezialisierter Rechtsanwalt und/oder die unternehmensinterne Patentabteilung – informiert werden und welche Daten gesammelt werden müssen.

Die Firma Festo wird zukünftig seinen Messemitarbeitern, anwesenden Produktmanagern und verfügbaren Messeanwälten eine kurze, papierbasierte Liste zur Verfügung stellen, um Plagiatsfälle zu erfassen.

Folgende Einzelheiten sind stichwortartig festzuhalten:

- Produkt / Produktgruppe / eigenes betroffenes Produkt
- Vermutetes Herkunftsland
- Name des Plagiatherstellers
- Entdeckungsort / Messe-Standnummer
- Zeugen
- Entdecker
- Foto falls möglich

Anhand dieser Informationen kann eine zentrale, von Festo geführte Koordinationsstelle ein zielgerichtetes Eingreifen in Abstimmung mit Messeveranstalter und Staatsanwalt gewährleisten. In der Konsequenz kann die Messepräsentation eines entdeckten Plagiats zeitnah unterbunden werden. Gleichzeitig ermöglicht diese Schutzmaßnahme die einfache Dokumentation von Plagiatsfällen.

5.3.7 Schutz durch Produkt- und Dienstleistungsinnovationen

Waren Plagiate vor einigen Jahren erst lange nach dem Markteintritt der Originale am Markt präsent, so kommen heute Nachbauten schon wenige Monate nach der Einführung des Originals auf den Markt (Welser und Gonzáles 2007). Gerade bei Industriegütern sind schnellere Innovationszyklen daher ein effektives Mittel gegen Nachahmungen (Welser und Gonzáles 2007).

„Innovationsleistungen sind unter dem Gesichtspunkt der Abwehr der Produktpiraterie jedoch ein zweischneidiges Schwert.“ (Wildemann et al. 2007). Die ständige Weiterentwicklung und Neuerung erschwert es den Wettbewerbern und vor allem den Produktfälschern, den Markt zu beeinflussen. Zudem bestimmt die Dauer des Lebenszyklus des Produktes, wie viel Zeit dem Imitator noch zur Vermarktung seines Plagiats verbleibt. Je kürzer dieser Zyklus ist, desto kleiner ist das Zeitfenster für den Know-how-Abfluss und das Reverse Engineering (Wildemann et al. 2007) und desto geringer sind die Chancen der Piraten mitzuhalten.

Auf der anderen Seite ist ein innovatives Unternehmen aber auch mit einer hohen Innovationsprämie auf den Produkten zur Deckung des F&E-Aufwands belegt und somit durch hohe erzielbare Margen für Produktpiraten umso attraktiver. Die Innovationen müssen zusätzlich ein noch schnelleres Time-to-Market aufweisen, wodurch die Anforderungen an die eigenen Prozesse ansteigen.

Festo begegnet den Trends in der Automatisierung mit innovativen Lösungen in neuen Geschäftsfeldern, wie beispielsweise der Mikrosystemtechnik. Das Engagement in Forschungskooperationen unterstützt die Erarbeitung der technologischen Grundlagen für die Produkte von morgen. Festo fördert darüber hinaus gezielt die Weiterentwicklung neuer Geschäftsfelder durch aktive Mitgliedschaften in Vereinen und Verbänden.

Zusätzlicher Service am Kunden ist ein weiteres wirkungsvolles Standbein im Kampf gegen Produktpiraterie. Die Marktpositionierung von Produktdienstleistungen ermöglicht die Steigerung der Kundenloyalität und sichert den Wettbewerbsvorteil gegenüber Piraten. Die Bereitschaft zu Folgekäufen durch eine höhere Kundenbindung kann nur der Originalhersteller generieren. Verlängerte Garantien, eine Service Hotline für spezifischen Produktsupport und hochqualifizierte Kundenschulungen sind nur einige Beispiele von Festo für den zusätzlichen Service am Kunden. Dem Imitator fehlt für ein so umfassendes Dienstleistungsmanagement die passende organisatorische Aufstellung im Unternehmen und ein umfangreiches Servicenetzwerk am Markt. Ein großes Dienstleistungsangebot benötigt außerdem ein hohes Maß an Know-how und Kapazitäten seitens des Lieferanten, um die benötigte Kundenzufriedenheit mit dem Service zu erzielen. Dies kann der Imitator nicht leisten.

Für Festo ist es eine Notwendigkeit, dieses Dienstleistungsangebot konsequent zu erfüllen und ständig zu erweitern, um dadurch die Attraktivität des Unternehmens und der Produkte weiter zu erhöhen.

5.3.8 Plagiatsschutz durch Erhöhung der Kundenbindung

(Ulrich Renger)

Mehrwertangebote für eine enge Kundenbindung

Ein wirkungsvoller Schutz vor Produktpiraterie kann nicht allein vom Originalhersteller getragen werden, sondern muss den Kunden mit einbeziehen. Die Ausbildung einer engen Kundenbindung mithilfe von zu-

5

Abb. 5.11: Kundennutzen in Relation zur Wertschöpfung (Bleicher et al. 2010)

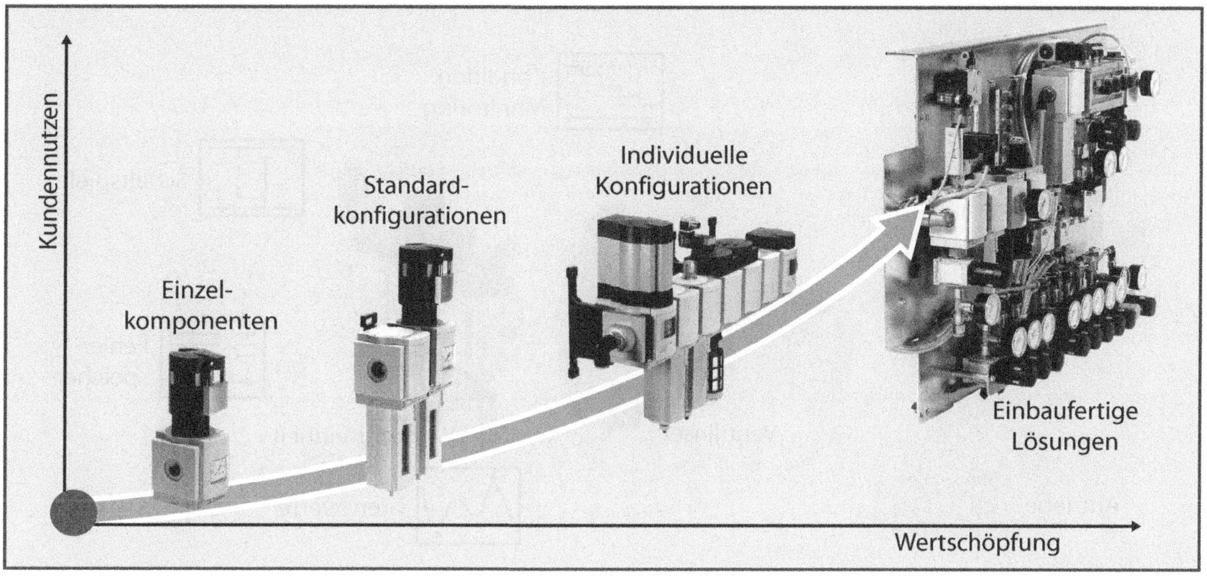

sätzlichen Produkt- und Serviceleistungen ist hierbei unerlässlich. Praxiserfahrungen zeigen, dass sich ein Kunde nur dann für das oftmals teurere Originalprodukt entscheidet, wenn er einen entsprechenden Mehrwert dafür erhält (Schweitzer et al. 2010). Die Herausforderung für produzierende Unternehmen der Investitionsgüterbranche ist es nun, überzeugende Mehrwertangebote in Form von Produkt- oder Serviceleistungen zu generieren und zum Zweck einer engen Kundenbindung einzusetzen.

Die wachsende Komplexität von industriellen Anlagen hat dazu geführt, dass der Vertrieb von Einzelprodukten nicht ausreicht, um die Kundenanforderungen zu erfüllen. Der Kunde erwartet für seinen Anwendungsfall individuelle und einbaufertige Lösungen, die sowohl Produkt- als auch Serviceleistungen miteinander vereinen (Abb. 5.11). In diesem Zusammenhang bilden produktbegleitende Garantievereinbarungen einen hohen Mehrwert für den Kunden bezüglich der Maschinenverfügbarkeit, der lückenlosen Versorgung mit Ersatzteilen sowie der Optimierung von Anlagen im Hinblick auf ihre Energieeffizienz (Abele, Kuke et al. 2010).

Hervorzuheben ist hierbei das Total-Cost-of-Ownership-Konzept. Dieses betrachtet gesamthaft die Lebenszykluskosten von Produktionsanlagen und ermöglicht optimal abgestimmte Produkt- und Servicelösungen für Kunden. Die enge Verknüpfung dieser Dienstleistungen mit einer individuellen Kundenlösung führt zu einer intensiveren Kundenbindung und bildet eine der wirksamsten Schutzmaßnahmen gegen Produktpiraterie (Meier und Schramm 2004).

Im Folgenden soll nun erläutert werden, wie Festo das TCO-Konzept nutzt, um seine Kunden stärker an sich zu binden.

TCO als Schutzmaßnahme bei Ventilinseln und Wartungseinheiten

Das Unternehmen Festo sieht sich selbst als Lösungsanbieter und hat früh die Bedeutung einer ganzheitlichen Betrachtung von Produkt- und Dienstleistungen zur Kundenbindung erkannt. Festo setzt mit seinem Dienstleistungsangebot verstärkt auf Systeme, die anwendungsspezifisch den Komponentenzustand, den Energieverbrauch sowie die Einsatzbedingungen erfassen. Die Ermittlung dieser Einsatzbedingungen kann dabei durch Lastintegration (z. B. Schaltzyklen, Kräfte oder kombinierte Größen) erfolgen. Durch die Kenntnis dieser spezifischen Lastintegrale lassen sich zum Beispiel Komponenten bedarfsgerecht auslegen, Analysen der Zuverlässigkeit und des Energieeinsatzes aufstellen sowie Wartungs- und Instandhaltungsvorschriften

Abb. 5.12: Diagnosefähigkeit von pneumatischen und elektronischen Komponenten (Bleicher et al. 2010)

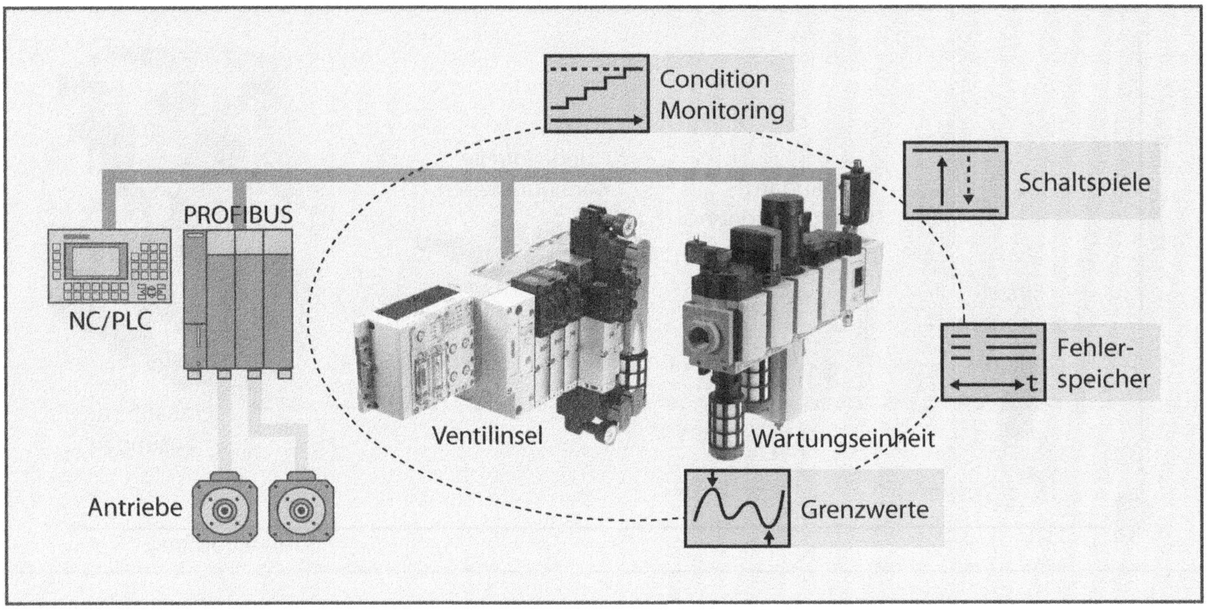

abstimmen. Die Voraussetzung für diese Maßnahmen besteht allerdings darin, dass die Komponente die entsprechenden Diagnose- und Protokoliersysteme besitzt und dass der Anwender bereit ist, diese einzusetzen.

Die Aufzeichnung und der Einsatz von kundenspezifischen Daten zur Optimierung von Verfügbarkeiten der Komponenten werden zum Beispiel bei Ventilinseln verwendet. Der Kunde gibt beim Kauf einer Ventilinsel die erwartete Beanspruchung der Ventile in Form der Anzahl an Schaltspiele pro Jahr an. Auf dieser Grundlage legt Festo die Komponente dementsprechend aus und ist im Gegenzug in der Lage, die Einhaltung der Vorgabe zu gewährleisten. Durch die PROFIBUS-Anbindung der Ventilinsel mit der Steuerung können die Schaltspiele gezählt und auf der Steuerung gespeichert werden. Um die Einhaltung der Betriebsbedingungen hinsichtlich Luftqualität und Temperatur zu gewährleisten, übernimmt die angeschlossene Wartungseinheit die erforderlichen Aufgaben für das Condition Monitoring (Abb. 5.12). Im Bedarfsfall können sowohl der Kunde als auch der Kundendienst jederzeit die Einsatzdaten aus der Steuerung auslesen. Durch die kombinierte Betrachtung der Lastintegrale und des Komponentenzustands lässt sich das Schädigungsverhalten der Komponente prognostizieren und letztlich eine Steigerung der Lebensdauer sowie der Verfügbarkeit erzielen (Bleicher et al. 2010).

Die Optimierung der Anlagenverfügbarkeit als Mehrwert in der Produktion

Die Ansprüche an eine kundenindividuelle Produktauslegung auf der Grundlage von TCO verfolgt Festo nicht nur im Hinblick auf sein eigenes Produktportfolio. Auch im Produktionsumfeld wird das Konzept bei der Neubeschaffung und der Optimierung des Betriebsmitteleinsatzes eingesetzt. Im Rahmen des Projektes Festo-Total-Cost-of-Ownership wurde die Zielsetzung verfolgt, während des Maschinenbetriebes das Lastkollektiv kontinuierlich mit den entsprechenden Zustandsdaten zu erfassen. Die lastabhängige Betrachtung des Verschleißverhaltens und des tatsächlichen Energiebedarfs liefert die Datengrundlage zur Ermittlung der Lebensdauer. Aufbauend auf der ermittelten Lebensdauer zeigen weitere Berechnungen, wie ein optimales Wartungskonzept gestaltet werden sollte, um eine optimierte Ausnutzung der Restlebensdauer der Anlage zu erzielen.

Für die Investitionsentscheidung bedeutet dies, dass neben dem Anschaffungspreis nun auch Betriebskosten berücksichtigt werden können, die bisher aufgrund von fehlenden Erfahrungswerten und Felddaten nicht

Abb. 5.13: Reporting von TCO-Daten (Bleicher et al. 2010)

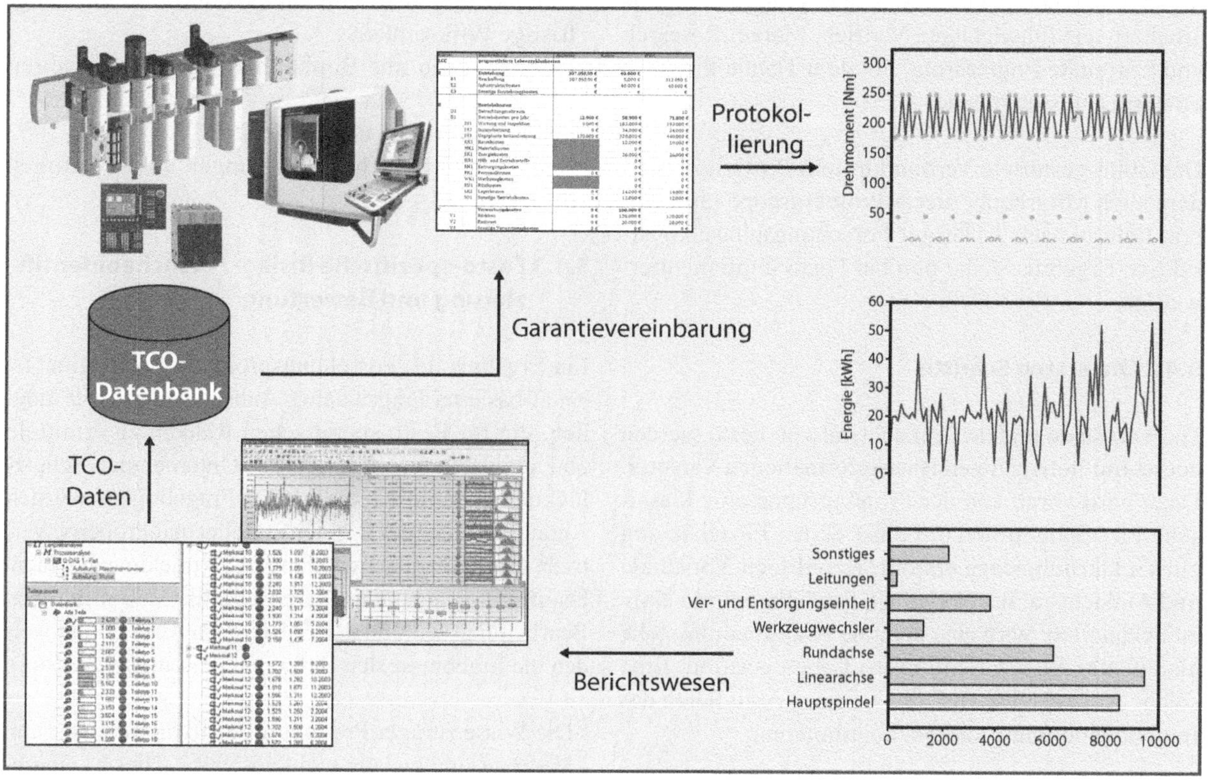

quantifizierbar waren (Abb. 5.13). In Hinblick auf den Betriebsmitteleinsatz können aus der Empirie Rückschlüsse auf Verschleißgrenzen angestellt werden, die dabei helfen, Instandsetzungsmaßnahmen unter Beachtung von Kapazitäts-, Auftrags- und Schichtplänen einzuleiten, bevor ein Maschinenausfall eintritt.

5.3.9 Zusammenfassung Schutzkonzepte

Die im Forschungsprojekt ProOriginal entwickelten Schutzmaßnahmen werden von Festo aufgegriffen und zu einem Bündel zusammengefasst. Da es sich bei den Forschungsleistungen teilweise um nicht erprobte Maßnahmen handelt, ist die Implementierung im Unternehmen über Pilotprojekte zu bewerkstelligen.

Weiterhin müssen die Erfahrungen der Praxis in die Schutzmaßnahmen einfließen, um Verbesserungen anzustoßen. Auch wenn die derzeit am Markt angebotenen Schutzmaßnahmen die Anforderungen von Festo nicht erfüllen, bleibt die weitere Marktentwicklung interessant.

5.4 Implementierung und Verankerung des Schutzes

(Carsten Titze)

Eigene Schutzkonzepte, basierend auf den sieben genannten Anforderungen, wurden zum Schutz vor Produktpiraterie in Zusammenarbeit mit dem Forschungskonsortium ProOriginal entwickelt. Interessant sind nun die Schritte, wie Festo das Thema Produktpiraterie implementiert, um am Ende einen unternehmensweiten Schutz aufzubauen.

5.4.1 Problemerkenntnis

Den Anstoß, warum sich Festo mit dem Thema Pirateschutz auseinandersetzt, lieferten vermehrte Kundenreklamationen über qualitative Mängel von Zylindern, Ventilen und Wartungseinheiten. Im Versuch ging man den Kundenbeanstandungen nach und kam rasch zu der Einschätzung, dass es sich bei den beanstandeten Produkten um Plagiate handelte.

Ausmaß und Schaden waren für Festo zum damaligen Zeitpunkt nicht bekannt. Klar war nur, dass sich eine von Managementebene initiierte Projektgruppe, mit Mitarbeitern aus Entwicklung, Vertrieb, Market Research und Corporate Engineering, mit dem Thema Produktpiraterie befassen musste.

Das 2008 gestartete Verbundprojekt ProOriginal, in dem auch Mitarbeiter dieser Projektgruppe tätig waren, lieferte nach 3-jähriger Forschungsphase konstruktive Ergebnisse, die nun bei Festo implementiert werden.

5.4.2 Die ersten Schritte

Die Vorstände und der Aufsichtsrat von Festo werden zuerst mit notwendigen Basisinformationen versorgt. Dazu wird vorab von der Projektgruppe eine klassische Projektdefinition mit einer ersten Einschätzung zur Gefährdungslage erstellt. Bewilligen Vorstände und Aufsichtsrat das Vorhaben, Produktpiraterie aktiv zu bekämpfen, wird eine zentrale Koordinationsstelle als ein ständiges Gremium ins Leben gerufen. Eine solche Anlaufstelle wird alle weiteren Aktivitäten des Implementierungsprojektes koordinieren.

5

Die Koordinationsstelle wird durch Mitarbeiter der Projektgruppe, idealerweise mit an ProOriginal beteiligten Personen, besetzt, die einen Teil ihrer regulären Arbeitszeit der neuen Projektaufgabe – dem Pirateriesschutz – widmen. Zwischen Vorstand und Projektgruppe werden folgende operative Aufgaben definiert:

- Festo-spezifische Risiko- / Ursachenidentifizierung und Bewertung
- Installation einer Task-Force zur schnellen Reaktion bei einem akuten Pirateriefall
- Unternehmensweite Implementierung der Forschungsleistungen aus ProOriginal heraus
- Entwicklung von Produkten und Dienstleistungen, welche Pirateriesschutz und Kundenmehrwert zusammenführen
- Dokumentation von Pirateriefällen in einer Wissensdatenbank
- Internes und externes Kampagnenmanagement zur Sensibilisierung
- Installation interner und externer Beraterfunktion
- Business Networking zum Thema Produktpiraterie

Später sollen weitere Aufgaben übernommen werden:

- Überprüfung von Schutzmaßnahmen auf ihre langfristige Wirksamkeit
- Koordination zur Beobachtung von relevanten Messen
- Erfolgscontrolling und Reporting
- Begleitende Forschungsleistungen an zukünftigen Projekten

5.4.3 Festo-spezifische Risiko- / Ursachenidentifizierung und Bewertung

Ein Ergebnis des Forschungsprojektes ProOriginal ist ein IT-basierter Fragekatalog. Anhand dessen ist es möglich, die für Festo spezifischen Risiken zu ermitteln und aufzuzeigen, inwieweit das Unternehmen Schutzlücken hat. Zum Ausfüllen des Fragebogens wurden Abteilungsleiter der Bereiche Intellectual Property, Vertrieb, Marketing, Entwicklung und Projektmanagement beauftragt. Nach einer durchschnittlich 50-minütigen Bearbeitungszeit und der IT-basierten Auswertung werden die Ergebnisse den Befragten präsentiert (Auszug):

- Die Wissensträger Produkt, Logistikdienstleister und Verträge sind bislang nicht geschützt. Hier ist ein unbefugter Zugriff zu befürchten.
- Sehr geringe Schutzlücken hingegen bestehen bei der Entsorgung von Produkten / Prototypen und auch bei der Entsorgung von elektronischen Datenträgern.
- Auf die Frage, ob es bestimmte Risikogruppen im Umfeld des Unternehmens gibt, werden die externen Entwicklungspartner und Serviceanbieter genannt.
- Die Befragten nennen die eigenen Mitarbeiter nicht als potenzielle Risikogruppe, obwohl kein Schutzkonzept vorhanden ist.

Insgesamt wird anhand des Fragebogens ein mittleres Gefährdungspotenzial für Festo eingeschätzt. Es wird deutlich, dass im Unternehmen potenzielle Schutzlücken bestehen. Gleichzeitig liefert die Auswertung wertvolle Maßnahmen, um den Schutz zu erhöhen. Beispielsweise können die Risiken zu „externe Entwicklungspartner" mit strengen Geheimhaltungsvereinbarungen minimiert und – im Falle eines Vertragsbruchs – mit Sanktionen belegt werden.

Durch die systematische und qualitative Vorgehensweise geben die Befragten an, dass ihnen sprichwörtlich

„die Augen geöffnet werden". Es besteht allgemeiner Konsens darüber, dass ein mittleres Gefährdungspotenzial ein umfassendes Bündel von Schutzmaßnahmen notwendig macht.

5.4.4 Installation einer Task-Force zur schnellen Reaktion bei einem akuten Pirateriefall

Die erste Aufgabe der zentralen Koordinationsstelle bei Festo ist es, einen Prozess zu definieren, der eine möglichst schnelle Reaktion nach der Entdeckung eines Plagiats gewährleistet. Bislang existiert keinerlei Handlungsempfehlung für einen solchen Fall.

Zunächst wird bestimmt, welche Informationen über welche Medien und durch welche Akteure relevante Informationen an die Koordinationsstelle herangetragen werden:

Welche Akteure können „Entdecker" eines Plagiats sein?

- Kunde
- Festo Landesgesellschaft
- Fachberater im Außen- und Innendienst
- Händler im nicht-europäischen Ausland
- Mitarbeiter aller Gesellschaften
- Messebeobachter und beauftragter Messeanwalt

Über welche Medien können Informationen übermittelt werden?

- Bereitgestelltes und verteiltes Printformular
- Anwendung im Festo Intranet
- Festo Internetportal
- Hotline der Landesgesellschaften
- Kommunizierte E-Mail-Adresse mit zentralem Postkorb
- Persönlicher Besuch des Entdeckers

Welche Informationen sind zur Bearbeitung notwendig?

- Betroffenes Produkt oder Produktgruppe
- Vermutetes Herkunftsland
- Name, Anschrift des Plagiatherstellers (falls verfügbar)
- Produktfoto, gefälschtes Produkt und Rechnung des Kaufs (falls verfügbar)
- Zeugen bei der Entdeckung
- Entdeckungsort, Messestand-Nummer

Liegen Festo diese Informationen vor, startet der eigentliche interne Prozess.

Der definierte Prozess wird hauptsächlich durch ein Task-Force-Team vorangetrieben. Dieses wertet die erhaltenen Informationen aus und überprüft sie auf Vollständigkeit. Ggf. werden zur weiteren Bearbeitung

5

Abb. 5.14: Prozessbeschreibung Plagiatsverdacht

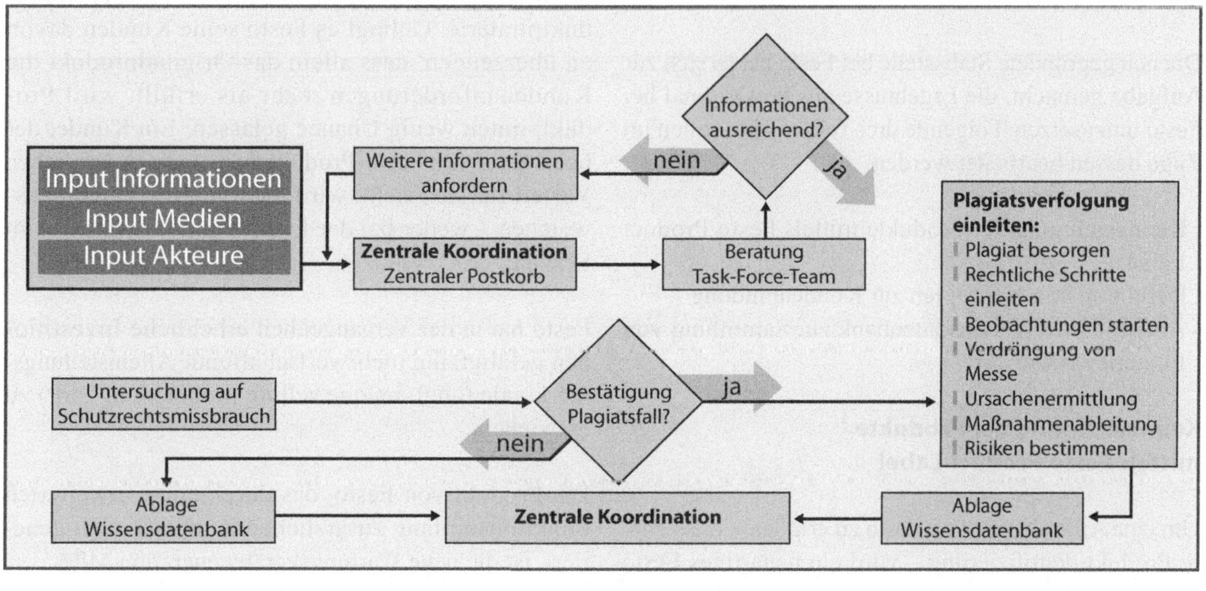

fehlende Informationen eingeholt. Sowohl Rechts- als auch Patentabteilung prüfen im Anschluss, ob es sich nachweislich um zweifelsfreien Schutzrechtsmissbrauch handelt und weitere Maßnahmen rechtlich begründet sind. Auch wenn kein Schutzrechtsmissbrauch nachweisbar ist, werden die gesammelten Informationen in eine Wissensdatenbank abgelegt, um Verknüpfungen zu späteren Plagiatsfällen ziehen zu können. Kann im Gegenteil eine Schutzrechtsverletzung nachgewiesen werden, beginnt die Plagiatsverfolgung. Welche konkreten Maßnahmen ergriffen werden, ist von Fall zu Fall unterschiedlich und reicht von der Beobachtung des Plagiatherstellers bis hin zur strafrechtlichen Verfolgung. Auch diese Ergebnisse werden in einer Wissensdatenbank dokumentiert, um bei weiteren Pirateriefällen auf Erfahrungen zurückgreifen zu können.

Die Task-Force ist, ähnlich einer Stabsstelle, ressortübergreifend tätig und bündelt die Kräfte im Unternehmen. Der klar definierte Prozess mit Entscheidungsträgern hilft Festo, schnell und zielgerichtet gegen Produktpiraterie vorzugehen.

5.4.5 Schutzmaßnahmen bei Festo verankern

Ein großer Teil der Forschungsaktivitäten von ProOriginal bezogen sich auf Schutzmaßnahmen. Die bisher am Markt verfügbaren wurden in einen Katalog aufgenommen sowie deren Vor- und Nachteile diskutiert. Gleichzeitig bestand die Notwendigkeit, neue Schutzmaßnahmen zu entwickeln.

Die neu gegründete Stabsstelle bei Festo hat es sich zur Aufgabe gemacht, die Ergebnisse aus ProOriginal bei Festo umzusetzen. Folgende drei Teilprojekte sollen im Zuge dessen bearbeitet werden:

- Kennzeichnung der Produkte mittels Festo Product Label
- Definition von Konzepten zur Kundenbindung
- Aufbau einer Wissensdatenbank zur Sammlung von Pirateriewissen

Kennzeichnung der Produkte mittels Festo Product Label

Um eine Anforderung von Festo zu erfüllen – die sichere Produktidentifizierung – wird ein neuartiges Festo Product Label entworfen. Dieses mit Data-Matrix-Code und Produkt-Key versehene Label löst sukzessive die bestehenden Typenschilder ab.

Gestartet wird die Umstellung im Entwicklungsbereich, denn zunächst müssen die Konstruktionszeichnungen und Stücklisten angepasst und umgeschrieben werden. Ebenso müssen die Beschriftungen auf den Beschriftungsträgern verändert und mit dem Produkt-Key und dem Data-Matrix-Feld ergänzt werden.

Im Vorfeld der Produktionsumstellung galt es zusätzlich zu überprüfen, ob die Label-Printer in der Lage sind, einen Data-Matrix-Code zu drucken. Hier stellte sich heraus, dass gerade ältere Drucker ersetzt werden mussten, da ihre Auflösung nicht ausreichend war. Auch die Schnittstellen zwischen Drucker und bestehender ERP-Lösung wurden überprüft, da Matrix-Code und Produkt-Key auftragsbezogen auf das Typenschild aufgebracht werden. Nachdem die Umstellung geplant und auf ihre Machbarkeit hin überprüft worden war, startete Festo mit der Umstellung in einem Pilotbereich. Damit war gewährleistet, dass ein weltweiter Rollout relativ fehlerfrei stattfinden kann, da im Pilotbereich mögliche Fehler entdeckt und im Vorfeld behoben wurden.

Konzepte zur Kundenbindung definieren

Die Ausbildung einer engen Kundenbindung bietet die wahrscheinlich effektivste Maßnahme gegen Produktpiraterie. Gelingt es Festo seine Kunden davon zu überzeugen, dass allein das Originalprodukt die Kundenanforderungen mehr als erfüllt, wird Produktpiraten wenig Chance gelassen. Ein Kunde, der beim Kauf von Festo-Produkten einen nachweislichen Vorteil für sich sieht, wird nicht auf ein Plagiat ausweichen – weder bei der Erstbeschaffung noch beim Service.

Festo hat in der Vergangenheit erhebliche Investitionen getätigt, um mehrwertschaffende Alleinstellungsmerkmale (engl. unique selling proposition, USP) zu entwickeln.

Ein Produkt von Festo, das durch einen erweiterten Funktionsumfang zusätzlichen Kundennutzen generiert, ist die neue Wartungsgerätegeneration MP6.

Abb. 5.15: Kommunikationsfähigkeit Wartungsgerätereihe MP6

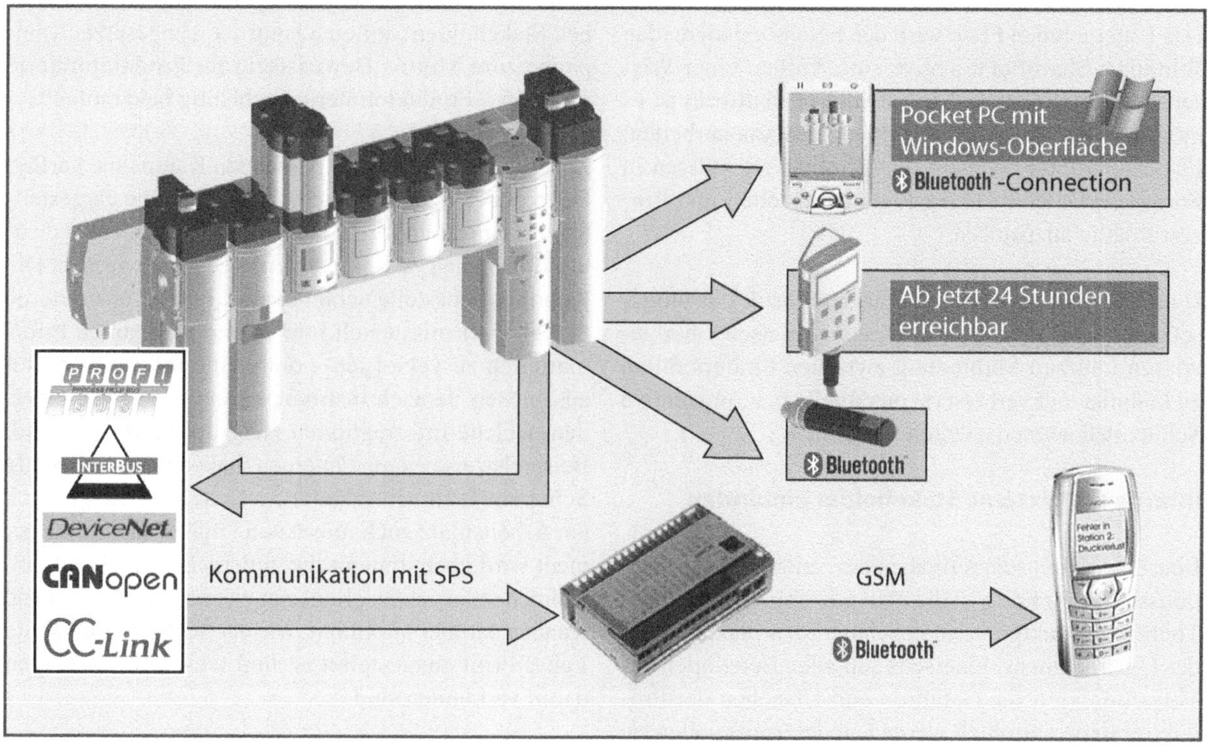

Die beiden Alleinstellungsmerkmale lauten:

- Einzigartige Diagnosefähigkeit
- Erweiterte Kommunikationsfähigkeit

Worin besteht nun der Mehrwert für den Kunden? Die Diagnosefunktionen der MP6 erlauben einen detaillierten Einblick in den Zustand der Einheit. Sämtliche Filterstände und Luftdurchflüsse können aufgezeichnet, ausgewertet und gespeichert werden. So kann beispielsweise genau ermittelt werden, wann ein mit Partikeln zugesetzter Filter ausgewechselt werden muss, ohne dass es negative Einflüsse auf die Druckluft hat. Ebenso kann gereinigte Luft jederzeit auf ihre Qualität hin überprüft werden. Diese Funktion ist insbesondere für die Lebensmittelindustrie mit ihren hohen Reinheitsanforderungen interessant.

Diese Kundenmehrwerte bedürfen allerdings des Einsatzes von Originalkomponenten. So kann beispielsweise mit nachgebauten Filtermaterialien die einwandfreie Diagnosefähigkeit nicht mehr gewährleistet werden. Schließlich könnte unzureichend gereinigte Druckluft der nachgeschalteten Anlage zugeführt werden. Ungeplante Maschinenstillstände oder Einflüsse auf das zu fertigende Produkt könnten die Folge sein.

Die erweiterte Kommunikationsfähigkeit komplettiert den Funktionsumfang. Die internen Schnittstellen erlauben die automatische Abfrage bzw. Störungsmeldung an Handy, Pocket-PC oder Maschinensteuerungen. Der Kunde kann somit jederzeit auf Veränderungen an der Wartungseinheit und den darin befindlichen Originalteilen reagieren und pro-aktiv handeln, bevor es zu Anlagen- und Maschinenausfällen kommt. Das Beispiel MP6 zeigt, wie Festo Kundenbindung, Kundenmehrwert und Alleinstellungsmerkmale sinnvoll kombiniert und damit einen aktiven Plagiatsschutz betreibt.

Aufbau einer Wissensdatenbank zur Sammlung von Pirateriewissen

Vorsprung durch Wissen – dies gilt auch für das Thema Produktpiraterie. Unentbehrlich für den Kampf gegen Produktpiraterie ist das Wissen über Pirateriefälle, getroffene Schutzmaßnahmen, interne Prozesse und Ansprechpartner.

Das Unternehmen Festo wird den bereits existierenden Windows SharePoint Server zum Aufbau einer Wissensdatenbank nutzen. Mithilfe dieser Plattform ist es möglich, dass Mitarbeiter virtuell zusammenarbeiten. Es besteht unter anderem die Möglichkeit, Wissen in Form von Dateien zur Verfügung zu stellen und Prozessabläufe anzustoßen.

Hauptsächlich soll die Wissensdatenbank der eingesetzten Koordinationsstelle dienen, um nach einer gewissen Laufzeit Verbindung zwischen Pirateriefällen zu knüpfen und verbesserte punktuelle bzw. präventive Schutzmaßnahmen ableiten zu können.

Interne und externe Stakeholder einbinden

Eine der wichtigsten Aufgaben der zentralen Koordinationsstelle von Festo ist die aktive Kommunikation des Themas Produktpiraterie gegenüber den Stakeholdern des Unternehmens. Einerseits soll allen Beteiligten das Verständnis für die Gefahren und Ursachen der Produktpiraterie vermittelt werden, andererseits sollen sie auch langfristig eine spezifische Rolle (z. B. Entdecker, Informationsmittler) einnehmen. Festo unterscheidet dabei interne und externe Stakeholder.

Zu den internen Stakeholdern zählen:

- Mitarbeiter in Zentralfunktionen und Regionalvertretungen
- Mitarbeiter in den Werken weltweit
- Management und Unternehmenseigner

Zu den externen Stakeholdern zählen:

- Entwicklungspartner
- Zulieferer
- Logistikdienstleister
- Private / öffentliche Institutionen
- Kunden
- Händler im nicht-europäischen Ausland

Die zentrale Koordinationsstelle bündelt die Aktivitäten zur Einbindung der beiden Gruppen zu den beiden Themenkomplexen „internes und externes Kampagnenmanagement" und „Business Networking".

Internes und externes Kampagnenmanagement

Festo setzt zur Sensibilisierung von internen und externen Stakeholdern auf eine langfristig angesetzte Kampagne zum Motto „Bewusstsein für Produktpiraterie schaffen – Produktpiraterie nachhaltig bekämpfen".

Zur Ausgestaltung einer passenden Kampagne verfügt Festo über ein umfangreiches Portfolio: Die dargestellten Instrumente (Abb. 5.16) werden in einem festgelegten Terminplan zu Kampagnenzwecken eingesetzt. Die Koordinationsstelle achtet darauf, interne und externe Stakeholder mit gezielt kurzen und prägnanten Informationen zu versorgen – ohne eine Informationsflut auszulösen. Je nach Instrument muss ausgewählt werden, welche Informationen zielgruppenrelevant sind. Beispielsweise werden internen Stakeholdern vorrangig Schutzmaßnahmen erläutert, welche sie selbst täglich am Arbeitsplatz auch umsetzten können. Das Management wird über strategische, unternehmensweite Maßnahmen unterrichtet. Hingegen werden Lieferanten und Kunden darüber informiert, wie der Schutz mittels Festo Label Print ausgestaltet ist und welche Neuerungen damit verbunden sind.

Festo verfolgt mit der Kampagne „Bewusstsein für Produktpiraterie schaffen – Produktpiraterie nachhaltig bekämpfen" eine längerfristig angelegt Offensive, um das Unternehmen ganzheitlich zu schützen.

Business Networking

Die statistischen Erhebungen des Verbandes Deutscher Maschinen- und Anlagenbau (VDMA) und des Zolls zeigen eine deutliche Zunahme von Schutzrechtsverstößen in den letzten Jahren. Festo als betroffenes Unternehmen ist demnach nicht allein. Es liegt also nahe, sich in Kooperation mit anderen Firmen über das Thema Produktpiraterie auszutauschen.

Für Festo ist es überdies wichtig, über die Neuerungen in diesem Bereich informiert zu sein, um die zu verankernden Schutzmaßnahmen kontinuierlich zu verbessern und anzupassen.

Das Unternehmen Festo engagiert sich seit mehreren Jahren in unterschiedlichen Bündnissen, um Fortschritte im Unternehmens- und Produktschutz zu erzielen. Das Forschungsprojekt ProOriginal bot in den Jahren 2008 - 2011 eine äußerst konstruktive Plattform, um neue Erkenntnisse zu erlangen. Festo möchte auch in Zukunft Forschungsaktivitäten begleiten, um die erarbeiteten Konzepte weiter voranzutreiben.

Zudem bietet ein Forschungsprojekt im Nachgang noch weiteres Marktpotenzial: Produktpiraterie ist ein relativ neues Feld, das bisher in vielen Unternehmen ein starkes Schattendasein führt. Demnach existiert in betroffenen Unternehmen ein erheblicher Schulungsbedarf. Mit dem in ProOriginal angehäuften Wissen kann dieser Schulungsbedarf befriedigt und weiteres Marktpotenzial, auch in völlig anderen Branchen, erschlossen werden. Hier kann Festo in Sachen Produktpiraterie durch Consultingleistungen und Beratung anderen Unternehmen Zugang zur Produktpiraterie und deren Bekämpfung anbieten.

In Seminaren kann über die Formen von Produktpiraterie, verschiedene Schutzmaßnahmen, Schutzkonzepte und andere Möglichkeiten zur Bekämpfung referiert werden. Festo plant, zusammen mit der Tochterfirma Didactic GmbH & Co. KG solche Seminare anzubieten.

Eine Plattform für den weiteren Austausch bietet das vom PTW zusammen mit Festo ins Leben gerufene „Centrum für Angewandte Methoden gegen Produktpiraterie" (CAMP), bei dem sich Mitglieder in Aktionskreisen austauschen und beraten lassen können. CAMP bietet Networking, um den Dialog zwischen betroffenen Unternehmen und den Anbietern von Schutztechnologien zu beschleunigen.

Auch der Aktionskreis gegen Produkt- und Markenpiraterie e.V. (APM) fördert den Dialog zwischen betroffenen Unternehmen. Seit 2010 unterstützt Festo dieses Bündnis, in dem branchenübergreifend agiert wird.

Das Thema Produktpiraterie unterliegt einem ständigen Wissenszuwachs. Festo sieht deshalb das Thema Business Networking als eine Maßnahme, um das eigene Handeln mitmilfe von Partnern kontinuierlich zu überprüfen und zu verbessern.

Abb. 5.16: Kommunikation mit internen und externen Stakeholdern

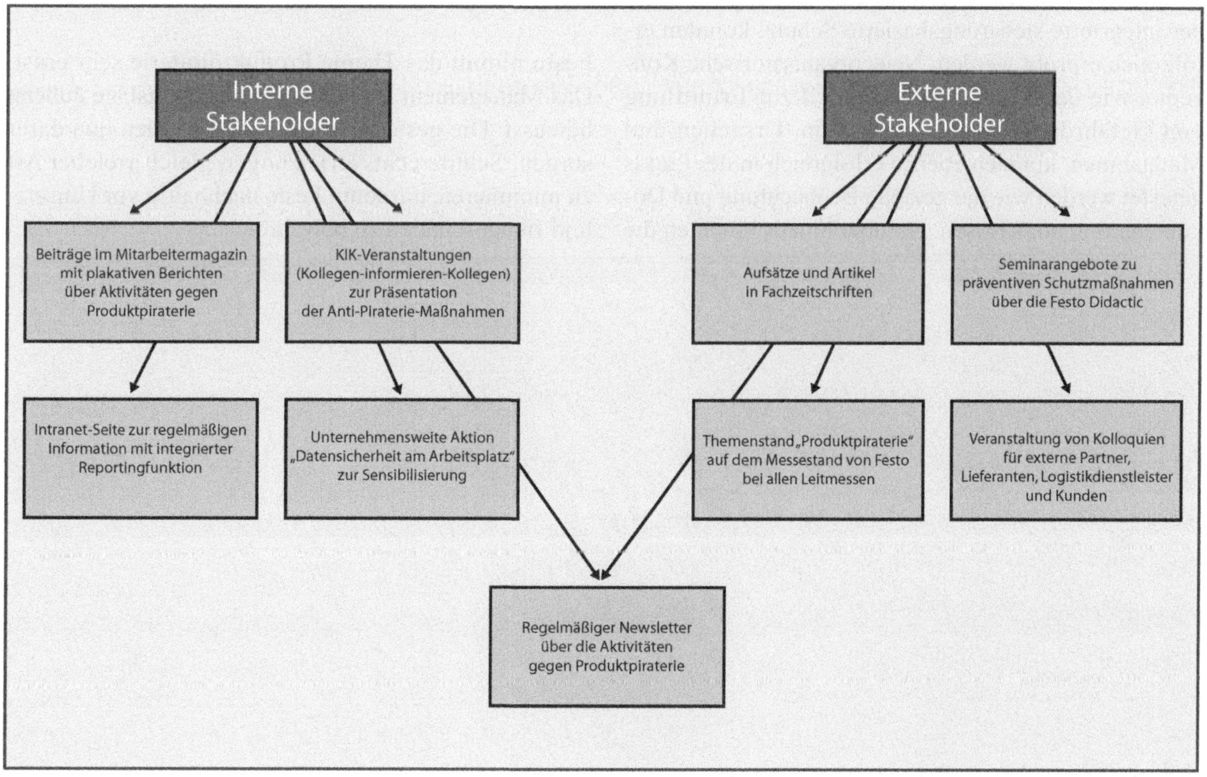

5.5 Zusammenfassung

Als ein von Produktpiraterie betroffenes Unternehmen hat Festo ein umfangreiches Maßnahmenbündel definiert, welches zukünftigen Schaden vom Unternehmen abwenden soll. Zunächst war es für Festo wichtig, eine erste Einschätzung über die Bedrohungslage zu erhalten. Eine erste Analyse lieferte unerwartet deutliche Ergebnisse darüber, in welcher Form Produkte von Festo vom unerlaubten Nachbau betroffen sind. Für das Management wurde offensichtlich, dass sich Festo mit den Gefahren und Abwehrstrategien der Produktpiraterie befassen muss.

Zunächst galt es, die Anforderungen an den zu implementierenden Schutz zu ermitteln. Hierbei herauszuheben sind die Merkmale Fälschungssicherheit, Rückverfolgbarkeit, Kundenmehrwert und strenge Corporate-Design-Vorgaben. Die bislang am Markt verfügbaren Schutzmaßnahmen erfüllen nur bedingt diese Anforderungen, so dass Festo in Kooperation mit dem Forschungsprojekt ProOriginal nach neuen und innovativen Lösungsansätzen forschte. Nach 3-jähriger Laufzeit konnte ein umfangreiches, ganzheitliches Maßnahmenbündel präsentiert werden. Technische Schutzmaßnahmen, wie das Festo Label Print oder der integrierte steuerungsbasierte Schutz, konnten erfolgreich erprobt werden. Neue organisatorische Konzepte, wie das Risikoprozessmodell zur Ermittlung von Gefährdungspotenzial, Risiken, Ursachen und Maßnahmen, konnten ebenso erfolgreich in der Praxis getestet werden wie die gezielte Beobachtung und Dokumentation auf Messen. Darüber hinaus brachten die Forschungsleistungen von ProOriginal auch unternehmensübergreifende Schutzmaßnahmen hervor, wie das TCO-Konzept zur Kundenbindung und die strategische Kooperation mit Partnern über Unternehmensgrenzen hinweg.

Nachdem dieses umfangreiche Maßnahmenbündel erarbeitet wurde, gilt es, die einzelnen Schutzkonzepte nachhaltig in das Unternehmen zu implementieren. Eine eigens dafür gegründete zentrale Koordinationsstelle ist bei Festo für die Umsetzung verantwortlich. Nach einem „Deep-Scan" des gesamten Unternehmens auf potenzielle Angriffspunkte wird ein Projekt-Implementierungsplan erarbeitet. Dieser sieht die Installation einer Task-Force zur Bearbeitung eines akuten Pirateriefalls, die Umsetzung der technischen Schutzmaßnahmen, den Aufbau einer geeigneten Wissensdatenbank sowie ein langfristig angelegtes Kampagnenmanagement vor.

Für den Dialog zu anderen betroffenen Unternehmen wird Festo verstärkt Aktionsbündnisse, wie den APM oder CAMP, unterstützen. Um die Erfahrungen, welche Festo über mehrere Jahre hinweg gesammelt hat, weiterzugeben, werden zusammen mit der Festo Didactic GmbH & Co. KG Kolloquien und Seminare durchgeführt.

Festo nimmt das Thema Produktpiraterie sehr ernst. Das Management ist sich der Bedrohungslage äußerst bewusst. Die gestarteten Aktivitäten sollen nun dafür sorgen, Schutzrechtsverletzungen gleich welcher Art zu minimieren, um somit Festo nachhaltig vor Umsatz- und Imageschäden zu bewahren.

Abbildungsverzeichnis

Kapitel [1]

Kapitel [2]

Kapitel [3]

Kapitel [4]

Kapitel [5]

Literaturverzeichnis

Abele, Eberhard; Albers, Albert; Aurich, Jan C., et al. (Hg.) (2010): Wirksamer Schutz gegen Produktpiraterie im Unternehmen - Piraterierisiken erkennen und Schutzmaßnahmen umsetzen. 3 Bände. Frankfurt am Main u. a.: VDMA-Verlag („Innovationen gegen Produktpiraterie", 3).

Abele, Eberhard; Hueske, Benjamin; Liebeck, Tobias (2008): Optimierte Informationstechnik im Werkzeugmanagement. In: wtWerkstattstechnik, Jg. 98, H. 1, S. 71-76.

Abele, Eberhard; Kluge, Jürgen; Näher, Ulrich (2011 /// 2009): Handbuch Globale Produktion /// Handbuch globale Produktion. Neuaufl. München u. a.: Hanser Fachbuchverlag; Hanser.

Abele, Eberhard; Kuske, Philipp (2010): Werkzeugmaschinen: Mit Originalen auf der sicheren Seite. In: die BG, Jg. 122, H. 4, S. 174-179.

Abele, Eberhard; Kuske, Philipp; Renger, Ulrich; Lang, Horst; Pruschek, Peter; Pulawski, Robert (2010): Plagiatschutz durch Total Costof Ownership. In: Zeitschrift für wirtschaftlichen Fabrikbetrieb, Jg. 105, H. 3, S. 277-281.

Abele, Eberhard; Liebeck, Tobias; Hueske, Benjamin (2007): Optimierung des Werkzeugmanagements: Verbesserung der internen Prozesse und Integration von Dienstleistung in der spanenden Fertigung. In: Zeitschrift für wirtschaftlichen Fabrikbetrieb, Jg. 102, S. 844.

Albrecht, Peter; Salvenmoser, Steffen; Bussmann, Kai-D (2008): Wirtschaftskriminalität 2008 in der industriellen Produktion. Ein unterschätztes Risiko. Herausgegeben von PricewaterhouseCoopers AG.

Ann, C.; Broy, M.; Günthner, W. A.; Lindemann, U.; Wildemann, H. (2006): Handlungsspielräume der produzierenden Industrie gegen Produktpiraterie. Positionspapier.

Arruñada, Benito; Vázquez, Xosé H. (2006): When your contract manufacturer becomes your competitor. In: Harvard Business Review, H. September, S. 135-144.

Bachmann, Manuel (2007): Produktpiraterie als unternehmerische Herausforderung. Eine Untersuchung des deutschen Maschinen- und Anlagenbaus in Asien. Saarbrücken: VDM Müller.

Bagusat, Ariane (2006): Kundenbindungsstrategien für Business-to-Consumer-Märkte. Theoretische Entwicklung und empirische Überprüfung eines methodischen Ansatzes. Wiesbaden: Deutsche Universitäts-Verlag | GWV Fachverlage GmbH Wiesbaden.

Bauer, Jobst-Hubertus; Diller, Martin (2002): Wettbewerbsverbote. Rechtliche und taktische Hinweise für Arbeitgeber, Arbeitnehmer und vertretungsberechtigte Organmitglieder. 3., neubearb. und erw. Aufl. München: Beck (Effektives Arbeits- und Sozialrecht).

Bender, Jürgen (2010): Anwenderbeispiel Müller Martini GmbH. In: Abele, Eberhard; Albers, Albert; Aurich, Jan C.; Günthner, Willibald A. (Hg.): Wirksamer Schutz gegen Produktpiraterie im Unternehmen – Piraterierisiken erkennen und Schutzmaßnahmen umsetzen. 3 Bände. Frankfurt am Main u. a.: VDMA-Verlag („Innovationen gegen Produktpiraterie", 3), S. 143-146.

Bickhoff, Nils (2008): Quintessenz des strategischen Managements. Was Sie wirklich wissen müssen, um im Wettbewerb zu überleben. Berlin, Heidelberg: Springer-Verlag Berlin Heidelberg.

Bleicher, F.; Renger, U.; Lang, H. (2010): Lastkollektiverfassung als Voraussetzung für Total Costof Ownership. In: Zeitschrift für wirtschaftlichen Fabrikbetrieb, Jg. 105, H. 4, S. 277-281.

Braun, S.; Jenne, F.; Kuhn, H.; Schmidt-Román, H. (2010): Piraterieschutz für Ersatzteile von Bau- und Landmaschinen. In: Abele, Eberhard; Albers, Albert; Aurich, Jan C.; Günthner, Willibald A. (Hg.): Wirksamer Schutz gegen Produktpiraterie im Unternehmen – Piraterierisiken erkennen und Schutzmaßnahmen umsetzen. 3 Bände. Frankfurt am Main u. a.: VDMA-Verlag („Innovationen gegen Produktpiraterie“, 3), S. 152 - 207.

Bremicker, Michael (2006): Wertevereinbarungen zur Vermeidung von (Konzept-)Piraterie in der Produktentwicklung. In: Sokianos, Nicolas (Hg.): Produkt- und Konzeptpiraterie. erkennen, vorbeugen, abwehren, nutzen, dulden: Betriebswirtschaftlicher Verlag Gabler, S. 67 - 78.

BSI (Hg.) (2009a): Vergabe von Zugangsberechtigungen. Bundesamt für Sicherheit in der Informationstechnik. Online verfügbar unter https://www.bsi.bund.de/cln_165/ContentBSI/grundschutz/kataloge/m/m02/m02007.html, zuletzt geprüft am 16.09.2010.

BSI (Hg.) (2009b): Erstellung eines Sicherheitskonzepts gegen Schadprogramme. Bundesamt für Sicherheit in der Informationstechnik. Online verfügbar unter https://www.bsi.bund.de/cln_174/ContentBSI/grundschutz/kataloge/m/m02/m02154.html, zuletzt geprüft am 22.09.2010.

BSI (Hg.) (2009c): Vergabe von Zugriffsrechten. Bundesamt für Sicherheit in der Informationstechnik. Online verfügbar unter https://www.bsi.bund.de/cln_174/ContentBSI/grundschutz/kataloge/m/m02/m02008.html, zuletzt geprüft am 22.09.2010.

BSI (Hg.) (2009d): Geregelte Verfahrensweise beim Ausscheiden von Mitarbeitern. Bundesamt für Sicherheit in der Informationstechnik. Online verfügbar unter https://www.bsi.bund.de/cln_156/ContentBSI/grundschutz/kataloge/m/m03/m03006.html, zuletzt geprüft am 02.10.2010.

BSI (Hg.) (2005): Einrichten der Zugriffsrechte. Bundesamt für Sicherheit in der Informationstechnik. Online verfügbar unter https://www.bsi.bund.de/cln_165/ContentBSI/grundschutz/kataloge/m/m02/m02063.html, zuletzt geprüft am 16.09.2010.

BSI (Hg.) (2006): Informationsbeschaffung über Sicherheitslücken des Systems. Bundesamt für Sicherheit in der Informationstechnik. Online verfügbar unter https://www.bsi.bund.de/cln_174/ContentBSI/grundschutz/kataloge/m/m02/m02035.html, zuletzt geprüft am 22.09.2010.

BSI (Hg.) (2008): Regelung des Passwortgebrauchs. Bundesamt für Sicherheit in der Informationstechnik. Online verfügbar unter https://www.bsi.bund.de/cln_165/ContentBSI/grundschutz/kataloge/m/m02/m02011.html, zuletzt geprüft am 16.09.2010.

BSI (Hg.) (2009): Vergabe von Zutrittsberechtigungen. Bundesamt für Sicherheit in der Informationstechnik. Online verfügbar unter https://www.bsi.bund.de/cln_183/ContentBSI/grundschutz/kataloge/m/m02/m02006.html, zuletzt geprüft am 16.09.2010.

BSI (Hg.) (2010): Sicherheit durch Verschlüsselung. BSI-Kurzinformationen. Bundesamt für Sicherheit in der Informationstechnik. Online verfügbar unter https://www.bsi.bund.de/cln_183/ContentBSI/Publikationen/Faltblaetter/F27Verschluesselung.html, zuletzt geprüft am 14.09.2010.

Buchmann, Johannes (2010): Einführung in die Kryptographie. Heidelberg: Springer (Springer-Lehrbuch).

Buhse, Malte (2010): Abschied vom Gleichgewicht. In: Handelsblatt, Ausgabe 156, 16. August 2010, S. 16.

(15.08.2006): VR China: Produkthaftung. Bundesagentur für Außenwirtschaft, 15.08.2006. Online verfügbar unter http://www.gtai.de/ext/Export-Einzelsicht/DE/Content/__SharedDocs/Links-Einzeldokumente-Datenbanken/fachdokument,templateId=renderPrint/MKT20060814103835.pdf, zuletzt geprüft am 13.10.2010.

Bundesministerium des Innern (Hg.) (2007): Verfassungsschutzbericht 2007. Berlin. Online verfügbar unter http://www.verfassungsschutz.de/download/SHOW/vsbericht_2007.pdf, zuletzt geprüft am 14.10.2010.

Bundesministerium des Innern (Hg.) (2009): Verfassungsschutzbericht 2009. Berlin. Online verfügbar unter http://www.verfassungsschutz.de/download/SHOW/vsbericht_2009.pdf, zuletzt geprüft am 14.10.2010.

Busse; Fiege; Zinkler (2004): Wieviel Service braucht der Kunde? Anforderungen an industrielle Dienstleistungsangebote aus Sicht der deutschen Getränkeindustrie. In: Meier, Horst; Schramm, Jürgen J. (Hg.): Dienstleistungsorientierte Geschäftsmodelle im Maschinen- und Anlagenbau. Vom Basisangebot bis zum Betreibermodell. Berlin: Springer, S. 31 - 62.

Cobb, Chey (2003): Netzwerksicherheit für Dummies. Keine Chance für Hacker! Sicherheitslücken aufspüren und beheben. Schutzmechanismus und Verschlüsselung nutzen. Schadensbegrenzung im Ernstfall: Wiley-VCH.

Creutz, Marcus (2009): Patentklagen: Das richtige Gericht wählen. Herausgegeben von Handelsblatt.com. Online verfügbar unter http://www.handelsblatt.com/auf-das-richtige-gericht-kommt-es-an;2140905, zuletzt aktualisiert am 04.03.2009, zuletzt geprüft am 08.10.2010.

Dahlkamp, Jürgen; Rosenbach, Marcel; Schmitt, Jörg; Stark, Holger; Wagner, Wieland (2007): Prinzip Sandkorn. In: Der Spiegel, Ausgabe 35, 27.08.2007, S. 18-34.

Durchholz, Janina; Stockenberger, Dominik: Sichere Authentifizierung von Produkten und deren Verfolgung in der Supply Chain. Online verfügbar unter www.proauthent.de, zuletzt geprüft am 10.10.2010.

Dongle als Kpierschutz für Maschinensteuerungen (2006). ECKELMANN AG. Online verfügbar unter http://www.eckelmann.de/sps-steuerungen_dongle.html#, zuletzt aktualisiert am 12.10.2006, zuletzt geprüft am 09.02.2010.

Eckert, Claudia (2008): IT-Sicherheit. Konzepte Verfahren – Protokolle. 5., überarb. Aufl. München: Oldenbourg.

Erd, Rainer; Rebstock, Michael (2010): Produkt- und Markenpiraterie in China. Aachen: Shaker Verl.

Erstellen und merken von sicheren Passwörtern. Online verfügbar unter http://www.administrator.de/index.php?content=77617.

Felmy, Hubertus (2008): Erfolgsfaktor Kundennähe. In: MQ Management und Qualität, H. 12, S. 32-33.

Fischer, Elisabeth (2009): Das kompetenzorientierte Management der touristischen Destination. Identifikation und Entwicklung kooperativer Kernkompetenzen. Katholische Univ., Diss.--Eichstätt-Ingolstadt, 2008. 1. Aufl. Wiesbaden: Gabler Verlag/GWV Fachverlage GmbH Wiesbaden (Entrepreneurial Management und Standortentwicklung Perspektiven für Unternehmen und Destinationen).

Fischer, S.; Eck, R.; Richter, H.-J. (2005): Was sich gegen Produkt- und Markenpiraterie tun lässt. In: Seeger, Christoph (Hg.): China. Das Land verstehen, Verhandlungen führen, Konkurrenten abwehren. Frankfurt/M.: Redline Wirtschaft (Strategie), S. 116-137.

Fitzek, Daniel (2002): Kompetenzbasiertes Management. Ein Ansatz zur Messung und Entwicklung von Unternehmenskompetenzenq. Herausgegeben von Institut für Technologiemanagement. Universität St. Gallen. Online verfügbar unter http://www.item.unisg.ch/org/item/wm.nsf/SysWebRessources/Kompetenzbasiertes_Management_Fitzek/$FILE/Kompetenzbasiertes_%20Management_Fitzek.pdf, zuletzt geprüft am 11.10.2010.

Friedli, Thomas; Schuh, Günther (2005): Die operative Allianz. In: Zentes, Joachim; Swoboda, Bernhard; Morschett, Dirk (Hg.): Kooperationen, Allianzen und Netzwerke. Grundlagen – Ansätze – Perspektiven. 2., überarb. und erw. Aufl. Wiesbaden: Gabler, S. 431-456.

Frohnhoff, Stephan (2009): Use Case Points 3.0. Implementierung einer Use Case bezogenen Schätzmethode für das Software-Engineering betrieblicher Informationssysteme. Dissertation. Paderborn.

Fuchs, Hans Joachim; Kammerer, Jörg; Ma, Xiaoli; Rehn, Ina Melanie (2006): Piraten, Fälscher und Kopierer. Strategien und Instrumente zum Schutz geistigen Eigentums in der Volksrepublik China. Wiesbaden: Betriebswirtschaftlicher Verlag Dr. TH. Gabler | GWV Fachverlage GmbH Wiesbaden.

Fussan, Carsten (Hg.) (2010): Managementmaßnahmen gegen Produktpiraterie und Industriespionage. Risikoeffizienz und Wirksamkeit betriebswirtschaftlicher Schutzmaßnahmen gegen Produktpiraterie. 1. Aufl. Unter Mitarbeit von Christina Maren Witte. Wiesbaden: Gabler Verlag/GWV Fachverlage GmbH Wiesbaden.

Gassmann, Oliver; Bader, Martin A. (2007): Patentmanagement. Innovationen erfolgreich nutzen und schützen. Zweite, aktualisierte Auflage. Berlin, Heidelberg: Springer-Verlag Berlin Heidelberg.

Geiger, Rebecca; Meyer-Schwickerath, Ben (2010): Eine nachhaltige Produktschutzstrategie verankern. In: Abele, Eberhard; Albers, Albert; Aurich, Jan C.; Günthner, Willibald A. (Hg.): Wirksamer Schutz gegen Produktpiraterie im Unternehmen – Piraterierisiken erkennen und Schutzmaßnahmen umsetzen. 3 Bände. Frankfurt am Main u. a.: VDMA-Verlag („Innovationen gegen Produktpiraterie", 3), S. 44 - 56.

Goos, Hauke (2007): Die Spur der Säge. Jahrelang musste die Firma Stihl zusehen, wie Produktpiraten den Markt mit Kopien überschwemmten. Gegen chinesische Fälscher setzten die Schwaben nun chinesische Detektive ein – die Erste Welt wehrt sich gegen die Dritte. ProduktpirateriePlagiate. In: Spiegel Online, Ausgabe 2, 08.01.2007, S. 46 - 51.

Gosling, Jonathan; Mintzberg, Henry (2003): The Five Minds of a Manager. In: Harvard Business Review, Jg. 81, H. 11, S. 54 - 63.

Graf, René (2005): Erweitertes Supply Chain Management zur Ersatzteilversorgung. Techn. Univ., Diss.--Braunschweig, 2005. Essen: Vulkan-Verl. (Schriftenreihe des Instituts für Werkzeugmaschinen und Fertigungstechnik der TU Braunschweig).

Hagemann, Detlef (21.02.2010): Die energieeffiziente Werkzeugmaschine. Rahmenbedingungen und Lösungen für eine nachhaltige Fertigungstechnik. Veranstaltung vom 21.02.2010, aus der Reihe „METAV". Frankfurt.

Handelsgesetzbuch. HGB, vom 31.7.2009. Online verfügbar unter http://www.gesetze-im-internet.de/bundesrecht/hgb/gesamt.pdf, zuletzt geprüft am 04.10.2010.

Harte-Bavendamm, Henning; Ammendola, Maurizio (2000): Handbuch der Markenpiraterie in Europa. München: Beck.

Harvey, Michael (1988): A New Way to Combat Product Counterfeiting. In: Business Horizons, Jg. 31, H. 4, S. 19.

Heinemann, Andreas (2002): Immaterialgüterschutz in der Wettbewerbsordnung. Eine grundlagenorientierte Untersuchung zum Kartellrecht des geistigen Eigentums. Univ., Habil.-Schr.--München, 2000. Tübingen: Mohr-Siebeck (Jus privatum, 65).

Herstatt, Cornelius; Verworn, Birgit (Hg.) (2007): Management der frühen Innovationsphasen. Grundlagen – Methoden – Neue Ansätze. 2., überarbeitete und erweiterte Auflage. Wiesbaden: Betriebswirtschaftlicher Verlag Dr. TH. Gabler | GWV Fachverlage GmbH Wiesbaden.

Hoeck, Hendrik (2005): Produktlebenszyklusorientierte Planung und Kontrolle industrieller Dienstleistungen im Maschinenbau. Techn. Hochsch., Diss.--Aachen, 2005. Aachen: Shaker (Schriftenreihe Rationalisierung und Humanisierung, 76).

Hofmann, Erik; Nothardt, Franz (2009): Logistics Due Diligence. Analyse – Bewertung – Anlässe – Checklisten. Berlin, Heidelberg: Springer-Verlag Berlin Heidelberg.

Homburg, Christian; Krohmer, Harley (2009): Marketingmanagement. Strategie – Instrumente – Umsetzung – Unternehmensführung. 3., überarb. und erw. Aufl. Wiesbaden: Gabler (Lehrbuch).

Huber, Alexander (2009): Spionageabwehr: Von ignorierter Pflicht zum Wettbewerbsvorteil. In: intelligenter produzieren, H. 5, S. 40 - 41.

Huber, Alexander (2010): Informationsschutz im Mittelstand. Wie sicher sind Ihre Geschäftsgeheimnisse? In: VBKI Spiegel, Jg. 60, H. 218, S. 22 - 23.

Hueske, Benjamin (2009): Dienstleistungen für die Zerspanungstechnik. Kundenspezifisch, transparent und effizient. Herausgegeben von Eberhard Abele. Institut für Produktionsmanagement, Technologie und Werkzeugmaschinen (PTW). Darmstadt.

IHK Stuttgart (Hg.) (2009): Gewerbliche Schutzrechte im Überblick. Online verfügbar unter http://www.stuttgart.ihk24.de/produktmarken/recht_und_fair_play/recht/Gewerblicher_Rechtsschutz/liGewerblicheSchutzrechte230505.jsp, zuletzt aktualisiert am 14.10.2010.

Jacobsen, Lenz (2010): Gut kopiert ist halb gewonnen. In: Handelsblatt, Ausgabe Nr. 149, 5. August 2010, S. 18.

Jolly, Dominique R.; Zedwitz, Max von (2005): Rezepte gegen allzu findige Raubkopierer. Firmen, die chinesische Joint Ventures in China eingehen, können ihre Technologien durch verschiedene Strategien vor der Imitation schützen. In: ionewmangement, Ausgabe 5, 2005, S. 25-29.

Junge, Michael (2005): Controlling modularer Produktfamilien in der Automobilindustrie – Entwicklung und Anwendung der Modularisierungs-Balanced-Scorecard. Universität Mainz.

Kaplan, Robert S.; Norton, David P. (2008): Mastering the Management System. In: Harvard Business Review, Jg. 86, H. 1, S. 62-77.

Karg und Petersen (Tübingen) (April 2010): Piraterie-Belämpfung als Wettbewerbsfaktor. Wie stellen sich Unternehmen in Deutschland, Österreich und der Schweiz gegen Produkt- und Markenpiraterie auf? Karg und Petersen (Tübingen). Tübingen.

Kaspersky, Eugene (2008): Malware. Von Viren, Würmern, Hackern und Trojanern und wie man sich vor ihnen schützt. München: Hanser.

Kinkel, Steffen (2003): Produktbegleitende Dienstleistungen – Herausforderungen für das Controlling. In: Kinkel, Steffen; Jung Erceg, Petra; Lay, Günter (Hg.): Controlling produktbegleitender Dienstleistungen. Methoden und Praxisbeispiele zur Kosten- und Erlössteuerung ; mit 11 Tabellen. Heidelberg: Physica-Verl., S. 1-12.

Kinkel, Steffen; Jung Erceg, Petra; Lay, Günter (Hg.) (2003): Controlling produktbegleitender Dienstleistungen. Methoden und Praxisbeispiele zur Kosten- und Erlössteuerung ; mit 11 Tabellen. Heidelberg: Physica-Verl.

Kremp, Matthias; Lischka, Konrad: Der Wurm, der aus dem Nichts kam. Herausgegeben von Spiegel online. Online verfügbar unter http://www.spiegel.de/netzwelt/web/0,1518,718927,00.html, zuletzt geprüft am 22.09.2010.

Künzel, Matthias; Loroff, Claudia; Seidel, Uwe; Hoppe, Udo; Botthof, Alfons; Stoppelkamp, Berthold (2009): Marktpotenzial von Sicherheitstechnologien und Sicherheitsdienstleistungen. Der Markt für Sicherheitstechnologien in Deutschland und Europa – Wachstumsperspektiven und Marktchancen für deutsche Unternehmen. Schlussbericht. Herausgegeben von VDI/VDE Innovation + Technik GmbH und Arbeitsgemeinschaft für Sicherheit der Wirtschaft e. V. Online verfügbar unter http://www.asw-online.de/downloads/Studie_Sicherheitstechnologien_09.pdf, zuletzt geprüft am 27.11.2010.

Landesamt für Verfassungsschutz Baden-Württemberg (Hg.) (2004): Handlungskonzept für Ihren Know-how-Schutz. Online verfügbar unter http://www.sicherheitsforum-bw.de/downloads/handlungskonzept_2004.pdf, zuletzt geprüft am 02.10.2010.

Lang, Robert (2000): Technologiekombination durch Modularisierung. Dissertation. Universität St. Gallen.

Langfinger, Klaus-Dieter (06,. Juni 2006): Die „Große Mauer" aus Patenten. Neue IP Strategien chinesischer Unternehmen. Veranstaltung vom 06,. Juni 2006, aus der Reihe „China Gesprächskreis". Brüssel.

Levitt, Theodore (1966): Innovative Imitation. In: Harvard Business Review, Jg. 44, H. 5, S. 63-70.

LfV (Hg.) (2010): Firmen- und Besucherausweise. Bayrisches Landesamt für Verfassungsschutz. Online verfügbar unter http://www.wirtschaftsschutz-bayern.de/App.aspx?EditionViewID=3a5ebacf-5178-4f28-b47e-161d8d5d9fd5, zuletzt geprüft am 20.09.2010.

Linkies, Mario; Karin, Horst (2010): Sicherheit und Risikomanagement für SAP-Systeme. [das Standardwerk zur SAP-Systemsicherheit; Beispiele und Lösungswege zur Umsetzung von Sicherheitstechniken für alle SAP-Komponenten ; neue Kapitel zur SAP NetWeaver, SAP BusinessObjects, GRC-Lösungen u. v. m.]. In: Sicherheit und Risikomanagement für SAP-Systeme, [das Standardwerk zur SAP-Systemsicherheit ; Beispiele und Lösungswege zur Umsetzung von Sicherheitstechniken für alle SAP-Komponenten; neue Kapitel zur SAP NetWeaver, SAP BusinessObjects, GRC-Lösungen u. v. m.], Mario Linkies; Horst Karin.

Machatschke, Michael (2008): Vom Winde verwöhnt. In: managermagazin, H. 11, S. 50-52.

Malloy, Timothy J.; Carani, Christopher; Ma, Yufeng (2004): What every U.S. Corporation Should Know About China´s Patent Protection & Enforcement. Online verfügbar unter http://www.gtai.de/ext/Export-Einzelsicht/DE/Content/__SharedDocs/Links-Einzeldokumente-Datenbanken/fachdokument,templateId=renderPrint/MKT20060814103835.pdf, zuletzt geprüft am 12.10.2010.

Meier, H. (2004): Service im globalen Umfeld – Innovative Ansätze einer zukunftsorientierten Servicegestaltung. In: Meier, Horst; Schramm, Jürgen J. (Hg.): Dienstleistungsorientierte Geschäftsmodelle im Maschinen- und Anlagenbau. Vom Basisangebot bis zum Betreibermodell. Berlin: Springer, S. 3 - 14.

Meier, Horst; Schramm, Jürgen J. (Hg.) (2004): Dienstleistungsorientierte Geschäftsmodelle im Maschinen- und Anlagenbau. Vom Basisangebot bis zum Betreibermodell. Berlin: Springer.

Meiwald, T.; Petermann, M.; Gorbea, C.; Kortler, S. (2008): Fighting Product Piracy: Selecting Action Measures for OEMs Based on Links to Situational Influencing Factors. In: Self-optimizing mechatronic systems: design the future. Technologies for tomorrow's mechanical engineering products – dependability and software engineering – design methods and tools ; 7th International Heinz Nixdorf Symposium Self-Optimizing Mechatronic Systems, February 20 - 21, 2008, Heinz Nixdorf Museums-Forum, Paderborn, Germany. Paderborn: Heinz Nixdorf Inst. (HNI-Verlagsschriftenreihe, 223), S. 215 - 232.

Mićić, Pero (2009): Ein alternativer Ansatz für Business Wargames: Wargaming in der Automobilindustrie. In: Oriesek, Daniel F.; Schwarz, Jan Oliver (Hg.): Business Wargaming. Unternehmenswert schaffen und schützen. 1. Aufl. Wiesbaden: Gabler Verlag / GWV Fachverlage GmbH Wiesbaden, S. 149 - 159.

Minagawa, Tetsuya, JR.; Trott, Paul; Hoecht, Andreas (2007): Counterfeit, imitation, reverse engineering and learning reflections from Chinese manufacturing firms. In: R&D Management, Jg. 37, H. 5, S. 455 - 467.

Möller, Werner (2007): Plagiate: Technologien gegen Markenfälschungen. Schach den Produktpiraten. In: Industrieanzeiger, H. 34, S. 22.

Müller, Klaus-Rainer (2008): IT-Sicherheit mit System. Sicherheitspyramide – Sicherheits-, Kontinuitäts- und Risikomanagement – Normen und Practices – SOA und Softwareentwicklung. 3., erweiterte und aktualisierte Auflage. Wiesbaden: Friedr. Vieweg& Sohn Verlag | GWV Fachverlage GmbH Wiesbaden.

Müller, Stefan; Kornmeier, Martin (2001): Streitfall Globalisierung. München, Wien: Oldenbourg (Forum Wirtschaft und Soziales).

Nack, Ralph (06. - 07. Juli 2010): Brennpunkt China: Effektiver Schutz von Know-how und geistigem Eigentum im Maschinen- und Anlagenbau. Veranstaltung vom 06. - 07. Juli 2010, aus der Reihe „Zukunft Maschinen- und Anlagenbau – Neue Wege zur Exzellenz". München. Veranstalter: Management Circle.

Neemann, Christoph Wiard (2007): Methodik zum Schutz gegen Produktimitation. Dissertation. Aachen. Rheinisch-Westfälische Technische Hochschule Aachen, Fraunhofer Institut Produktionstechnologie.

o. V. (2006): Anti-Counterfeiting technology. A guide to Protecting and Authenticating Products and Documents. Herausgegeben von CounterfeitingIntelligenceBureau ICC.

o. V. (2007): Original kontra Raubkopie. In: fluid, H. 4, S. 54.

o. V. (2010a): Know-how gezielt schützen. In: CAD-CAM Report, Jg. 28, H. 10, S. 20 - 22.

o. V. (2010b): Vorsicht, Abwerbegefahr. Ausländische Firmen wollen die Besten in Deutschland abwerben – ein geschickt verhandelter Arbeitsvertrag. In: Handelsblatt, Jg. 222, 16. 11. 2010, S. 18 - 19.

OECD (2007): The Economic Impact of Counterfeiting and Piracy. Part III: Industry Sectors.

OECD Publishing (2008): The Economic Impact of Counterfeiting and Piracy: Organization for Economic Co-operation and Development.

Oriesek, Daniel F.; Schwarz, Jan Oliver (Hg.) (2009): Business Wargaming. Unternehmenswert schaffen und schützen. 1. Aufl. Wiesbaden: Gabler Verlag / GWV Fachverlage GmbH Wiesbaden.

Ortgies, Martin (2010): Trojaner bedrohen industrielle Fertigungsprozesse. In: VDI nachrichten, Ausgabe 36, 10.09.2010, S. 13.

Peters, Sibylle; Reinhardt, Kai; Seidel, Holger (2006): Wissen verlagern. Risiken und Potenziale von Standortverlagerungen. Wiesbaden: Betriebswirtschaftlicher Verlag Dr. TH. Gabler | GWV Fachverlage GmbH Wiesbaden.

Pfohl, Hans-Christian (2004): Logistikmanagement. Konzeption und Funktionen. 2., vollständig überarbeitete und erweiterte Auflage. Berlin, Heidelberg: Springer-Verlag Berlin Heidelberg New York.

Porter, Michael E (2008): On competition. updated and expanded ed. Boston, Mass.: Harvard Business School Publ. (The Harvard business review book series).

Porter, Michael E. (2008): The five competitive forces that shape strategy. In: Harvard Business Review, Jg. 86, H. 1, S. 78-93.

Probst, G.; Raub, S.; Romhardt, K. (2010): Wissen managen. Wie Unternehmen ihre wertvollste Ressource optimal nutzen. 6., überarbeitete und erweiterte Auflage. Wiesbaden: Gabler Verlag / GWV Fachverlage GmbH Wiesbaden.

Raps, Andreas (2008): Erfolgsfaktoren der Strategieimplementierung. Konzeption, Instrumente und Fallbeispiele. Techn. Univ., Diss--Chemnitz, 2002. 3., überarbeitete Auflage. Wiesbaden: Gabler.

Reuter, Wolfgang (2010): China mal nicht der Ideendieb. In: Handelsblatt, Ausgabe 159, 19. August 2010, S. 7.

Richter, Ralf; Streb, Jochen (2009): Catching-up and falling behind knowledge spillover from American to German machine tool makers. Stuttgart: Univ. Hohenheim Forschungszentrum Innovation und Dienstleistung (FZID discussionpapers).

Rodwell, Simon; Van Eeckhout, Philippe; Reid, Alasdair; Walendowski, Jacek (2007): Study: "Effects of counterfeiting on EU SMEs and a review of various public and private IPR enforcement initiatives and resources". Herausgegeben von Technolopis. Online verfügbar unter http://ec.europa.eu/enterprise/newsroom/cf/document.cfm?action=display&doc_id=4506&userservice_id=1&request.id=0, zuletzt geprüft am 12.10.2010.

Roth, Oliver (2003): Pragmatische Ansätze der Prozesskostenrechnung zum effizienten Kostencontrolling produktbegleitender Dienstleistungen. In: Kinkel, Steffen; Jung Erceg, Petra; Lay, Günter (Hg.): Controlling produktbegleitender Dienstleistungen. Methoden und Praxisbeispiele zur Kosten- und Erlössteuerung ; mit 11 Tabellen. Heidelberg: Physica-Verl., S. 46-57.

Rother, Mike (2009): Die Kata des Weltmarktführers. Toyotas Erfolgsmethoden. Frankfurt: Campus Verl.

Scheidges, Rüdiger (2010): Feind hört mit. Die Regierung ist selten allein in der Leitung: Immer häufiger werden ihre Mobilfunknetze und Computer angegriffen, sagt der Innenminister. Vor allem Chinesen und Russen lauschen mit - auch aus ökonomischen Gründen. In: Handelsblatt, Ausgabe 151, 09.08.2010, S. 1.

Schischke, Karsten; Hohwieler, Eckhard; Feitscher, Robert; König, Jens; Duchstein, Bern; Nissen, Nils F. (18.06.2010): Energy-UsingProduct Group Analysis. Lot 5: Machinetoolsandrelatedmachinery. Herausgegeben von Fraunhofer IZM. Berlin.

Schnaars, Steven P. (1995): Pioniere überflügeln. Neue Produktideen aufgreifen, perfektionieren und vermarkten. Freiburg im Breisgau: Haufe (Haufe-Management-Praxis).

Schuh, Günther; Speth, Ch.; Friedli, Thomas (2000): Kostenfalle Service? Ansätze zur Verbindung von Kunden- und Kostenorientierung bei industriellen Dienstleistungen. In: ionewmangement, Jg. 69, H. 11, S. 40-46.

Schweitzer, E.; Mannweiler, C.; Aurich, Jan C. (2010): Prozessorientiertes Dienstleistungs-Produktionssystem. In: wtWerkstattstechnik, Jg. 100, H. 7/8, S. 617-621.

Scupin, Yvonne (2006): Call-Center-Management und Mitarbeiterzufriedenheit. Eine kausalanalytische

Untersuchung. Univ., FB Wirtschafts- und Sozialwiss., Diss.--Hamburg, 2005. In: Call-Center-Management und Mitarbeiterzufriedenheit, eine kausalanalytische Untersuchung, Yvonne Scupin, Jg. 52.

Seeger, Christoph (Hg.) (2005): China. Das Land verstehen, Verhandlungen führen, Konkurrenten abwehren. Frankfurt/M.: Redline Wirtschaft (Strategie).

Sepp, Veronika (2009): Keine Chance den Produktpiraten. Innerbetriebliche Präventivmaßnahmen für Unternehmen gegen Fälschungen und Know- how-Abzug. Herausgegeben von Industrie- und Handelskammer für München und Oberbayern. Online verfügbar unter http://www.muenchen.ihk.de/mike/ihk_geschaeftsfelder/international/Anhaenge/Produktpiraterie-Merkblatt-Praeventivmassnahmen.pdf, zuletzt geprüft am 28.09.2010.

Shenkar, Oded (2010): Copycats. How smart companies use imitation to gain a strategic edge. Boston, Mass.: Harvard Business Press.

Sokianos, Nicolas (Hg.) (2006): Produkt- und Konzeptpiraterie. erkennen, vorbeugen, abwehren, nutzen, dulden: Betriebswirtschaftlicher Verlag Gabler.

Staake, Thorsten; Fleisch, Elgar (2008): Countering Counterfeit Trade. Illicit Market Insights, Best-Practice Strategies, and Management Toolbox. Berlin, Heidelberg: Springer-Verlag Berlin Heidelberg.

Stihl, Rüdiger (08.10.2009): Produkt- und Markenpiraterie – das Krebsgeschwür der Globalisierung. Veranstaltung vom 08.10.2009. Darmstadt. Veranstalter: Institut für Produktionsmanagement, Technologie und Werkzeugmaschinen (PTW).

Straubhaar, Thomas (2010): Wagemut gewinnt – der Tüftler macht den Unterschied. In: Frankfurter Allgemeine Sonntagszeitung, Ausgabe 43, 31.10.2010, S. 56.

Stuiber, Petra (2006): Doppelmayrs wundersame Seilbahnvermehrung in China. In: Die Welt, 17.02.2006. Online verfügbar unter http://www.welt.de/print-welt/article198743/Doppelmayrs_wundersame_Seilbahnvermehrung_in_China.html, zuletzt geprüft am 12.10.2006.

Thommen, Jean-Paul (2008): Managementorientierte Betriebswirtschaftslehre. 8., überarb. und erw. Auf. Zürich: Versus-Verl.

(2006): No Trade in Fakes – Supply Chain Tool Kit. Herausgegeben von U.S. Chamberof Commerce. Accenture.

VDMA – Arbeitsgemeinschaft Produkt- und Know-how-Schutz (Hg.) (09.04.2010): VDMA-Umfrage zur Produkt- und Markenpiraterie. Unter Mitarbeit von Steffen Zimmermann und Marc Wiesner. Frankfurt am Main u. a.

Venohr, Bernd (2006): Wachsen wie Würth. Das Geheimnis des Welterfolgs. Frankfurt am Main u. a.: Campus-Verl.

Vietz, Eginhard (2006): Vom chinesischen Traum zum Trauma. In: Sokianos, Nicolas (Hg.): Produkt- und Konzeptpiraterie. erkennen, vorbeugen, abwehren, nutzen, dulden: Betriebswirtschaftlicher Verlag Gabler, S. 291 - 306.

Vitinius, Katharina (2005): Vom Bewerber zum Betrüger. Getürkte Zeugnisse, gefälschte Lebensläufe: Wie Personaler versuchen, Tricksern auf die Schliche zu kommen. Sueddeutsche.de. Online verfügbar unter http://www.sueddeutsche.de/karriere/jobsuche-vom-bewerber-zum-betrueger-1.496146, zuletzt geprüft am 02.10.2010.

Voigt, Kai-Ingo (2008): Industrielles Management. Industriebetriebslehre aus prozessorientierter Sicht. Berlin, Heidelberg: Springer (Springer-Lehrbuch).

von Amsberg, York-Gero (2009): Bekämpfung von Produktpiraterie in China. Herausgegeben von IHK Ulm. Online verfügbar unter http://www.ulm.ihk24.de/produktmarken/recht_und_fair_play/wirtschaft_und_recht/Gewerblicher_Rechtsschutz/Markenrecht/Bekaempfung_von_Produktpiraterie_in_China.jsp, zuletzt aktualisiert am August 2009, zuletzt geprüft am 12.10.2010.

Weber, Beatrix (2006): Kampf gegen Produktpiraterie: Wettbewerbsvorteil oder Existenzsicherung? In: Sokianos, Nicolas (Hg.): Produkt- und Konzeptpiraterie. erkennen, vorbeugen, abwehren, nutzen, dulden: Betriebswirtschaftlicher Verlag Gabler, S. 257 - 271.

Weck, Oliver L. de; Simpson, Timothy W. (2008): Product Platform and Product Family Design: From Strategy to Implementation.

Welser, Marcus von; González, Alexander (2007): Marken- und Produktpiraterie. Strategien und Lösungsansätze zu ihrer Bekämpfung. 1. Aufl. Weinheim: Wiley-VCH.

Westkämper, Engelbert (2006): Einführung in die Organisation der Produktion. Berlin, Heidelberg: Springer-Verlag Berlin Heidelberg (Springer-Lehrbuch).

Wieland, Josef; Steinmeyer, Roland; Grüninger, Stephan (Hg.) (2010): Handbuch Compliance-Management. Konzeptionelle Grundlagen, praktische Erfolgsfaktoren, globale Herausforderungen. Berlin: Schmidt.

Wildemann, H.; Pommer, P.; Schnapauff, K.; Tschöke, T. (2010): Realisierung eines Zusatznutzen für Kunden und Hersteller. In: Abele, Eberhard; Albers, Albert; Aurich, Jan C.; Günthner, Willibald A. (Hg.): Wirksamer Schutz gegen Produktpiraterie im Unternehmen - Piraterierisiken erkennen und Schutzmaßnahmen umsetzen. 3 Bände. Frankfurt am Main u. a.: VDMA-Verlag („Innovationen gegen Produktpiraterie", 3), S. 125 - 131.

Wildemann, Horst (2010): Produktpiraterie. Leitfaden zur Einführung eines effizienten und effektiven Kopierschutz-Managements. 4. Aufl. München: TCW Transfer-Centrum Verl. (Leitfaden / Transfer-Centrum für Produktions-Logistik und Technologie-Management).

Wildemann, Horst; Ann, C.; Broy, M.; Günthner, W. A.; Lindemann, U. (2007): Plagiatschutz - Handlungsspielräume der produzierenden Industrie gegen Produktpiraterie. Handlungsspielräume der produzierenden Industrie gegen Produktpiraterie /// Forschungsbericht. 1. Aufl. Projektträger Forschungszentrum Karlsruhe (Hg.). München: TCW Transfer-Centrum.

Winkler, Ingo; Wang, Xueli (2007): Made in China – Marken- und Produktpiraterie. Strategien der Fälscher & Abwehrstrategien für Unternehmen. Frankfurt am Main: IKO (Gesellschaft und Wirtschaft in China, 1).

Wirtschaftswoche (2004): Transrapid: Spionageversuch überschattet Kanzlerbesuch. Gerhard Schröder besucht China. In: Wirtschaftswoche, 03.12.2004. Online verfügbar unter http://www.wiwo.de/unternehmen-maerkte/transrapid-spionageversuch-ueberschattet-kanzlerbesuch-370076/, zuletzt geprüft am 14.10.2010.

Wurzer, Alexander J. (2003): Wettbewerbsvorteile durch Patentinformationen. 2., überarb. Aufl. Karlsruhe: FIZ.

Zentes, Joachim; Swoboda, Bernhard; Morschett, Dirk (Hg.) (2005): Kooperationen, Allianzen und Netzwerke. Grundlagen – Ansätze – Perspektiven. 2., überarb. und erw. Aufl. Wiesbaden: Gabler.

Zimmerman, Alan; Chaudhry, Peggy (2009): The Economics of Counterfeit Trade. Governments, Consumers, Pirates and Intellectual Property Rights. Berlin, Heidelberg: Springer-Verlag Berlin Heidelberg.

Autorenverzeichnis

Prof. Dr.-Ing. Eberhard Abele, studierte Maschinenbau an der TU Stuttgart und promovierte am Fraunhofer-Institut für Produktionstechnik und Automatisierung (IPA), Stuttgart. Während seiner 14-jährigen Industrietätigkeit sammelte er internationale Erfahrung als Leiter Fertigungstechnologie und Werkleiter in der Automobilzulieferindustrie. Prof. Abele wurde 1999 an den Lehrstuhl Produktionsmanagement, Technologie und Werkzeugmaschinen an der TU Darmstadt (PTW) berufen.

Janina Durchholz, studierte Maschinenwesen mit den Schwerpunkten Logistik und Produktionssysteme an der Technischen Universität München. Sie ist seit 2007 wissenschaftliche Mitarbeiterin am fml – Lehrstuhl für Fördertechnik Materialfluss Logistik der Technischen Universität München und bearbeitet dort derzeit das Forschungsprojekt ProAuthent.

Prof. Dr.-Ing. Dipl.-Wi.-Ing. Willibald A. Günthner, studierte an der Technischen Universität München Maschinenbau und Arbeits- und Wirtschaftswissenschaften. Nach der Promotion am dortigen Lehrstuhl für Förderwesen arbeitete er als Konstruktions- und Technischer Leiter für Förder- und Materialflusstechnik bei der Firma Max Kettner. 1989 übernahm er die Professur für Förder- und Materialflusstechnik an der FH Regensburg. Seit 1994 leitet er den Lehrstuhl für Fördertechnik Materialfluss Logistik (fml) an der TU München.

Angelika Henow, Ist Geschäftsführerin des Förderkreis Patentinformationszentrum Darmstadt und stellvertretende Leiterin des Patentinformationszentrums an der Technischen Universität Darmstadt.

Benjamin Frank Hueske, ist Gruppenleiter der Gruppe Produktion und Management am Institut für Produktionsmanagement, Technologie und Werkzeugmaschinen (PTW) der TU Darmstadt. Er war Co-Koordinator des BMBF-Forschungsprojektes ProDienst und forscht im Bereich Dienstleistungen für die Investitionsgüterindustrie.

Charlotte Kantel, studiert an der Dualen Hochschule Baden-Württemberg in Stuttgart Wirtschaftsingenieurwesen. Im Rahmen von wissenschaftlichen Arbeiten beschäftigte sie sich mit Gefahren von Produktpiraterie und deren Abwehrstrategien im Industriegütermarkt.

Philipp Kuske,
ist wissenschaftlicher Mitarbeiter im Bereich Produktion und Management am Institut für Produktionsmanagement, Technologie und Werkzeugmaschinen (PTW) der TU Darmstadt. Er ist Co-Koordinator des BMBF-Forschungsprojekts ProOriginal und forscht im Bereich des Know-how-Schutzes.

Laura Schröder,
ist wissenschaftlicher Mitarbeiterin im Bereich Produktion und Management am Institut für Produktionsmanagement, Technologie und Werkzeugmaschinen (PTW) an derTU Darmstadt und forscht im Bereich des Know-how-Schutzes für den Maschinenbau.

Horst Lang,
ist seit über 30 Jahren bei der Festo AG & CO KG in der Messtechnik tätig. Hr. Lang ist verantwortlich für das Prüf- und Messmittelmanagement, sowie für die weltweite strategische Ausrichtung und Standardisierung der Mess- und Prüftechnik. Darüber hinaus ist er mitverantwortlich für den nationalen und internationalen Aufbau der operativen Qualitätssicherung und Projektleiter im Forschungsprojekt ProOriginal des BMBF.

Dominik Stockenberger,
studierte Wirtschaftsingenieurwesen an der Universität Karlsruhe (TH) und arbeitete ab 2005 bei dem Automobilsystemlieferanten Behr GmbH & Co. KG in Stuttgart. Seit 2007 ist er wissenschaftlicher Mitarbeiter am fml – Lehrstuhl für Fördertechnik Materialfluss Logistik der Technischen Universität München und bearbeitet dort aktuell das Forschungsprojekt ProAuthent.

Rudolf Nickels,
ist Vorsitzender der Arbeitsgemeinschaft der Deutschen Patentinformationszentren und Leiter des Patentinformationszentrums an der Technischen Universität Darmstadt.

Hubert Sykora,
ist Leiter Vertrieb und Marketing der OTT-JAKOB Spanntechnik GmbH. Durch seine Tätigkeit bei der OTT-Maschinentechnik und jetzt bei der Fa. OTT-Jakob Spanntechnik GmbH ist Hr. Sykora weltweit verantwortlich für die Vermarktung der Spanntechnik von OTT-Jakob. Herr Sykora hat durch seine weltweiten Aktivitäten die Produkte der Firma OTT-Jakob und Technologien im Besonderen die HSK-Technologie sowie HSC-Bearbeitung am Markt positioniert.

Dr.-Ing. Ulrich Renger,
studierte Wirtschaftsingenieurwesen an der Universität Karlsruhe und ist seit 2006 bei der Festo AG & Co. KG angestellt. Herr Renger hat seine Promotion in der Fachrichtung Maschinenbau zu dem Thema Total Costof Ownership bei Werkzeugmaschinen bei der Festo AG & Co. KG in 2010 abgeschlossen.

Carsten Titze,
hat an der Dualen Hochschule Baden-Württemberg in Stuttgart Wirtschaftsingenieurwesen studiert. Als Projektingenieur bei der Festo AG & Co. KG setzt er sich seit 2008 intensiv mit dem Thema Produktpiraterieschutz im Praxisumfeld auseinander.

The manufacturer's authorised representative in the EU is Springer
Nature Customer Service Centre GmbH, Europaplatz 3, 69115 Heidelberg,
Germany. If you have any concerns regarding our products, please
contact ProductSafety@springernature.com

Printed and bound by CPI Group (UK) Ltd, Croydon, CR0 4YY
21/10/2026
02237119-0012